記号論理学講義

基礎理論
束論と圏論
知識論

清水義夫

東京大学出版会

Lectures on Symbolic Logic:
Elements of Symbolic Logic, Lattice and Category Theory
and Philosophy of Symbolic Logic
SHIMIZU Yoshio
University of Tokyo Press, 2013
ISBN 978-4-13-012062-3

はじめに

　17世紀でのニュートン（Newton, I.），ライプニッツ（Leibniz, G. W.）による微積分法の発見を踏まえ，18世紀には諸関数が級数展開されることにより，数学は一大飛躍をなしとげた．しかし19世紀に入ると，飛躍の切っ掛けともなった級数展開の収束性をはじめ，実数などの数学の基礎概念に対して，改めて徹底した反省がなされることになる．その結果19世紀末までには，集合概念を数概念よりさらに基本的なものと考えるカントル（Cantor, G.）の集合論や，数についての深い洞察にもとづくデデキント（Dedekind, J. W.）の無理数論など，数学の基礎について画期的な諸成果が生まれることになる．と同時にこのような19世紀数学における基礎への関心と厳密化の流れは，一方で数学で使用される推論自体に対しても徹底した反省を促すことになり，世紀末までには数学者たちによる全く新しい推理論が形成されることともなった．そしてさらにこの新しい推理論は，20世紀に入ると，ラッセル（Russell, B.）やヒルベルト（Hilbert, D.）などによってより整備された形の推理論（i.e. 述語論理）となって現われてくる．すなわち狭義での記号論理の登場である．

　さて20世紀に入ってのこの新しい推理論の登場は，自然数論や集合論をはじめ各種の理論体系各々に関して，この新しい推理論と結びついた仕方での公理化の動きを生み，明確な形をした各種の公理系が出現することになる．ところがこのような厳密な公理化の流れは，公理系に対してそれまで全く予想されなかった事態の存在を明らかにすることともなった．すなわち比較的単純とも見える自然数論の公理系においてすら，肯定形も否定形もその公理系の定理とならない命題の存在が，ゲーデル（Gödel, K.）によって示された．いわゆる不完全性定理の出現である．そしてこのエピソードはさらに，公理系での推論過程が，本質的には計算過程とも類似することから，計算可能性に対しての活発な議論をも生み出すことになり，30年代以後新たに帰納理

論やλ計算論などの計算論が登場してくることになる．とにかく20世紀前半には，公理系を巡っての諸問題の考察，また計算可能性を巡っての考察など，19世紀とは異なるテーマについてではあるが，数学の基礎について再び強い関心が向けられることとなった．すなわちいわゆる数学基礎論あるいは広義での記号論理の展開である．本書は，狭義での記号論理とともに，このような広義での記号論理の主要部分を取り上げ，その要所への言及をその内容の一部としている．

ところで20世紀前半および中頃の数学には，一方で抽象化の波が押し寄せていることは，よく知られている．そしてこの動向は，記号論理に対しても例外ではなかった．すなわち順序性を中心に各種の事象を捉え描くバーコフ（Birkhoff, G.）などによる束論や，作用連関を中心に各種の事象を捉え描くマックレーン（MacLane, S.）などによる圏論での見方のもとで，記号論理における諸成果も捉え直されることとなる．と同時にこれは，数学の基礎との関わりの内に展開されていた記号論理の議論や諸成果が，単に数学という分野を超えたより広い一般的な知見をもたらしている点をも鮮明にすることとなった．その結果，数学自体当初よりわれわれの知的な思考と結びついていることから当然といえば当然であるが，抽象化によって得られた記号論理の一般的な知見は，さらにわれわれの知性に備わる性格との関わりへの理解を深める手がかりを与えてくれることともなった．それゆえ本書は，記号論理に対する束論や圏論による捉え直しの一端を取り上げるとともに，それを介して得られる記号論理とわれわれの知性との関わりなどへの言及をも，その内容の一部としている．

以上，本書の内容をごく簡単にスケッチしてみたが，ひと言でいえば，20世紀前半から今日に至るまで展開されてきた20世紀記号論理の主要部分への解説と，その記号論理に見出せるわれわれの知性との関わりについてのコメントが，本書の内容であるといえよう．すなわち本書は，記号論理の初級を終えた方々を念頭に，そのさらにやや進んだテーマに対してのガイド・ブックとなっている．

もとより21世紀のいま，数学においても，数学を言語とする諸科学においても，非可換性，不連続性，不確定性，非線形性など，20世紀記号論理

を超えたテーマが多々あることはいうまでもない．しかしそのようなテーマに向かうためにも，20世紀記号論理の知見への目配りは必要不可欠である．とにかく科学に対して，また学一般に対して，その根底についての徹底した理解に関心をもつ者にとっては，すなわちフィロソフィカル・マインドをもつ者にとっては，記号論理への目通しは，是非必要なことと思われる．本書が多少なりともその一助になれば，筆者にとってこれほど喜ばしいことはない．とはいえ，いろいろと不備な点もあると思われる．この点は，読者の皆さんからの忌憚のないご批判，ご注意をいただけたらと願っている．

目　　次

はじめに …………………………………………………………………… i
本書における記述上の諸事項 …………………………………………… vii

序——本書の性格と構成など ……………………………………………… 1

第 I 部　記号論理の基礎理論 ………………………………………… 9

第 1 章　推理論——述語論理 …………………………………………… 11
§1.1　論　理　式 ……………………………………………………… 11
§1.2　正しい推論 ……………………………………………………… 17
§1.3　公　理　系 ……………………………………………………… 23

第 2 章　計算論 1 ——帰納理論 ………………………………………… 35
§2.1　テューリング・マシン TM ……………………………………… 36
§2.2　帰納的関数と帰納的関係 ……………………………………… 43
§2.3　チャーチの提題とテューリング・マシン TM の算術化 ……… 52
§2.4　階層定理の一部 ………………………………………………… 59

第 3 章　計算論 2 —— λ 計算論 ………………………………………… 71
§3.1　λ　計　算 ……………………………………………………… 72
§3.2　λ 計算の展開 …………………………………………………… 79

第 4 章　集合論——公理的集合論 ZFC ………………………………… 87
§4.1　公理的集合論 ZFC の公理 ……………………………………… 88

- §4.2 公理的集合論 ZFC の展開——順序数 ………………………… 97
- §4.3 公理的集合論 ZFC の展開——基数 …………………………… 106
- §4.4 実数について …………………………………………………… 113

第Ⅱ部　束論および圏論と記号論理 …………………………………… 119

第1章　束　　論 …………………………………………………………… 121

- §1.1 束とブール代数 …………………………………………………… 121
- §1.2 完　備　束 ………………………………………………………… 133
- §1.3 ブール代数の超フィルター ……………………………………… 140
- §1.4 ストーンの定理 …………………………………………………… 153

第2章　記号論理と束 ……………………………………………………… 161

- §2.1 論理体系 L とブール代数 ………………………………………… 162
- §2.2 λ 領 域 D_∞ ……………………………………………………… 168
- §2.3 λ 領 域 D_∞（つづき） ……………………………………………… 175
- §2.4 公理的集合論 ZFC のブール値モデル …………………………… 186

第3章　圏　　論 …………………………………………………………… 197

- §3.1 圏 …………………………………………………………………… 197
- §3.2 圏（つづき） ……………………………………………………… 203
- §3.3 関手と随伴関係 …………………………………………………… 213
- §3.4 トポスとその基本定理 …………………………………………… 221

第4章　記号論理と圏 ……………………………………………………… 229

- §4.1 圏論での限量記号 ∃, ∀ …………………………………………… 229
- §4.2 圏論での λ 領域 …………………………………………………… 240
- §4.3 トポスでの選択公理 AC ………………………………………… 250

第Ⅲ部　記号論理への知識論的考察 ……… 265

第1章　論理語の原始性 ……… 267

§1.1　論理語 $\vee, \wedge, \supset, \exists, \forall$ の基本性質 ……… 268
§1.2　意味空間での論理語の理解 ……… 274
§1.3　論理語の原始性の根拠 ……… 281

第2章　計算論における両義的領域 ……… 293

§2.1　対角化可能領域の両義性 ……… 294
§2.2　λ 領域の両義性 ……… 304
§2.3　両義的領域の根拠 ……… 311
§2.4　対角線論法について ……… 317

第3章　選択公理 AC の正当性 ……… 323

§3.1　選択公理 AC の性格 ……… 324
§3.2　選択公理 AC の性格（つづき）……… 329
§3.3　選択公理 AC の正当性の根拠 ……… 334
§3.4　直観論理 IL について ……… 340

結び——学全体の中での記号論理の位置など ……… 347

付録　ゲーデルの不完全性定理 ……… 355

[Ⅰ]　第1不完全性定理 ……… 355
[Ⅱ]　第2不完全性定理 ……… 361
[Ⅲ]　不完全性定理と証明可能性論理 ……… 365

参　考　図　書 ……… 373
お　わ　り　に ……… 375
索　　　　引 ……… 377

本書における記述上の諸事項

(1) □：定義，証明各々の記事の終りを示す．
(2) ローマ字の記号は，同じ字母の活字であっても，立体とイタリック体とでは別の意味として使用する．
(3) 本書では，定理，補題，系の区別はせず，引き出される命題は原則としてすべて定理と表記する．
(4) 引用符について
　1)「──」：──は定義される用語，または図書名．さらにまた──は命題，または他の図書からの引用．
　2) "──"：──は筆者が導入した用語，または本書での文言の引用．さらにまた──なる語句を，当面の文脈内で少々強調（マーク）する際に使用（当然同じ語句でも " " を付加しない場合もある）．
(5) 注意（ゴチック体での）：この語句の出現前に記された事柄への簡単な補足，また関連する参考事項など，コメントに相当する記事を内容とする部分．
(6) その他
　1) i.e.：id est（すなわち）の略．
　2) $\{x \mid x は──である\}$：──である x の集り（i.e. 集合またはクラス）．
　3) $\underset{\mathrm{df}}{\Longleftrightarrow}$, $\underset{\mathrm{df}}{=}$：各々，右側による左側事項の定義．
　4) $\Longleftrightarrow$：同値，同等（地の文での）．
　5) $\Rightarrow$, $\Longrightarrow$：ならば（地の文での）．
　6) 定義以外の語句の場合でも括弧をつけずに欧字を添えることがある．

序──本書の性格と構成など

この著書の性格

　本書は，記号論理についての主要な事項を漏さず取り上げ言及していくスタイルの著書ではない．また記号論理の特殊なテーマについての専門書でもない．本書は，かつて初級程度の記号論理に触れたことのある方々を念頭に，その方々に対して記号論理のさらにより進んだテーマへの平易なガイドを目ざした著書となっている．すなわち本書Ⅰ，Ⅱ部は，記号論理中級コースへの平易な解説を目ざした解説書である．

　また本書Ⅲ部は，このような解説の後，このやや進んだテーマの内に見出されるいくつかの本質的な問題に対して，その中からわれわれの知性の基本的な性格とも関係があると思われる三つの問題に注目し，その各々に筆者なりの見解をも積極的に添えたものとなっている．というのもそのことによって，記号論理が単に一分野の知見に終るものではなく，より広く多くの方々にとっても大変意義のある分野であることを知っていただきたいと思われるからである．その意味で本書は，記号論理の解説書であるとともに啓蒙書でもあるといえよう．

　　注意　上に"初級程度の記号論理に触れたことのある方々を念頭に"と記したが，このことは初級程度の記号論理の知識を前提にしているということでは必ずしもない．全く予備知識がなくとも，十分お読みいただけるように，本書ではな

るべく飛躍のない丁寧な記述を心掛けている．

I 部の構成

本書は大きく三つの部門Ⅰ，Ⅱ，Ⅲから構成されている．以下各々の部門ごとに，その主旨やテーマの一端を簡単に触れていく．

[1] 第Ⅰ部 記号論理の基礎理論

すでにこの序においても，上に"記号論理"という用語をとくに断りもなく使用したが，今日に至ってもこの用語に対して，明確な定義が与えられているとはいえない．といっていまその定義を改めて与えようと試みても，それはなかなか難しい．そこで本書としては，記号論理に属すると通常考えられている代表的な理論領域を具体的に提示する形で，"記号論理"という用語を使用していくことにした．その結果，差し当り選出してみたのがⅠ部各章の題目として掲げた四つの理論領域である．すなわち述語論理，帰納理論，λ計算論，公理的集合論 ZFC の四つである．もとより他にも高階論理，様相論理，線形論理，量子論理，帰納論理など，記号論理に属するとされる理論領域は多々ある．しかしそのいずれもが，選出された四つの領域での知見を何らかの形で前提して展開されていることから，最も代表的なものとしては上の四つに限ってみた．とにかく本書で"記号論理"という用語で表現されているのは，Ⅰ部各章での理論であり，またそこで明らかにされている知見の数々であるとしておく．

  注意 なお記号論理という用語，呼称に代って，数理論理学，数学基礎論，情報論理学，あるいは片仮名ロジックなどがあることは，よく知られている．確かにいずれも本書Ⅰ部各章での理論領域を取り扱っている．しかしその中のどの領域に強く関心が向けられているか，また同じ事柄でもどのように取り扱われるかに関して，各々の呼称に応じて多少の異なりのあることは否めない．また最も狭い意味では，述語論理のみが記号論理と呼称されることもある．

記号論理という用語については，とりあえずここまでとして，さっそくⅠ部各章の主旨とテーマについて簡単に触れていこう．しかしそのためには，

各々の理論領域の成立事情に触れることも必要ゆえ，少々長くはなるが，以下そのような仕方でテーマなどを順次記していく．

(1) I部1章 推理論——述語論理　18世紀数学は，関数を級数展開することによって，大きな成果を上げた．しかし19世紀に入ると，その級数の収束性を巡って，改めて極限や実数などへの反省が強く試みられることになる．と同時に一般に，数学における各種の議論自体を明確にする必要にも迫られてきた．そうした中で，数学でなされる推論についても，従来の伝統的形式論理学の知見ではもはや不十分であることが判明し，改めて数学での推論形式や思考形式の再構築が数学者の手によって試みられることになる．その結果19世紀末には，ブール（Boole, G.）やシュレーダー（Schröder, E.），またその流れとは別にフレーゲ（Frege, G.）などにより，新しい姿の論理学が形成されることになる．そして20世紀に入るとこの19世紀での成果は，さらにラッセルやヒルベルトなどにより整理統合され，より明確な形での推理論（i.e. 述語論理）が登場してくることになる．I部1章は，この20世紀前半に登場した推理論の中から，比較的標準的なスタイルをもつ整った推理論の要所を記した内容となっている．

(2) I部2章 計算論1——帰納理論　20世紀に入っての明確な形での推理論は，19世紀末にはすでに成立していた自然数論の公理化の試みをはじめ，各種の公理化の試みに対して，改めてこの新しい推理論と結びついた仕方での公理化，公理系の再構成を促すこととなった．こうした中30年代の初め，ゲーデルは，公理系N（自然数論の公理系をいま仮にNとして）には，肯定形も否定形もNの定理とならない命題が存在することを明らかにした（i.e. 不完全性定理）．すなわち公理化という機械的構成的な手段では把握不可能なものの存在の指摘である．そしてこのことは，機械的構成的という点では，公理系での推論と本質的には同じである計算ということに対して，改めて考察の目を向けさせる切っ掛けともなった．実際30年代中頃には，テューリング（Turing, A.）によって，計算の本質を捉えたテューリング・マシン（TMと略）が考案されるとともに，そのTMによって計算可能となるものの性格が解明されていくことになる．すなわち計算可能性理論の登場である．さらにその後40年代に入ると，その理論はクリーネ

(Kleene, S. C.) によってより充実した内容を備えたものとなり，改めて帰納理論と呼ばれるようになる．Ⅰ部2章は，この帰納理論の要所を記した内容となっている．

（3）Ⅰ部3章 計算論2——λ計算論　2章の計算論とは別に，時期的にはほぼ同じ頃に登場した計算論としてチャーチ（Church, A.）によるλ計算論がある．そこでは計算ということが広く関数適用と捉えられる．すなわちそこでは計算が，関数f（i.e. 作用者）が対象a（i.e. 被作用者）に作用して$f(a)$（i.e. fとaとの記号結合）を引き出すことと捉えられ，その上でその可能性が追求されることになる．当初，2章の計算論の陰に隠れがちであったが，その一般性は大変魅力的であり，20世紀も半ば過ぎる頃から，計算機科学の展開とともに広く注目されるようになる．Ⅰ部3章は，このλ計算論の要所を記した内容となっている．

（4）Ⅰ部4章 集合論——公理的集合論ZFC　19世紀に入ると数学は，先にも触れたように，極限や実数をはじめ，各種の概念や議論の明確化の必要に迫られた．そうした中で，まさにこの極限や実数への反省，考察を通して，19世紀後半には，数についての深い洞察にもとづくデデキントの無理数論や，数概念よりより基本的なものとして集合概念に注目し，集合から逆に各種の数を捉えようとするカントルの集合論などが登場してくることになる．その上で20世紀に入ると，これまた先に触れたように，新しい推理論を積極的に使用した公理化の試みが，これらの議論に対してもなされることになり，20年代中頃にはフレンケル（Fraenkel, A.）などによって公理的集合論ZFが形成されてくる．Ⅰ部4章は，このZFに選択公理ACをも加えて整えられた形の公理的集合論ZFCについて，その要所を記した内容となっている．

以上，Ⅰ部 記号論理の基礎理論として四つの理論領域を提示するとともに，その各々のテーマのおおよそを成立事情に触れる仕方で記してみた．

注意　四つの理論領域で明らかにされている知見は，数学が各種の科学理論の言語の一つでもあることを考えるとき，単に数学内の事柄ではなく，より一般性，基本性を伴った事柄といえる．そこでこの点を考慮して本書では，"数学"とい

う文字の入らない"記号論理"という用語，呼称を採用することにしている．さらにいえば，その知見が一般性，基本性をもっていること，またⅡ部，Ⅲ部での内容をも考え合せるなら，記号論理に代って一般論理，基礎論理といった名称，呼称も今後考えられてくるかもしれない．

Ⅱ，Ⅲ部の構成

引きつづきⅡ，Ⅲ部各章の主旨やテーマの一端を簡単に触れていく．
[2] 第Ⅱ部 束論および圏論と記号論理
Ⅰ部で取り上げられる内容は，推理，計算，集合など，確かに主に数学の基礎部分との関わりの中での事柄であり，論理 (i.e. 思考形式) である．したがってそこで得られる知見も，そのままの形では，その一般性，基本性は十分明白であるとはいえない．Ⅱ部は，このような状況を改善することを目ざしている．そこでそのために，Ⅱ部においては束論および圏論でのものの見方が採用される．ここで束論とはものごとにおける順序性にもっぱら注目し，また圏論とはものごとの作用連関 (i.e. 作用機序) にもっぱら注目し，その上で各々種々の事柄も描き捉えていく立場である．Ⅱ部ではこのきわめて一般的，抽象的なものの見方によって，記号論理での知見が捉え直されることになる．実際そのことによって，Ⅰ部で明らかにされた知見に対して，その本質や核心などが浮び上り，改めてその一般性，基本性についての理解への手がかりも与えられることになる．

(1) Ⅱ部1章 束論　Ⅱ部1章では，記号論理と関連する限りで，束論の基礎事項が導入され解説される．

(2) Ⅱ部2章 記号論理と束　Ⅱ部2章では，1章を踏まえて，記号論理の一部の事柄と束論との関連が取り上げられる．

(3) Ⅱ部3章 圏論　Ⅱ部3章では，記号論理と関連する限りで，圏論の基礎事項が導入され解説される．

(4) Ⅱ部4章 記号論理と圏　Ⅱ部4章では，3章を踏まえて，記号論理の一部の事柄と圏論との関連が取り上げられる．

注意　本書の圏論についての記事は，他の部分の記事とは異なり，その細部（定理の証明など）については，拙著「圏論による論理学」（[S：LC] と略記）への参照に大きく頼っている．予めひと言お断りしておく．

[3]　第Ⅲ部　記号論理への知識論的考察
　Ⅲ部は，Ⅰ，Ⅱ部とは少々性格を異にした内容となっている．Ⅰ，Ⅱ部はいずれも，すでに確立されている事柄のまとめであり，解説である．したがって，その記述の仕方には筆者なりに工夫したところも多々あるが，基本的にはあくまでもすでに確立された事柄への平易な解説を目ざした内容となっている．それに対しⅢ部は，Ⅰ，Ⅱ部で取り上げた事柄の一部について，それを踏まえつつも筆者なりにさらに深く考えてみたい三つの問題と，それへの筆者なりの解答の試みとが記された内容となっている．なお三つの問題は，Ⅲ部の三つの章に割り当てられており，それゆえ以下各章ごとにその問題について簡単に触れていく．
　（1）Ⅲ部1章　論理語の原始性　　Ⅲ部1章では，述語論理での論理語∨，∧，⊃，￢，∃，∀の原始性についての問が取り上げられる．すなわち述語論理では，なぜこれらの論理語のみが基本的なものとして注目されるのか，という問である．いま，∨：または，∧：そして，⊃：ならば，￢：でない，∃：存在，∀：すべて，というように各記号に日常語の語彙を対応づけてみるとき，これらの語彙が日常語においても確かに基本的なものであることから，それらがとくに注目されるのも一応は頷ける．また記号論理での推理論が，数学上の推論過程の分析と整理から誕生してきた事情を考えるとき，確かに数学上の推論過程に登場する語彙が上記した6個のものに限られることから，6個の論理語の基本性は自明ですらある．しかし，それではなぜ数学上の推論では上記した6個の語彙のみが登場するのか，改めてこの点が解明されない限り，論理語の基本性（i.e. 原始性）への問はやはり残ってしまう．とにかくⅢ部1章では，論理語が∨，∧，⊃，￢，∃，∀のみに限られる事情を納得してみようという問題と，それへの解答の試みが，その内容となっている．なおその際，Ⅱ部での知見が大いに役立つことになる．
　（2）Ⅲ部2章　計算論における両義的領域　　Ⅰ部2章での帰納理論，ま

たⅠ部3章およびⅡ部2章，4章でのλ計算論においては，有限的に処理できない関数や関係が存在する領域が明確に打ち出されると同時に，その領域の成員たちは作用者であるとともに被作用者でもあるという両義性を担っていることが明らかにされている．Ⅲ部2章では，まずこれらの点が改めて注目される．その上で2章では，なぜこの有限的に処理できない存在者が両義性を担っているのか，さらにそうした存在者を元とする両義的領域は何にもとづくのか，という問が取り上げられ，その解答が試みられる．なおこの問と解答への試みは，有限的な世界を超出した存在者の世界の本質を，両義性を手がかりに理解する試みともなっている．

(3) Ⅲ部3章 選択公理ACの正当性　Ⅲ部3章は，集合論ZFCの公理の一つである選択公理ACの正当性を問題としている．実際，ACには超越的な性格がしっかり伴っており，具体的で有限的なものおよびそれらから有限的に構成されるもののみが確実であるとする構成主義にとっては，ACは決して容認できない内容を含んでいる．したがって構成主義でもある直観主義の立場では，ACは排除されるべきとされる．しかし一方で通常の数学は，このACに大きく依存している．また通常の数学が前提する排中律，二重否定の除去，背理法などの論理則も実はACから引き出される事柄である．とすると，通常の数学を受け入れ，また上記した論理則など(i.e.古典論理)を容認していこうとする限り，改めて選択公理ACの正当性を根拠づける必要が生じてくる．Ⅲ部3章は，ACの正当性についての根拠づけをその内容としている．その際，Ⅱ部4章におけるACについてのトポスでの捉え方が改めて注目され，大いに活用されることになる．

以上Ⅲ部の各章について，何が問題とされているのか，何に解答を与えようとしているのかについて，ごく簡単に触れてみた．ただその際，その各々の解答の試みに関連する事柄として，Ⅰ，Ⅱ部の知見を踏まえつつも，筆者はさらに知性の根底に備わると仮に想定される構造として"反射構造"なるものに注目し，いずれの問題に対してもその解答の試みはそこからなされていること，予めひと言添えておく．もとより反射構造は心理上の事実問題としての構造ではない．しかしⅢ部では，われわれの知性の性格としての反射構造との関わりの中でその解答は試みられており，それゆえその意味でⅢ部

の表題に"知識論的考察"といった表現を使用することともなった.

読者の方へ

序の最後として,この著書の読み方について,参考までに2点ほど申し添えておく.

(1) 本書の各章冒頭にはごく簡単な前置きを用意した.そこでこの前置きを手がかりに,関心をもたれる部分をピックアップして目通しされるとき,本書からある一部のテーマのみを選択してお読みいただくことも可能である.たとえば,Ⅰ部3章,Ⅱ部2章§2.2,§2.3,Ⅱ部4章§4.2およびⅢ部2章§2.2は,それらによってλ計算論の小冊子となってくる.

(2) 2点目は,定理の証明に関してである.定理を眺めただけで,定理のおおよその内容なりイメージなりが得られる場合は,証明への目通しを省略して,どんどん先へ進むことができる.証明は,自分が掴んだと思われる内容なりイメージなりの確認の機会として,後に改めて目通しする読み方もあり得る,ということである.もとより深い理解のためには,少なくとも中核となる定理については,とことんの目通しが必要であることはいうまでもない.

なお本書での定理の証明は,この序のはじめでも触れたように,記号論理が初めての方もお読みいただけるよう,できる限り丁寧に記してある.またそこでの論証は,すべて通常の論理(i.e. 古典論理)の立場に立ったものとなっている.すなわち背理法などもどんどん使用している.

以上 (1),(2) の2点ほど,参考までに申し添えておいた.

第Ⅰ部
記号論理の基礎理論

第1章　推理論——述語論理

　述語論理では，命題を構成する語結合が注目され，その上で正しい推論の姿が捉えられていく．またそこで打ち出される推論論は，記号論理と呼ばれる各種の理論領域いずれにおいても大前提とされる．そこでこの章では，その基礎事項の要所中の要点をまとめ，本書の各所で前提として必要となる知見を用意する．

　§1.1では，述語論理が各命題に記号表現を付与すること（i.e. 形式化）からスタートするゆえ，まずこの事柄の要点が記される．

　§1.2では，形式化に伴って導入される結合子 $\vee, \wedge, \supset, \neg$，限量記号 $\exists, \forall$，および推論記号 $\rightarrow$ などの論理語が，その各々の推論の機能を踏まえた仕方で，各々定義される（i.e. 各々の公理が与えられる）．またその上で，その定義をみたすものをはじめ，それらが組み合されそれらから構成されるものが正しい推論であることが触れられ，その一端が例示される．

　§1.3では，正しい推論の明示化は公理—定理の関係の明示化を結果し，古来からあった公理化の試みは，明確に形式化された形の公理系として捉え直されることが指摘される．またその例として自然数論の公理系 N が例示される．

　なお §1.3 では述語論理での推論法として，それを多少なりとも簡便化した"簡易推論法"についても，例にそって言及される．

§1.1　論　理　式

命題の形式化

　はじめに述語論理（i.e. 一階述語論理）での命題の形式化（i.e. 記号化）を

取り上げる．すでにこの章の前置きで触れたように，述語論理は命題を構成する語結合が注目され，その上で正しい推論の姿が捉えられていく．それゆえ，命題の形式化に当っても，命題を構成する語結合の様子が記号で表わされていくことになる．ただしその際特徴的なことは，語を大きく二つのタイプに分けた上で，語結合の様子が記号化されていくことである．ではその二つのタイプとはどのようなものか．一つは，命題が表現しようとしている世界（i.e. 領域）において個体とみなされるものを指示するタイプの語であり，他の一つは，その領域に属する個体たちのある集り（i.e. クラス）または複数個の個体よりなる組たちのある集り（i.e. クラス）に対応する語のタイプである．すなわち領域を仮に D で表わすと，一つは D の元 d を指示する語のタイプであり，他の一つは D の元からなるあるクラスまたは D の元 $d_1, \cdots, d_n$ の組 $\langle d_1, \cdots, d_n \rangle$ を元とするあるクラスに対応する語のタイプである．しかもその各々の記号としては，前者のタイプの語にはローマ字母の小文字が，後者のタイプの語にはローマ字母の大文字があてがわれ，記号化されていく．たとえば，D が自然数の集合の場合，命題「3 は奇数である」は，Pa（ただし，$a : 3$，$P_○ : ○$は奇数である，として）と記号化され，命題「5 は 3 より大きい」は，Qab（ただし，$a : 5$，$b : 3$，$Q_{○△} : ○$は△より大きい，として）と記号化される．

　しかしいま触れた例は，もとより極端に簡単な場合であり，より複雑な命題の形式化に当っては，語を二つのタイプに分けていく，という原理に立ちつつも，命題が表現する世界の個体たちからなる領域 D を変域とする不定の個体や周知の論理語も導入されて記号化されていく．すなわちそれらの記号としては，不定の個体（i.e. あるもの）には，x, y, z などのローマ字母の小文字が，論理語または，そして，ならば，でない，存在する，すべて，の各々には，記号 $\vee, \wedge, \supset, \neg, \exists, \forall$ があてがわれ，記号化されていく．たとえば，D が実数の集合の場合，命題「自然数には最大数は存在しない」は，$\neg \exists x (Px \wedge \forall y (Py \supset Rxy))$（ただし，$P_○ : ○$は自然数である，$R_{○△} : ○$は△より大きいか等しい（i.e. $△ \leqq ○$），として）と記号化される．なお D が自然数の集合の場合とすると同命題は，$\neg \exists x \forall y Rxy$（または Rxy の代りに，通常の記号 $y \leqq x$ を直接使えば，$\neg \exists x \forall y (y \leqq x)$）とも記号化される．

またたとえば，D として日常的な世界を考えた場合，命題「どんな人にも親はいる」は，$\forall x(Px \supset \exists y(Py \land Qxy))$（ただし，$P_\circ$：○ は人である，$Q_{\circ\triangle}$：△は○の親である，として）と記号化される．

注意 ものの集りは，通常，集合と呼ばれるが，今日の集合論の立場では，正確な意味では集合とはいえない集りもあり，その点を考慮して，上ではクラスとした．もとよりクラスには集合も含まれる．

以上，述語論理での命題の形式化について，語を二つのタイプに分けていくことを強調しつつ，若干の簡単な具体例を添えて，そのおおよその方向を示してみた．そして実は，命題の形式化として，このように記号化された各命題に対応する記号形態こそが，述語論理でのいわゆる論理式に他ならない．すなわち以上は，述語論理での論理式について，まずはそのおおよそのところを眺めてみた，ということである．

論理式の定義

では正式には述語論理の論理式はどのように定義されるのか．以下，論理式の素材となる諸記号，述語論理での論理式およびそれに関連する諸事項について，その定義を順次提示していく．

定義（諸記号の名称）
(1) 1) $a, b, c, \cdots$（または a_i $(i=1, 2, \cdots)$）は，「個体常項」(individual constant) または単に「常項」(constant) と呼ばれる．

2) $x, y, z, \cdots$（または x_i $(i=1, 2, \cdots)$）は，「個体変項」(individual variable) または単に「変項」(variable) と呼ばれる．

3) 常項と変項とを合せて，それらは「項」(term) と呼ばれ，記号では $t, s, \cdots$（または t_i $(i=1, 2, \cdots)$）で表わされる．

(2) $P, Q, R, \cdots$（または P_i $(i=1, 2, \cdots)$）は，「述語記号」(predicate symbol) と呼ばれる．なお述語記号の右横に伴う項の数が 1 個の場合，2 個

の場合，n 個の場合，各々「単項述語」(singular predicate)，「2項述語」(binary predicate)，「n項述語」(n-ary predicate) と呼ばれる．また2項以上の述語は，「関係」(relation) とも呼ばれる．

（3） $f, g, h, \cdots$（または f_i ($i = 1, 2, \cdots$)）は，「関数記号」(function symbol) と呼ばれる．

（4） 1） $\vee, \wedge, \supset, \neg$ は，各々「選言」(disjunction)，「連言」(conjunction)．「条件法」(conditional)，「否定」(negation) と呼ばれる．

2） $\exists, \forall$ は各々「存在記号」(existential quantifier)，「全称記号」(universal quantifier) と呼ばれる．なお，存在記号と全称記号とを合せて，それらは「限量記号」(quantifier) と呼ばれる．

（5） (,) は「括弧」(parentheses)， , は「コンマ」(comma) と，各々呼ばれる． □

定義（要素式と論理式）

（1） $P_i t_1 \cdots t_n$ は「要素式」(atomic formula または atom) と呼ばれる．ただし $i = 1, 2, \cdots$ であり，また $t_1, \cdots, t_n$ (n：自然数) は各々項である．なお項としては，a_i, x_i に加えて $f_k(t_{l_1}, \cdots, t_{l_m})$ (i.e. 関数記号＋有限個の項，$k = 1, 2, \cdots$) も項である．

（2） 次の1）～3）をみたす記号形態は，「論理式」(well formed formula, wff と略記) と呼ばれる．

1） 要素式は wff である．

2） A, B を各々 wff とする．その上で，$(A) \vee (B)$，$(A) \wedge (B)$，$(A) \supset (B)$，$\neg (A)$，$\exists x_i (A x_i)$，$\forall x_i (A x_i)$ は，各々 wff である．

ただし，( ) 内が要素式のとき，または $\neg$ や $\exists$ や $\forall$ が先頭にある wff のときは，( ) を省略する．なお $A x_i$ は，wff A 中に x_i が自由変項（後出）として現われていることを表わしている．

3） 1），2）によって wff とされるもののみが wff である． □

注意 1） 要素式の例としては，$Pa, Px, Qab, Qxb, Qxy, Razb, Qaf(x, y)$，…など．また本章以外の後出する他の章では，$Pa, Qxy, Ax$ などに相当する記

号表現として，$P(a)$，$Q(x,y)$，$A(x)$ などが使用される．

2) (2) の wff の定義は，構成の出発点となる式と，新しい式を構成する手続きからなる仕方での定義（i.e. 帰納的 recursive な定義）となっている．なおその際，(2) 2) におけるように，各 wff はローマ字母大文字 $A, B, C, \cdots$（または A_i ($i=1,2,\cdots$)) で表わされる．また (2) 2) のただし書は，たとえば，$(Pa)\wedge(\neg(Qb))$ の場合，$Pa\wedge\neg Qb$ と表わされること，$\neg(\forall x(Px\supset Qx))\wedge(\exists xPx)$ の場合，$\neg\forall x(Px\supset Qx)\wedge\exists xPx$ と表わされることを指示している．

論理式の定義につづいて，今後よく使用される論理式に関連する用語について，その定義を与える．

定義（束縛変項，自由変項など）

(1) wff 中の変項について．

1) wff $\exists x_i(B)$，$\forall x_i(B)$ 各々において，B は $\exists x_i$，$\forall x_i$ 各々の「作用域」(scope) と呼ばれる．

2) wff A 中の変項 x_i が，A 中の $\exists x_i$ または $\forall x_i$ の作用域中に現われているとき，その変項 x_i は wff A の中で「束縛変項」(bound variable) であると呼ばれる．また wff A 中の変項 x_i が，そのようになっていないとき，その変項 x_i は wff A の中で「自由変項」(free variable) であると呼ばれる．

(2) 1) 少なくとも 1 個の自由変項が現われている wff は，「開いた式」(open formula) と呼ばれる．

2) 開いた式ではない wff は，すべて「閉じた式」(closed formula) と呼ばれる．

(3) 項 t を wff Ax_i の x_i のところに代入したとき，t に含まれる自由変項 x_i が Ax_i 中の $\exists x_i$ または $\forall x_i$ の作用域に入り束縛変項となってしまうことのない場合，「t は Ax_i の x_i に対して自由である」(t is free for x_i in Ax_i) と呼ばれる． □

注意 1) 念のため，定義 (1), (2) に関しての例を添えておこう．たとえば，wff $Px\wedge\forall x(Qx\supset\neg Rxy)$ において，Px の x および $\neg Rxy$ の y は自由変項であり，( ) 内 Qx および $\neg Rxy$ の x は束縛変項である．また wff Qab のよう

に変更が全く現われない式は，閉じた式である．

2) 定義 (3) の例も添えておこう．たとえば，項 y は $\exists yRxy$ の x に代入することはできない．しかし項 z は $\exists yRxy$ の x に代入できる．すなわち y は $\exists yRxy$ の x に対して自由ではない．しかし z は $\exists yRxy$ の x に対して自由である．

補　遺

この § の最後に，頻出する「P であるものと Q であるものとは R という関係にある」といったおおよその内容をもつ命題の記号化について，少しコメントしておこう．というのも，上記の命題については，$\exists$ と $\forall$ によって，P と Q との関係が下記のように四つの場合に明確に分類できるからである．

$\forall\forall$型　$\forall x(Px \supset \forall y(Qy \supset Rxy))$ i.e. $\forall x \in P \forall y \in Q Rxy$

$\forall\exists$型　$\forall x(Px \supset \exists y(Qy \land Rxy))$ i.e. $\forall x \in P \exists y \in Q Rxy$

$\exists\forall$型　$\exists y(Qy \land \forall x(Px \supset Rxy))$ i.e. $\exists y \in Q \forall x \in P Rxy$

$\exists\exists$型　$\exists x(Px \land \exists y(Qy \land Rxy))$ i.e. $\exists x \in P \exists y \in Q Rxy$

$\forall\forall$型はたとえば，「どんな磁石も鉄製のものはすべて引きつける」といった日常文の記号化であり，P に属するどんな個体も，Q に属するどんな個体と R という関係にあることを表わしている．$\exists\exists$型は，「ある医者はあるたばこを喫む」といった日常文の記号化であり，P に属する一部の個体と Q に属する一部の個体との間に R という関係があることを表わしている．

注意すべきは，$\forall\exists$型と $\exists\forall$型との違いである．$\forall\exists$型は，「どんな少年にも好きな少女がいる」といった日常文の記号化であり，そこでのポイントは，少年が誰であるかによって好かれる少女も変わってくる，という内容となっている点である．それに対して $\exists\forall$型は，「どんな少年にも好かれる少女がいる」といった日常文の記号化であり，そこでのポイントは，どの少年に好かれるかには全く依存せず，すべての少年に好かれる少女（i.e. スーパーアイドル）の存在が，その内容となっている点である．$\exists\forall$型は，先に触れた最大数の存在を問題にしている命題の記号化の一部にも現われていた．それに対して $\forall\exists$型の $\forall x(Px \supset \exists y(Py \land x \leq y))$ は，自然数 x に依存して存在する自然数 y が x に応じて変ってくる数となってくる内容である．

$\exists$ と $\forall$ の順序の違いによって，内容が全く異なってくる点は，初歩的な事

柄とはいえ，改めて注意しておく．実際この点を踏まえるとき，次に掲げる∃や∀を使った (1) 数列の極限，(2) 関数の連続性，(3) 関数の一様連続性などの定式化が，各々その内容を明確に捉えたものとなっていることは，自ずと明らかであろう．

(1) 　数列 $a_0, a_1, \cdots$ は a に収束する $\iff \forall \varepsilon > 0 \exists n \in \omega \forall m \in \omega (m > n \supset |a_m - a| < \varepsilon)$．

(2) 　区間 I で関数 $f(x)$ は連続である $\iff \forall x \in I \forall \varepsilon > 0 \exists \delta > 0 \forall y \in I (|x-y| < \delta \supset |f(x) - f(y)| < \varepsilon)$．

(3) 　区間 I で関数 $f(x)$ は一様連続である $\iff \forall \varepsilon > 0 \exists \delta > 0 \forall x \in I \forall y \in I (|x-y| < \delta \supset |f(x) - f(y)| < \varepsilon)$．

ただし (1)〜(3) において，ε, δ は正なる実数とする．また ω は非負の整数の集合（i.e. $\omega = \{0, 1, 2, \cdots\}$）とする．

§1.2　正しい推論

基本となる正しい推論

述語論理における命題の形式化としての論理式については，一応前§1.1 の言及に留め，この§では推理論の中心テーマである正しい推論について，述語論理ではどのように捉えられているかを，簡単に眺めておく．そのために，推論がいくつかの命題からなる前提から，一つの命題を結論として引き出すことであることから，そのことの形式化である推論式の定義をまず与えよう．

定義（推論式）

$A_1, \cdots, A_n \to C$ は「推論式」(sequent) と呼ばれる．また $\to$ は「推論記号」(inference symbol) と呼ばれる．ただし，$A_i (1 \leq i \leq n)$ は各々前提に現われる命題の wff であり，C は結論の命題の wff である．なお，結論は必ず存在するとされるが，前提については全くない場合もあり得るとされる．□

さてそれでは，上に導入した推論式を使って，述語論理での正しい推論はどのように捉えられているか．さっそくその点を記しておく．まず第1には，下記のⅠ〜Ⅲの中の9個の推論式が注目され，それらが正しい推論式の基本的なものとされる（ただし i)，ii) 合せて1個としている）．つづいて第2には，推論式から別の推論式を引き出す際の推論式間の推論規則として，下記のⅠ〜Ⅲの中の6個のもの（＊印を付したもの）が，基本的な推論規則とされる．したがって述語論理では，9個の基本的な正しい推論式のいずれかをもとに，6個の基本的な推論規則のいずれかを適用して引き出されてくる推論式が，正しい推論式（i.e. 正しい推論）のすべてであると捉えられている．すなわち述語論理（i.e. 一階述語論理）での正しい推論を表わす正しい推論式は，Ⅰ〜Ⅲに現われる計15個の公理からなる公理系（後述）Lとして捉えられている．

Ⅰ （→についての公理）
(1) $A_1, \cdots, A_n \to A_i$ （ただし $1 \leq i \leq n$）
(2) $\Gamma \to B_1$ かつ $\Gamma \to B_2$ かつ $\cdots$ かつ $\Gamma \to B_m$ および $B_1, \cdots, B_m \to C$
$\Rightarrow \Gamma \to C$.　　＊

Ⅱ （∨, ∧, ⊃, ¬についての公理）

	導入（intro.）	除去（elimi.）
∨	ⅰ）$A \to A \vee B$ ⅱ）$B \to A \vee B$	$\Gamma, A \to C$ かつ $\Gamma, B \to C$ $\Rightarrow \Gamma, A \vee B \to C$　　＊
∧	$A, B \to A \wedge B$	ⅰ）$A \wedge B \to A$ ⅱ）$A \wedge B \to B$
⊃	$\Gamma, A \to B$ $\Rightarrow \Gamma \to A \supset B$　　＊	$A, A \supset B \to B$
¬	$\Gamma, A \to D \wedge \neg D$ $\Rightarrow \Gamma \to \neg A$　　＊	1) $D \wedge \neg D \to B$ 2) $\neg \neg A \to A$

Ⅲ （∃, ∀についての公理）

	導入（intro.）	除去（elimi.）
∃	$At \to \exists x_i A x_i$	$\Gamma, A x_i \to C$ $\Rightarrow \Gamma, \exists x_i A x_i \to C$ ＊
∀	$\Gamma \to A x_i$ $\Rightarrow \Gamma \to \forall x_i A x_i$ ＊	$\forall x_i A x_i \to At$

ただしⅠ, Ⅱ, Ⅲに現われる Γ は $A_1, \cdots, A_n$ なる wff の列を表わしている．なお空列の場合も含む．

またⅢについては，次の条件 (1), (2) が伴う．
(1) t は項であり，しかも t は Ax_i の x_i に対して自由である，とする．
(2) Ⅲでの Γ, C には，x_i は自由変項としては現われていないこととする．

注意 1) Ⅰ(2)＊は「カット」(cut) とも呼ばれる．また⊃の除去は「前件肯定式」(modus ponens) とも呼ばれる．
2) intro. は introduction の略，elimi. は elimination の略である．
3) 上の公理系 L は，いわゆる「古典論理」(classical logic, CL と略記) の公理系である．なお¬の除去の2) $\neg\neg A \to A$ (i.e. 二重否定の除去) を認めない立場があり，これを上の公理群から除いた公理系は，いわゆる「直観論理」(intuitionistic logic, IL と略記) の公理系となる．また $\neg\neg A \to A$ は $\to A \lor \neg A$ (i.e. 排中律) と同等となることが示されるゆえ，IL は排中律を容認しない論理でもある．CL と IL との問題は，Ⅲ部3章で改めて取り上げられる．
4) なぜ上記の公理たちが基本的なものとされるのかについては，Ⅲ部1章で詳しく言及される．

身近な正しい推論式の導出

以上，述語論理での正しい推論がどのように捉えられているかについて，その中核部（i.e. 公理）は明らかにしたが，ここからよく使用される身近な正しい推論式がどのように引き出されてくるのかは，直ちに明らかではない．しかしここでその手順を詳しく示していく余裕はない．以下では，例示とい

う方法で，引き出される過程（i.e. 証明）の具体例をいくつか添えるに留めておく．

例1 $\neg A, A \vee B \to B$

証明 ① $\neg A, B \to B$ 　　　　　　　　　　　　　　　　　I (1)
② $\neg A, A \to A \wedge \neg A$ 　　　　　　　　　　　　　　$\wedge$ intro.
③ $A \wedge \neg A \to B$ 　　　　　　　　　　　　　　　　$\neg$ elimi. 1)
④ $\neg A, A \to B$ 　　　　　　　　　　　　　　　　　②③ cut
⑤ $\neg A, A \vee B \to B$ 　　　　　　　　　　　　　　①④ $\vee$ elimi. □

例2 $A \supset B \to \neg B \supset \neg A$

証明 ① $A, A \supset B, \neg B \to A$ 　　　　　　　　　　　I (1)
② $A, A \supset B, \neg B \to A \supset B$ 　　　　　　　　I (1)
③ $A, A \supset B \to B$ 　　　　　　　　　　　　　　　$\supset$ elimi.
④ $A, A \supset B, \neg B \to B$ 　　　　　　　　　　　①②③ cut
⑤ $A, A \supset B, \neg B \to \neg B$ 　　　　　　　　　　I (1)
⑥ $B, \neg B \to B \wedge \neg B$ 　　　　　　　　　　　　$\wedge$ intro.
⑦ $A, A \supset B, \neg B \to B \wedge \neg B$ 　　　　　　④⑤⑥ cut
⑧ $A \supset B, \neg B \to \neg A$ 　　　　　　　　　　　⑦ $\neg$ intro.
⑨ $A \supset B \to \neg B \supset \neg A$ 　　　　　　　　　⑧ $\supset$ intro. □

例3 $\neg(A \vee B) \to \neg A \wedge \neg B$

証明 ① $\neg(A \vee B), A \to A$ 　　　　　　　　　　　　I (1)
② $A \to A \vee B$ 　　　　　　　　　　　　　　　　　$\vee$ intro.
③ $\neg(A \vee B), A \to A \vee B$ 　　　　　　　　　　①② cut
④ $\neg(A \vee B), A \to \neg(A \vee B)$ 　　　　　　　　I (1)
⑤ $A \vee B, \neg(A \vee B) \to (A \vee B) \wedge \neg(A \vee B)$ 　$\wedge$ intro.

⑥ ¬(A∨B), A →(A∨B)∧¬(A∨B)　　　　　③④⑤ cut
⑦ ¬(A∨B) → ¬A　　　　　　　　　　　　⑥ ¬ intro.
⑧ ¬(A∨B) → ¬B　　　　　　　　　　　　①〜⑦と同様に
⑨ ¬A, ¬B → ¬A∧¬B　　　　　　　　　　∧ intro.
⑩ ¬(A∨B) → ¬A∧¬B　　　　　　　　　　⑦⑧⑨ cut □

例 4　$\neg(A \wedge B) \to \neg A \vee \neg B$

証明　① ¬(A∧B), ¬(¬A∨¬B) → ¬(¬A∨¬B)　　I (1)
② ¬(¬A∨¬B) → ¬¬A∧¬¬B　　　　　　　　　　例 3
③ ¬¬A∧¬¬B → ¬¬A　　　　　　　　　　　　　∧ elimi.
④ ¬¬A → A　　　　　　　　　　　　　　　　　¬ elimi. 2)
⑤ ¬(A∧B), ¬(¬A∨¬B) → A　　　　　　　　　　①〜④ cut
⑥ ¬(A∧B), ¬(¬A∨¬B) → B　　　　　　　　　　①〜⑤と同様に
⑦ A, B → A∧B　　　　　　　　　　　　　　　　∧ intro.
⑧ ¬(A∧B), ¬(¬A∨¬B) → A∧B　　　　　　　　　⑤⑥⑦ cut
⑨ ¬(A∧B), ¬(¬A∨¬B) → ¬(A∧B)　　　　　　　I (1)
⑩ A∧B, ¬(A∧B) → (A∧B)∧¬(A∧B)　　　　　　∧ intro.
⑪ ¬(A∧B), ¬(¬A∨¬B) → (A∧B)∧¬(A∧B)　　　⑧⑨⑩ cut
⑫ ¬(A∧B) → ¬¬(¬A∨¬B)　　　　　　　　　　　⑪ ¬ intro.
⑬ ¬¬(¬A∨¬B) → ¬A∨¬B　　　　　　　　　　　¬ elimi. 2)
⑭ ¬(A∧B) → ¬A∨¬B　　　　　　　　　　　　　⑫⑬ cut □

例 5　$\neg \exists x Ax \to \forall x \neg Ax$

証明　① ¬∃xAx, Ax → Ax　　　　　　　　　　　　　I (1)
② Ax → ∃xAx　　　　　　　　　　　　　　　　　∃ intro.
③ ¬∃xAx, Ax → ∃xAx　　　　　　　　　　　　　①② cut
④ ¬∃xAx, Ax → ¬∃xAx　　　　　　　　　　　　 I (1)
⑤ ∃xAx, ¬∃xAx → ∃xAx∧¬∃xAx　　　　　　　　∧ intro.

⑥ ¬∃xAx, Ax → ∃xAx ∧ ¬∃xAx   ③④⑤ cut
⑦ ¬∃xAx → ¬Ax   ⑥ ¬intro.
⑧ ¬∃xAx → ∀x¬Ax   ⑦ ∀ intro. □

例 6　$\exists x \forall y Axy \to \forall y \exists x Axy$

証明　① $\forall y Axy \to Axy$ ∀ elimi.
　　　② $Axy \to \exists x Axy$ ∃ intro.
　　　③ $\forall y Axy \to \exists x Axy$ ①② cut
　　　④ $\exists x \forall y Axy \to \exists x Axy$ ③ ∃ elimi.
　　　⑤ $\exists x \forall y Axy \to \forall y \exists x Axy$ ④ ∀ intro. □

　注意　1) 例 1 は「選言的三段論法」(disjunctive syllogism), 例 2 は「対偶」(contraposition) の一部, 例 3, 例 4 は「ディ・モーガン」(De Morgan) の一部で, いずれもごく身近な正しい推論式である.
　2) 例 4 の証明では, ¬elimi. 2) (i.e. $\neg\neg A \to A$) が使われており, 例 4 は IL では認められない. 同様のことは, 対偶の逆などの証明にもいえる.

　上に掲げた例からも分かるように, 先に記した公理群から種々の正しい推論式を引き出す過程 (i.e. 証明) は, それを真正直に展開するとき, 簡潔さと透明さを欠いたものとなっている. この点, いわゆるゲンツェン (Gentzen, G.) の NK, NJ, LK, LJ などの論理体系では, 証明法が理論的に整理されており, よりすっきりした仕方でその証明 (図) を与えることができるようになっている (多くの文献で参照可能). しかしここでは, 後の Ⅲ 部 1 章で論理語の意味に言及する場合のことを考慮して, 先に記した公理系 L を提示した.

　等号 = について

　ところで二つの個体間の同一性を表わす 2 項間の等号 = は, 2 項述語の一つと言えるが, 場合によっては, 基本的な論理記号の一つとして位置づけら

れることもある．ただしその場合には，当然のことながら改めてその性格が，次のように定義される．

定義（等号 =）
(1) $\rightarrow \forall x_i(x_i = x_i)$.
(2) $x_i = x_j \rightarrow Ax_i \supset Ax_j$.
ただし，Ax_j は A で x_i が現われているところ（すべてでなくともよい）を x_j に置きかえた wff であり，またその置きかえに際して，x_j は Ax_i の x_i に対して自由であるとする． □

注意 1) (1) は「同一性」(equality, identity)，(2) は「代入可能性」(substitutivity) と呼ばれる性格を表わしている．
2) 等号 = をはじめから論理記号とする述語論理は，「等号つき述語論理」(predicate logic with equality) と呼ばれる．

等号についても取り上げるべきことは多々ある．しかしここでは，上の定義から簡単に引き出せる = に関する大切な推論式を，二つほど提示するに留めておく．なおこれらは，後に時々使用されることになる．
(1) $Aa \rightleftarrows \exists x(x = a \wedge Ax)$.
(2) $\exists_1 xAx \rightleftarrows \exists x(Ax \wedge \forall y(Ay \supset x = y))$. ただし $\exists_1$ は一意的存在を表わしている．i.e. $\exists_1 xAx \underset{\text{df}}{\Longleftrightarrow} \exists xAx \wedge \forall x \forall y((Ax \wedge Ay) \supset x = y)$.

§1.3 公 理 系

公理系と述語論理

公理系 axiomatic system とは，そのおおよそをいえば，ある分野の真なる命題群を統一的に把握するために，その真なる命題群の中から有限個の代表者（i.e. 公理 axioms）を決め，残りの真なる命題たちをすべてを，論理（i.e. 正しい推論）を使って，そこから引き出されたもの（i.e. 定理 theorems）として捉えていくという仕方で，その分野の真なる命題群が整理されている形態のことである．これはユークリッド（Euclid）の「原論」（Stoicheia）以来，学的知識の整理法として周知の事柄でもある．しかし記号論理で公理系というとき，それは，そこで使用される論理が，述語論理などのように，その正しい推論の姿が明確にされている論理となっている公理系のことである．以下では，もっぱら一階述語論理を前提した公理系についてのみ，問題にしていく．

ところで，述語論理と結びついた公理系においては，問題となっている分野の各命題はすべて予め述語論理の論理式 wff として表わされ，またその上で，その分野の公理から定理が引き出される過程，さらにその定理から別の定理が引き出される過程などは，すべて述語論理の推論式として表わされる．したがってこのような公理系では，ある定理が目ざされている場合，いくつもの推論式が列ねられることになり，その列ねられた推論式の最終推論式の結論部分に，目ざされた定理は現われることになる．

しかしこのような形態をとるとなると，ある分野の公理系を具体的に展開することは，大変な作業となり，きわめて非現実的である．そこで実際には，公理系での推論が上に触れたようなものであることを念頭におきつつ，また一方で述語論理で明らかにされている身近な正しい推論式などを念頭におきつつ，日常語をも使って展開されるのが普通である．後に 4 章で概観する集合論の公理系においても，このごく普通の仕方での展開となっている．

しかしそこまで実際的になる以前の段階として，もう少し使い易い述語論理の推論法もある．公理系をテーマとするこの § としては，さっそく具体的な公理系などを例示すべきであるが，やはりその前に，この使いやすい推論法（仮に"簡易推論法"と名付ける）に言及しておくことにする．

簡易推論法

述語論理の簡易推論法について，そのおおよそをいえば，下記の 5 個の推論規則（i.e. EG, EI, UG, UI, P*）に従って，前提となる wff たちから少しずつ wff を引き出し，結論としての目ざす wff に到達する，という推論法

である．したがって書式としても，推論式の列ではなく，wff の列という形態をとることになる．

〈5 個の推論規則〉

EG（存在汎化）：At_j から $\exists x_i Ax_i$ を引き出してよい．

　EGR：ただし t_j は Ax_i の x_i に対して自由である項とする．

EI（存在例化）：$\exists x_i Ax_i$ から $A\bar{a}_j$ を引き出してよい．

　EIR：ただし $\bar{a}_j$ は，A であるような x_i を表わす．なおこのような $\bar{a}_j$ は，限定任意の変項と呼ばれる．また A が 2 項以上の述語の場合，A の他の自由変項たちを $\bar{a}_j$ の右下に付加するものとする（A が 2 項述語で他の自由変項が x_l の場合，$\bar{a}_{jx_l}$ のようにする）．

UG（全称汎化）：Ax_i から $\forall x_i Ax_i$ を引き出してよい．

　UGR1：前提の諸 wff（ただし論理定理である wff は除く）で自由変項として現われている x_i には，UG を適用してはいけない．

　UGR2：限定任意の変項の右下添字となっている変項（$\bar{a}_{jx_l}$ の場合，x_l のこと）には，UG を適用してはいけない．

UI（全称例化）：$\forall x_i Ax_i$ から At_j を引き出してよい．

　UIR：ただし t_j は Ax_i の x_i に対して自由である項とする．

P*（結合子推論）：前§公理系 L 中 I，II で示されている事柄，およびそこから引き出される身近な正しい推論式で示される事柄は，wff から wff の引き出しにいつでも使ってよい．

　　注意　5 個の推論規則としたが，P* では数多くの引き出し方が認められていることになり，正確には 5 個とはいえない．数を制限すれば，結局は公理系 L と同じ 15 個となる．しかしそこから得られる身近な正しい推論式をも適宜使用できること，書式も wff から wff を引き出すスタイルとなっていることなどが，簡易推論法の簡易たるところである．

　もとより 5 個の推論規則の提示だけでは，簡易推論法に言及したことにはならない．規則各々の詳しい説明，その使い方などに言及しなければならない．しかしここではその余裕はない．以下では，例示という方法をとり，推論の手順として注意すべき点を含む簡単な例を，三つほど添えるに留めてお

例 1　$\forall x(Px\supset\forall y(Qy\supset\neg Rxy))$, $\exists x(Px\wedge\forall y(Sy\supset Rxy))\to\forall x(Sx\supset\neg Qx)$

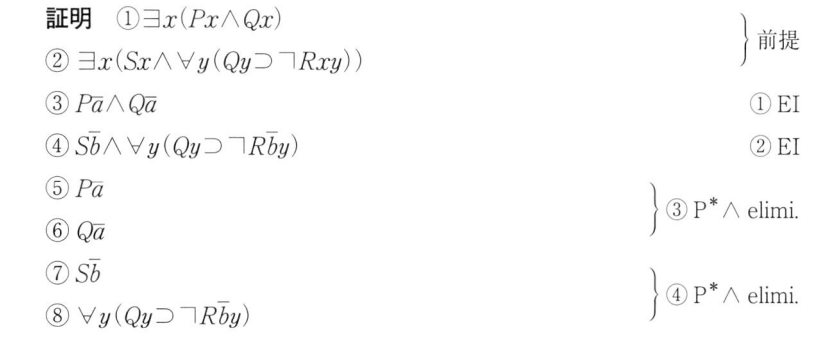

証明　① $\forall x(Px\supset\forall y(Qy\supset\neg Rxy))$ ⎫
② $\exists x(Px\wedge\forall y(Sy\supset Rxy))$ ⎬ 前提
③ $P\bar{a}\wedge\forall y(Sy\supset R\bar{a}y)$　　　　　　　（EI を UI より先行）② EI
④ $P\bar{a}$ ⎫
⑤ $\forall y(Sy\supset R\bar{a}y)$ ⎬ ③ P$^*\wedge$ elimi.
⑥ $P\bar{a}\supset\forall y(Qy\supset\neg R\bar{a}y)$　　　　　　　　　　　　　　① UI
⑦ $\forall y(Qy\supset\neg R\bar{a}y)$　　　　　　　　　　　　　　④⑥ P$^*\supset$ elimi.
⑧ $Sx\supset R\bar{a}x$　　　　　　　　　　　　　　　　　　　⑤ UI
⑨ $Qx\supset\neg R\bar{a}x$　　　　　　　　　　　　　　　　　　⑦ UI
⑩ $R\bar{a}x\supset\neg Qx$　　　　　　（対偶：$A\supset\neg B\to B\supset\neg A$）⑨ P*対偶
⑪ $Sx\supset\neg Qx$　　　　　　（推移：$A\supset B, B\supset C\to A\supset C$）⑧⑩ P*推移
⑫ $\forall x(Sx\supset\neg Qx)$　　　　（⑪の x は前提で自由ではないゆえ）⑪ UG　□

例 2　$\exists x(Px\wedge Qx)$, $\exists x(Sx\wedge\forall y(Qy\supset\neg Rxy))\to\exists x(Px\wedge\neg\forall y(Sy\supset Ryx))$

証明　① $\exists x(Px\wedge Qx)$ ⎫
② $\exists x(Sx\wedge\forall y(Qy\supset\neg Rxy))$ ⎬ 前提
③ $P\bar{a}\wedge Q\bar{a}$　　　　　　　　　　　　　　　　　　　① EI
④ $S\bar{b}\wedge\forall y(Qy\supset\neg R\bar{b}y)$　　　　　　　　　　　　　② EI
⑤ $P\bar{a}$ ⎫
⑥ $Q\bar{a}$ ⎬ ③ P$^*\wedge$ elimi.
⑦ $S\bar{b}$ ⎫
⑧ $\forall y(Qy\supset\neg R\bar{b}y)$ ⎬ ④ P$^*\wedge$ elimi.

⑨ $Q\bar{a} \supset \neg R\bar{b}\bar{a}$ ⑧ UI
⑩ $\neg R\bar{b}\bar{a}$ ⑥⑨ P* ⊃ elimi.
⑪ $\forall y(Sy \supset Ry\bar{a})$ （¬intro. 適用のため）仮定
⑫ $S\bar{b} \supset R\bar{b}\bar{a}$ ⑪ UI
⑬ $R\bar{b}\bar{a}$ ⑦⑫ P* ⊃ elimi.
⑭ $R\bar{b}\bar{a} \wedge \neg R\bar{b}\bar{a}$ ⑩⑬ P* ∧ intro.
⑮ $\neg \forall y(Sy \supset Ry\bar{a})$ ⑪⑭ P* ¬intro.
⑯ $P\bar{a} \wedge \neg \forall y(Sy \supset Ry\bar{a})$ ⑤⑮ P* ∧ intro.
⑰ $\exists x(Px \wedge \neg \forall y(Sy \supset Ryx))$ ⑯ EG □

例 3　$\exists x(Px \wedge Qx), \forall x(Sx \supset \forall y(Qy \supset \neg Rxy)) \rightarrow \exists x(Px \wedge \forall y(Sy \supset \neg Ryx))$

証明　① $\exists x(Px \wedge Qx)$ } 前提
② $\forall x(Sx \supset \forall y(Qy \supset \neg Rxy))$
③ $P\bar{a} \wedge Q\bar{a}$ ① EI
④ $P\bar{a}$ } ③ P* ∧ elimi.
⑤ $Q\bar{a}$
⑥ $Sx \supset \forall y(Qy \supset \neg Rxy)$ ② UI
⑦ Sx （⊃intro. 適用のため）仮定
⑧ $\forall y(Qy \supset \neg Rxy)$ ⑥⑦ P* ⊃ elimi.
⑨ $Q\bar{a} \supset \neg Rx\bar{a}$ ⑧ UI
⑩ $\neg Rx\bar{a}$ ⑤⑨ P* ⊃ elimi.
⑪ $Sx \supset \neg Rx\bar{a}$ ⑦⑩ P* ⊃ intro.
⑫ $\forall x(Sx \supset \neg Rx\bar{a})$ （⑪の x は前提で自由ではないゆえ）⑪ UG
⑬ $S\bar{y} \supset \neg R\bar{y}\bar{a}$ ⑫ UI
⑭ $\forall y(Sy \supset \neg Ry\bar{a})$ （⑬の y は前提で自由ではないゆえ）⑬ UG
⑮ $P\bar{a} \wedge \forall y(Sy \supset \neg Ry\bar{a})$ ④⑭ P* ∧ intro.
⑯ $\exists x(Px \wedge \forall y(Sy \supset \neg Ryx))$ ⑮ EG □

注意 1) 例2のように ¬∀ や ¬∃ を導出するためには，¬ intro. を念頭に，¬ を除いた部分を仮定する．
  2) 例3の②を UI する場合，UI の結果他の式と結びつく可能性がないときは，そのまま UI する．その上で，⊃ intro. を念頭にその前件部分を仮定して推論を進める．

自然数論の公理系 N

簡易推論法のために大分回り道をしたが，述語論理と結びついた公理系について，その具体例を眺めていこう．典型的な具体例としては，自然数論の公理系 N と集合論の公理系 ZFC などがある．しかし後者は後に4章で取り上げられるので，ここでは公理系 N についてごく簡単に見てみることにする．

　[1]　公理系 N の基本記号
(1)　基本述語： = （等号）．
(2)　基本関数： ′（後者関数），+（加法），・（乗法）．
(3)　基本常数：0（ゼロ）．
(4)　その他： $x, y, z, \cdots$（変数，変域は ω），∨, ∧, ⊃, ¬, ∃, ∀（論理記号），(,)（括弧）, ,（コンマ）．
　[2]　公理系 N の論理式
上記基本記号を素材に，§1.1 の論理式の定義にそって定義される．具体的にはここでは省略．
　[3]　公理系 N の固有公理
N1　$\forall x \forall y \forall z(x=y \supset (x=z \supset y=z))$
N2　$\forall x \forall y(x=y \supset x'=y')$
N3　$\forall x \neg (0=x')$
N4　$\forall x \forall y(x'=y' \supset x=y)$
N5　$\forall x(x+0=x)$
N6　$\forall x \forall y(x+y' = (x+y)')$
N7　$\forall x(x \cdot 0 = 0)$
N8　$\forall x \forall y(x \cdot y' = x \cdot y + x)$

N9　$(A0 \land \forall x(Ax \supset Ax')) \supset \forall x Ax$　ただし A は ω の元についての任意の述語とする．

注意　1) 公理系が取り扱う分野についての公理は，その公理系の「固有公理」(proper axiom) と呼ばれる．
2) N1，N2 は，等号 = の基本性質の一つである代入可能性が，述語 = および関数 ′ に関して成立していることを表わしている．N3 は 0 が最初の数であることを，N4 は関数 ′ が単射（一対一）であることを表わしている．N5，N6 は + についての，N7，N8 は・についての基本性質を表わしている．N9 は，「数学的帰納法」(mathematical induction) が成立することの要請である．

[4]　公理系 N の定理

N の定理とは，いうまでもなく，上記した N1〜N9 から述語論理を使って引き出される N の wff であるが，ここではごく簡単な定理を二つほど例示するに留める．なお証明は，簡易推論法によって与える．

例 1　定理　$\forall x(x=x)$

証明　
① $\forall x \forall y \forall z(x=y \supset (x=z \supset y=z))$　　　　　　　　　　　　N1
② $\forall y \forall z(x+0=y \supset (x+0=z \supset y=z))$　　　　　　　　　① UI
③ $\forall z(x+0=x \supset (x+0=z \supset x=z))$　　　　　　　　　　② UI
④ $x+0=x \supset (x+0=x \supset x=x)$　　　　　　　　　　　　　　③ UI
⑤ $\forall x(x+0=x)$　　　　　　　　　　　　　　　　　　　　　　　N5
⑥ $x+0=x$　　　　　　　　　　　　　　　　　　　　　　　　　　　⑤ UI
⑦ $x+0=x \supset x=x$　　　　　　　　　　　　　　　　　　　④⑥ $P^* \supset$elimi.
⑧ $x=x$　　　　　　　　　　　　　　　　　　　　　　　　　　　⑥⑦ $P^* \supset$elimi.
⑨ $\forall x(x=x)$　　　　　（前提 N1，N5 で x は自由ではないゆえ）⑧ UG □

例 2　定理　$\forall x \forall y \forall z(x=y \supset (x+z=y+z))$

証明　$x=y \supset (x+z=y+z)$ を Az とおき，まず $A0$，$\forall z(Az \supset Az')$

各々を示し，その上で N9 を適用する．
(1)　$A0$（i.e. $x=y\supset(x+0=y+0)$）について．

① $x=y$ 　　　　　　　　　　　　　　　　　　　　　仮定
② $\forall x(x+0=x)$ 　　　　　　　　　　　　　　　　N5
③ $x+0=x$ 　　　　　　　　　　　　　　　　　　　② UI
④ $y+0=y$ 　　　　　　　　　　　　　　　　　　　② UI
⑤ $x+0=y+0$ 　　　　　　　　　　　　　　　①③④ $\langle\#\rangle$
⑥ $x=y\supset(x+0=y=0)$ 　　　　　　　　　　①⑤ $P^*\supset$intro.

(2)　$\forall z(Az\supset Az')$ について．

① Az（i.e. $x=y\supset(x+z=y+z)$）　　　　　　　　仮定
② $x=y$ 　　　　　　　　　　　　　　　　　　　　　仮定
③ $x+z=y+z$ 　　　　　　　　　　　　　　①② $P^*\supset$elimi.
④ $\forall x\forall z(x+z'=(x+z)')$ 　　　　　　　　　　　N6
⑤ $x+z'=(x+z)'$ 　　　　　　　　　　　　　　④ UI（2回）
⑥ $y+z'=(y+z)'$ 　　　　　　　　　　　　　　④ UI（2回）
⑦ $\forall x\forall y(x=y\supset(x'=y'))$ 　　　　　　　　　N2
⑧ $x+z=y+z\supset((x+z)'=(y+z)')$ 　　　　　⑦ UI（2回）
⑨ $(x+z)'=(y+z)'$ 　　　　　　　　　　　　③⑧ $P^*\supset$elimi.
⑩ $x+z'=y+z'$ 　　　　　　　　　　　　　　⑤⑥⑨ $\langle\#\rangle$
⑪ $x=y\supset(x+z'=y+z')$（i.e. Az'）　　　　②⑩ $P^*\supset$intro.
⑫ $Az\supset Az'$ 　　　　　　　　　　　　　　①⑪ $P^*\supset$intro.
⑬ $\forall z(Az\supset Az')$ 　　（前提 N2, N6 で z は自由ではないゆえ）⑫ UG

(3)　上の (1), (2) より，N9 が適用でき，$\forall zAz$ が成立する．後は次のとおり．

① $\forall zAz$（i.e. $\forall z(x=y\supset(x+z=y+z))$）　　　　　　　(1), (2)
② $\forall x\forall y\forall z(x=y\supset(x+z=y+z))$ 　　　　　※　① UG（2回）
　　　　　　　　　　　※：（前提 N2, N5, N6 で x, y は自由ではないゆえ）□

注意　1) 例 1 は，等号の基本性質（同一性と代入可能性）の一つである同一性の成立を示している．なお代入可能性の方は N1 で与えられている．また例 2

は，関数 $+z$ に関しての等号の代入可能性を示している．
　2) 上記例2の証明中の $\langle\#\rangle$ は，N1より得られる $=$ の交換性，推移性による．

　定理の例を二つほど掲げたが，簡易推論法を使っても，その証明を正確に展開することは，なかなか大変であることが窺える．差し当りは，他の定理の場合も，このような仕方で可能であることを一応納得できれば，それで十分であろう．なおこの公理系Nでは，通常の数字 $1, 2, 3, \cdots$ や数の大小関係などは，下記のように定義されること，添えておこう．

定義（数字，$<$）
(1) $0', 0'', 0''', \cdots$ は各々数字 $1, 2, 3, \cdots$ で表わされる（i.e. 0 の右上に $'$ を n 個伴った $0''''$ は，数字 n で表わされる）．
(2) $x < y \underset{\mathrm{df}}{\Longleftrightarrow} \exists z(x+z=y \wedge \neg(z=0))$. □

公理系の条件

　記号論理としっかり結びついた形式的体系としての公理系については，自ずと次のような四つの事柄が要求されてくる．すなわち無矛盾性，意味論的完全性，構文論的完全性，公理相互の独立性である．以下その各々の定義を記しておく．

定義（無矛盾性）
　公理系Kの任意の論理式 A について，$\vdash_K A$ であると同時に $\vdash_K \neg A$ である，ということがないとき，公理系Kは「無矛盾」（consistent）であると呼ばれる．ただし $\vdash_K A$ は，A はKの定理である，を表わしている． □

　実際，A と $\neg A$ がともに定理であるとき，$A \wedge \neg A \to B$（i.e. $\neg$elimi.1））により，Kからは任意の wff B が引き出されることになり，公理系Kは知の体系として全く無意味なものとなってしまう．それゆえ，公理系Kにとって，無矛盾性は不可欠の条件といえる．

注意 1) 上に触れたことから,「公理系 K に, 少なくとも 1 個は定理とならない wff が存在するとき, K は無矛盾である」ともいえること, ひと言注意しておく.

2) 公理系にとって無矛盾性が不可欠の条件である以上, 何らかの公理系を構成した場合, その公理系の無矛盾性の証明は不可欠な作業となる. しかしこの点に関しては, 先に示した自然数論の公理系 N について, 次の事柄が成立していることはよく知られている. すなわち「N が無矛盾であるなら, N が無矛盾であることを, N の中では証明できない」(1931, ゲーデル第 2 不完全性定理) である. なおこの定理については, 付録で取り上げることにして, ここでの言及は差し控えておく.

定義(意味論的完全性)

公理系 K の任意の論理式 A について, $\vdash_K A$ のとき, A は(その分野の命題として内容的に)真であり, また逆に, A が(その分野の命題として内容的に)真であるとき, $\vdash_K A$ である, ということが成立している場合, 公理系 K は(意味論的に)「完全」(complete)であると呼ばれる. □

公理系がある分野の真なる命題の把握を目ざしている以上, この条件は自ずと要求されてくる条件といえる.

注意 1) 上の定義での完全性の条件の要点は, $\vdash_K A \iff A$ は真である, ということである.

2) この条件は公理系 L をはじめ述語論理の公理系については, みたされることが知られている. ただし本書では, 推論式や論理式が内容的に真である, ということへの言及 (i.e. 意味論的な言及) は, 差し当り回避されており, ほとんどなされていないこと, 注意しておこう. なお, 述語論理の「完全性定理」については, 拙著「記号論理学」([S:SL]と略記)第 4 章に見出せる.

3) 自然数論の公理系 N については, これまたよく知られているように, 次の事柄が成立している. すなわち「N が無矛盾であるなら, N には(内容的に)真でありながら, N の定理とならない閉じた式が存在する」(1931, ゲーデル第 1 不完全性定理の系) である. なお, この意味論的不完全性定理についても, 付録で取り上げることにして, ここでの言及は差し控えておく.

定義（構文論的完全性）

公理系 K の任意の閉じた論理式 A について，$\vdash_K A$ または $\vdash_K \neg A$ のいずれかであるとき，公理系 K は（構文論的に）「完全」（complete）であると呼ばれる． □

この条件は，公理系の任意の閉じた式について，肯定形か否定形のいずれかが公理系の定理になっていることへの要求である．いいかえれば，肯定形も否定形もともに定理とならない閉じた式は存在しない，ということであり，公理系がこのようになっていることは，確かに大変望ましい事柄といえる．

注意 この条件についても，公理系 N にはよく知られているように，次の事柄が成立している．すなわち「N が ω 無矛盾であるなら，N には肯定形も否定形も N の定理とならない閉じた式が存在する」（1931，ゲーデル第 1 不完全性定理）である．なおこの構文論的不完全性定理についても，付録で取り上げることにして，ここでの言及は差し控えておく．

定義（公理相互の独立性）

公理系 K の公理の各々が，K の他の公理の定理となることがないとき，公理系 K の公理は各々互いに「独立」（independent）であると呼ばれる． □

ある分野の公理各々は，その分野の出発点となる基本的な命題であり，上の条件が公理各々に対して要求されることは当然であろう．

注意 公理 A が他の公理たちから独立であることを示すには，A が他の公理たちから決して引き出されないことを証明しなければならない．しかし場合によっては，それはとても大変な作業となることがある．たとえば，後に言及する集合論での選択公理や連続体仮説のように，それらを集合論の公理として認定しようとする際，その各々の独立性の証明は是非必要となるが，その証明は長い間大変な難問であった．なお，これらの独立性については，いまではすでに 1963 年コーエン（Cohen, P.）によって証明されていること，周知のとおりである．

以上，整備された形式的体系としての公理系に要求される条件を四つほど

記してみた．ただ，ゲーデルの結果を見ても分かるように，それらの条件をみたしている公理系は決して多くはないといえる．しかしこれらの条件は，理論的立場からの要求であり，実際的な場面においては，それらがみたされなくとも，公理系を構成することは，真なる命題群の整理法としてそれなりの意義をもつことはいうまでもない．

第2章　計算論1——帰納理論

　ホッブズ（Hobbes, T.）による「計算即論理」（computatio sive logica）をまたずとも，計算は代表的な思考過程の一つであり，論理であることに間違いない．
　その計算について，差し当り数の計算を念頭にその過程が整理されかつモデル化されたものがテューリング・マシン TM である．§2.1 ではその TM の要所が記される．
　一方 19 世紀後半ペアノ（Peano, G.）やデデキントでは，自然数の計算にはごく少数の基本となる計算があり，他の計算はこれらの組み合せや繰り返しに他ならない，と考えられた．そしてこの考え方が 20 世紀に入って明確にされたものが，帰納的関数や帰納的関係の概念である．§2.2 では，その要所が記される．
　§2.3 では，§2.1 と §2.2 との関係が注目される．その結果，TM で計算可能であることと帰納的であることとの対応関係が，TM の諸事項をコード化（i.e. ゲーデル数づけ）し，それをもとに TM の種々の事柄を数式化（i.e. 算術化）することによって，明確に証明される．なおこの対応関係を踏まえて主張されるチャーチの提題についても触れられる．
　ところで TM の算術化の手続きは，さらにクリーネの標準形定理や枚挙定理をももたらした．そしてさらにこれらの定理を前提にして，帰納的な領域（i.e. 有限的に処理可能な世界）を超出した領域の存在が明らかにされることになる．§2.4 では，この有限性（i.e. 決定性）と非有限性（i.e. 非決定性）との関係についての大切な事柄が取り上げられ，詳しく言及される．
　なお §2.4 での知見は，II 部を介せず，直接 III 部 2 章 §2.1 の議論に繋がる事柄ともなってくる．

§2.1　テューリング・マシン TM

TM とは

はじめに，テューリング・マシン（i.e. TM）についてその概略を記してみる．

［Ｉ］　TM の構成について．　TM はテープ，ヘッド，本体の三つの部分から，下図のように構成されている．

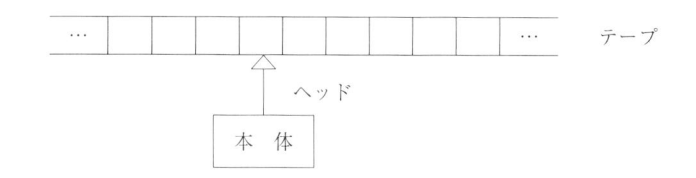

ただしテープ，ヘッド，本体各々の主な性格については，以下のとおりである．

（1）　テープについて．　テープは左右に無限に延びているとされる．またそこにはます目が設定されており，各ます目ごとに有限個の「テープ記号」（tape symbol）と呼ばれる $a_0, \cdots, a_n$ の一つが記入されている．なおその中の a_0 は，何も記入されていないこと（i.e. 空白 blank）を表わす記号とされる．

（2）　ヘッドについて．　ヘッドはテープ上のある一つのます目に向き合っており，そのます目上の記号を読み取り，それを本体へ送る．また逆にヘッドは，本体からの指令に従って，向き合っているます目上の記号を新しい記号に変えることも行う．さらにヘッドは，本体の指令に従って，向き合っている先を，左または右のます目に移動することもある．あるいは指令によっては，そのまま停止していることもある．これらのことがヘッドの役割とされる．なおヘッドの左右への動きおよび停止は，各々「移動記号」（movement symbol）と呼ばれる L, R, N で表わされる．

（3）　本体について．　本体は時刻（i.e. 時点）ごとに，有限個の「状態記号」（state symbol）と呼ばれる $s_0, \cdots, s_i, \cdots, s_l$ で表わされる状態の一つにな

っているとされる．ただしその中には，「初期状態」(initial state) と呼ばれる "これから計算を始めよう" という状態が一つ必ず含まれており，またその中には，「停止状態」(halting state) と呼ばれる "これで計算を終了する" という状態も一つあるいは複数個必ず含まれているとされる．さらに本体には，TMの動作を支配する次のような形式をもつ命令文の集合 (i.e. プログラム) が備わっているとされる．すなわちそれは，「ある時点において，本体が s_i の状態であり，しかもヘッドがテープ記号 a_j を読み取ったときには，次の時点において，ヘッドはテープ記号を a_k に変え，その上でヘッドは左または右へ移動するか，あるいはヘッドは停止したままにし，さらに本体は s_l の状態となれ」という形式である．なおこの形式の命令文は，「5項列」(quintuple) と呼ばれる記号 $\langle s_i a_j a_k M s_l \rangle$ で表わされる（ただし M：LまたはRまたはN）．

注意 5項列のはじめの2項は入力部分であり，残りの3項は出力部分となっている（i.e. $s_i a_j \to a_k M s_l$）．またTMのプログラムとは，結局この5項列の集合となっている．

［Ⅱ］ TMの動作について．　動作については，たし算を実行する TM_+ で，具体的に眺めてみよう．ただし TM_+ では，テープ記号はB $(=a_0)$ と｜$(=a_1)$ のみである．また TM_+ の状態記号は，s_0（停止状態），s_1（初期状態），その他 $s_3, s_5, \cdots, s_{11}$（各々種々の状態）である．さらに TM_+ に備わるプログラムは，次のような9個の5項列の集合である．① $\langle s_1 | | R s_3 \rangle$，② $\langle s_3 | | R s_3 \rangle$，③ $\langle s_3 B | R s_5 \rangle$，④ $\langle s_5 | | R s_5 \rangle$，⑤ $\langle s_5 BBL s_7 \rangle$，⑥ $\langle s_7 | BL s_9 \rangle$，⑦ $\langle s_9 | | L s_9 \rangle$，⑧ $\langle s_9 BBR s_{11} \rangle$，⑨ $\langle s_{11} | BR s_0 \rangle$．

それではさっそくこの TM_+ の動作を，2+3（i.e. +(2,3)）から5が得られる計算過程の場合で見てみる．

(1)　はじめに入力 (2,3) は，下図のテープ上でのように入力される．またスタート時点では，ヘッドは空白（i.e. B）ではない記号が記入されているます目の左端のます目に向き合うようにセットされる．

38   第I部　記号論理の基礎理論

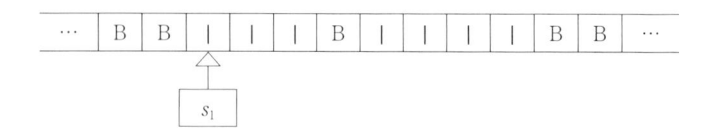

```
…│ B │ B │ │ │ │ │ │ B │ │ │ │ │ B │ B │ …
            ↑
           s₁
```

　　注意　数2は｜が3本で，数3は4本で表わされる．これは数0を1本，数 n を $n+1$ 本の｜で表わすいわば1進法である．また記号｜で挟まれたBによってコンマ，が表わされている．

　(2)　スタート時点での本体への入力は，上図から明らかなように s_1｜となるゆえ，5項列の①$\langle s_1||Rs_3\rangle$ が適用され，次の時点では下図のようになる．

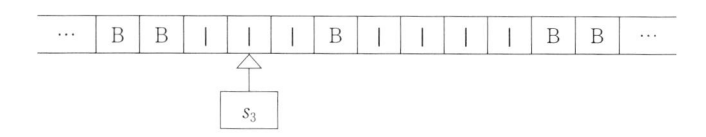

```
…│ B │ B │ │ │ │ │ │ B │ │ │ │ │ B │ B │ …
                ↑
               s₃
```

　(3)　上図での本体への入力は s_3｜ゆえ，5項列②$\langle s_3||Rs_3\rangle$ が適用される．その結果，本体への入力は再び s_3｜ゆえ，もう一度5項列②が適用され，下図のようになってくる．

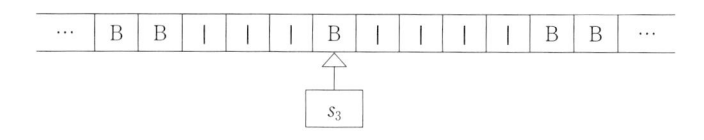

```
…│ B │ B │ │ │ │ B │ │ │ │ │ B │ B │ …
                    ↑
                   s₃
```

　(4)　今度の本体への入力は s_3B ゆえ，5項列③$\langle s_3B|Rs_5\rangle$ が適用され，下図のようになる．

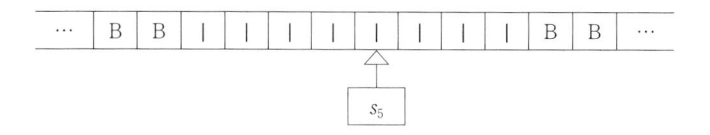

```
…│ B │ B │ │ │ │ │ │ │ │ │ B │ B │ …
                    ↑
                   s₅
```

　(5)　今度の本体への入力は s_5｜ゆえ，5項列④$\langle s_5||Rs_5\rangle$ が適用される．

その結果，本体への入力は再び s_5 | となり，しかもその後同じことが3回繰り返され，下図のようになる．

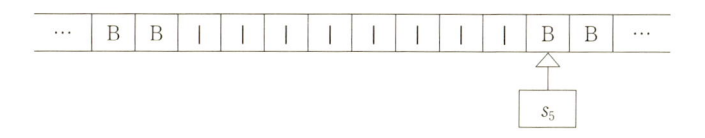

```
… | B | B | | | | | | | | | | | | B | B | …
                                  ↑
                                 s_5
```

(6) 今度の本体への入力は s_5B ゆえ，5項列⑤ $\langle s_5\text{BBL}s_7 \rangle$ が適用され，下図のようになる．

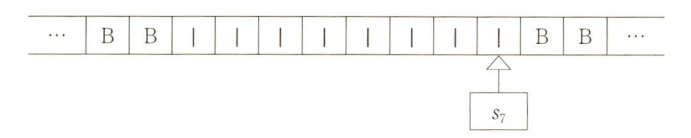

```
… | B | B | | | | | | | | | | | B | B | …
                              ↑
                             s_7
```

(7) 今度の本体への入力は s_7| ゆえ，5項列⑥ $\langle s_7|\text{BL}s_9 \rangle$ が適用され，下図のようになる．

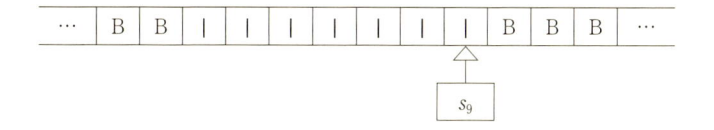

```
… | B | B | | | | | | | | | | B | B | B | …
                            ↑
                           s_9
```

(8) 今度の本体への入力は s_9| ゆえ，5項列⑦ $\langle s_9||\text{L}s_9 \rangle$ が適用される．その結果，本体への入力は再び s_9| となり，しかもその後同じことが6回繰り返され，下図のようになる．

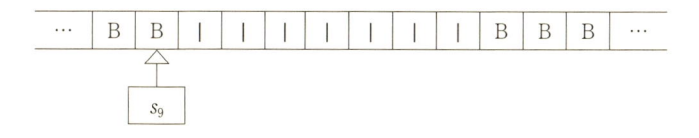

```
… | B | B | | | | | | | | B | B | B | …
        ↑
       s_9
```

(9) 今度の本体への入力は s_9B ゆえ，5項列⑧ $\langle s_9\text{BBR}s_{11} \rangle$ が適用され，下図のようになる．

```
 … │ B │ B │ | │ | │ | │ | │ | │ | │ | │ | │ B │ B │ B │ …
              ↑
            $s_{11}$
```

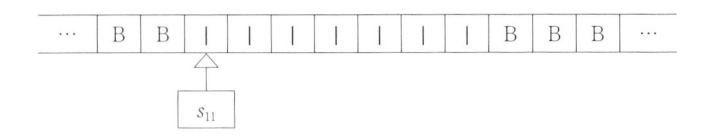

(10) 今度の本体への入力は s_{11} | ゆえ，5項列⑨ $\langle s_{11}\,|\,\mathrm{BR}\,s_0 \rangle$ が適用され，下図のようになり，TM_+は計算を終了する．その結果，テープ上には | が6本並び，$+(2,3)$ の答5が出力されていることになる．

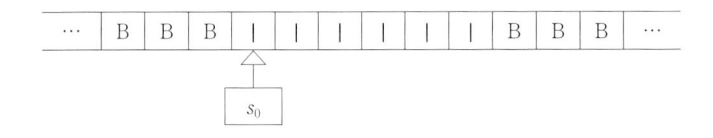

```
 … │ B │ B │ B │ | │ | │ | │ | │ | │ | │ B │ B │ B │ …
              ↑
             $s_0$
```

注意 9個の5項列からなる TM_+ のプログラムは，たし算が数をたし合せることから，，を表わすBを | とすれば2と3各々を表わす | たちが合せられることになり，たし算が実行できる，という考え方によっている．しかしその結果は | が8本となり，そこで後は両端から | を1本ずつ消去する必要が生じる．プログラムは，その点をも踏まえたものとなっている．またもとよりどんな大きな数同士のたし算も，原理的にはこの TM_+ で処理可能となることは，明らかであろう．

TM についての諸定義

TM の概略については上記したとおりである．以下ではそれを踏まえて，TM をはじめそれに関連した諸概念の定義を与えていくことにしよう．

定義（TM）

システム $\langle T, S, Q, s_1, H \rangle$ は，「テューリング・マシン」（Turing Machine, TM と略記）と呼ばれる．

ただし，T：テープ記号の集合，S：状態記号の集合，Q：5項列の集合，s_1：初期状態，H：停止状態の集合である． □

注意 定義からも明らかなように，計算内容に応じて TM_+（加法），$TM_\times$（乗法）など，種々の TM が存在する．なおこのような TM に対して，データだけでなくプログラムも入力するスタイルの TM も存在する．これは万能 TM として後出する．

定義（時点表示）

$a_1\cdots a_{i-1}s_j a_i\cdots a_l$ なる有限個の記号列は，「時点表示」(instantaneous description) と呼ばれる．

ただし，$a_1,\cdots,a_l$ は各々テープ記号，また $s_j\in S$ である． □

注意 時点表示は，ある TM の動作の一時点での様子を表わしている．すなわち定義中の記号列は，その時点でテープ上では $a_1\cdots a_l$ が各ます目に記入されていること，またその時点では，s_j が a_{i-1} と a_i との間に挟まれることによって，ヘッドが a_i に向き合っていること，さらにその時点で本体の状態が s_j となっていることを表わしている．

定義（移行状況）

α_{k-1},α_k ($k=1,\cdots,n$) をある TM における時点表示とする．その上で，α_{k-1},α_k が下記の条件 (1)～(3) のいずれか一つをみたしているとき，α_{k-1} から α_k への「移行状況」(transition) と呼ばれ，記号では $\alpha_{k-1}\vdash_{TM}\alpha_k$ と表わされる．

$\alpha_{k-1}: a_1\cdots a_{i-1}s_j a_i\cdots a_l$ として，

(1) $\alpha_k: a_1\cdots a_{i-2}s'_j a_{i-1}a'_i\cdots a_l$, または

(2) $\alpha_k: a_1\cdots a'_i s'_j a_{i+1}\cdots a_l$, または

(3) $\alpha_k: a_1\cdots a_{i-1}s'_j a'_i\cdots a_l$ である． □

注意 (1) は 5 項列 $\langle s_j a_i a'_i L s'_j\rangle$ に従った α_{k-1} から α_k への移行を，(2) は $\langle s_j a_i a'_i R s'_j\rangle$ に従った移行を，(3) は $\langle s_j a_i a'_i N s'_j\rangle$ に従った移行を，各々表わしている．

定義（計算過程）

ある TM の有限個の時点表示の列 $\alpha_0\cdots\alpha_n$ が，下記の条件 (1)〜(3) をみたしているとき，$\alpha_0\cdots\alpha_n$ は「計算過程」(computation process) と呼ばれる．

(1) $\alpha_0 : s_1 a_1 \cdots a_l$，かつ
(2) $k \geq 1$ のとき，$\alpha_{k-1} \vdash_{\mathrm{TM}} \alpha_k$，かつ
(3) $\alpha_n : s_h a'_1 \cdots a'_m$（ただし $s_h \in H$）である． □

注意 先の + (2, 3) の場合，$s_1|||\mathrm{B}||||$ から $s_0||||||$ までの全過程が，計算過程である．

最後に，$f(x_1,\cdots,x_n)$ なる数論的関数（i.e. $f : \omega^n \to \omega$，後出）に対する TM での計算可能性について，その定義を記しておこう．

定義（計算する）

$x_i (\in \omega)$ に対する 1 進法の表記（i.e. | を x_i+1 本並べたもの）を $\bar{x}_i$ とする．その上で，ある TM において $s_1\bar{x}_1\mathrm{B}\bar{x}_2\mathrm{B}\cdots\mathrm{B}\bar{x}_n$ から $s_h\overline{f(x_1,\cdots,x_n)}$ への計算過程が存在するとき，その TM は $f(x_1,\cdots,x_n)$ を「計算する」(compute) と呼ばれる． □

定義（T-計算可能）

$f(x_1,\cdots,x_n)$ を計算する TM が存在するとき，$f(x_1,\cdots,x_n)$ は「T-計算可能」(T-computable) である，と呼ばれる． □

定義（pT-計算可能）

$f(x_1,\cdots,x_n)$ の定義域内の $(x_1,\cdots,x_n)$ に対して，$f(x_1,\cdots,x_n)$ を計算する TM が存在するとき，$f(x_1,\cdots,x_n)$ は「pT-計算可能」(pT-computable) である，と呼ばれる． □

注意 T-計算可能な場合，それは $f(x_1,\cdots,x_n)$ の定義域が ω^n 全域となってい

るときの計算可能性であり，pT-計算可能な場合，それは$f(x_1, \cdots, x_n)$が部分関数となっているときの計算可能性である．なお，ωは非負の整数の集合 $\{0, 1, 2, \cdots\}$ を表わしている（念のため）．

§2.2 帰納的関数と帰納的関係

帰納的関数

この§ではまずはじめに，三つの基本関数と，新しい関数を構成する三つの手続きの有限回の使用とから得られてくる帰納的関数について，その定義や例などを記していくことにする．ただしこの章での関数$f(x_1, \cdots, x_n)$は，前§の最後に登場した関数と同様，すべて「数論的関数」(numerical function) と呼ばれる関数とする．すなわち入力$(x_1, \cdots, x_n)$の各x_iは非負の整数の集合ω (i.e. $\{0, 1, 2, \cdots\}$) の元であり，出力$f(x_1, \cdots, x_n)$もωの元であるような関数 (i.e. $f: \omega^n \to \omega$) とする．またこの§の内容は，差し当りTMとは別個の事柄であり，この§でTMに言及されることはない．TMについては次の§で，この§の帰納的関数や帰納的関係と結びつけられて，再度登場することになる．

定義（帰納的関数）
下記の三つの基本関数のいずれかから，下記の三つの手続きのいずれかを有限回使って定義される関数は，「帰納的関数」(recursive function, rec. func. と略記) と呼ばれる．
　［I］　三つの基本関数 (z, s, p_i^n)
　(1)　$z(x) = 0$．　　(2)　$s(x) = x + 1$．
　(3)　$p_i^n(x_1, \cdots, x_n) = x_i$．
なおz, s, p_i^nは，各々「ゼロ関数」(zero function)，「後者関数」(successor function)，「射影関数」(projection function) と呼ばれる．またこの三つは，「基本関数」(initial function) とも呼ばれる．

[Ⅱ] 三つの手続き（代入，帰納，μ 作用子）

(1) 代入　$g(x_1, \cdots, x_m), h_1(x_1, \cdots, x_n), \cdots, h_m(x_1, \cdots, x_n)$ が与えられているとき，
$$f(x_1, \cdots, x_n) \underset{\mathrm{df}}{\equiv} g(h_1(x_1, \cdots, x_n), \cdots, h_m(x_1, \cdots, x_n))$$
とされる場合，$f(x_1, \cdots, x_n)$ は「代入」（substitution）によって定義される，と呼ばれる．

(2) 帰納　$g(x_1, \cdots, x_n), h(x_1, \cdots, x_n, x_{n+1}, x_{n+2})$ が与えられているとき，
$$f(x_1, \cdots, x_n, 0) \underset{\mathrm{df}}{\equiv} g(x_1, \cdots, x_n),$$
$$f(x_1, \cdots, x_n, y+1) \underset{\mathrm{df}}{\equiv} h(x_1, \cdots, x_n, y, f(x_1, \cdots, x_n, y))$$
とされる場合，$f(x_1, \cdots, x_n, y)$ は「帰納」（recursion）によって定義される，と呼ばれる．

(3) μ 作用子　$g(x_1, \cdots, x_n, y)$ が与えられ，ある y が存在して，$g(x_1, \cdots, x_n, y) = 0$ であるとき，
$$f(x_1, \cdots, x_n) \underset{\mathrm{df}}{\equiv} \mu y(g(x_1, \cdots, x_n, y) = 0)$$
とされる場合，$f(x_1, \cdots, x_n)$ は「μ 作用子」（μ operator）によって定義される，と呼ばれる．

ただし $\mu y(g(x_1, \cdots, x_n, y) = 0)$ は，$g(x_1, \cdots, x_n, y) = 0$ をみたす y の最小値を表わしている（i.e. μ：最小作用子）． □

定義（部分帰納的関数など）

(1) μ 作用子を使わずに定義される帰納的関数は，「原始帰納的関数」（primitive recursive function）と呼ばれることがある．

(2) μ 作用子の使用において，$g(x_1, \cdots, x_n, y) = 0$ をみたす y についての存在条件をはずして使用される場合，その帰納的関数は「部分帰納的関数」（partial recursive function, pa. rec. func. と略記）と呼ばれる． □

　注意　以下では，原始帰納的関数であっても，特にそのことは明記せず，帰納的関数として取り扱う．部分帰納的関数については，そのことをはっきり明記していく．

以上が帰納的関数の定義であるが，次にその具体例のいくつかを定理として掲げておこう．

定理 2.1　下記の 15 個の関数は，各々 rec. func. である．　(1) $x+y$, (2) $x \cdot y$, (3) x^y, (4) $pd(x)$ (ただし，$x>0$ のとき $pd(x)=x-1$, $x=0$ のとき $pd(x)=0$ である．) (5) $x \dotdiv y$ (ただし，$x \geqq y$ のとき $x \dotdiv y = x-y$, $x<y$ のとき $x \dotdiv y = 0$ である．) (6) $|x-y|$, (7) $sg(x)$ (ただし，$x=0$ のとき $sg(x)=0$, $x \geqq 1$ のとき $sg(x)=1$ である．) (8) $\overline{sg}(x)$ (ただし，$x=0$ のとき $\overline{sg}(x)=1$, $x \geqq 1$ のとき $\overline{sg}(x)=0$ である．) (9) $x!$, (10) $min(x,y)$, (11) $min(x_1, \cdots, x_n)$, (12) $max(x,y)$, (13) $max(x_1, \cdots, x_n)$, (14) $rm(x,y)$ (ただし，$rm(x,y) = y \div x$ の余り), (15) $qt(x,y)$ (ただし，$qt(x,y) = y \div x$ の商).

なお $pd(x)$ は「前者関数」(predecessor function), $x \dotdiv y$ は「非負差」(nonnegative difference), $sg(x)$, $\overline{sg}(x)$ は「指標関数」(signature function) と呼ばれることがある．

証明　(1)　$x+y$ を $f_+(x,y)$ とする．すると $f_+(x,0) = p_1^1(x) = x$, $f_+(x, y+1) = s(f_+(x,y))$ のように，$f_+(x,y)$ は基本関数 p_1^1 と s から帰納によって定義されている．

(2)　$x \cdot y$ を $f_\cdot(x,y)$ とする．すると $f_\cdot(x,0) = z(x) = 0$, $f_\cdot(x, y+1) = f_+(x, f_\cdot(x,y))$ と定義される．

(3)　x^y を $f_{\exp}(x,y)$ とする．すると $f_{\exp}(x,0) = s(z(x)) = 1$, $f_{\exp}(x, y+1) = f_\cdot(x, f_{\exp}(x,y))$ と定義される．

(4)　$pd(0) = 0$, $pd(y+1) = p_1^1(y) = y$.

(5)　$x \dotdiv 0 = p_1^1(x) = x$, $x \dotdiv (y+1) = pd(x \dotdiv y)$.

(6)　$|x-y| = (x \dotdiv y) + (y \dotdiv x)$.

(7)　$sg(0) = 0$, $sg(y+1) = s(z(y)) = 1$.　(8)　$\overline{sg}(x) = 1 \dotdiv sg(x)$.

(9)　$0! = 1$, $(y+1)! = y! + y! \cdot y$.

(10)　$min(x,y) = x \dotdiv (x \dotdiv y)$.

(11)　$min(x_1, \cdots, x_n, x_{n+1}) = min(min(x_1, \cdots, x_n), x_{n+1})$.

(12) $max(x, y) = y + (x \dotdiv y)$.

(13) $max(x_1, \cdots, x_n, x_{n+1}) = max(max(x_1, \cdots, x_n), x_{n+1})$.

(14) $rm(x, 0) = 0$, $rm(x, y+1) = s(rm(x, y)) \cdot sg(|x - s(rm(x, y))|)$.

(15) $qt(x, 0) = 0$, $qt(x, y+1) = qt(x, y) + \overline{sg}(|x - s(rm(x, y))|)$. □

注意 1)(4)以後の証明は，要点のみを記している．

2)帰納による定義の場合，その第 2 式の右辺において，$h(x_1, \cdots, x_n, y, f(x_1, \cdots, x_n, y))$ の括弧内の $x_1, \cdots, x_n, y, f(x_1, \cdots, x_n, y)$ のすべてが揃う必要はない．

3)(14)，(15) 各々の第 2 式は，一見複雑に見えるが，$y \div x$ を $y = qx + r (0 \leq r < x)$ で表わすと，$(y+1) \div x$ は $y+1 = qx+r+1$ と表わされることから明らかであろう．念のためさらにもうひと言説明すれば，(ⅰ) $r+1 = x$ のとき，余り $= 0$，商 $= q+1$，(ⅱ) $r+1 < x$ のとき，余り $= r+1$，商 $= q$ であるが，(ⅰ)，(ⅱ) の違いは，$|x - s(rm(x, y))| = 0$ または $\neq 0$ によって表わされること，また $r = rm(x, y)$，$r+1 = s(rm(x, y))$，$q = qt(x, y)$ であることから，各々の第 2 式が成立する次第となっている．

有界和と有界積

既にいくつかの帰納的関数を手元に置くことになったが，さらにそれらをもとに新たな帰納的関数を定義する手続きとして，有界和と有界積による定義を見ておく．なおここでは $x_1, \cdots, x_n$ を $\vec{x}$ とする表記法を採用する．また今後も，しばしばこの表記法を使用する．

定義（有界和と有界積）

(1) $\sum_{y<z} f(\vec{x}, y) \underset{\text{df}}{\equiv} f(\vec{x}, 0) + \cdots + f(\vec{x}, z-1)$ （$z \geq 1$ のとき），$\sum_{y<z} f(\vec{x}, y) \underset{\text{df}}{\equiv} 0$ （$z = 0$ のとき）と定義されるとき，$\sum_{y<z} f(\vec{x}, y)$ は $f(\vec{x}, y)$ の「有界和」(bounded sum) と呼ばれる．

(2) $\prod_{y<z} f(\vec{x}, y) \underset{\text{df}}{\equiv} f(\vec{x}, 0) \cdot \cdots \cdot f(\vec{x}, z-1)$ （$z \geq 1$ のとき），$\prod_{y<z} f(\vec{x}, y) \underset{\text{df}}{\equiv} 1$ （$z = 0$ のとき）と定義されるとき，$\prod_{y<z} f(\vec{x}, y)$ は $f(\vec{x}, y)$ の「有界積」(bounded product) と呼ばれる． □

注意 $\sum_{y \leq z} f(\vec{x}, y) = \sum_{y < z+1} f(\vec{x}, y)$ であり，同様に $\prod_{y \leq z} f(\vec{x}, y) = \prod_{y < z+1} f(\vec{x}, y)$ である．

定理 2.2　$f(\vec{x}, y)$ が rec. func. のとき，上記のように定義されるその有界和もその有界積も，各々 rec. func. である．

証明　$g(\vec{x}, z) = \sum_{y<z} f(\vec{x}, y)$ とする．すると $g(\vec{x}, z)$ は，次のように帰納によって定義される．$g(\vec{x}, 0) = 0$, $g(\vec{x}, z+1) = g(\vec{x}, z) + f(\vec{x}, z)$. すなわち $g(\vec{x}, z)$ は rec. func. である．$\prod_{y<z} f(\vec{x}, y)$ についても，同様に示される．　□

ここで有界和を使って定義される rec. func. の例として $dv(x)$ を定理 2.3 として掲げておく．

定理 2.3　$dv(x) = x$ の約数の数（$x \geq 1$ のとき），また $dv(0) = 1$ である $dv(x)$ は，rec. func. である．

証明　x の約数とは，$rm(y, x) = 0$ をみたす y ゆえ，$dv(x) = \sum_{y \leq x} \overline{sg}(rm(y, x))$ で表わされる．ここで $\overline{sg}(rm(y, x))$ は rec. func. であるゆえ，定理 2.2 により，$dv(x)$ も rec. func. である．　□

帰納的関係

一般に関係 $R(x_1, \cdots, x_n)$ とは，入力 $(x_1, \cdots, x_n)$ に対する出力が真偽（i.e. 真理値）となるもののことである．ただ以下では，入力 $(x_1, \cdots, x_n)$ の各 x_i が非負の整数の集合 ω の元であるような「数論的関係」(numerical relation)（i.e. $R : \omega^n \to \{$真, 偽$\}$）のみを取り扱っていく．

さてそれでは帰納的な数論的関係とはどのようなものか．しかしその定義を与える前に，関係 $R(x_1, \cdots, x_n)$ の特性関数 $ch_R(x_1, \cdots, x_n)$ の定義が必要となる．

定義（特性関数）

関数 $ch_R(x_1, \cdots, x_n)$ が下記の条件（#）をみたすとき，$ch_R(x_1, \cdots, x_n)$ は関数 $R(x_1, \cdots, x_n)$ の「特性関数」(characteristic function) と呼ばれる．

（#）　$R(x_1, \cdots, x_n)$ が真のとき，$ch_R(x_1, \cdots, x_n) = 0$, $R(x_1, \cdots, x_n)$ が偽の

とき，$ch_R(x_1, \cdots, x_n) = 1$. □

定義（帰納的関係）
$R(x_1, \cdots, x_n)$ の特性関数 $ch_R(x_1, \cdots, x_n)$ が帰納的関数であるとき，$R(x_1, \cdots, x_n)$ は「帰納的関係」(recursive relation, rec. rel. と略記) と呼ばれる．□

つづいて基本的な例を定理として掲げておく．

定理 2.4　下記の 4 個の関係は，各々 rec. rel. である．(1) $x = y$, (2) $x < y$, (3) $x | y$（i.e. x は y の約数である），(4) $PRM(x)$（i.e. x は素数である）．

証明　(1)～(4) 各々の特性関数を考え，それらが rec. func. であることを確認すればよい．
(1) $ch_=(x, y) = sg(|x - y|)$. (2) $ch_<(x, y) = \overline{sg}(y \dotdiv x)$. (3) $ch_|(x, y) = sg(rm(x, y))$. (4) $ch_{PRM}(x) = sg(dv(x) \dotdiv 2) + \overline{sg}(|x - 0|) + \overline{sg}(|x - 1|)$. □

　注意　(4) は，素数が 0 と 1 を除いた上で約数の数 = 2 となる数であることに注意すれば，明らかであろう．

結合子と有界限量記号，および有界 μ 作用子

次に，手元にある帰納的関係から，新しい帰納的関係や帰納的関数を定義する手続きを見ておく．なおここでも，$x_1, \cdots, x_n$ を $\vec{x}$ とする表記法を採用する．

定義（有界限量記号と有界 μ 作用子）
(1) $(\exists y)_{y<z}$, $(\forall y)_{y<z}$ は，「有界限量記号」(bounded quantifier) と呼ばれ，各々次のようなものとされる．
1) $(\exists y)_{y<z} R(\vec{x}, y)$：$y < z$ なるある y が存在して，$R(\vec{x}, y)$ である．
2) $(\forall y)_{y<z} R(\vec{x}, y)$：$y < z$ なるすべての y について，$R(\vec{x}, y)$ である．

第 2 章 計算論 1——帰納理論

(2) $(\mu y)_{y<z}$ は,「有界 μ 作用子」(bounded μ operator) と呼ばれ, 次のようなものとされる.

1) $(\mu y)_{y<z} R(\vec{x},y) = R(\vec{x},y)$ をみたす最小の y. ただし $R(\vec{x},y)$ をみたす y が存在するとき.

2) $(\mu y)_{y<z} R(\vec{x},y) = z$. ただし $R(\vec{x},y)$ をみたす y が存在しないとき. □

注意 1) 次の定理での結合子 $\vee, \wedge, \neg$ 各々は, または, そして, でないであり, すでに第 1 章に登場している. しかしここでは, $\vee, \wedge, \neg$ 各々は, 真理値に関して次のような性格をもつ真理関数として定義されている. すなわち $A \vee B$ は, A, B ともに偽のとき偽となりそれ以外では真となるものとして, $A \wedge B$ は, A, B ともに真のとき真となりそれ以外では偽となるものとして, また $\neg A$ は, A が真のとき偽となり偽のとき真となるものとして定義される.

2) $(\exists y)_{y \leq z}, (\forall y)_{y \leq z}$ は, 各々 $(\exists y)_{y<z+1}, (\forall y)_{y<z+1}$ である.

定理 2.5 (1) $P(\vec{x}), Q(\vec{x})$ を各々 rec. rel. とする. このとき, $\neg P(\vec{x})$, $P(\vec{x}) \vee Q(\vec{x}), P(\vec{x}) \wedge Q(\vec{x})$ は各々 rec. rel. である.

(2) $R(\vec{x},y)$ を rec. rel. とする. このとき, $(\exists y)_{y<z} R(\vec{x},y), (\forall y)_{y<z} R(\vec{x},y)$ は各々 rec. rel. である.

(3) $R(\vec{x},y)$ を rec. rel. とする. このとき, $(\mu y)_{y<z} R(\vec{x},y)$ は rec. func. である.

証明 (1) $P(\vec{x}), Q(\vec{x})$ の特性関数を各々 $ch_P(\vec{x}), ch_Q(\vec{x})$ とすると, その各々は rec. func. である. また $\neg P(\vec{x}), P(\vec{x}) \vee Q(\vec{x}), P(\vec{x}) \wedge Q(\vec{x})$ の特性関数を, 各々 $ch_{\neg P}(\vec{x}), ch_{P \vee Q}(\vec{x}), ch_{P \wedge Q}(\vec{x})$ とする. するとその各々について, $ch_{\neg P}(\vec{x}) = 1 \dot{-} ch_P(\vec{x}), ch_{P \vee Q}(\vec{x}) = ch_P(\vec{x}) \cdot ch_Q(\vec{x}), ch_{P \wedge Q}(\vec{x}) = sg(ch_P(\vec{x}) + ch_Q(\vec{x}))$ が成立する. ここで各々の右辺は rec. func. であり, よって各々の左辺も rec. func. である.

(2) $R(\vec{x},y)$ の特性関数を $ch_R(\vec{x},y)$ とすると, $ch_R(\vec{x},y)$ は rec. func. である. また $(\exists y)_{y<z} R(\vec{x},y)$ を $S(\vec{x},z)$ とおき, その特性関数 $ch_S(\vec{x},z)$ とする. すると $ch_S(\vec{x},z) = \prod_{y<z} ch_R(\vec{x},y)$ が成立する. ここで右辺は rec. func. であり, よって左辺も rec. func. である. なお $(\forall y)_{y<z} R(\vec{x},y)$ についても,

同様に示される．

(3) $R(\vec{x}, y)$ の特性関数を $ch_R(\vec{x}, y)$ とすると，$ch_R(\vec{x}, y)$ は rec. func. である．いま $\prod_{y<u} ch_R(\vec{x}, y)$ なる関数を考える．

1) $ch_R(\vec{x}, y) = 0$ となる $y < z$ が存在するとき．このとき，y を 0 から動かしていくと，$ch_R(\vec{x}, y) = 0$ となる y（$<u$）の直前まで $\prod_{y<u} ch_R(\vec{x}, y) = 1$ で，それ以後は 0．よって今度は u を $z-1$ まで変えることによって，$\prod_{y<u} ch_R(\vec{x}, y) = 1$ となる回数を合計すれば，その数が $(\mu y)_{y<z} R(\vec{x}, y)$ の値といえる．すなわち $(\mu y)_{y<z} R(\vec{x}, y) = \sum_{u<z} (\prod_{y<u} ch_R(\vec{x}, y))$ が成立する．ここで右辺は rec. func. であり，よって左辺も rec. func. である．

2) $ch_R(\vec{x}, y) = 0$ となる $y < z$ が存在しないとき．このとき，$\sum_{u<z}(\prod_{y<u} ch_R(\vec{x}, y)) = z$ であり，$(\mu y)_{y<z} R(\vec{x}, y) = \sum_{u<z}(\prod_{y<u} ch_R(\vec{x}, y))$ が成立してくる．後は 1) の場合と同様． □

§2.3 で頻出する 4 個の帰納的関数

この § の最後に，次の §2.3 で頻出する p_x, $(x)_i$, $lh(x)$, $*$ なる 4 個の帰納的関数を，予め提示しておこう．その際，まずはじめにその各々の意味内容を記し，その上でその各々が帰納的関数であることを定理 2.6 で示していく．

(1) $p_x = x$ 番目の素数．ただし 2 を 0 番目の素数とする．したがってたとえば，$p_2 = 5$，$p_5 = 13$ である．

(2) $(x)_i = a_i$．ただし a_i は，$x = p_0^{a_0} \cdot p_1^{a_1} \cdots p_i^{a_i} \cdots p_k^{a_k}$ と素因数分解したときの i 番目の素因数の指数 a_i である．なお $(0)_i = (1)_i = 0$ とする．たとえば $x = 8400$ のとき，$8400 = 2^4 \cdot 3^1 \cdot 5^2 \cdot 7^1$ ゆえ，$(8400)_0 = 4$，$(8400)_3 = 1$ である．

(3) $lh(x) = x$ の素因数分解における 0 ではない指数をもつ素因数の数．なお $lh(0) = 0$ とする．たとえば，$lh(8400) = 4$，また $1815 = 2^0 \cdot 3^1 \cdot 5^1 \cdot 7^0 \cdot 11^2 = 3^1 \cdot 5^1 \cdot 11^2$ ゆえ，$lh(1815) = 3$ である．すなわち $lh(x)$ は x を素因数分解したときのその「長さ」(length) となっている．

(4) $x * y = 2^{a_0} \cdot 3^{a_1} \cdots p_k^{a_k} \cdot p_{k+1}^{b_0} \cdots p_{k+1+m}^{b_m}$．ただし $x = 2^{a_0} \cdots p_k^{a_k}$，$y$

$= 2^{b_0} \cdot \cdots \cdot p_m^{b_m}$ とする．たとえば $72 * 1200 = (2^3 \cdot 3^2) * (2^4 \cdot 3^1 \cdot 5^2) = 2^3 \cdot 3^2 \cdot 5^4 \cdot 7^1 \cdot 11^2$ である．なお $x*y$ は，x（の素因数分解）と y（の素因数分解）の「接合」(juxtapose) と呼ばれることがある．

定理 2.6 (1) p_x, (2) $(x)_i$, (3) $lh(x)$, (4) $x*y$ は，各々 rec. func. である．

証明 (1) について． $p_0 = 2$, $p_{x+1} = (\mu y)_{y \leq p_x!+1}(p_x < y \wedge PRM(y))$ と定義できることから明らか．

(2) について． $(0)_i = (1)_i = 0$, $(x)_i = (\mu y)_{y < x}(p_i^y | x \wedge \neg(p_i^{y+1} | x))$ と定義できることから明らか．

(3) について． $lh(0) = 0$, $lh(x) = \sum_{y \leq x} \overline{sg}(ch_R(x, y))$ と定義されることから明らか．ただしここで $R(x, y)$ は $PRM(y) \wedge y | x \wedge \neg(x = 0)$ (i.e. y は 0 を除く x の素因数である）を表わし，$ch_R(x, y)$ はその特性関数を表わしている．

(4) について．$x * y = x \cdot \prod_{j < lh(y)} (p_{lh(x)+j})^{(y)_j}$ と定義されることから明らか． □

注意 (1) の証明での $p_x!+1$ について，念のためひと言添えておく．要点は，$(p_0 \cdot p_1 \cdot \cdots \cdot p_x)+1$ が p_x より大きな素数の一つであることにある．そこで p_x より大きな素数たち各々より十分大きな数として，$p_0 \cdot p_1 \cdot \cdots \cdot p_x < p_x!$ ゆえ，$p_x!+1$ が考えられた．

帰納的関数と帰納的関係については，まだまだ多くの基礎事項が残されている．しかしこの § では，差し当り次 § 以後で必要となる最小限の内容に留めておくことにする．

§2.3　チャーチの提題とテューリング・マシン TM の算術化

チャーチの提題

　実効的に計算可能となる数論的関数 $f(x_1, \cdots, x_n)$ とはどのような関数であろうか，また実効的に決定可能となる数論的関係 $R(x_1, \cdots, x_n)$ とはどのような関係であろうか．ただしここで「実効的に」(effectively) 計算可能とは，有限時間内に有限的な手順によって，関数値を求め得ることを意味し，また実効的に決定可能とは，有限時間内に有限的な手順によって，関係の真偽を決め得ることを意味する．

　　注意　上で条件とされている有限時間について，いまその長さは問題外となっている．長さをも問題とするとき，それは計算量の問題と呼ばれ，ここでの計算可能性の問題とは別問題となる．

　それでは上の設問に対して，どのような解答が考えられるであろうか．チャーチはかつて下記のような解答を提案し，それは今日でも広く受け入れられている．そしてこの解答が，他ならぬ通常「チャーチの提題」(Church's Thesis) と呼ばれている命題である．

　チャーチの提題　(1)　$f(x_1, \cdots, x_n)$ は実効的に計算可能である $\iff f(x_1, \cdots, x_n)$ は rec. func. である．
　(2)　$R(x_1, \cdots, x_n)$ は実効的に決定可能である $\iff R(x_1, \cdots, x_n)$ は rec. rel. である．

　ところでこの提題は，どのような事柄を根拠として得られるのであろうか．それは二つの事柄から得られる．一つは次の見解（※）であり，他の一つは定理3.3である．なおこの § でも，以下では $x_1, \cdots, x_n$ を $\vec{x}$ とする表記法を使用していく．

見解（※）（1） $f(\vec{x})$ は実効的に計算可能である $\iff f(\vec{x})$ は T-計算可能である．

（2） $R(\vec{x})$ は実効的に決定可能である $\iff R(\vec{x})$ の特性関数 $ch_R(\vec{x})$ は T-計算可能である．

定理 3.3 $f(\vec{x})$ は T-計算可能である $\iff f(\vec{x})$ は rec. func. である．

注意 見解（※）は，チューリング・マシン TM が，実効的に計算するマシンの具体的なモデルとして確かに受け入れられる，という見解である．なお見解は一つの見方であって，もとより証明される事柄ではない．一方定理 3.3 は，定理としてしっかり証明される事柄である．

とにかくこのように二つの事柄に注目し，見解（※）と定理 3.3 の両者を結びつけるとき，チャーチの提題なる命題が得られることは，直ちに明らかであろう．また上の注意での指摘にあるように，その一部に見解を含む以上，チャーチの提題は文字通り提題であって，決して定理とはいえないことも明らかであろう．さらにまた，§2.1 と §2.2 での互いに独立していた内容が，この § において結びついてきていることも明らかであろう．

TM の算術化

次にチャーチの提題の柱の一つである定理 3.3 の証明を取り上げる．そのために定理 3.3 の $\iff$ を $\Rightarrow$ と $\Leftarrow$ とに分け，各々を定理 3.2，定理 3.1 とする．

定理 3.1 $f(\vec{x})$ は rec. func. である $\Rightarrow f(\vec{x})$ は T-計算可能である．

証明（その考え方）　前 § の rec. func. の定義に従って，その定義の各項に対応する TM のプログラムを具体的に作ればよい．まず [Ⅰ] 三つの基本関数各々についての TM のプログラムを作る．つづいて [Ⅱ] 三つの手

続き各々について，対応するTMを構成し，そのプログラムを作ればよい．このように証明の方向は，理論的には単純である．しかしその各々の具体的な実行となると，[I]は別にして[II]については，少々労力を要する作業となる．ここでは省略する．　　　　　　　　　　　　　　　　　□

定理 3.2　$f(\vec{x})$ は T-計算可能である $\Rightarrow$ $f(\vec{x})$ は rec. func. である．

この定理の証明には，実はその準備として，TMの「算術化」(arithmetization) と呼ばれる作業が是非必要となる．ここでTMの算術化とは，そのおおよそをいえば，TMに関する事柄のすべてを，ω の元や ω（または ω^n）上の帰納的関数や帰納的関係などを使って，数や数式として表わしていくことといえる．算術化も労力を要する作業であるが，こちらは今後の理論的展開にとっても不可欠であり，省略するわけにはいかない．そこでまずはTMの算術化に集中しよう．定理3.2の証明は当然その後になる．

さっそくTMの算術化を具体的に眺めていくが，大きく[I]，[II]と分けて進めていく．

[I]　TMの記号，記号列，記号列の列，各々のゲーデル数について

TMに現われる記号，記号列，記号列の列，各々に一対一に対応する非負の整数 (i.e. ω の元) は，「ゲーデル数」(Gödel numder, G.n. と略記) と呼ばれ，「記号⌝，「記号列⌝，「記号列の列⌝のように記号「　⌝を使って表わされる．

(1)　移動記号の G.n.　　「L⌝ = 3, 「R⌝ = 5, 「N⌝ = 7.

(2)　テープ記号の G.n.　　「a_0⌝ (i.e. 「B⌝) = 9, 「a_1⌝ (i.e. 「|⌝) = 13.（一般には 「a_i⌝ = $9+4i$ で与えられる．）

(3)　状態記号の G.n.　　1) 停止状態 s_0　「s_0⌝ = 11.（複数個登場する場合，停止状態は s の下付きを偶数にした記号 s_{2k} が使われ，「s_{2k}⌝ = $11+8k$ で与えられる．）　2) 初期状態 s_1　「s_1⌝ = 15.　3) 他の状態記号 s_i　「s_i⌝ = $11+4i$.

(4)　記号列 $u_0 u_1 \cdots u_n$ の G.n.　　「$u_0 u_1 \cdots u_n$⌝ = $2^{\ulcorner u_0 \urcorner} \cdot 3^{\ulcorner u_1 \urcorner} \cdots p_n^{\ulcorner u_n \urcorner}$. ただし u_i $(0 \leq i \leq n)$ は，各々個々の記号とし，また p_n は n 番目の素数である．

(5) 記号列の列 $v_0 v_1 \cdots v_m$ の G.n. 「$v_0 v_1 \cdots v_m$」$= 2^{\ulcorner v_0 \urcorner} \cdot 3^{\ulcorner v_1 \urcorner} \cdot \cdots \cdot p_m{}^{\ulcorner v_m \urcorner}$. ただし v_i ($0 \leqq i \leqq m$) は，各々記号列とし，また p_m は m 番目の素数である．

注意 1) 記号列の例としては，5項列 $s_i a_j a_k M s_l$，時点表示 $a_1 \cdots a_{i-1} s_j a_i \cdots a_l$ などである．

2) 記号列の列としては，プログラム（i.e. 5項列の列），計算過程（i.e. 時点表示の列）などである．

3) 記号列や記号列の列の G.n. は，上記のように与えた場合，超天文学的な数となるが，ここでは理論上でのことであり，特にそのことに問題はない．

[Ⅱ] TM の記号表現に関しての関係（i.e. 述語）や関数の定式化

TM の各記号表現（i.e. 各種の記号，記号列など）がゲーデル数（$\in \omega$）で表わされているゆえ，それら記号表現に関しての関係や関数はすべて数論的な式となり，しかも前§に登場した帰納的関係や帰納的関数として定式化される．以下，定理 3.2 の証明にも必要となる 17 個の定式化を，便宜上四つに分けた上で提示していく．なおそこに登場する $x, y, \cdots, w$ などの変項は各々何らかの G.n. である．また定式化につづく括弧内は，念のためその意味内容を記している．

(1) 記号について

$MV(x) : x = 3 \lor x = 5 \lor x = 7$

　　　　（x は移動記号（の G.n.）である）

$TP(x) : (\exists y)_{y < x}(x = 4y + 9)$

　　　　（x はテープ記号（の G.n.）である）

$S(x) : (\exists y)_{y < x}(x = 4y + 11)$

　　　　（x は状態記号（の G.n.）である）

$IS(x) : x = 15$

　　　　（x は初期状態（の G.n.）である）

$HS(x) : (\exists y)_{y < x}(x = 8y + 11)$

　　　　（x は停止状態（の G.n.）である）

(2) 記号列，記号列の列について

$Q(x) : lh(x) = 5 \land S((x)_0) \land \neg HS((x)_0) \land TP((x)_1)$

$\wedge TP((x)_2) \wedge MV((x)_3) \wedge S((x)_4)$

　　　　（x は5項列（の G.n.）である）

$UNQ(x, y):\neg(Q(x) \wedge Q(y) \wedge (x)_0 = (y)_0 \wedge (x)_1 = (y)_1 \wedge \neg(x = y))$

　　　　（x と y がはじめの2項を同じにする5項列（の G.n.）なら，x と y
　　　　は同一の5項列（の G.n.）である）

$DS(x) : (\exists i)_{i<lh(x)}(S((x)_i) \wedge (\forall j)_{j<lh(x)}(i = j \vee TP((x)_j)))$

　　　　（x は時点表示（の G.n.）である）

$PRG(x) : (\forall i)_{i<lh(x)}(Q((x)_i) \wedge (\forall j)_{j<lh(x)}(UNQ((x)_i, (x)_j)))$

　　　　$\wedge (\exists i)_{i<lh(x)}(IS(((x)_i)_0) \wedge (\exists j)_{j<lh(x)}(HS(((x)_j)_4))$

　　　　（x はプログラム（の G.n.）である）

注意 少し説明を添えておこう．1) $Q(x)$ について．$x = \ulcorner s_i a_j a_k \mathrm{M} s_l \urcorner = 2^{\ulcorner s_i \urcorner} * 2^{\ulcorner a_j \urcorner} * 2^{\ulcorner a_k \urcorner} * 2^{\ulcorner \mathrm{M} \urcorner} * 2^{\ulcorner s_l \urcorner}$ ゆえ，$lh(x) = 5$，$(x)_0 = \ulcorner s_i \urcorner$ で $S((x)_0)$ となること，$(x)_1 = \ulcorner a_j \urcorner$ で $TP((x)_1)$ となることなど，明らかであろう．

2) $UNQ(x, y)$ について．これは5項列の一意性を表わしている．またその定式化では，論理則 $(A \supset B) \equiv \neg(A \wedge \neg B)$ の右辺の形が使われている．

3) $DS(x)$ について．時点表示が，その1個所に状態記号が現われるテープ記号の列であることから，表記のようになること明らかであろう．

4) $PRG(x)$ について．プログラムは一意性をもつ5項列の列ゆえ，$x = 2^{\ulcorner 5項列 \urcorner} * \cdots * 2^{\ulcorner 5項列 \urcorner}$ となっている．すなわちすべての $i \in lh(x)$ について，$(x)_i$ は5項列ゆえ，$Q((x)_i)$ となり，またそのいずれもが一意性をもつゆえ，$UNQ((x)_i, (x)_j)$ となる．しかもプログラムである以上，ある5項列の最初の記号となる $((x)_i)_0$ は初期状態ゆえ，$IS(((x)_i)_0)$ となり，また別のある5項列の最後の記号となる $((x)_i)_4$ は停止状態ゆえ，$HS(((x)_i)_4)$ となる．

(3) 計算について （なお(3)，(4)での意味内容の記述においては，（の G.n.）をすべて省略する．）

$TRL(x, y, z) : DS(x) \wedge DS(y) \wedge PRG(z) \wedge (\exists u)_{u<x}(\exists v)_{v<x}(\exists w_1)_{w_1<x}$

　　　　$(\exists w_2)_{w_2<y}(\exists t_1)_{t_1<x}(\exists t_2)_{t_2<x}(\exists t_3)_{t_3<y}((x = u * 2^{t_1} * w_1 * 2^{t_2} * v) \wedge (y$

　　　　$= u * 2^{w_2} * 2^{t_3} * v) \wedge S(w_1) \wedge S(w_2) \wedge TP(t_1) \wedge TP(t_2) \wedge TP(t_3)$

　　　　$\wedge (\exists i)_{i<lh(z)}((z)_i = p_0^{w_1} \cdot p_1^{t_2} \cdot p_2^{w_2} \cdot p_3^3 \cdot p_4^{w_2}))$

　　　　（z なるプログラムの中のLを含む5項列に従った，x から y への

移行状況である）

$TRR(x,y,z): DS(x) \wedge DS(y) \wedge PRG(z) \wedge (\exists u)_{u<x} (\exists v)_{v<x} (\exists w_1)_{w_1<x}$
$(\exists w_2)_{w_2<y} (\exists t_1)_{t_1<x} (\exists t_2)_{t_2<x} (\exists t_3)_{t_3<y} ((x = u*2^{w_1}*2^{t_1}*2^{t_2}*v) \wedge (y$
$= u*2^{t_3}*2^{w_2}*2^{t_2}*v) \wedge S(w_1) \wedge S(w_2) \wedge TP(t_1) \wedge TP(t_2) \wedge TP(t_3)$
$\wedge (\exists i)_{i<lh(z)} ((z)_i = p_0^{w_1} \cdot p_1^{t_2} \cdot p_2^{t_1} \cdot p_3^5 \cdot p_4^{w_2}))$

（L を R に変える以外は，$TRL(x,y,z)$ の意味内容と同じ）

$TRN(x,y,z): DS(x) \wedge DS(y) \wedge PRG(z) \wedge (\exists u)_{u<x} (\exists v)_{v<x} (\exists w_1)_{w_1<x}$
$(\exists w_2)_{w_2<y} (\exists t_1)_{t_1<x} (\exists t_2)_{t_2<x} (\exists t_3)_{t_3<y} ((x = u*2^{t_1}*2^{w_1}*2^{t_2}*v) \wedge (y$
$= u*2^{t_1}*2^{w_2}*2^{t_3}*v) \wedge S(w_1) \wedge S(w_2) \wedge TP(t_1) \wedge TP(t_2) \wedge TP(t_3)$
$\wedge (\exists i)_{i<lh(z)} ((z)_i = p_0^{w_1} \cdot p_1^{t_2} \cdot p_2^{t_3} \cdot p_3^7 \cdot p_4^{w_2}))$

（L を N に変える以外は，$TRL(x,y,z)$ の意味内容と同じ）

$TR(x,y,z): TRL(x,y,z) \vee TRR(x,y,z) \vee TRN(x,y,z)$

（プログラム z に従った，x から y への移行状況である）

$CMP_1(z,y): PRG(z) \wedge (\forall i)_{i<lh(y)\dot{-}1} (TR((y)_i, (y)_{i+1}, z)) \wedge IS(((y)_0)_0) \wedge$
$HS(((y)_{lh(y)\dot{-}1})_0)$

（y はプログラム z に従った計算過程である）

$CMP_2(z,x,y): CMP_1(z,y) \wedge (\forall i)_{i<lh(x)} (TP((x)_i)) \wedge (y)_0 = 2^{15}*x$

（y はプログラム z に従った，入力 x に対しての計算過程である）

注意 少し説明を添えておこう． 1) $TRL(x,y,z)$ について．プログラムの中の L を含む 5 項列 $s_i a_j a_k L s_l$ に従った，時点表示 x から時点表示 y への移行状況は，$x = u*2^{t_1}*2^{w_1}*2^{t_2}*v$ から $y = u*2^{w_2}*2^{t_3}*2^{t_2}*v$ への移行である．移行後の状態記号 s_l の G.n. w_2 の位置，および移行後のテープ記号 a_k の G.n. t_3 への変化などに注意．

2) $CMP_1(z,y)$ について．計算過程でのスタートとなる時点表示 $(y)_0$ の最初の記号は $((y)_0)_0$ であり，それが初期状態であることから，$IS(((y)_0)_0)$ となる．また計算過程でのエンドとなる時点表示 $(y)_{lh(y)\dot{-}1}$ の最初の記号は $((y)_{lh(y)\dot{-}1})_0$ であり，それが停止状態であることから，$HS(((y)_{lh(y)\dot{-}1})_0)$ となる．

(4) 関係 T_n と関数 vl について

次の二つは，定理 3.2 の証明においても，またさらに次 § においても，

中心となる関係と関数である.

$T_n(z, \vec{x}, y): CMP_2(z, \ulcorner \vec{x} \urcorner, y) \wedge (\exists u)_{u<y}(\exists v)_{v<y}((y)_{lh(y) \dotminus 1} = 2^v * u \wedge HS(v)$
$\wedge (\forall i)_{i<lh(u)}((u)_i = 13)))$

　　　　　(y はプログラム z に従った，入力 $\vec{x}$(i.e. $\overline{x_1, \cdots, x_n}$) に対し関数値を出力して停止する計算過程である)

$vl(y) = cnt((y)_{lh(y) \dotminus 1}) \dotminus 1$

　　　　　(y なる計算過程での出力に現われている関数値)

ただし，$cnt(x) = \sum_{i<lh(x)} nc(i, x)$ であり，また $nc(i, x) = 0 ((x)_i \neq 13$ のとき)，$nc(i, x) = 1 ((x)_i = 13$ のとき) である.

注意 $T_n(z, \vec{x}, y)$ について．ここでの $\vec{x}$ は G.n. ではない．なお，$\ulcorner \vec{x} \urcorner$ は，記号列 $\overline{x_1, \cdots, x_n}$(i.e. $B\overline{x}_1B\cdots B\overline{x}_n$) の G.n. である．また $(\exists u)_{u<y}(\exists v)_{v<y}$ 以下の部分については，関数値を出力して停止する計算過程のエンドの時点表示が $Bs_{2k}||\cdots|B$（ただし $k \geq 0$）であることから明らかであろう．

以上，定理 3.2 の証明にも必要となる TM に関する 16 個の関係と 1 個の関数の定式化を提示した．その結果，定式化の具体的な形から，16 個の各々が帰納的関係となっている点，また最後の関数 vl も帰納的関数となっている点が，改めて確認できたといえる．そしてこれらの点は，以下において大切な事柄となってくる．

定理 3.2 の証明

次に，チャーチの提題の根拠の一つとなる定理 3.3 の一部である定理 3.2 について，上記した TM の算術化を踏まえて，いよいよその証明を与えよう．

定理 3.2（再） $f(\vec{x})$ は T-計算可能である $\Rightarrow f(\vec{x})$ は rec. func. である．

証明 $f(\vec{x})$ が T-計算可能であるとする．するとこのことは，あるプログラムが存在して，そのプログラムに従った，入力 $\vec{x}$ に対し関数値（i.e. $f(\vec{x})$）を出力して停止する計算過程が存在する，ということである．そこで

先の $T_n(z, \vec{x}, y)$ を使うと，このことは，ある $z(\in \omega)$ が存在して，$\exists y T_n(z, \vec{x}, y)$ が成立する，と表わされてくる．よって，いま存在するとされる z を e(i.e. $f(\vec{x})$ を計算するプログラムの G.n.) とおくと，$\exists y T_n(e, \vec{x}, y)$ が成立する．そこでそうした y の最小のもの（i.e. $f(\vec{x})$ を計算する計算過程）が，μ 作用子を使って $\mu y T_n(e, \vec{x}, y)$ と表わされてくる．するとその y には出力となる関数値が含まれており，それを取り出す関数 vl をそこに適用すれば関数値 $f(\vec{x})$ が現われる．すなわち

$$f(\vec{x}) = vl\,(\mu y T_n(e, \vec{x}, y))$$

が成立する．ここで上式の右辺は TM の算術化により明らかに rec. func. である．よって左辺 $f(\vec{x})$ も rec. func. であり，ここに定理が示されたことになる． □

以上，定理 3.2 が証明されたことにより，定理 3.1 と合せて定理 3.3 が得られたことにもなる．そこで先に述べた見解（※）をも合せて，ここにチャーチの提題を支える根拠が，改めて確認できたことになる．

§2.4 階層定理の一部

標準形定理と枚挙定理

前 § において，計算可能な数論的関数は帰納的関数であること，および決定可能な数論的関係は帰納的関係であることが，明らかにされた．では逆に，数論的関数の中で計算不可能となる関数や，数論的関係の中で決定不可能となる関係は，どのような関数や関係であろうか．この § では，分かり易さを考えて，もっぱら数論的関係についてこの点を明らかにしていく．実際，後程 $\Sigma_1, \Pi_1, \Sigma_2, \Pi_2, \cdots$ などと定義される関係のクラスの一部には，決定不可能な関係が存在すること，さらにはそれらのクラスの間には決定不可能性に関して階層をなしていることなどが，この § において明らかにされていく．しかしそのためにはまず，これらの事柄の中核に位置する「標準形定

理」(Normal Form Theorem, NF-Th と略記)および「枚挙定理」(Enumeration Theorem, Enum-Th と略記)と呼ばれる二つの定理に注目することが,必要となる.はじめに帰納的関数についての標準形定理を提示する.

定理 4.1(標準形定理) 任意の rec. func. $f(\vec{x})$ について,ある $z(\in \omega)$ が存在して,次の (1)〜(3) が成立する.
  (1) $\forall \vec{x} \exists y T_n(z, \vec{x}, y)$.
  (2) $\forall \vec{x} \forall y (T_n(z, \vec{x}, y) \supset f(\vec{x}) = vl(y))$.
  (3) $f(\vec{x}) = vl(\mu y T_n(z, \vec{x}, y))$.

証明 (1) について. $f(\vec{x})$ が rec. func. のとき,前§定理 3.1 により,$f(\vec{x})$ は T-計算可能である.すなわちあるプログラムが存在して,そのプログラムに従った,入力 $\vec{x}$ に対し関数値(i.e. $f(\vec{x})$)を出力して停止する計算過程が存在する.そこでこのことを前§の定式化を使って表わせば,ある $z(\in \omega)$ が存在して,$\exists y T_n(z, \vec{x}, y)$ となる.なおこのことは,任意の $\vec{x}$ について成立するゆえ,(1) を得る.

(2), (3) について. 前§で示した $vl(y)$,$\mu y T_n(z, \vec{x}, y)$ 各々の意味内容を考えれば,(2), (3) は明らか. □

注意 1) 上記において,$z(\in \omega)$ は $f(\vec{x})$ の f に応じて決まるプログラムの G.n. であり,しばしばその変項 z を常項風に e で表わし,"ある $z(\in \omega)$ が存在して"の部分が省略されることがある.また e が f のプログラム(の G.n.)として f と対応していることから,e は f の「インデックス」(index)と呼ばれ,f は $|e|$ と表わされることがある(i.e. $f(\vec{x}) = |e|(\vec{x})$).ただし rec. func. $f(\vec{x})$ のプログラムは複数個あり得ることから,f と e とが一対一に対応しているとはいえない.

2) 定理 4.1 がなぜ標準形定理と呼ばれるかは,(3) 式の右辺に注目するとき,左辺の $f(\vec{x})$ の f がどんな形をしていようとも,右辺中の z は f に応じて変るが,それ以外の右辺全体はつねに一定の形をしていることによる.

3) 定理 4.1 は,「クリーネの標準形定理」(Kleene's NF-Th)とも呼ばれることがある.

次に帰納的関係の頭部に $\exists$ または $\forall$ を付加した関係についての枚挙定理を提示しよう．

定理 4.2（枚挙定理）　任意の rec. rel. $R(\vec{x}, y)$ について，次の (1), (2) が成立する．

(1)　ある $z(\in \omega)$ が存在して（それを e_1 として），$\exists y R(\vec{x}, y) \iff \exists y T_n(e_1, \vec{x}, y)$ である．

(2)　ある $z(\in \omega)$ が存在して（それを e_2 として），$\forall y R(\vec{x}, y) \iff \forall y \neg T_n(e_2, \vec{x}, y)$ である．

証明　(1) について．1) $\Rightarrow$ について．まず rec. rel. $R(\vec{x}, y)$ の特性関数 $ch_R(\vec{x}, y)$ は，rec. rel. の定義より，rec. func. となっていることに注意．その上で $\Rightarrow$ の左辺 $\exists y R(\vec{x}, y)$ が成立しているとする．するとこのとき，$\exists y (ch_R(\vec{x}, y) = 0)$ であり，$\vec{x}$ に $\mu y(ch_R(\vec{x}, y) = 0)$ が対応してくる．すなわち $\vec{x} \overset{f}{\longmapsto} \mu y(ch_R(\vec{x}, y) = 0)$ なる f が存在する．ここで $ch_R(\vec{x}, y)$ は rec. func. ゆえ，$\mu y(ch_R(\vec{x}, y) = 0)$ も rec. func. である．よって上の f は rec. func. であり，先の NF-Th(1) により，ある $z(\in \omega)$ が存在して（それを e_1 として），$\exists y T_n(e_1, \vec{x}, y)$ (i.e. $\Rightarrow$ の右辺) が成立する．

2) $\Leftarrow$ について．$T_n(e_1, \vec{x}, y)$ は，この式自体が明らかに rec. rel. である．よってこの式自体を $R(\vec{x}, y)$ とみなせば，$\Leftarrow$ は明らか．

(2) について．$R(\vec{x}, y)$ が rec. rel. のとき，§2.2 の定理 2.5(1) により，$\neg R(\vec{x}, y)$ も rec. rel. である．よって上の (1) をこの $\neg R(\vec{x}, y)$ に適用すると，ある $z(\in \omega)$ が存在して（それを e_2 として），$\exists y \neg R(\vec{x}, y) \iff \exists y T_n(e_2, \vec{x}, y)$ が成立する．後は両辺に各々 $\neg$ を付け，$\neg \exists y \neg : \forall y$，$\neg \exists y : \forall y \neg$ とおけば，(2) が得られる．　□

注意　1) 定理 4.2 がなぜ枚挙定理と呼ばれるかは，rec. rel. の頭部に各々 $\exists y$，$\forall y$ を付加した関係が，(1), (2) 各々の右辺中の z を変えることによってすべて枚挙できるゆえである．また右辺が z 以外では，その形が一定であるという点は，rec. func. の NF-Th の (3) 式と同様であり，したがって定理 4.2 は，rec.

rel. の頭部に各々 $\exists y$, $\forall y$ を付加した関係についての標準形定理ともなっている.

2) 一方 rec. func. についての標準形定理 4.1 は，決して rec. func. の枚挙定理とはいえない．なぜなら，NF-Th の (3) 式の右辺の z を変えるとき，$\exists y T_n(z, \vec{x}, y)$ が不成立となることもあり，そのとき右辺は rec. func. ではなくなるからである.

ポストの定理

標準形定理および枚挙定理を踏まえて，この § の冒頭で触れた決定不可能な数論的関係たちがどのような関係であるか，またそれらがどのような状況にあるかなど，以下少しずつ明らかにしていく．そのためにも，数論的関係を予め下記のようにクラスごとに分類し，各々に記号を定めておくことにする.

定義（RR, Σ_1, Π_1 など）

(1) 帰納的関係のクラス (i.e. 集まり) は，RR で表わされる.

(2) $R(\vec{x}, y)$ が帰納的関係のとき，$\exists y R(\vec{x}, y)$ 型の関係のクラスは，Σ_1 で表わされ，$\forall y R(\vec{x}, y)$ 型の関係のクラスは，Π_1 で表わされる.

(3) $R(\vec{x}, y, z)$ が帰納的関係のとき，$\forall z \exists y R(\vec{x}, y, z)$ 型の関係のクラスは，Π_2 で表わされ，$\exists z \forall y R(\vec{x}, y, z)$ 型の関係のクラスは，Σ_2 で表わされる.

(4) また $\Sigma_1 \cap \Pi_1$ は Δ_1 で，$\Sigma_2 \cap \Pi_2$ は Δ_2 で表わされる. □

注意 1) 詳しくは省略するが同様にして，Π_2 に $\exists$ を付加した型のクラス，Σ_2 に $\forall$ を付加した型のクラスは，各々 Σ_3, Π_3 とされ，さらに同様にして，Π_4, Σ_4, … と定義されていく．同様に Δ_3, Δ_4, … も定義されていく.

2) 先の定理 4.2 は，上の定義に従えば，改めて Σ_1 型，Π_1 型関係についての枚挙定理であるといえる.

さてそれでは上記の数論的関係のクラスの間にはどのような状況が成立しているか．最初に注目に値する事柄は，定理 4.3 と定理 4.4 から得られる「ポスト (Post, E. L.) の定理」と呼ばれる次の定理 4.5 の内に見出せる.

定理 4.5（ポストの定理）　$RR = \Sigma_1 \cap \Pi_1$ (i.e. $= \Delta_1$).

証明　$RR \subseteq \Sigma_1 \cap \Pi_1$(i.e. 下記の定理 4.3) および $\Sigma_1 \cap \Pi_1 \subseteq RR$(i.e. 下記の定理 4.4) から明らか.　□

そこで次に改めて定理 4.3 と定理 4.4 を提示し，各々証明していこう.

定理 4.3　$RR \subseteq \Sigma_1 \cap \Pi_1$. すなわち任意の rec. rel. $R(\vec{x})$ について，ある rec. rel. $P(\vec{x}, y)$, $Q(\vec{x}, y)$ が存在して，次の(1), (2) が成立する.
 (1)　$R(\vec{x}) \Rightarrow \exists y P(\vec{x}, y)$.
 (2)　$R(\vec{x}) \Rightarrow \forall y Q(\vec{x}, y)$.

証明　(1) について．　$R(\vec{x})$ は rec. rel. ゆえ，その特性関数 $ch_R(\vec{x})$ は rec. func. である. すると NF-Th (3) によって，ある $z(\in \omega)$ が存在して（それを e として），$ch_R(\vec{x}) = vl(\mu y T_n(e, \vec{x}, y))$ …(∗) が成立する. そこでこの点を踏まえた上で，(1) の左辺 $R(\vec{x})$ が成立しているとする. すると $ch_R(\vec{x}) = 0$ であり，(∗) により $vl(\mu y T_n(e, \vec{x}, y)) = 0$ となる. 後はここから下記の簡易推論法(1 章 §1.3 参照) の推論 ⟨#⟩ により，$\exists y(T_n(e, \vec{x}, y) \wedge vl(y) = 0)$ が引き出せるゆえ，$T_n(e, \vec{x}, y) \wedge vl(y) = 0$ なる rec. rel. を $P(\vec{x}, y)$ と考えれば，(1) は示されたことになる.

⟨#⟩　① $vl(\mu y T_n(e, \vec{x}, y)) = 0$
　　② $\exists u(u = \mu y T_n(e, \vec{x}, y) \wedge vl(u) = 0)$
　　　　　　　　　　　　（①と代入の論理則 $A(a) \equiv \exists x(x = a \wedge A(x))$）
　　③ $\overline{a} = \mu y T_n(e, \vec{x}, y) \wedge vl(\overline{a}) = 0$　　　　　　　　　（② EI）
　　④ $T_n(e, \vec{x}, \overline{a}) \wedge vl(\overline{a}) = 0$　　　　　　　　　　　　（μy の性質）
　　⑤ $\exists y(T_n(e, \vec{x}, y) \wedge vl(y) = 0)$　　　　　　　　　（④ EG）
 (2) について．　(1) と同様に示される．略.　□

定理 4.4　$\Sigma_1 \cap \Pi_1 \subseteq RR$. すなわち任意の数論的関係 $R(\vec{x})$ について，ある rec. rel. $P(\vec{x}, y)$, $Q(\vec{x}, y)$ が存在して，次の(1), (2) が成立するとき，R

$(\vec{x})$ は rec. rel. である.
 (1) $R(\vec{x}) \iff \exists y P(\vec{x}, y)$.
 (2) $R(\vec{x}) \iff \forall y Q(\vec{x}, y)$.

証明 排中律により, $R(\vec{x}) \vee \neg R(\vec{x})$ はつねに成立する. そこで上の(1), (2) の各々を, $R(\vec{x}) \vee \neg R(\vec{x})$ の $R(\vec{x})$ の各々に代入すると, $\exists y P(\vec{x}, y) \vee \neg \forall y Q(\vec{x}, y)$ すなわち $\exists y P(\vec{x}, y) \vee \exists y \neg Q(\vec{x}, y)$ を得, さらに $\exists y$ を括り出すと, $\exists y(P(\vec{x}, y) \vee \neg Q(\vec{x}, y))\cdots(*)$ が成立する. したがって $\mu y(P(\vec{x}, y) \vee \neg Q(\vec{x}, y))$ が存在することになり, 一方下記の推論 $\langle \#\# \rangle$ により,
$$R(\vec{x}) \iff P(\vec{x}, \mu y(P(\vec{x}, y) \vee \neg Q(\vec{x}, y)))\cdots(**)$$
が成立する. ここで (**) の右辺全体は, $P(\vec{x}, y)$, $Q(\vec{x}, y)$ が各々 rec. rel. ゆえ, rec. rel. であり, よって左辺の $R(\vec{x})$ も rec. rel. であることが示される.

 $\langle \#\# \rangle$ 1) (**) の $\Rightarrow$ について.
  ① $R(\vec{x})$
  ② $\forall y\, Q(\vec{x}, y)$ (上の(2))
  ③ $\exists y(P(\vec{x}, y) \vee \neg Q(\vec{x}, y))$ (上の (*))
  ④ $(P(\vec{x}, b) \vee \neg Q(\vec{x}, b)) \wedge b = \mu y(P(\vec{x}, y) \vee \neg Q(\vec{x}, y))$
                  (③と μ の性質)
  ⑤ $Q(\vec{x}, b)$ (② UI)
  ⑥ $P(\vec{x}, b) \wedge b = \mu y(P(\vec{x}, y) \vee \neg Q(\vec{x}, y))$ (④, ⑤と論理則)
  ⑦ $P(\vec{x}, \mu y(P(\vec{x}, y) \vee \neg Q(\vec{x}, y)))$ (⑥と代入の論理則)
 2) (**) の $\Leftarrow$ について.
  ① $P(\vec{x}, \mu y(P(\vec{x}, y) \vee \neg Q(\vec{x}, y)))$
  ② $\exists u(u = \mu y(P(\vec{x}, y) \vee \neg Q(\vec{x}, y)) \wedge P(\vec{x}, u))$ (①と代入の論理則)
  ③ $\overline{a} = \mu y(P(\vec{x}, y) \vee \neg Q(\vec{x}, y)) \wedge P(\vec{x}, \overline{a})$ (② EI)
  ④ $P(\vec{x}, \overline{a})$ (③と論理則)
  ⑤ $\exists y P(\vec{x}, y)$ (④ EG)
  ⑥ $R(\vec{x})$ (上の (1)) □

階層定理（その一部）

ポストの定理 $RR = \Sigma_1 \cap \Pi_1$ は，$\Sigma_1 \cap \Pi_1 \subseteq \Sigma_1$ かつ $\Sigma_1 \cap \Pi_1 \subseteq \Pi_1$ ゆえ，決定可能な関係のクラス RR とはならない Σ_1 や Π_1 のクラスが存在することを自ずと示唆している．実際，以下では $RR = \Sigma_1 \cap \Pi_1 \subsetneq \Sigma_1$ および $RR = \Sigma_1 \cap \Pi_1 \subsetneq \Pi_1$ が示されることになり，まさに Σ_1 や Π_1 の一部に非決定的な関係たちが存在していることが明らかにされる．さらにこの辺の状況は，一般的総括的に次のようにもまとめられ，いわゆる「階層定理」(Hierarchy Theorem) と呼ばれる事態となってくる．

階層定理 $RR, \Delta_1, \Sigma_1, \Pi_1, \Delta_2, \Pi_2, \Sigma_2, \Delta_3, \cdots$ については，下記の関係が成立する．

$$RR = \Delta_1 \underset{\subsetneq}{\overset{\subsetneq}{\underset{\Pi_1}{\overset{\Sigma_1}{}}}} \underset{\subsetneq}{\overset{\subsetneq}{+}} \Delta_2 \underset{\subsetneq}{\overset{\subsetneq}{\underset{\Sigma_2}{\overset{\Pi_2}{}}}} \underset{\subsetneq}{\overset{\subsetneq}{+}} \Delta_3 \underset{\subsetneq}{\overset{\subsetneq}{}} \cdots\cdots$$

$\underbrace{}_{(\text{☆})}$

注意 上記定理は下図のようにも表わされる．

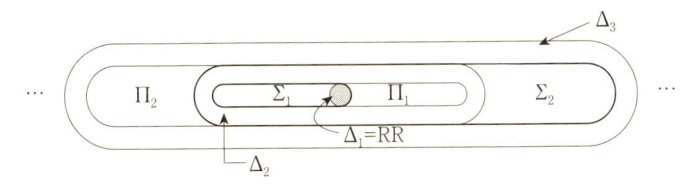

（図：入れ子状の領域。外側から Δ_3、その中に Π_2, Σ_2、中央に Σ_1, Π_1、最内に $\Delta_1 = RR$、そして Δ_2）

この階層定理によれば，非決定的な関係たちは Σ_1, Π_1 の一部に限らずさらに $\Pi_2, \Sigma_2, \cdots$ にも存在することを示している．しかしここでは，先の標準定理と枚挙定理を使って明確に証明できる部分（i.e. (☆)）のみに限定し，改めてその部分を定理 4.8 とした上で，非決定的な関係が存在する状況に注目していくことにする．

定理 4.8（階層定理の一部） $RR, \Delta_1, \Sigma_1, \Pi_1$ については，下記の関係が

成立する．

$$\text{RR} = \underset{①}{\Sigma_1 \cap \Pi_1 = \Delta_1} \underset{③}{\overset{②}{\underset{\subsetneq}{\overset{\subsetneq}{\neq}}}} \underset{\Pi_1}{\overset{\Sigma_1}{}} + ④$$

証明 ①については，既にポストの定理で示されている．②，③については，下記の定理 4.6 により，④については，下記の定理 4.7 により明らかである． □

そこでさっそく改めて定理 4.6 と定理 4.7 を提示し，各々その証明を与えよう．なお定理 4.6 は，それ自体だけでも大切な内容を含んでいる（この点は証明につづく注意を参照）．したがってその証明も大切である．

定理 4.6 (1) $\Delta_1(=\text{RR}) \subsetneq \Sigma_1$． (2) $\Delta_1(=\text{RR}) \subsetneq \Pi_1$．

証明 (1) について． Σ_1 に属する関係でありながら，Δ_1 に属さない関係 (i.e. rec. rel. ではない関係) が，具体的に一つでも存在することを示せばよい．そのために $\exists y T_1(x, x, y)$ なる Σ_1 型の関係に注目する．すると，この $\exists y T_1(x, x, y)$ が rec. rel. ではないことが，以下のようにして示せる．まず $\exists y T_1(x, x, y)$ を $R(x)$ とおき，rec. rel. と仮定する（背理法）．すると，
$$R(x) \iff R(x) \wedge \forall y(y=y) \iff \forall y(R(x) \wedge y=y) \cdots (*1)$$
であり．$R(x) \wedge y=y$ は rec. rel. ゆえ，$\forall y(R(x) \wedge y=y)$ は Π_1 に属する関係といえる．そこでこの関係には Enum-Th(2) が適用できる．すなわち，ある $z(\in \omega)$ が存在して（それを e_2 として），
$$\forall y(R(x) \wedge y=y) \iff \forall y \neg T_1(e_2, x, y) \cdots (*2)$$
が成立する．ここで (*2) の左辺に (*1) を代入すると，(*2) は $R(x) \iff \forall y \neg T_1(e_2, x, y)$ となり，さらに $R(x) \iff \exists y T_1(x, x, y)$ ゆえ，
$$\exists y T_1(x, x, y) \iff \forall y \neg T_1(e_2, x, y) \cdots (*3)$$
を得る．そこでいま (*3) の x について，$x = e_2$ とおくと (i.e. 対角線論法)
$$\exists y T_1(e_2, e_2, y) \iff \forall y \neg T_1(e_2, e_2, y)$$

第2章 計算論1——帰納理論

$$\iff \neg \exists y T_1(e_2, e_2, y)$$

となり，矛盾が生ずる．よって $\exists y T_1(x, x, y)$ は rec. rel. ではない．

(2) について．(1) と同様に示す．ただしこの場合，Π_1 に属する具体的な関係として $\forall y \neg T_1(x, x, y)$ に注目し，それを $R(x)$ とおき，さらにそれが rec. rel. であると仮定する（背理法）．その上で，$R(x) \iff R(x) \vee \exists y \neg (y = y) \iff \exists y (R(x) \vee \neg (y = y))$ ($\in \Sigma_1$) となることを使い，後は (1) と同様にして，矛盾を引き出す． □

注意 この定理は，公理系において定理として証明される式が，帰納的関係である点に注意するとき，公理系に証明不可能な式が存在し得ることをも示している，といえる．実際，ゲーデルは自然数論での数式として Π_1 型に相当する式を構成し，それが自然数論の公理系では定理とならないことを示した(i.e. ゲーデルの第1不完全性定理)．したがって定理4.6は，この不完全性定理に対応する内容を含んでいる．その意味でもこの定理は重要な定理であるといえる(付録参照)．

定理 4.7 $\Sigma_1 \neq \Pi_1$.

証明 定理4.6の証明に登場した Σ_1 型の関係 $\exists y T_1(x, x, y)$，Π_1 型の関係 $\forall y \neg T_1(x, x, y)$ に再度注目する．その上で $\exists y T_1(x, x, y) \notin \Pi_1$，$\forall y \neg T_1(x, x, y) \notin \Sigma_1$ を示せば，$\Sigma_1 \neq \Pi_1$ を示したことになる．

(1) $\exists y T_1(x, x, y) \notin \Pi_1$ について．$\exists y T_1(x, x, y) \in \Pi_1$ と仮定する（背理法）．すると Enum-Th(2) により，ある $z (\in \omega)$ が存在して（それを e_2 として），

$$\exists y T_1(x, x, y) \iff \forall y \neg T_1(e_2, x, y)$$

が成立する．ここで $x = e_2$ とおくと（i.e. 対角線論法），

$$\exists y T_1(e_2, e_2, y) \iff \forall y \neg T_1(e_2, e_2, y)$$
$$\iff \neg \exists y T_1(e_2, e_2, y)$$

となり，矛盾が生ずる．よって $\exists y T_1(x, x, y) \notin \Pi_1$ である．

(2) $\forall y \neg T_1(x, x, y) \notin \Sigma_1$ について．(1) と同様にして示す． □

注意 定理4.6および定理4.7が証明されたことにより，ポストの定理と合せ

て，先の定理 4.8（階層定理の一部）は完全に証明されたことになる．ところで定理 4.6 および定理 4.7 の証明においては，枚挙定理（i.e. Enum-Th）が中心的な役割を果しており，またそこでは「対角線論法」(diagonal method, DM と略記）が使われている．両定理が，有限的な世界である RR を超出した関係をその一部に含む世界である Σ_1, Π_1 の超越性を明示していることから，枚挙定理や対角線論法については，改めてその本質の解明が必要である．しかしここでは，その問題性を指摘するに留める．なお詳しくはⅢ部 2 章で取り上げられることになる．

部分帰納的関数について

この § では，分かり易さを考えてもっぱら数論的関係のみに注目し，その決定不可能性に関連する階層定理を取り上げた．しかし同様のことは数論的関数についても指摘できる．その点への理解に繋がる手がかりとして，この § の最後に部分帰納的関数について，少しばかり記しておく．

部分帰納的関数（i.e. pa. rec. func.）$f(\vec{x})$ とは，§2.2 の定義で触れたように，関数構成の手続として，存在条件なしの μ 作用子を容認した上で定義される関数であった．したがって $f(\vec{x})$ の定義域は ω^n 全域ではなく，ある $\vec{x}$ については，$f(\vec{x})$ はその値をもたないこともある．そのこともあって，部分関数間の等号としては，通常の = ではなく，改めて $\simeq$ が次のように定義される．

定義 ($\simeq$)

数論的部分関数 $f(\vec{x})$ と $g(\vec{x})$ について，ともに定義されている定義域で両者の値が等しいか，またはともに定義されていないとき，$f(\vec{x})$ と $g(\vec{x})$ との間には $f(\vec{x}) \simeq g(\vec{x})$ が成立している，とされる． □

さてこの $\simeq$ を使うと，部分帰納的関数の計算不可能性についての状況を明らかにしていく上で，その要点ともなる pa. rec. func. についての標準形定理が成立してくる．しかしその前に，チャーチの提題の根拠ともなった前 § の定理 3.3 に相当する次の定理 4.9 を見ておく．

定理 4.9　$f(\vec{x})$ は pT-計算可能である $\iff f(\vec{x})$ は pa. rec. func. である.

証明　(1) $\Rightarrow$ について. $\iff$ の左辺を仮定する. すると $f(\vec{x})$ がその値をもつ限りでの $\vec{x}$ に対しては, ある $z(\in \omega)$ が存在して(それを e として), $\exists y T_n(e, \vec{x}, y)$ が成立する. よって $f(\vec{x})$ がその値をもつ限りでは, $f(\vec{x}) = vl(\mu y T_n(e, \vec{x}, y))$ であるが, 任意の $\vec{x}$ に対しては, $vl(\mu y T_n(z, \vec{x}, y))$ は pa. rec. func. であることから, 結局
$$f(\vec{x}) \simeq vl(\mu y T_n(z, \vec{x}, y))$$
が成立する. よって上式左辺 $f(\vec{x})$ も pa. rec. func. である.

(2) $\Leftarrow$ について. pa. rec. func. は三つの基本関数と三つの手続きから構成されるが, その各々に対応する TM のプログラムが存在し得ること(詳しくは省略)から, 明らかである. □

つづいて pa. rec. func. の標準形定理を提示する.

定理 4.10　(pa. rec. func. の NF-Th)　任意の pa. rec. func. $f(\vec{x})$ について, ある $z(\in \omega)$ が存在して, 任意の $\vec{x}$ について,
$$f(\vec{x}) \simeq vl(\mu y T_n(z, \vec{x}, y))$$
が成立する.

証明　$f(\vec{x})$ が pa. rec. func. のとき, 定理 4.9 により, $f(\vec{x})$ は pT-計算可能である. したがって, 定理 4.9 の証明(1) での議論により, $f(\vec{x}) \simeq vl(\mu y T_n(z, \vec{x}, y))$ が成立する. □

この定理 4.10 は Σ_1, Π_1 についての枚挙定理に対応しており, 枚挙定理が階層定理において Σ_1, Π_1 各々の特性を明らかにしたように, 定理 4.10 は pa. rec. func. の特性を明らかにする鍵となってくる. しかしここでは, この定理 4.10 についてもまた部分帰納的関数についても, これ以上の言及は控えることにする.

注意 pa. rec. func. の NF-Th および pa. rec. func. について，その本質などは，枚挙定理の場合と同様，Ⅲ部2章で取り上げられることになる．

この § を閉じるに当って，少々脇道にそれることになるが，定理 4.10 が下図のような事柄としても描けること，およびそれについてのコメントを一つ添えておく．

$$
\begin{array}{ccc}
\text{入力} & & \text{出力} \\
(e, \vec{k}) & \longrightarrow & vl(\mu y T_n(e, \vec{k}, y)) \\
\uparrow \quad \uparrow & \uparrow & \\
f\text{のプログラム データ} & \text{マシン} & \text{関数値} f(\vec{k}) \text{または出力なし} \\
& vl(\mu y T_n(z, \vec{x}, y)) &
\end{array}
$$

(ただし $\vec{k}$ は $k_1, \cdots, k_n (k_i \in \omega, 1 \leq i \leq n)$ を表わしている．)

この図は，$vl(\mu y T_n(z, \vec{x}, y))$ が，プログラムとデータを入力すると，関数値を出力する（出力しないこともある）いわゆるノイマン型のマシンであることを表わしている．§2.1での TM は各々の演算ごとに対応した TM であったが，この $vl(\mu y T_n(z, \vec{x}, y))$ なる TM は，各々の演算についてのプログラムを入力しさえすれば，各種の演算が可能となるマシンとなっている．すなわちこの $vl(\mu y T_n(z, \vec{x}, y))$ なる TM が，「万能テューリング・マシン」(universal TM) としばしば呼ばれる TM に他ならない．さらにいえば $vl(\mu y T_n(z, \vec{x}, y))$ は，通常の計算機の実体を表わした式となっている．

第3章 計算論2——λ計算論

λ計算論は，2章での計算論とは大分趣を異にしている．すなわちλ計算論では，計算（i.e. λ計算）の基本は二つの記号の記号結合であるとされ，しかも記号結合 AB の場合，A，B のどちらか一方が作用者（i.e. 関数）となり他方が被作用者（i.e. 対象）となる，という形での記号結合（i.e. 関数適用）とされる．したがってλ計算論では，計算ということがきわめて一般性の高い仕方で捉えられているといえる．

§3.1では，この捉え方での基礎事項であるλ項，β変換，β簡約などの要点が記される．

§3.2では，λ計算は確かに一般性の高い仕方での計算ではあるが，しかしそれは具体的な数計算ともしっかり結びついており，このことなどλ計算の展開の一端が記されている．

ところで，上記した記号結合の当事者となるλ項は，作用者とも被作用者ともなることから，自ずと当初より両義性を担った存在である．そこでこの両義性をどう解釈し理解するかがλ計算論では大きなテーマとなる．しかしこの点について触れるには，少なくともⅡ部に登場する束論での知見が必要となり，λ項の両義性についてはⅡ部2章§2.2，§2.3で詳しく言及されることとなる．そこでⅠ部でのλ計算論では，λ計算がどのようなものであるかについてのみ言及するに留められている．

§3.1 λ 計 算

λ 記 号

　ごく簡単な数計算 $7+5$ の場合，その計算とは，数 7 に $+5$ なる関数を適用すること，あるいは数 5 に $7+$ なる関数を適用すること，あるいは数 7 と 5 に $+$ なる関数を適用すること，といえる．このことは，より複雑な数計算の場合においても，また数計算に限らず計算一般についても，同様に指摘できる．すなわち計算とはある対象 a に対し作用 f を適用し，ある新しい対象 $f(a)$ を引き出す過程に他ならない．ひと言でいえば，計算とは"作用適用"あるいは"関数適用" functional application である．λ計算論では，計算の本質がまさにこのように捉えられ，そこに見出される一般的な諸性格の解明が，その中身ともなってくる．

　しかし計算についてこのような捉え方を具体的に進めるに当っては，上例の $7+5$ の場合からも明らかなように，この表記だけからは何を関数（i.e. 作用）とし何を作用を受ける数（i.e. 対象）とみるかについて 3 通りも考えられ，この点の区別がはっきりしない．そこでこの点を明示するために，λ計算論では，λ記号なるものが不可欠なものとして導入される．ではそれはどのようなものか．念のため説明しておこう．

　関数とは，入力－出力の関係である．すなわち入力を何にするかによって出力が一意的に決まる，という対応関係である．すると関数の関数性（i.e. 関数自体）を表わすには，関数の入力部分と出力部分をドットなどを介して並記すればよいことになる．$7+5$ の場合，$+5$ が関数であるとき，$+5$ なる関数自体は $7. \ 7+5$ で表わせばよいことになる．より見慣れた記号で説明すれば，関数は通常 $f(x)$ と記されるが，$f(x)$ は入力 x に対し関数 f が作用した結果の姿であり，$f(x)$ は出力部分を表わしている．したがって関数自体は，入力出力の並記 $x. f(x)$ と表わされる，ということである．しかしこれだけの記号法では混乱を生むこともあり得る．そこでさらに，入力部分 x を記号 λ と記号．で挟むことによって，関数自体の f を $\lambda x. f(x)$ と表わす記号法が考案されてくる．λ記号とは，このように関数の入力部分を明示す

るために導入された記号に他ならない．したがって λ 記号については，次の (1)〜(3) が指摘できることは，直ちに明らかであろう．
(1) $f = \lambda x. f(x)$.
(2) $f(x) = (\lambda x. f(x))(x)$.
(3) $f(a) = (\lambda x. f(x))(a)$.

なお先の $x + y$ の場合でいえば，どこを関数自体とみるかによって，$\lambda x. x + y$, $\lambda y. x + y$, $\lambda x. \lambda y. x + y$ の3通りが，区別されて明示されることになる．

λ 項

λ 計算論では，計算の本質が関数適用と捉えられること，およびその展開のために λ 記号が必要となることなど，λ 計算論での最も基礎的な事柄については，以上述べたとおりである．つづいて以下では，λ 計算論が扱う λ 計算の具体的な姿を簡単に取り上げる．しかし，λ 計算といってももとより種々の形態があるが，ここでは最も単純で典型的な λ 計算について記していく．すなわちその λ 計算では，使用される記号としては，変項 $x, y, z, \cdots$ と λ 記号および括弧のみであり，その上でまずは λ 項なるものが次のように定義される．

定義（λ 項）
次の (1)〜(4) によって規定される記号形態は「λ 項」（λ term）と呼ばれる．
(1) 変項 $x, y, z, \cdots$ は各々 λ 項である．
(2) A, B が各々 λ 項であるとき，(AB) は λ 項である．
(3) A が λ 項で，x_i が変項であるとき，$(\lambda x_i. A)$ は λ 項である．
(4) (1)〜(3) によって λ 項であるもののみが λ 項である． □

注意 1) 変項は，引数と呼ばれることもある．
2) 変項 $x, y, z, \cdots$ の $\cdots$ には，u, v, w, p, q, r などが使われる．またより一般的には，$x, y, z, \cdots$ の代りに $x_1, x_2, x_3, \cdots$ (i.e. x_i $i = 1, 2, 3, \cdots$) が使用されることもあ

る．定義中 (3) での x_i は，この点を踏まえての表記となっている．

念のため λ 項の例を添えれば，(xy), $(\lambda x.\, x)$, $(\lambda x.(\lambda y.\, x))$, $((\lambda x.(\lambda y.\, x))(\lambda x.\, x))$ など，いずれも λ 項である．

なおこの簡単な例からも分かるように，定義に忠実に従うと，括弧が少々目障りである．そこで括弧の省略について，次の (1)〜(3) のように予め定めておく．

(1) λ 項の一番外側の括弧の組は省略してよい．

(2) 3個以上の λ 項が並ぶときは，つねに左側の λ 項との結合が強いとして，括弧を省略してよい（左結合と呼ばれる）．

(3) λ 記号が2個以上並ぶときは，つねに右側の λ 項との結合が強いとして，括弧を省略してよい（右結合と呼ばれる）．

少し説明すると，(1) は，(AB), $((AB)C)$ などを各々 AB, $(AB)C$ と略記してもよいことを表わしている．(2) は，$(AB)C$, $((AB)C)D$ などを各々 ABC, $ABCD$ と略記してもよいことを表わしている．(3) は，$(\lambda x.(\lambda y.\, A))$ を $\lambda x.\lambda y.\, A$ と略記してもよいことを表わしている．

注意 実際には，分かり易さを考えて，括弧をつける場合と上の省略法とを併用して使用されることが多い．

また λ 項については，λ 項内に現われる変項について，束縛変項と自由変項とが区別され，各々次のように定義されている．

定義（束縛変項など）

(1) λ 項 A 自体を含め，A の一部となっている λ 項は，λ 項 A の「部分項」(subterm) と呼ばれる．

(2) 変項 x_i が λ 項 A の部分項 $(\lambda x_i.\, B)$ に現われているとき，変項 x_i は「束縛変項」(bound variable) と呼ばれる．また変項 x_i が束縛変項でないとき，「自由変項」(free variable) と呼ばれる．

(3) 自由変項が少なくとも1個含まれている λ 項は，「開いた項」(open term) と呼ばれ，開いた項以外の λ 項は，「閉じた項」(closed term) と呼

ばれる. □

例を添えれば，$\lambda x.(y(\lambda y.\ xy))$ なる λ 項において，x は束縛変項であり，またはじめに現われている y は自由変項であり，後に現われている y は束縛変項となっている.

α 変換と β 変換

λ 計算では，λ 項の定義につづいて λ 項に対する二つの変換が定義される．これらの変換は，とりわけ β 変換は，λ 計算の核心となる事柄である．しかしそれらの定義に先立って代入ということの定義も必要となることから，代入，β 変換，α 変換の順で，以下各々の定義を記していく．

定義（代入）
A, B 各々を λ 項として，A において自由変項となっている x_i のすべてを B に置きかえるとき，A に B を「代入」(substitute) する，と呼ばれ，記号 $A[x_i := B]$ で表わされる． □

これまた念のため例を一つ添えておく．
$A : \lambda x.(y(\lambda y.\ xy))$, $B : \lambda y.\ y$ とする．このとき $A[y := B]$ は，$\lambda x.(y(\lambda y.\ xy))[y := \lambda y.\ y] = \lambda x.((\lambda y.\ y)(\lambda y.\ xy))$ である．

定義（β 変換）
λ 項 $(\lambda x_i.\ A)B$ から λ 項 $A[x_i := B]$ を引き出すことは，「β 変換」(β conversion) と呼ばれ，記号で $(\lambda x_i.\ A)B \xrightarrow{\beta} A[x_i := B]$ と表わされる．
ただし B で自由変項となっている変項が，代入の結果，束縛変項となってはならない． □

例 (1) $(\lambda x.\ xy)z \xrightarrow{\beta} zy$
　　(2) $(\lambda x.\ x)(\lambda x.\ x) \xrightarrow{\beta} (\lambda x.\ x)$

(3) $(\lambda x.\, xx)(\lambda x.\, xx) \xrightarrow{\beta} (\lambda x.\, xx)(\lambda x.\, xx) \xrightarrow{\beta} \cdots\cdots$

定義（α 変換）
$i \neq j$ として，$\lambda x_i.\, A$ から $\lambda x_j.\, A[x_i := x_j]$ を引き出すことは，「α 変換」（α conversion）と呼ばれ，記号 $\lambda x_i.\, A \xrightarrow{\alpha} \lambda x_j.\, A[x_i := x_j]$ と表わされる．
ただし x_j は A において自由変項であってはならない． □

例　(1) $\lambda x.\, xy \xrightarrow{\alpha} \lambda z.\, zy$
　　(2) $(\lambda x.(\lambda y.\, xy)) \xrightarrow{\alpha} (\lambda x.(\lambda u.\, xu))$

注意　α 変換は，束縛変項の改名の操作に他ならない．

なおここで，α 変換が必要となる状況として，$(\lambda x.(\lambda y.\, xy))y$ の β 変換を例に考えてみよう．まずこの λ 項が $(\lambda y.\, yy)$ と β 変換することができないことに注意する．代入する y が自由変項であるにもかかわらず，β 変換すると束縛変項となってしまうからである．しかし代入先の $(\lambda x.(\lambda y.\, xy))$ の部分を上例 (2) のように予め α 変換し，$(\lambda x.(\lambda u.\, xu))$ とするとき，$(\lambda x.(\lambda y.\, xy))y$ は β 変換可能となる．すなわち α 変換を併用することにより，

$(\lambda x.(\lambda y.\, xy))y \xrightarrow{\alpha} (\lambda x.(\lambda u.\, xu))y \xrightarrow{\beta} \lambda u.\, yu$

となる．

β 簡約

次に，α, β 変換各々の定義を踏まえ，λ 計算の別名ともいえる β 簡約について，その定義を与えておく．その上でそれに関連した事柄に少々言及してみる．

定義（β 簡約）
与えられた λ 項の部分項に α 変換を併用しつつ β 変換できるものがあるとき，それらに対しての β 変換の実行は，「β 簡約」（β reduction）と呼ばれ，

A, B 各々を λ 項として記号 $A \xrightarrow{\beta} B$ または単に $A \to B$ で表わされる. □

簡単な例を一つ添えておこう.
$(\lambda x. \, x((\lambda y. \, yz)(\lambda y. \, y)))(\lambda u. \, u)$
$\xrightarrow{\beta} (\lambda u. \, u)((\lambda y. \, yz)(\lambda y. \, y)) \xrightarrow{\beta} (\lambda y. \, yz)(\lambda y. \, y)$
$\xrightarrow{\beta} (\lambda y. \, y)z \xrightarrow{\beta} z$

この例からも明らかなように，β 簡約とは β 変換の複数回（一回の場合も含めて）の適用であり，上にも触れたようにそれは λ 計算の実質に他ならない．そこで β 簡約については，種々の事柄が明らかにされている．しかしここでは，よく知られた定理を二つほど証明ぬきで提示するに留めておく．ただその前にいくつかの用語の定義が必要となってくる．

定義（正則など）
(1) A を λ 項として，$(\lambda x_i. \, A)$ なる λ 項は，「β 基」（β redex）と呼ばれる．また B を λ 項として，$A[x_i := B]$ なる λ 項は，β 基 $(\lambda x_i. \, A)$ の「縮約」（contractum）と呼ばれる．
(2) β 基を部分項として含まない λ 項は，「正規形」（normal form）と呼ばれる．
(3) β 簡約の結果，正規形となる λ 項は，「正則」（regular）と呼ばれる．
(4) β 簡約において，つねに λ 項の最左端にある β 基から β 変換を実行する手順は，「最左戦略」（left most strategy）と呼ばれる． □

注意 1) β 基からその縮約への変形は，β 変換一回の適用に他ならない．
2) 正則でない λ 項の簡単な例としては，先にも登場した $(\lambda x. \, xx)(\lambda x. \, xx)$ などがある．

用語の定義が済んだので，二つの定理を提示していこう．

定理 1.1 A, B_1, B_2 各々を λ 項とし，また A は正則とする．その上で，$A \xrightarrow{\beta} B_1$, $A \xrightarrow{\beta} B_2$ のとき，ある λ 項 C が存在して，$B_1 \xrightarrow{\beta} C$ かつ B_2

$\xrightarrow{\beta}$ C が成立する.

証明 略. □

注意 1) 上の定理は,しばしば「チャーチ-ロッサーの定理」(Church-Rosser's Theorem) と呼ばれる.
2) 内容は,与えられた λ 項が正則のとき,その λ 項のどの β 基から β 簡約をはじめても,最終的には正規形に到達できることを意味している.それゆえこの定理は,β 簡約についての大切な定理といえる.

定理 1.2 λ 項 A が正規形 C をもつとき,C は最左戦略で必ず求められる.

証明 略. □

注意 1) 正規形をもった λ 項でも,下記の例 2 の λ 項のように,上手に β 簡約しないと正規形に到達できない場合がある.それゆえこの定理も,β 簡約についての大切な定理といえる.
2) 証明は,定理 1.1 ともども,λ 計算のテキストの多くで示されているので,関心のある方は,そちらで確認できる.

最左戦略の例を二つほど添えておこう.

例 1 β 簡約の例として先に λ 項 $(\lambda x.\, x((\lambda y.\, yz)(\lambda y.\, y)))(\lambda u.\, u)$ の β 簡約を示したが,この β 簡約は最左戦略によるものである.なおこの λ 項は最左戦略によらなくとも,次の (1) または (2) のように正規形 z に到達可能である.

(1) $(\lambda x.\, x((\lambda y.\, yz)(\lambda y.\, y)))(\lambda u.\, u)$
    $\xrightarrow{\beta}$ $(\lambda u.\, u)((\lambda y.\, yz)(\lambda y.\, y))$
    $\xrightarrow{\beta}$ $(\lambda u.\, u)((\lambda y.\, y)z)$ $\xrightarrow{\beta}$ $(\lambda u.\, u)z$ $\xrightarrow{\beta}$ z

(2) $(\lambda x.\, x((\lambda y.\, yz)(\lambda y.\, y)))(\lambda u.\, u)$
    $\xrightarrow{\beta}$ $(\lambda x.\, x((\lambda y.\, y)z))(\lambda u.\, u)$
    $\xrightarrow{\beta}$ $(\lambda x.\, x(z))(\lambda u.\, u)$ $\xrightarrow{\beta}$ $(\lambda u.\, u)z$ $\xrightarrow{\beta}$ z

例 2 $(\lambda x.((\lambda y.\, y)z))((\lambda u.\, uu)(\lambda u.\, uu))$

$\xrightarrow{\beta} (\lambda y.\, y) z \xrightarrow{\beta} z$

なおこの例2のλ項の場合，最左戦略を採用せず，$((\lambda u.\, uu)(\lambda u.\, uu))$ 部分のβ変換を先行し，そこに留まっていると，不必要な繰り返しがつづくことになる．

以上，β簡約について，その中心となる事柄をごく簡単に記してみた．ただこの部分から明らかになった大切なことは，λ計算論では，狭い意味での（i.e. 有限的に処理できるという意味での）計算可能性が，λ項の正則性として捉えられていることである．しかしこの点は，次の§3.2において，改めて正式にはλ定義可能性として定式化されてくることになる．

§3.2 λ計算の展開

前§では，λ項とそれに対するβ簡約について，その基本的なところをまとめてみた．しかし前§の段階では，いずれも単なる記号と記号操作についての事柄であり，それらが具体的な数値計算などとどう繋がるのかについては，全く触れられなかった．そこでこの§では，自然数やそれらの間の演算などもλ項として表わされること，またλ項の中には，不動点演算子などの興味深いλ項があること，さらに計算機でのプログラムもλ項として表わされることなどを，順次取り上げ見ていくことにする．実際そのことによって，改めてβ簡約の意義なども，はっきりしてくるといえよう．

チャーチ数とその演算

自然数というより非負の整数 n は，チャーチ数 c_n なるλ項として，次のように定義される．

定義（チャーチ数 c_n）
λ項 $\lambda ux.\, u^n(x)$ (i.e. $\lambda u.(\lambda x.\, u^n(x))$) は「チャーチ数」(Church number) と呼ばれ，記号 c_n または $\bar{n}$ で表わされる．

ただし $u^n(x)$ は，$u(u\cdots(ux)\cdots)$ のように，x の前に u が n 個並んだ λ 項とする．　□

　この定義によるとたとえば，数 0 に対応する c_0 は $\lambda ux.\,x$，数 1 に対応する c_1 は $\lambda ux.\,u(x)$，数 2 に対応する c_2 は $\lambda ux.\,u^2(x)$ などとなる．
　またチャーチ数間の加法（$+_c$），乗法（$\times_c$），巾乗（$\exp_c$）なる演算は，次のように定義される．

定義（$+_c$, $\times_c$, $\exp_c$）
(1)　$+_c \underset{\mathrm{df}}{\equiv} \lambda xyuv.\,xu\,(yuv)$.
(2)　$\times_c \underset{\mathrm{df}}{\equiv} \lambda xyz.\,x(yz)$.
(3)　$\exp_c \underset{\mathrm{df}}{\equiv} \lambda xy.\,yx$.　□

　この定義によるとたとえば，$1+2$ (i.e. $+_c c_2 c_1$) は，$(\lambda xyuv.\,xu(yuv))c_2 c_1$ となる．ここでこれが 3 (i.e. c_3) となることも見てみよう．すなわちこの λ 項の β 簡約を実行してみる．

　　$(\lambda xyuv.\,xu(yuv))c_2 c_1$
　$\underset{\beta}{\longrightarrow} (\lambda yuv.\,c_2 u(yuv))c_1$
　$\underset{\beta}{\longrightarrow} \lambda uv.\,c_2 u(c_1 uv) = \lambda uv.((\lambda ux.\,u^2(x))u(c_1\,uv))$
　$\underset{\beta}{\longrightarrow} \lambda uv.((\lambda x.\,u^2(x))(c_1 uv))$
　$\underset{\beta}{\longrightarrow} \lambda uv.(u^2(c_1 uv)) = \lambda uv.(u^2(\lambda ux.\,u(x))uv)$
　$\underset{\beta}{\longrightarrow} \lambda uv.(u^2((\lambda x.\,u(x))v))$
　$\underset{\beta}{\longrightarrow} \lambda uv.\,u^2(u(v)) = \lambda uv.\,u^3(v)$
　$\underset{\alpha}{\longrightarrow} \lambda ux.\,u^3(x) = c_3$

　また演算 $+_c$, $\times_c$, $\exp_c$ については，次のような定理が成立することも，ここに添えておこう．

定理 2.1　(1)　$+_c c_m c_n \underset{\beta}{\longrightarrow} c_{m+n}$.　　(2)　$\times_c c_m c_n \underset{\beta}{\longrightarrow} c_{m \times n}$.
(3)　$\exp_c c_m c_n \underset{\beta}{\longrightarrow} (c^n)^m$.

第3章　計算論2——λ計算論

証明　(1), (3) について．略．
(2) について．$\times_c c_m c_n = (\lambda xyz.\ x(yz))c_m c_n \xrightarrow{\beta} (\lambda yz.\ c_m(yz))c_n \xrightarrow{\beta} \lambda z.\ c_m(c_n z) = \lambda z.(\lambda ux.\ u^m(x))(c_n z) \xrightarrow{\beta} \lambda zx.(c_n z)^m(x) \underset{(*)}{=} \lambda zx.\ z^{m \times n}(x) \xrightarrow{\alpha} \lambda ux.\ u^{m \times n}(x) = c_{m \times n}$ より明らか．ただし (*) は，$(c_n z)^m = z^{m \times n}$ が m についての帰納法によりその成立が示せるからである．$m = 1$ のとき，$c_n z = (\lambda ux.\ u^n(x))z = \lambda x.\ z^n(x) = z^n$. 次に $(c_n z)^{m-1} = z^{(m-1) \times n}$ と仮定．すると，$(c_n z)^m = (c_n z)^{m-1}(c_n z) = z^{(m-1) \times n}(c_n z) = (z^{(m-1) \times n})z^n = z^{m \times n}$ が成立する．　□

なおここでは，チャーチ数の演算として，$+_c$, $\times_c$, $\exp_c$ のみを提示したが，もとより非負の自然数についての他の種々の演算や述語にも，各々λ項が対応することは，いうまでもない．

不動点演算子

次に不動点演算子なる特別なλ項を定義する．これは，任意のλ項に不動点が存在すること（i.e. 不動点定理）の成立に不可欠な演算子である．

定義（不動点演算子）
$\lambda u.((\lambda x.\ u(xx))(\lambda x.\ u(xx)))$ なるλ項は「不動点演算子」(fixed point operator) と呼ばれ，記号 Y で表わされる．　□

定理 2.2（不動点定理）　A, B 各々をλ項として，$A \xrightarrow{\beta} B$ または $B \xrightarrow{\beta} A$ のとき，$A \underset{\beta}{=} B$ と表わすことにする．その上で任意のλ項 A について $YA \underset{\beta}{=} A(YA)$ が成立する．すなわち任意のλ項について，YA なる不動点が存在する．

証明　$YA = (\lambda u.((\lambda x.\ u(xx))(\lambda x.\ u(xx))))A$
$\xrightarrow{\beta} (\lambda x.\ A(xx))(\lambda x.\ A(xx)) \xrightarrow{\beta} A((\lambda x.\ A(xx))(\lambda x.\ A(xx)))$
$\xrightarrow{\beta} A(YA)$　□

なおここで，この定理から直ちに得られる定理を一つ添えておく．実際この定理は，以下引きつづき取り上げる事項において，必要となってくる．

定理 2.3 任意の λ 項 A について，$B \underset{\overline{\beta}}{=} (\lambda x_1 \cdots x_n. A)[y := B]$ をみたす λ 項 B が存在する．

証明 $B = \mathrm{Y}(\lambda y x_1 \cdots x_n. A)$ とおく．すると定理 2.2 により，$B = \mathrm{Y}(\lambda y x_1 \cdots x_n. A) \underset{\overline{\beta}}{=} (\lambda y x_1 \cdots x_n. A)(\mathrm{Y}(\lambda y x_1 \cdots x_n. A)) \underset{\overline{\beta}}{=} (\lambda y x_1 \cdots x_n. A) B \underset{\overline{\beta}}{=} (\lambda x_1 \cdots x_n. A)[y := B]$ を得る． □

再帰プログラムの正当性

プログラミングでは，再帰プログラムは頻出する．その典型的な例として，次の関数 fact(n)（i.e. n の階乗）の定義がある．

(#) $\mathrm{fact}(n) \underset{\mathrm{df}}{=} \text{if } n = 0 \text{ then } 1 \text{ else } n \times \mathrm{fact}(n-1)$

上の定義では，右辺の部分に定義されるものが含まれており，少々問題があるように見える．しかしそれが全く正当であることは，上記した λ 項の不動点定理により，以下のようにして明らかにされる．再帰プログラムの正当化の問題は，いわば不動点定理の応用例であるといえよう．まずその段取りのおおよそを記そう．

はじめに上の定義（#）の右辺に現われている数 n と関数 fact を各々改めて変項 x, f としてみると，それらを変項とする関数 F が，

(##) $F(f)(x) \underset{\mathrm{df}}{=} \text{if } x = 0 \text{ then } 1 \text{ else } x \times f(x-1)$

と定義されてくる．すると定義（#）の左辺の fact は，$f(x) = F(f)(x)$ をみたす f（i.e. $f = F(f)$ なる f）であり，fact は F の不動点と見えてくる．そこでつづいてこの F を何らかの λ 項 F' で表わすことさえできれば，不動点定理 2.2 により，F' には不動点が存在し，この不動点となっている λ 項こそが関数 fact を表わす λ 項と考えられ，関数 fact の存在も正当化されることになる．

さてそれでは，以上の段取りからも明らかなように，上の F をどのよう

な λ 項 F' で表わしたらよいであろうか．しかしその λ 項 F' は次のようなものとして提示できる．

$\lambda f_c. \lambda x_c. \text{cond}_c (\text{iszero}_c\ x_c, c_1, (\times_c x_c\ (f_c\ \text{pred}_c\ x_c)))$．

ただし（##）の $x = 0$ の部分の述語 $= 0$ は，iszero_c なる λ 項として，また $x - 1$ なる関数は，pred_c なる λ 項として，さらに if A then B else C なる部分は，$\text{cond}_c(A, B, C)$ なる λ 項として各々表わされるとする（その各々を具体的に明記することはここでは省略）．

後は，$\text{cond}_c(\cdots \cdots \cdots \cdots)$ の部分を仮に D とすれば，先の段取りで記したとおり，定理 2.2 により，というより定理 2.3 により，λ 項 F' の不動点である $YF' = Y(\lambda f_c.x_c.\ D)$ が存在し，これが（#）の fact に対応する λ 項 fact' と考えられ，ここに（#）の fact もその存在が保証されてくることになる．すなわち

fact' $= Y(\lambda f_c.x_c.\ D) = \lambda x_c.\ D[y := \text{fact}']$

である．

帰納的関数と λ 項

2 章では，帰納的関数や帰納的関係を巡って，計算論が展開されていた．同じ計算論であっても，それはいま取り上げている λ 計算論とは，大分趣を異にしている．しかし同じ計算論である以上，両者の間には何らかの繋がりがあることが予想される．そして実際，次に掲げる定理 2.4 などは，この予想を裏づけるものの一つとなっている．ただし定理 2.4 を掲げるに当っては，それに先立って定義が一つ必要となる．

定義（λ 定義可能）

f を数論的な部分関数とする．また $k (\in \omega)$ に対応するチャーチ数 c_k を改めて $\bar{k}$ と表わすことにする．その上で，下記の（1），（2）をみたす λ 項 F が存在するとき，f は λ 項 F により「λ 定義可能」（λ definable）である，と呼ばれる．

（1） $f(k_1, \cdots, k_n)$ は ω^n で定義されており，かつ $f(k_1, \cdots, k_n) = k_{n+1}$ のと

き，$F\bar{k}_1\cdots\bar{k}_n \xrightarrow{\beta} \bar{k}_{n+1}$ （i.e. $F\bar{k}_1\cdots\bar{k}_n \equiv_{\beta} \overline{f(k_1,\cdots,k_n)}$）である．

(2) $f(k_1,\cdots,k_n)$ が ω^n で定義されていないとき，$F\bar{k}_1\cdots\bar{k}_n$ は正則ではない． □

注意 ω は非負の整数の集合（i.e. $\omega = \{0, 1, 2, \cdots\}$）である．また数論的な部分関数とは，その定義域を ω（または ω^n）とし，その定義域内（全域とは限らない）での値を ω の元としている関数である．すでに前章で触れた事項であるが，念のため添えておく．

定理 2.4 $f(x_1,\cdots,x_n)$ は部分帰納的関数である $\iff f(x_1,\cdots,x_n)$ は λ 定義可能である．

証明（概略） 詳しくは参考図書に譲る．ここでは部分帰納的関数ではなく，ω^n の全域で定義されている帰納的関数の場合について，しかもその概略を示すに留めておく．なお $x_1,\cdots,x_n$ は $\vec{x}$ と表わすことにする．また λ 項中の x, y, x_i は各々 λ 項としての変項とする．

［I］ $\Rightarrow$ について． (1) ゼロ関数 z，後者関数 s，射影関数 p_i^n は，各々次のような λ 項によって λ 定義可能となる．すなわち $\lambda x. x\bar{0}$，$\lambda xyz. y(xyz)$，$\lambda \vec{x}. x_i$．

(2) $h: \omega^m \to \omega$，$g_i: \omega^n \to \omega$ $(1 \leq i \leq m)$ 各々が λ 項 H，G_i $(1 \leq i \leq m)$ によって λ 定義可能なとき，$f(\vec{x}) = h(g_1(\vec{x}),\cdots,g_m(\vec{x}))$ なる $f: \omega^n \to \omega$ は，$\lambda \vec{x}. H(G_1\vec{x}\cdots G_m\vec{x})$ を F とした λ 項 F によって λ 定義可能となる．

(3) $g: \omega^n \to \omega$，$h: \omega^{n+2} \to \omega$ 各々が λ 項 G, H によって λ 定義可能なとき，$f(\vec{x}, 0) = g(\vec{x})$ かつ $f(\vec{x}, y) = h(\vec{x}, y-1, f(\vec{x}, y-1))$ である $f: \omega^{n+1} \to \omega$ は，次のような定理 2.3 を使って導入される λ 項 F によって λ 定義可能となる．すなわち $F = \lambda \vec{x}y.(\text{cond}_c(\text{iszero}_c y, G\vec{x}, H\vec{x}(\text{pred}_c y)(F\vec{x}(\text{pred}_c y))))$ である．実際このとき，$F\bar{k}_1\cdots\bar{k}_n\bar{l} \equiv_{\beta} \overline{f(k_1,\cdots,k_n,l)}$ となることが，$l (\in \omega)$ についての帰納法で示される．

(4) $g: \omega^{n+1} \to \omega$ が λ 項 G によって λ 定義可能であり，かつ $\forall \vec{x} \exists y (g(\vec{x}, y) = 0)$ のとき，$f(\vec{x}) = \mu y (g(\vec{x}, y) = 0)$ である $f: \omega^n \to \omega$ は，次のような λ

項 F によって λ 定義可能となる．すなわち F は $\lambda \vec{x}. H\vec{x}\vec{0}$ なる λ 項である．

ただしここでの λ 項 H は，最小作用子 μ を踏まえたもので，以下のように導入される．まず $h(\vec{x}, y) =$ if $g(\vec{x}, y) = 0$ then y else $h(\vec{x}, y+1)$ とする．すると $f(\vec{x}) = h(\vec{x}, 0)$ と表わされてくる．そこでこの h に対応する λ 項 H は，定理 2.3 を使って，$H = \lambda \vec{x}y.\ \text{cond}_c(\text{iszero}_c G\vec{x}y, y, H\vec{x}(\text{succ}_c y))$ として導入される（なおここで succ_c は上の (1) に登場した後者関数に対応する λ 項である）．実際この H については，$f(k_1, \cdots, k_n) = l$ の場合，$0 \leqq j \leqq l$ なる任意の j について，$H\vec{k}_1 \cdots \vec{k}_n \vec{j} \underset{\beta}{=} \vec{l}$ となることが，$j, l (\in \omega)$ についての帰納法で示される．

［Ⅱ］ $\Leftarrow$ について．　こちらは概略というよりその考え方のみを記すに留める．まず $\Leftarrow$ の右，$f(\vec{x})$ は λ 定義可能である，と仮定する．すなわちある λ 項 F が存在して，$F\vec{k}_1 \cdots \vec{k}_n \underset{\beta}{=} \overline{f(k_1, \cdots, k_n)}$ が成立しているとする．すると $F\vec{k}_1 \cdots \vec{k}_n$ は最左戦略による β 簡約で $\overline{f(k_1, \cdots, k_n)}$ に到達する．ここで最左戦略による β 簡約は，機械的な過程であり，テューリング・マシン TM で処理できる（i.e. TM のプログラムが存在する）．すなわち $f(\vec{x})$ は T-計算可能となる．すると 2 章 §2.3 の定理 3.2 の証明ですでに触れたように，その存在するプログラムのゲーデル数を e とすると，$f(\vec{x}) = vl(\mu y T_n(e, \vec{x}, y))$ が成立する．ここでこの式の右辺は帰納的関数となっている．よってその左辺 $f(\vec{x})$ も帰納的関数である． □

以上定理 2.4 とその証明の概略を眺めてみたが，とりあえずこの定理によりはじめの予想どおり，2 章での計算論とこの 3 章での λ 計算論とが，数論的な計算可能性については，本質的に同じ事柄を解明していることが改めてはっきりしてきたといえる．

λ 計算論の問題点

この章の最後に λ 計算論の問題点についてひと言添えておく．それは λ 項の両義性についてである．前 § の冒頭で触れたように，λ 計算の基本は，λ 項 A, B に対しての記号結合 AB であるが，その結合は単なる結合ではな

く，一方の A が作用となり他の B がその作用を受けるものとなる，という仕方での結合であると捉えられている．すなわちその結合は，作用者の被作用者への作用適用である．しかしここで注目すべき点は，作用を受ける被作用者として，作用者であるものも容認される点である．すなわち結合に関わる λ 項は，各々が予め作用者ないし被作用者のいずれかを指示する記号として指定されてはおらず，λ 項自体としては，作用者にも被作用者にもなり得る両義性を担った記号とされている．実際，このような λ 項の結合として計算が捉えられるとき，確かに純粋に計算ということの本質に迫ることも可能となり，またその計算は一般性と汎用性を伴ったものとなってくる．しかし一方でやはり，λ 計算でのこの λ 項の両義性については，それをどう理解すべきか，あるいは λ 項が指示する対象を成員とする領域とはどのようなものかなど，改めて明確な解答が是非必要である．

　以上が，いまの段階では λ 計算論に残された問題あるいは課題であり，この章の最後にひと言添えておきたかったことである．しかしこの課題に対しては，実はすでに一つの解答が打ち出されている．本書でも後出するII部2章 §2.2，§2.3 および4章 §4.2 において，その解答を改めて本格的に取り上げることにする．さらにその本質については，III部2章で言及することにする．

第4章　集合論——公理的集合論 ZFC

　19世紀後半，極限や実数をはじめ解析学の基礎への反省から生れた集合論は，20世紀に入るとツェルメロ（Zermelo, E.）によって整理され公理化されるまでになっていた．そしてその後20年代にはその公理化は，フレンケルによって述語論理での推理論と結びつけられ，より整備された公理的集合論 ZF として成立してくる．またさらにその ZF に選択公理 AC をも加えた ZFC として成立してくる．この4章では，ZFC の要所が記される．

　§4.1 では，集合とは何かを規定しているともいえる ZFC の公理たち各々が記される．

　§4.2 では，その公理たちを前提にして，集合とは異なる数がどのように定義されるかが示される．とくに §4.2 では，数に伴う順序性が注目され，数は順序数として捉えられていく．

　§4.3 では，順序数が集合の元の数などそのサイズを量る物指しともなり得ることから，その点が注目され，順序数の一部は基数と捉え直され，その基数についての要所が記される．

　§4.4 では数の中でも，その考察が集合論への動機の一つともなった実数について，§4.1〜§4.3 への補遺として，その要点が取り上げられ言及される．なおこの §4.4 での事項は，Ⅲ部3章 §3.2 において，選択公理 AC の構造との比較という点から再度触れられることになる．

§4.1　公理的集合論 ZFC の公理

ZFC の論理式

集合論 ZFC は 10 個の公理から等号つき述語論理を使って展開される．しかしその公理を提示する前に，まずは ZFC での論理式の定義を見ておこう．ただそのためにも，ZFC が出発点において前提としている下記のような諸記号を，予め確認しておくことが必要である．

(1)　基本述語：$=$, $\in$.
(2)　変項：$x, y, z, u, v, w, \cdots$（またはその各々に添字を付したもの）.
(3)　論理記号：$\vee, \wedge, \supset, \neg, \equiv, \exists, \forall$.
(4)　その他：(,)，,．

注意　1）$=$ は，等号つき述語論理での記号であり，ZFC 本来の基本記号は $\in$ のみである．
2）変項 $x, y, z, \cdots$ は，内容的には各々がある集合を表わしている．また変項となる記号は，上記以外のローマ字母小文字が使われることもある．
3）$A \equiv B \underset{\mathrm{df}}{\Longleftrightarrow} (A \supset B) \wedge (B \supset A)$. 1 章では明記せずにおいたので，念のためここに記しておく．

つづいてさっそく ZFC の論理式の定義を見てみる．ただし括弧関係についての言及は省略する．

定義（ZFC の論理式）
次の (1)〜(3) をみたす記号形態は ZFC の「論理式」（wff と略記）と呼ばれる．
(1)　$x = y$，$x \in y$ は，各々 ZFC の wff である．
(2)　A，B を各々 ZFC の wff とするとき，$A \vee B$, $A \wedge B$, $A \supset B$, $\neg A$, $A \equiv B$, $\exists x_i A(x_i)$, $\forall x_i A(x_i)$ は，各々 ZFC の wff である．ただし x_i は $x, y, z, u, v, w, \cdots$ などのいずれかを表わしている．
(3)　上の (1)，(2) によって ZFC の wff とされるもののみが，ZFC の

wffである．

なお上の (1) での wff は，ZFC の「要素式」(atom) と呼ばれる．　　□

以上が ZFC の wff の定義であるが，ZFC の命題は，公理をはじめすべて，当然のことながらこの wff によって表わされていく．そこで次に，この点を念頭におきつつ，ZFC の 10 個からなる固有公理を大きく三つに分けた上で，順次掲げていくことにしよう．

ZFC の固有公理（その1）

まず，集合間の同一性についての規定を内容とする「外延性の公理」(axiom of extensionality) と呼ばれる公理 A1 を提示する．

A1　$\forall x \forall y (\forall z(z \in x \equiv z \in y) \supset x = y)$.

注意　1) 集合 x と y とが同一であることは，通常その各々の元が共通であることとして，$x = y \iff \forall z(z \in x \equiv z \in y)$ のように考えられる．A1 はこの右から左への部分を表わしている．というのも，使用される論理として前提されている等号つき述語論理では，左から右の部分については，$=$ の性質（代入可能性）としてすでに自ずと成立しているからである．
2) なお $=$ の性質から，$x = y \Rightarrow \forall z(x \in z \equiv y \in z)$ も成立する．しかしこの逆は成立しない．
3) 外延性の公理は，後出する種々の集合の存在を要請する公理と結びついて，その存在の一意性を示す際に使用される．

ここでこの公理と関連する事柄として，集合間の部分集合なる関係について，定義しておく．

定義（部分集合）

(1)　$x \subseteq y \underset{\mathrm{df}}{\iff} \forall z(z \in x \supset z \in y)$．　なお，$x \subseteq y$ であるとき，集合 x は集合 y の「部分集合」(subsct) であると呼ばれる．

(2)　$x \subset y \underset{\mathrm{df}}{\iff} x \subseteq y \wedge \neg (x = y)$．　なお，$x \subset y$ であるとき，集合 x は集

合 y の「真部分集合」(proper subset) であると呼ばれる. □

　注意　1) A1 から $x\subseteq y\wedge y\subseteq x \Rightarrow x=y$ は直ちに明らかであろう.
　2) 数学では,通常ここでの $\subseteq$ が $\subset$ と表わされており,またここでの $\subset$ は $\subsetneq$ と表わされている.

　次に,述語論理での述語にはある集合が対応してくることを内容とする「分離の公理」(axiom of separation) と呼ばれる公理 A2 を提示する.

　A2　$\forall x\exists y\forall z(z\in y\equiv(z\in x\wedge A(z)))$. ただし,$A(z)$ は y を自由変項としては含んでいないこととする.

　注意　1) A2 は,差し当りは具体的に指定されていない述語 $A(z)$ を含んでおり,公理というより公理図式となっている.
　2) カントルの集合論では,述語と集合との関係は,記号表現した場合 $\exists y\forall z$ $(z\in y\equiv A(z))$ とされ,これがラッセルのパラドックスの原因ともなったことは,周知のとおりである.A2 では,すでに集合と考えられる x の一部に x から分離した仕方で,述語 A と対応する集合性が保証された集合の存在が容認されている.
　3) $\exists y\forall z(z\in y\equiv A(z))$ での y は,必ずしも集合ではなく,ZFC 集合論では集合 (set) とは区別されて,クラス (class) と呼ばれる.また $\{z|A(z)\}=A$ として,クラス $\{z|A(z)\}$ が述語表現の代りにしばしば使用される.

　ここで公理 A2 と関連する事柄として,二つの集合間の共通部分なる集合を定義しておく.

　定義（共通部分）
　A2 の $A(z)$ を $z\in u$ とするとき存在し,また A1 により一意的に存在する集合 y は,集合 x と集合 u との「共通部分」(intersection) と呼ばれ,記号 $x\cap u$ で表わされる.　　□

　また次に,二つの集合が与えられたとき,その二つを元とする集合の存在

を容認する「対の公理」(pairing axiom) と呼ばれる公理 A3 を提示する.

A3　$\forall x \forall y \exists z \forall u (u \in z \equiv (u \in x \vee u \in y))$.

この公理と関連するいくつかの事柄の定義を添えておく.

定義（対，順序対など）
(1)　集合 x, y について A3 と A1 によって一意的に存在する集合 z は，x と y との「非順序対（または対）」(unordered pair, pair) と呼ばれ，記号 $\{x, y\}$ で表わされる．また $\{x, x\}$ は $\{x\}$ と表わされ,「単一集合」(unit set または singleton) と呼ばれる (i.e. $\{x\} \underset{\text{df}}{\equiv} \{x, x\}$).
(2)　$\{\{x\}, \{x, y\}\}$ は「順序対」(ordered pair) と呼ばれ，記号 $\langle x, y \rangle$ で表わされる (i.e. $\langle x, y \rangle \underset{\text{df}}{\equiv} \{\{x\}, \{x, y\}\}$). また $\langle x \rangle \underset{\text{df}}{\equiv} x$, $\langle x_1, x_2, \cdots, x_n \rangle \underset{\text{df}}{\equiv} \langle x_1, \langle x_2, \cdots, x_n \rangle \rangle$ である. □

注意　1) $u \in \{x, y\} \equiv (u \in x \vee u \in y)$ は, A3 と上の定義より直ちに得られる.
2) $\langle x, y \rangle = \langle u, v \rangle \equiv (x = u \wedge y = v)$ も成立する．大切な定理であるが，ここではその証明は省略する.
3) ZFC では，関係や関数 (i.e. 一意的関係) は，順序対の集合として定義されてくる．この点も大切な事柄ではあるが，ここでは省略する.

また次に，集合族 (i.e. 集合の集合) x の元の合併集合の存在を容認する「和の公理」(sum axiom) と呼ばれる公理 A4 を提示する.

A4　$\forall x \exists y \forall z (z \in y \equiv \exists u (z \in u \wedge u \in x))$.

注意　ごく簡単に $x = \{u_1, u_2, u_3\}$ とした場合，≡ の右辺 $\exists u (z \in u \wedge u \in x)$ は，$z \in u_1 \vee z \in u_2 \vee z \in u_3$ であること，念のため添えておく.

ここでもこの公理 A4 と関連する事柄の定義を与えておく.

定義（和，合併集合）

(1) 集合 x について A4 と A1 によって一意的に存在する集合 y は，x の「和」(sum) と呼ばれ，記号 $\cup x$ で表わされる．

(2) $\cup \{x,y\}$ は，集合 x,y の「合併集合」(union) と呼ばれ，記号 $x\cup y$ で表わされる． □

注意 A4 と $\cup$ および $\{x,y\}$ の定義より，$z\in x\cup y \equiv (z\in x \vee z\in y)$ が直ちに得られる．

さらにまた，与えられた集合の部分集合のすべてを元とする集合の存在を容認する「巾集合の公理」(axiom of powerset) と呼ばれる公理 A5 を提示する．

A5 $\forall x \exists y \forall z (z\in y \equiv z\subseteq x)$.

ここでもこの公理 A5 と関連する事柄を一つ定義しておく．

定義（巾集合）

集合 x について A5 と A1 によって一意的に存在する集合 y は，x の「巾集合」(power set) と呼ばれ，記号 $\mathrm{P}(x)$ で表わされる． □

注意 A5 と上の定義より，$z\in \mathrm{P}(x) \equiv z\subseteq x$ が直ちに得られる．

ZFC の固有公理（その 2）

引きつづき ZFC の固有公理を二つ提示する．はじめに，元を全くもたない集合の存在を容認する「空集合の公理」(axiom of empty set) と呼ばれる公理 A6 を提示する．

A6 $\exists x \forall y \neg (y\in x)$.

定義（空集合）

A6とA1によって一意的に存在する集合は「空集合」(empty set) と呼ばれ，記号 ϕ で表わされる． □

注意 1) 上の定義より，$\forall y \neg (y \in \phi)$ … (*) は直ちに成立する．

2) また $\forall x(\phi \subseteq x)$ も，次のようにして成立する．すなわち (*) を UI して $\neg(y \in \phi)$，ここに $\vee$ intro. を適用して $\neg(y \in \phi) \vee \forall x(y \in x)$ を得，これを $\supset$ で書き換えて $y \in \phi \supset \forall x(y \in x)$ とし，さらに y を UG すれば $\forall y(y \in \phi \supset \forall x(y \in x))$ となり，$\forall x$ を先頭に移し $\forall x \forall y(y \in \phi \supset y \in x)$ (i.e. $\forall x(\phi \subseteq x)$) が成立する．

次に，自然数の集合（i.e. 非負の整数の集合）もその一部分とする無限個の元からなる集合の存在を容認する「無限の公理」(axiom of infinity) と呼ばれる公理 A7 を提示する．

A7 $\exists x(\phi \in x \wedge \forall y(y \in x \supset y \cup \{y\} \in x))$．

注意 A7でその存在が容認されている x とはどのような集合であるか．念のため少しこの点を見ておこう．まず $\wedge$ の左により ϕ は x の元であり，すると $\wedge$ の右の部分より，$\phi \cup \{\phi\}$ ($= \{\phi\}$) も x の元であり，さらに $\{\phi\} \cup \{\{\phi\}\}$ ($= \{\phi, \{\phi\}\}$) も x の元となる．ここで ϕ を 0，$\{\phi\}$ を 1，$\{\phi, \{\phi\}\}$ を 2 とおくと，2 は $\{0, 1\}$ でもある．すなわち 2 はそれより小なる 0, 1 を元とする集合といえる．そこでこのことを繰り返すと，$n = \{0, 1, 2, \cdots, n-1\}$ が成立し，x はこのような n 各々を元としていること，さらに $\{0, 1, 2, \cdots\}$ を ω と表わすと，ω をも元としていることが分かる．またこの ω に留まらず，上の様子から $y \cup \{y\}$ は $y+1$ とおけることから，x は $\omega+1$ も $\omega+2$ も，さらに $\omega+1, \omega+2, \cdots$ (i.e. $\omega+\omega$) も，$\omega+\omega+1, \cdots$ もすべてその元としている集合となっている．まさに x は無限個の元からなる無限集合である．なお ω や $+1$ については，後に正式に定義される．

ZFC の固有公理（その 3）

以上，ZFC の固有公理として A1～A7 を見てきたが，引きつづきさらに三つほど ZFC の公理を提示していく．

まず，$\in$ の無限下降列（i.e. $\cdots \in y_3 \in y_2 \in y_1$）の禁止を内容とする「正則性

の公理」(axiom of regularity) と呼ばれる公理 A8 を提示する．

A8 $\forall x \exists y(x=\phi \vee (y \in x \wedge \forall z(z \in x \supset \neg(z \in y))))$．
または
$\forall x(\neg(x=\phi) \supset \exists y(y \in x \wedge (y \cap x = \phi)))$．

注意 少し説明しておく．いま $\cdots \in y_3 \in y_2 \in y_1$ なる無限下降列が存在するとする．すると，いま $x = \{y_1, y_2, y_3, \cdots\}$ とおくと，x の元である任意の y_n について，$y_{n+1} \in y_n$ かつ $y_{n+1} \in x$ ゆえ，$\neg(y_n \cap x = \phi)$ が成立する．すなわち $\forall y(y \in x \supset \neg(y \cap x = \phi))\cdots(*)$ が成立する．そこで $(*)$ を否定すれば，無限下降列の可能性を否定することになる．いま $(*)$ を否定した式 $\neg \forall y(y \in x \supset \neg(y \cap x = \phi))$ を考える．するとこの式は，$\exists y(y \in x \wedge (y \cap x = \phi))$ に他ならず，A8 の中の式となっている．

A8 については，定理を一つ添えておく．というのも，この定理にもとづいて，ZFC ではラッセルのパラドックスが回避されるからである（後述）．

定理1.1 (1) $\forall x \neg (x \in x)$． (2) $\forall x \neg (x = \{x\})$． (3) $\neg \exists x \exists y (x \in y \in x)$．

証明 (1) について．1) $x = \phi$ のとき．A6 の注意で触れたように，$\forall x \neg(x \in \phi)$ ゆえ，UI して $\neg(\phi \in \phi)$ である．2) $\neg(x = \phi)$ のとき．$\neg \forall x \neg(x \in x)$ (i.e. $\exists x(x \in x)$) と仮定する（背理法）．すると EI して $\bar{a} \in \bar{a}$ であり，また $\bar{a} \in \{\bar{a}\}$ ゆえ，$\neg(\bar{a} \cap \{\bar{a}\} = \phi) \cdots (*)$ が成立する．一方 A8 を UI して，$\neg(\{\bar{a}\} = \phi) \supset \exists y(y \in \{\bar{a}\} \wedge y \cap \{\bar{a}\} = \phi)$．ここで $\neg(\{\bar{a}\} = \phi)$ ゆえ，$\exists y(y \in \{\bar{a}\} \wedge y \cap \{\bar{a}\} = \phi)$ であり，さらに EI して，$\bar{b} \in \{\bar{a}\} \wedge \bar{b} \cap \{\bar{a}\} = \phi$ を得る．するとここより，$\bar{b} = \bar{a}$ および $\bar{b} \cap \{\bar{a}\} = \phi$ であり，結局 $\bar{a} \cap \{\bar{a}\} = \phi$ が成立する．しかしこれは先の $(*)$ と矛盾する．よって 1), 2) を合せて，(1) が得られる．

(2), (3) について．略．いずれも (1) と同様，背理法によって示せる．□

第4章 集合論——公理的集合論 ZFC

次に，集合 u が集合間の関数関係の変域であるとき，その関数関係の値域 v も集合となることを容認する「置きかえの公理」(axiom of replacement) と呼ばれる公理 A9 を提示する．

A9 $\forall u(\forall x \forall y \forall z((x \in u \land A(x,y) \land A(x,z)) \supset y = z) \supset \exists v \forall y(y \in v \equiv \exists x(x \in u \land A(x,y))))$．ただし $A(x,y)$ では，z や v は自由変項としては現われていないこととする．

注意 1) 二番目の $\supset$ の前件部分では，集合 x, y 間の関係 $A(x,y)$ が関数関係 (i.e. x に対して y が一意的に決まる) となっていることを表わしている．後件部分は，その関数関係の値域 v が集合として存在することを表わしている．また A9 は，A2 と同様，公理図式の形となっている．

2) この公理によって，集合間の種々の関数関係を考えることによって，その種々の値域が集合であることが確認可能となる．たとえば，$\bigcup_{n \in \omega} \omega + n : \omega \to \omega + \omega$ を考えることによって，$\omega + \omega$ が改めて集合であることが確認可能となる．

最後に，任意の集合の空でない元となる集合各々からは，さらにその元を一つ選択できることを容認する「選択公理」(axiom of choice, AC と略記) と呼ばれる公理 A10 を提示する．

A10 $\forall x \exists f(f$ は関数である $\land\ x =$ その定義域 $\land\ \forall y((y \in x \land \neg(y = \phi)) \supset f(y) \in y))$．

なおここでの f は，「選択関数」(choice function) と呼ばれる．

注意 1) 上の A10 では，f は関数である，その定義域，など記号化されていない部分を含んでいる．しかしもとよりそれらは，等号つき述語論理の wff として定義され得る．上の A10 は，その回り道を避けて，差し当り中心部分の定式化のみとなっている．また AC には，論理的に同等な種々の表現形態があり，いずれその一部は後に本書でも登場する．

2) 集合論 ZFC の C は，この公理 AC の C に由来する．

選択公理については，改めて II, III 部で取り上げられる．

10 個の公理間の関係

A1〜A10 として提示した ZFC の固有公理の間には，その一部に次の定理にまとめられるような関係が成立する．

定理 1.2 （1） 分離の公理 $\Longrightarrow$ 空集合の公理．
（2） 置きかえの公理 $\Longrightarrow$ 分離の公理．
（3） 巾集合の公理および置きかえの公理 $\Longrightarrow$ 対の公理．

証明 （1）について．分離の公理 A2 中の $A(z)$ として $\neg(z=z)$ を考える．その上で等号つき述語論理の = の公理 $\forall x(x=x)$ と結びつければ得られる．略．

（2）について．置きかえの公理 A9 中の $A(x,y)$ として，$B(x) \wedge x=y$ を考える．すると A9 の条件部は，$(x \in u \wedge B(x) \wedge x=y \wedge B(x) \wedge x=z) \supset y=z$ となり，明らかに成立する．そこで A9 を適用すると，$\exists v \forall y(y \in v \equiv \exists x(x \in u \wedge B(x) \wedge x=y))$ が成立する．よって論理則の一つ $B(y) \rightleftarrows \exists x(x=y \wedge B(x))$ を使うと，$\exists v \forall y(y \in v \equiv y \in u \wedge B(y))$ (i.e. A2) を得る．

（3）について．まず A9 の u として $\{\phi, \{\phi\}\}$ (i.e. PP(ϕ)) を考える．その上で A9 の $A(x,y)$ として，$(x=\phi \wedge y=w_1) \vee (x=\{\phi\} \wedge y=w_2)$ を考える．後は略． □

　注意　上の証明中，（1），（3）については，単純に展開していけば示せるゆえ，詳しくは省略した．

この定理によって，公理 A1〜A10 は，明らかに互いに独立とはなっていない．この定理を踏まえるとき，ZFC の固有公理としては，本来は外延性の公理 A1，和の公理 A4，巾集合の公理 A5，無限の公理 A7，正則性の公理 A8，置きかえの公理 A9，選択公理 A10 の 7 個で十分であることが分かる．しかしここでは，使いやすさを考えて A1〜A10 の 10 個を掲げた．

パラドックスの回避

この§の最後に，ラッセルのパラドックスがZFCで回避される状況について，少々触れておく．

カントルの集合論では，すべての述語に集合が対応するとされていた．すなわち$\exists y \forall z(z\in y \equiv A(z))$ … (∗1) とされていた．そこで$A(z)$を$\neg(z\in z)$として$\exists y \forall z(z\in y \equiv \neg(z\in z))$ … (∗2) を考え，この(∗2)をEIして$\forall z(z\in \bar{a} \equiv \neg(z\in z))$，さらに$z$を$\bar{a}$でUIすると，$\bar{a}\in \bar{a} \equiv \neg(\bar{a}\in \bar{a})$となり，確かに矛盾が生れることが分かる．これに対してZFCでは，(∗1)に相当するのはA2 $\forall x \exists y \forall z(z\in y \equiv z\in x \wedge A(z))$ であり，この$A(z)$を$\neg(z\in z)$とした$\forall x \exists y \forall z(z\in y \equiv z\in x \wedge \neg(z\in z))$ … (∗3) からは矛盾は引き出せない．すなわち(∗3)のxをUIし，yをEIすると，$\forall z(z\in \bar{a}_x \equiv z\in x \wedge \neg(z\in z))$を得るが，ここで$z$を$\bar{a}_x$としても，$\bar{a}_x\in \bar{a}_x \equiv \bar{a}_x\in x \wedge \neg(\bar{a}_x\in \bar{a}_x)$であり，先の定理1.1により，≡の左辺は偽，右辺は$\bar{a}_x\in x \wedge$真であり，しかも右辺の$\bar{a}_x\in x$を偽とする$\bar{a}_x$やxが考えられることから，右辺も偽となることもあり，上式は必ずしも矛盾とはいえないからである．実際，$x=\{c, d\}$とした場合，$\bar{a}_x$としてcでもdでもないものを考えれば，$\bar{a}_x\in x$は偽となる．たとえば，$x=\{\{1\}, \{2\}\}$とし，$\bar{a}_x=\{3\}$とすれば，$\{3\} \in \{\{1\}, \{2\}\}$は明らかに偽である．

とにかくZFCでは，分離の公理A2と正則性の公理A8から得られる定理1.1の(1)により，ラッセルのパラドックスは回避されている．

§4.2　公理的集合論ZFCの展開——順序数

順序数の定義とその性質

この§では，前§でのZFCの公理を踏まえて，最も基本的な事柄ともいえる自然数（i.e. 非負の整数）が，どのように導入されてくるのか，その様子をZFCの展開の一端として眺めてみる．しかしその考え方は，前§無

限公理についての注意において，すでに少し触れておいた．すなわちその考え方は，空集合 ϕ を 0 とし，つづいてこの 0 を元とする集合を 1 とし，さらに 0 と 1 とを元とする集合を 2 とする，という操作をつづけることにより，この無限につづく順序系列を得，その一部として $0, 1, 2, \cdots$ を導入する，という考え方である．このことは，無限につづく順序系列を構成するものたちを仮に順序数とすると，自然数が順序数の一部として導入されていることであり，そこでまずは順序数について改めてそれを明確に定義することが必要となる．

そのために，空集合 ϕ を出発点 0 とし，それをもとに $1, 2, 3, \cdots$ とされる集合たちを下記のように再度表示した上で，そこに見出せる事柄を注目してみる．

$$
\begin{aligned}
&0 \ \cdots\cdots\ \phi \\
&1 \ \cdots\cdots\ \{\phi\}\,(=\{0\}) \\
&2 \ \cdots\cdots\ \{\phi, \{\phi\}\}\,(=\{0,1\}) \\
&3 \ \cdots\cdots\ \{\phi, \{\phi\}, \{\phi, \{\phi\}\}\}\,(=\{0,1,2\}) \\
&\vdots \qquad\qquad\qquad \vdots
\end{aligned}
$$

このように表示してみると，0 と 1，1 と 2，2 と 3 のように隣り合う集合 x, y の間には，$x \in y$ が成立していると同時に $x \subset y$ (i.e. $x \subsetneq y$) が成立していることが分かる．すなわち集合の元であることとその集合の真部分集合となっていることが同値であること（i.e. $x \in y \equiv x \subset y$）が成立している．たとえば 1 と 2 の間では，$\{\phi\} \in \{\phi, \{\phi\}\}$ であり，また $\{\phi\} \subset \{\phi, \{\phi\}\}$ が確かに成立している．

さらにこの関係は，隣り合う集合間に限らず，上記した系列をなす集合たちの間にも成立している．そこでこの $x \in y \equiv x \subset y$ という $\in$ と $\subset$ との平行性を，その基本的な性格としてもつ集合たちが順序数であるとする考え方が生れる．次に掲げる定義はこの考え方にもとづく．

定義（順序数）

$Ord(u) \underset{\mathrm{df}}{\Longleftrightarrow} Trans(u) \wedge \forall x \forall y((x \in u \wedge y \in u) \supset (x \in y \vee x = y \vee y \in x))$.

ただし，$Trans(u)$ は下記のとおり．

第 4 章 集合論——公理的集合論 ZFC　　　　　　　　　99

$Trans(u) \underset{df}{\Longleftrightarrow} \forall x \forall y((x \in y \land y \in u) \supset x \in u)$.
　　　　　　　　(i.e. $\forall y(y \in u \supset y \subseteq u)$.)

なお，$Ord(u)$ は「u は順序数（ordinal）である」と読まれ，$Trans(u)$ は「u は推移的（transitive）である」と読まれる。　　　　　　□

注意　1) この定義はいまの段階では，少々分かり難いが，この定義を踏まえて定理 2.1，定理 2.2 そして定理 2.3 を引き出すとき，この定義が上に触れた考え方にもとづくことも，明らかになってくる。

2) 述語 Ord の代りに，$OR \underset{df}{=} \{u | Ord(u)\}$ としてクラス表現されることもある。

定理 2.1　$Ord(u)$，$v \subseteq u$，$\neg(v = \phi)$ のとき，$\exists x(x \in v \land \forall y(y \in v \supset (x \in y \lor x = y)))$ である。

証明　（この定理については，ZFC が実際に等号つき述語論理を使ってその証明が進められていることを例示するために，1 章 §1.3 での簡易推論法を使って証明してみる。なお実際には，後出の定理での証明のように，日常語をも使った仕方で証明されるのが通常である。）

①　$Ord(u)$　　　　　　　　　　　　　　　　　　　　⎫
②　$v \subseteq u$　　　　　　　　　　　　　　　　　　　　⎬ 前提
③　$\neg(v = \phi)$　　　　　　　　　　　　　　　　　　⎭
④　$\forall z(\neg(z = \phi) \supset \exists x(x \in z \land x \cap z = \phi))$　　　　　A8
⑤　$\neg(v = \phi) \supset \exists x(x \in v \land x \cap v = \phi)$　　　　　④ UI
⑥　$\exists x(x \in v \land x \cap v = \phi)$　　　　　　　　　　③⑤ P*⊃ elimi.
⑦　$\bar{a}_v \in v \land \bar{a}_v \cap v = \phi$　　　　　　　　　　　　　⑥ EI
⑧　$y \in v$　　　　　　　　　　　　　　　　　　　　　仮定
⑨　$y \in u$　　　　　　　　　　　　　　　　　　②⑧ P*⊃ elimi.
⑩　$\bar{a}_v \in v$　　　　　　　　　　　　　　　　　⑦ P*∧ elimi.
⑪　$\bar{a}_v \in u$　　　　　　　　　　　　　　　②⑩ P*⊃ elimi.
⑫　$\bar{a}_v \in y \lor a_v = y \lor y \in \bar{a}_v$　　　　　　　①⑨⑪ P*⊃ elimi.
⑬　$y \in \bar{a}_v$　　　　　　　　　　　　　　　　　　　仮定

⑭ $\neg(\bar{a}_v \cap v = \phi)$ ⑧⑬ P*∧ intro.
⑮ $\bar{a}_v \cap v = \phi$ ⑦ P*∧ elimi.
⑯ $\bar{a}_v \cap v = \phi \wedge \neg(\bar{a}_v \cap v = \phi)$ ⑭⑮ P*∧ intro.
⑰ $\neg(y \in \bar{a}_v)$ ⑬⑯ P*¬ intro.
⑱ $\bar{a}_v \in y \vee \bar{a}_v = y$ ⑫⑰ P*d.s.
⑲ $y \in v \supset (\bar{a}_v \in y \vee \bar{a}_v = y)$ ⑧⑱ P*⊃ intro.
⑳ $\forall y(y \in v \supset (\bar{a}_v \in y \vee \bar{a}_v = y))$ ⑭ UG
㉑ $\bar{a}_v \in v \wedge \forall y(y \in v \supset (\bar{a}_v \in y \vee \bar{a}_v = y))$ ⑩⑳ P*∧ intro.
㉒ $\exists x(x \in v \wedge \forall y(y \in v \supset (x \in y \vee x = y)))$ ㉑ EG □

注意 1) 定理 2.1 は,順序数の空でない部分集合には必ず ∈ についての最小元が存在する,という内容である.

2) 証明中の d.s. は論理則 $A \vee B, \neg A \to B$ (i.e. 選言三段論法) を表わしている.

定理 2.2 $Ord(u)$, $v \subset u$, $Trans(v)$ のとき, $v \in u$ である.

証明 まず $v \subset u$ より,$u - v \neq \phi$, $u - v \subset u$. また $Ord(u)$ ゆえ,定理 2.1 を使うと,$\exists x(x \in u - v \wedge \forall y(y \in u - v \supset (x \in y \vee x = y)))$ である.さらにこれを EI すると,$\bar{a} \in u \wedge \bar{a} \notin v \wedge \forall y(y \in u - v \supset (\bar{a} \in y \vee \bar{a} = y))$ … (*) を得る.そこで $\bar{a} = v$ が示せれば,(*) の先頭の $\bar{a} \in u$ と合せて,目ざす $v \in u$ が得られることになる.以下,$\bar{a} = v$ (i.e. $v \subseteq \bar{a}$ かつ $\bar{a} \subseteq v$) を示すことにする.

(1) まず $v \subseteq \bar{a}$ を示す.そのために $y \in v$ とする.すると $v \subset u$ ゆえ,$y \in u$. また $\bar{a} \in u$ かつ $Ord(u)$ ゆえ,$\bar{a} \in y \vee \bar{a} = y \vee y \in \bar{a}$ が成立する.

1) ここで $\bar{a} \in y$ としてみる.すると $\bar{a} \in y \wedge y \in v$ となり,一方 $Trans(v)$ ゆえ,$\bar{a} \in v$ となる.しかしこれは (*) の $\bar{a} \notin v$ と矛盾する.

2) また $\bar{a} = y$ としてみる.すると $y \in v$ ゆえ,$\bar{a} \in v$ となり,これも (*) の $\bar{a} \notin v$ と矛盾する.

よって 1), 2) より,$y \in \bar{a}$ となり,結局 $y \in v \supset y \in \bar{a}$ を得,これを UG して,$\forall y(y \in v \supset y \in \bar{a})$ (i.e. $v \subseteq \bar{a}$) が示される.

(2) 次に $\bar{a} \subseteq v$ を示す.そのために $y \in \bar{a}$ とする.すると $Ord(u)$ の $Trans(u)$ の部分と (*) の $\bar{a} \in u$ とから,$y \in u$ … (**) を得る.一方,

(*) の最後の部分の対偶と $\neg(\bar{a}\in y \vee \bar{a}=y)$ … (※) から, $y\in u - v$ (i.e. $\neg(y\in u \wedge \neg(y\in v))$) であり, $y\in u \supset y\in v$ が成立する. そこで上の (**) により, $y\in v$ となる. よって, (2) のはじめの仮定 $y\in \bar{a}$ と合せて, $y\in \bar{a} \supset y\in v$ を得, UG して, $\bar{a}\subseteq v$ が示される. □

注意 念のため (※) も証明しておこう. まず $\bar{a}\in y$ と仮定する. 一方 (2) では $y\in \bar{a}$ も仮定されており, 合せて $\bar{a}\in y\in \bar{a}$ となり, 前§定理 1.1 (3) と矛盾する. 次に $\bar{a}=y$ と仮定する. 一方 (2) では $y\in \bar{a}$ も仮定されており, 合せて $\bar{a}\in \bar{a}$ となり, 定理 1.1 (1) と矛盾する. よって $\neg(\bar{a}\in y)\wedge\neg(\bar{a}=y)$ (i.e. $\neg(\bar{a}\in y \vee \bar{a}=y)$) を得る.

定理 2.3 $Ord(u)$, $Ord(v)$ のとき, $v\in u \equiv v\subset u$ である.

証明 (1) $(v\in u)\supset(v\subset u)$ について. まず $x\in v$ とする. その上で⊃の左 $v\in u$ と合せ, また一方で $Ord(v)$ ゆえ $Trans(v)$ でもあることに注意すれば, 直ちに $x\in u$ を得る. すなわち $(x\in v)\supset(x\in u)$ となり, UG して, $v\subseteq u$ である. しかしここで $v=u$ としてみると, ⊃の左 $v\in u$ と合せて $u\in u$ となり, 定理 1.1 (1) と矛盾する. よって $v\neq u$. そこで $v\subset u$ となり, ⊃の右が示された.
(2) $(v\subset u)\supset(v\in u)$ について. これは前定理 2.2 より明らか. □

この定理 2.3 により, 順序数の定義が, 先に言及した∈と⊂との平行性という性格を踏まえた定義であることが, 改めて確認できたといえる.
さてそれでは, 順序数の一部として捉えられる自然数 (i.e. 非負の整数) の定義はどのようなものとなるか. しかしそれを提示する前に, 順序数間の順序となる大小関係<と+1についての定義を与える. またそれに関連した定理も二つほど掲げておく. なお以下では, 順序数は各々ギリシャ字母小文字 $\alpha, \beta, \gamma, \cdots$ などを使って表記されることとする.

定義 (<と+1)
(1) $\alpha < \beta \underset{df}{\iff} \alpha \in \beta$ (i.e. $\underset{df}{\iff} \alpha \subset \beta$).

(2) $\alpha \leq \beta \underset{\text{df}}{\Longleftrightarrow} \alpha < \beta \vee \alpha = \beta$ (i.e. $\underset{\text{df}}{\Longleftrightarrow} \alpha \subseteq \beta$).

(3) $x+1 \underset{\text{df}}{\Longleftrightarrow} x \cup \{x\}$. □

定理 2.4 (1) $\alpha \leq \beta \vee \beta \leq \alpha$ (i.e. $\alpha \subseteq \beta \vee \beta \subseteq \alpha$).

(2) $\alpha < \beta \vee \alpha = \beta \vee \beta < \alpha$.

証明 (1) について. $\alpha \nsubseteq \beta$ かつ $\beta \nsubseteq \alpha$ と仮定する (背理法). すると定理 2.1 により, $\beta - \alpha$, $\alpha - \beta$ の各々に最小元が存在し, その各々を x_0, y_0 とおく. すると明らかに $x_0 \neq y_0$ である. しかし一方で, 1) $\alpha \cap \beta = x_0$, 2) $\alpha \cap \beta = y_0$ の各々が下記のように示せるゆえ, $x_0 = y_0$ を得る. これは上の $x_0 \neq y_0$ と矛盾する. よって (1) が成立する.

1) $\alpha \cap \beta = x_0$ について. i) $\alpha \cap \beta \subseteq x_0$ を示す. $z \in \alpha \cap \beta$ とする. すると $z \in \beta$, また $x_0 \in \beta - \alpha$ ゆえ $x_0 \in \beta$ である. さらに $Ord(\beta)$ でもあり, その定義から β の元であるこの z, x_0 の間には $z \in x_0 \vee z = x_0 \vee x_0 \in z$ が成立する. ここで $z = x_0 \vee x_0 \in z$ と仮定する. すると一方で $z \in \alpha$ でもあることから, $x_0 \in \alpha$ を得る. しかし x_0 は $\beta - \alpha$ の最小元ゆえ $x_0 \notin \alpha$ であり, 矛盾が生ずる. よって上の仮定は否定され, $z \in x_0$ となる. すなわち $z \in \alpha \cap \beta \supset z \in x_0$ となり, UG して, $\alpha \cap \beta \subseteq x_0$ が示せる.

ii) $x_0 \subseteq \alpha \cap \beta$ を示す. $z \in x_0$ とする. x_0 は $\beta - \alpha$ の最小元であることから, $z \notin \beta - \alpha$ (i.e. $\neg(z \in \beta \wedge \neg(z \in \alpha)))$ であり, $z \in \beta \supset z \in \alpha \cdots (*)$ である. ここで $z \in x_0$ と $x_0 \in \beta - \alpha$ ゆえ $x_0 \in \beta$ であること, さらに $Ord(\beta)$ ゆえ $Trans(\beta)$ であることから, $z \in \beta$ を得る. すると (*) と合せて, $z \in \alpha$ ともなる. すなわち $z \in \alpha \cap \beta$ である. よって $z \in x_0 \supset z \in \alpha \cap \beta$ となり, UG して, $x_0 \subseteq \alpha \cap \beta$ が示される.

2) $\alpha \cap \beta = y_0$ について. 1) と同様にして示せる.

(2) について. 上の (1) と $\leq$ の定義から明らか. □

定理 2.5 (1) $Ord(u)$ のとき, $Ord(u+1)$ である.

(2) $\neg(\alpha < \beta < \alpha + 1)$.

証明 (1) について. 1) まず $Trans(u+1)$ を示す. すなわち $x \in y$, $y \in u+1$ のとき, $x \in u+1$ となることを示す. そこで $x \in y$, $y \in u+1 (= u \cup \{u\})$ を仮定する. すると後者から $y \in u$ または $y = u$ である. i) $y \in u$ のとき. $Ord(u)$ ゆえ $Trans(u)$ でもあり, $x \in y$, $y \in u$ なら $x \in u$ である. よって $y \in u$ のとき, $x \in y$ と合せて, $x \in u$ となり, $x \in u \cup \{u\} (= u+1)$ である. ii) $y = u$ のとき. このときは, $x \in y$ と合せると, 直ちに $x \in u$ となり, $x \in u \cup \{u\} (= u+1)$ である.

2) 次に $Ord(u+1)$ の定義の後半部分, すなわち $x \in u+1$, $y \in u+1$ のとき, $x \in y \lor x = y \lor y \in x$ となることを示す. ここで $x \in u+1$ からは, $x \in u$ または $x = u$, $y \in u+1$ からは, $y \in u$ または $y = u$ であるといえる. 結局, 四つの場合が考えられてくる. i) $x \in u$, $y \in u$ のとき. $Ord(u)$ ゆえ, $x \in y \lor x = y \lor y \in x$. ii) $x \in u$, $y = u$ のとき. 直ちに $x \in y$. iii) $x = u$, $y \in u$ のとき. $y \in x$. iv) $x = u$, $y = u$ のとき. $x = y$. よって i)〜iv) を合せると, 明らかに $x \in y \lor x = y \lor y \in x$ が成立する.

(2) について. $\alpha < \beta < \alpha + 1$ と仮定する (背理法). すると $\alpha \in \beta$ かつ $\beta \in \alpha \cup \{\alpha\}$. 後者から, $\beta \in \alpha$ または $\beta = \alpha$ である. ここで $\beta \in \alpha$ のとき, 前者の $\alpha \in \beta$ と合せて, $\alpha \in \alpha$ であり, また $\beta = \alpha$ のとき, $\alpha \in \beta$ と合せて, $\alpha \in \alpha$ であり, いずれの場合も定理 1.1(1) と矛盾する. よって (2) は成立する. □

自 然 数

つづいて以下において, ようやくこの § の目的でもあった自然数 (i.e. 非負の整数) について, その ZFC での定義などを中心に, 少しばかり眺めていこう. はじめに自然数の定義であるが, その定義中に現われる述語 Suc とそれに関連した述語 Lim を, 予め先に定義しておく.

定義 (Suc と Lim)

(1)　$Suc(u) \underset{\mathrm{df}}{\Longleftrightarrow} Ord(u) \land (u = \phi \lor \exists v(u = v+1))$.

(2)　$Lim(u) \underset{\mathrm{df}}{\Longleftrightarrow} Ord(u) \land \neg Suc(u)$.

なおここで $Suc(u)$ は,「u は後者型順序数 (successor ordinal) である」と読まれ,また $Lim(u)$ は,「u は極限型順序数 (limit ordinal) である」と読まれる. □

定義（ω,自然数）

(1)　$\omega \underset{\mathrm{df}}{\equiv} \{y \in u \mid \forall x(x \in y \cup \{y\} \supset Suc(x))\}$. ただし,この式右辺での u は,無限公理 A7 でその存在が保証されている集合とする.

(2)　集合 ω の元は,「自然数」(natural number) と呼ばれる. □

注意　1) ω が集合であることは,上のただし書きから明らかである.また定義 (2) より,ω が自然数の集合であることも,明らかである.

2) $SC \underset{\mathrm{df}}{\equiv} \{u \mid Suc(u)\}$ としてクラス SC を定義すれば,$\omega = \{y \in u \mid y \cup \{y\} \subseteq SC\}$ とも表わされる.

上の定義にもとづいて,ω についての基本的な性質を定理として二つほど掲げておこう.

定理 2.6　$Ord(\omega)$.

証明　(1)　まず $Trans(\omega)$ を示す.すなわち $x \in y$,$y \in \omega$ のとき,$x \in \omega$ であることを示す.そこで $x \in y$,$y \in \omega$ と仮定する.すると仮定の後者と ω の定義より,$z \in y \cup \{y\} \supset Suc(z)$ … (*1) が成立する.ここで $y \in y \cup \{y\}$ = $y+1$ は明らか.よって (*1) により,$Suc(y)$ であり,$Suc(y)$ の定義より,$Ord(y)$ である.すると定理 2.5(1) より,$Ord(y+1)$ であり,またさらに $Trans(y+1)$ でもある.したがって $x \in y$ と $y \in y+1$ から,$x \in y+1 = y \cup \{y\}$ となり,再び (*1) を使うと,$Suc(x)$ が得られ,$Ord(x)$ でもある.

さてするとさらにこの $Ord(x)$ と $Ord(y)$ とから,定理 2.3 により,$x \in y \equiv x \subset y$ ゆえ,$x \in y$ のとき,$(z \in x) \supset (z \in y)$ が成立する.そこで $z \in x$ とする.すると $z \in y$ であり,さらに $z \in y \cup \{y\}$ でもある.よってまた上の (*1) を使うと,$Suc(z)$ … (*2) となってくる.また $z \in \{x\}$ としてみる.すると $z = x$ であり,このときは直ちに $Suc(z)$ … (*3) となってくる.よ

第4章 集合論——公理的集合論 ZFC　　　　　　　　　　　　　　105

って（∗2）と（∗3）により，$z \in x \cup \{x\} \supset Suc(z)$ となり，UG して，$x \in \omega$ が成立する．

（2）次に，$x \in \omega$, $y \in \omega$ のとき，$x \in y \lor x = y \lor y \in x$ であることを示す．$x \in x \cup \{x\}$ ゆえ，$x \in \omega$ のときその定義により $Suc(x)$ である．また同様に $Suc(y)$ でもある．よって各々より $Ord(x)$, $Ord(y)$ でもあり，定理 2.4 より，$x \in y \lor x = y \lor y \in x$ であることは明らか． □

定理 2.7　$(A(0) \land \forall x(A(x) \supset A(x+1))) \supset \forall x(x \in \omega \supset A(x))$.

証明　二番目の ⊃ の前件部分が成立しているとする．その上で $\neg \forall x(x \in \omega \supset A(x))$ と仮定する（背理法）．すなわち $\exists x(x \in \omega \land \neg A(x))$ と仮定する．すると $\{x | x \in \omega \land \neg A(x)\} \neq \phi$ であり，また $A(0)$ ゆえ，$\{x | x \in \omega \land \neg A(x)\} \subset \omega$ である．また定理 2.6 により $Ord(\omega)$ である．したがって $\{x | x \in \omega \land \neg A(x)\}$ を定理 2.1 の v とみなしたとき，その前提がすべてみたされており，定理 2.1 が適用でき，その結果 $\{x | x \in \omega \land \neg A(x)\}$ には最小元が存在することになる．そこでその最小元を α とすると，$\alpha \in \{x | x \in \omega \land \neg A(x)\}$ ゆえ，$\alpha \in \omega \land \neg A(\alpha)$ … （∗）である．すると $\alpha \in \omega$ からは，その定義より，$\forall z(z \in \alpha \cup \{\alpha\} \supset Suc(z))$ が得られ，また $\alpha \in \alpha \cup \{\alpha\}$ ゆえ，$Suc(\alpha)$ が得られる．ここで再び $A(0)$ に注意すると，（∗）の $\neg A(\alpha)$ より $\alpha \neq 0$ (i.e. $\alpha \neq \phi$) であり，$Suc(\alpha)$ の定義より，$\exists v(\alpha = v+1)$ である．そこで EI すると，$\alpha = \bar{a}+1 = \bar{a} \cup \{\bar{a}\}$ であり，また $\bar{a} \in \bar{a} \cup \{\bar{a}\}$ ゆえ，$\bar{a} \in \alpha$ (i.e. $\bar{a} < \alpha$) となる．しかし α は $\{x | x \in \omega \land \neg A(x)\}$ の最小元ゆえ，結局 $A(\bar{a})$ … （∗∗）となる．

さていま $\forall x(A(x) \supset A(x+1))$ は前提されている．よって $A(\bar{a}) \supset A(\bar{a}+1)$ でもある．したがって上の（∗∗）と合せると $A(\bar{a}+1)$ (i.e. $A(\alpha)$) を得る．しかしこれは先の（∗）の $\neg A(\alpha)$ と矛盾する． □

注意　この定理は，明らかに自然数についての数学的帰納法である．1 章 §1.3 で見たように，自然数論の公理系 N では，数学的帰納法は公理の一つとされていた．しかし集合論 ZFC の立場からは，主に正則性公理 A8 にもとづく自然数の性質として，公理ではなく証明される定理となっている．この点，自然数

についての理解が，ZFC での方が一歩深まったものとなっているといえよう．

以上，ZFC での自然数の定義とその性質の一端を取り上げてみた．

ところでいま触れた数学的帰納法は，もとより自然数について成立する基本的な性質であるが，実は順序数についても「超限帰納法」(transfinite induction) と呼ばれるより一般的な帰納法が成立する．実際，この帰納法は次の § でも必要となることから，最後にそれをも記してこの § を終ることにしよう．

定理 2.8 $\forall \alpha (\forall \beta (\beta < \alpha \supset A(\beta))) \supset A(\alpha)) \supset \forall \alpha A(\alpha)$.

証明 三番目の⊃の前件部分が成立しているとする．その上で $\neg \forall \alpha A(\alpha)$ と仮定する（背理法）．すると $\exists \alpha \neg A(\alpha)$ であり，$\alpha_0 = \mu \alpha \neg A(\alpha)$（ただし μ：最小作用子）とおくと，$\neg A(\alpha_0)$ である．ここで $\forall \beta (\beta < \alpha_0 \supset A(\beta))$ とすると，二番目の⊃の前件部分より，$A(\alpha_0)$ を得る．しかしこれは $\neg A(\alpha_0)$ と矛盾する． □

§4.3　公理的集合論 ZFC の展開——基数

濃度と基数

集合論 ZFC の展開の一端として，この § では，基数についても少しばかり見ておこう．ここで基数とは，おおよそをいえば，集合の濃度を測るために用いられる順序数のことであり，また濃度とは，おおよそをいえば，集合の元の数あるいはサイズのことである．ではそれらは正式にはどのように定義されるか．しかしその定義に当っては，予め二つの事柄を押さえておくことが必要となる．その一つは，二つの集合間において各々の元が一対一に対応しているとき，その二つの集合は同じ濃度とされることである．他の一つは，いかなる集合にも，一対一で全射で対応する順序数が存在する，という

原理が前提となっていることである．なおこの二つ目の事柄は，実は選択公理と同等の事柄であり，そこから引き出されてくることでもあり，通常「整列可能定理」(Well Ordering Theorem，WO-Th と略記) と呼ばれている．

さてそれではさっそく，ZFC での WO-Th をはじめ，濃度と基数などの正式な定義を提示していこう．

WO-Th $\forall x \exists f \exists \alpha (f: \alpha \to x$ かつ f は一対一で全射（i.e. 全単射）な関数である$)$．

注意 上式は，§4.1 での選択公理 AC と同様，ZFC の wff としては完全なものとなっていない．なお AC からの導出は，集合論のテキストに必ず見出される．

定義（$\approx$，濃度，基数）
(1) $x \approx y \underset{\mathrm{df}}{\Longleftrightarrow} \exists f\,(f: x \to y$ かつ f は全単射な関数である$)$．
また関係 $\approx$ は，「同濃度あるいは対等」(equipollence) と呼ばれる．
(2) $|x| \underset{\mathrm{df}}{=} \mu\alpha(\alpha \approx x)$．ただし μ は最小作用子である．
また $|x|$ は，集合 x の「濃度」(cardinality) と呼ばれる．
(3) $\mathit{Card}(\alpha) \underset{\mathrm{df}}{\Longleftrightarrow} \exists x(|x| = \alpha)$．
なお $\mathit{Card}(\alpha)$ は，「α は基数 (cardinal) である」と読まれる． □

注意 上の定義 (1)〜(3) は，明らかに WO-Th (i.e. AC) を前提としたものとなっている．

つづいて上の定義にもとづく基礎的な定理を四つほど掲げる．

定理 3.1 (1) $x \approx y \Longleftrightarrow |x| = |y|$．   (2) $|\alpha| \leq \alpha$．
(3) $\mathit{Card}(\alpha)$ のとき，$|\alpha| = \alpha$．

証明 (1) について．$x \approx |x|$，$y \approx |y|$ ゆえ，$x \approx y \Longleftrightarrow |x| \approx |y| \underset{(*)}{\Longleftrightarrow} |x| \leq |y| \wedge |y| \leq |x| \Longleftrightarrow |x| = |y|$ である．ただし $(*)$ は，$|x|$，$|y|$ 各々の

最小性による.

(2) について. $\beta<|\alpha|$ なら, $\neg(\beta\approx\alpha)$ ゆえ, β として α をとると, $\alpha<|\alpha|$ なら, $\neg(\alpha\approx\alpha)$ となる. しかし $\alpha\approx\alpha$ ゆえ, $\alpha\not<|\alpha|$ である. よって $|\alpha|\leq\alpha$ である.

(3) について. 濃度の定義から明らか. □

定理 3.2 $OR=\{\alpha\mid Ord(\alpha)\}$ とする. その上で, $f:\beta\to OR$ かつ $\delta<\gamma<\beta\supset f(\delta)<f(\gamma)$ (i.e. 単調性) のとき, $\forall\gamma(\gamma<\beta\supset\gamma\leq f(\gamma))$ である.

証明 前 § 最後に登場した超限帰納法で示していく. まず $\forall\delta(\delta<\gamma\supset\delta\leq f(\delta))$ と仮定する. すると $\delta<\gamma$ のとき, $\delta\leq f(\delta)$ であり, また f の単調性により, $f(\delta)<f(\gamma)$ でもある. よって $\delta<\gamma$ のとき, $\delta<f(\gamma)$ を得る. すなわち順序数間の $<$ の定義により, $\delta\in\gamma\supset\delta\in f(\gamma)$ を得る. すると UG して, $\gamma\subseteq f(\gamma)$ となり, 再び $<$ の定義により, $\gamma\leq f(\gamma)$ が得られる. ここで上の仮定のもとで $\gamma\leq f(\gamma)$ が得られたことから, いまや超限帰納法の適用が可能となり, その結果 $\forall\gamma(\gamma<\beta\supset\gamma\leq f(\gamma))$ が成立する. □

定理 3.3 (1) $x\subseteq\alpha$ のとき, $|x|\leq\alpha$ である.
(2) $x\subseteq y$ のとき, $|x|\leq|y|$ である.

証明 (1) について. WO-Th により, 全単射である $f:\beta\to x$ でしかも, $\gamma<\beta\supset f(\gamma)=\mu\delta(\delta\in x-\{f(y)\mid y\in\gamma\})$ であるような f と β とが存在する. すると, $\delta<\gamma<\beta\supset f(\delta)<f(\gamma)$ であり, 定理 3.2 により, $\gamma<\beta\supset\gamma\leq f(\gamma)$ …(*) となる. また f は全単射な $f:\beta\to x$ ゆえ, $\gamma<\beta$ のとき, $f(\gamma)\in x$ であり, よって (1) の前提部分 $x\subseteq\alpha$ と合せて, $f(\gamma)\in\alpha$ となる. そこで上の (*) と合せると, 結局 $\gamma<\beta\supset\gamma<\alpha$ を得, さらに UG して, $\beta\subseteq\alpha$ となり, $<$ の定義より, $\beta\leq\alpha$ …(**) を得る. 一方 $\beta\approx x$ ゆえ, $|x|=|\beta|$ であり, また定理 3.1(2) より, $|x|=|\beta|\leq\beta$ である. するとこれと (**) を合せると, 目ざす $|x|\leq\alpha$ が成立する.

(2) について. $|y|=\beta$ とする. すると濃度の定義より, 全単射である

$f: \beta \to y$ が存在する.ここで $z = \{\gamma \mid \gamma < \beta \land f(\gamma) \in x\}$ とおくと,$z \subseteq \beta$ であり,かつ f が一対一ゆえ,(2) の前提部分 $x \subseteq y$ と合せて,$x \approx z$ である.よって,$z \subseteq \beta$ からは定理3.3(1) より $|z| \le \beta (= |y|)$ を得,$x \approx z$ の方からは $|x| = |z|$ を得,両者を合せて,目ざす $|x| \le |y|$ が成立する. □

この定理3.3(2) を使うと,「ベルンシュタインの定理」(Bernstein's Theorem) と呼ばれるよく知られた次の定理が,直ちに成立してくる.

定理 3.4 $x \approx u$ かつ $u \subseteq y$,また同時に $y \approx v$ かつ $v \subseteq x$ であるとき,$x \approx y$ である.

証明 $x \approx u \subseteq y$ ゆえ,定理3.3(2) より,$|x| = |u| \le |y|$ (i.e. $|x| \le |y|$) である.また $y \approx v \subseteq x$ ゆえ,同様に,$|y| = |v| \le |x|$ (i.e. $|y| \le |x|$) である.よって $|x| = |y|$ であり,定理3.1(1) より,$x \approx y$ が成立する. □

注意 ここでのベルンシュタインの定理の証明は,WO-Th (i.e. AC) が大前提となっている.この点,ひと言添えておく.

カントルの定理

自然数の集合 ω の濃度と実数の集合 R の濃度が異なること (i.e. $|\omega| < |R|$) を示している「カントルの定理」(Cantor's Theorem) と呼ばれる定理は,無限集合の濃度が決して一様ではないことを明らかにしており,カントル集合論での画期的な成果の一つである.しかし以下では,それを改めて次の定理3.5 の形で提示するとともに,ZFC の立場からその証明を与えていくことにする.

定理 3.5 $|x| < |P(x)|$.ただし $P(x)$ は x の巾集合を表わしている.

証明 (1) はじめに,$|x| < |P(x)|$ を示すには,$|x| = \alpha$ とした上で,

$\alpha \neq |\mathrm{P}(\alpha)|$ を示せばよいことを確認する．そのために，まず $x \approx y$ のとき，$\mathrm{P}(x) \approx \mathrm{P}(y)$ であることから，$x \approx \alpha$ のとき，$\mathrm{P}(x) \approx \mathrm{P}(\alpha)$ であり，$|\mathrm{P}(x)| = |\mathrm{P}(\alpha)|$ であることに注意する．よって定理の $|x| < |\mathrm{P}(x)|$ を示すには，$\alpha < |\mathrm{P}(\alpha)|$ を示せばよいことが分かる．しかし一方で $\alpha \subseteq \mathrm{P}(\alpha)$ …（※）ゆえ，定理3.3(2) により，$|\alpha| \leq |\mathrm{P}(\alpha)|$ が成立し，また定理3.1(3) より，$|\alpha| = \alpha$ でもあり，すでに $\alpha \leq |\mathrm{P}(\alpha)|$ は成立している．よって $\alpha < |\mathrm{P}(\alpha)|$ を示すには，後 $\alpha \neq |\mathrm{P}(\alpha)|$ であることさえ示せばよいことになる．

(2) $\alpha \neq |\mathrm{P}(\alpha)|$ について．$\alpha = |\mathrm{P}(\alpha)|$ と仮定する（背理法）．すると濃度の定義より，

$\exists g(g : \alpha \to \mathrm{P}(\alpha)$ かつ g は全単射な関数である)

が成立する．すなわち

$\exists g \forall u(u \in \mathrm{P}(x) \supset \exists \beta(\beta \in \alpha \land u = g(\beta))) \cdots (*)$

が成立する．そこでこの g を使って，$x \notin g(x)$ であり，また α の元でもある x を元とする集合 u を考える．すなわち $u = \{x | x \in \alpha \land x \notin g(x)\}$ を考える．すると $u \subseteq \alpha$ (i.e. $u \in \mathrm{P}(\alpha)$) ゆえ，この u に対しては，上の $(*)$ より，

$\exists \beta(\beta \in \alpha \land u = g(\beta))$

が成立する．そこで EI すると $\bar{a} \in \alpha \land u = g(\bar{a}) \cdots (**)$ を得，よって $u = g(\bar{a})$ (i.e. $\forall z(z \in u \equiv z \in g(\bar{a}))$) が成立する．すなわち $z \in \{x | x \in \alpha \land x \notin g(x)\} \equiv z \in g(\bar{a})$ であり，結局

$(z \in \alpha \land z \notin g(z)) \equiv z \in g(\bar{a})$

が成立する．ここで $z = \bar{a}$ とおくと，

$(\bar{a} \in \alpha \land \bar{a} \notin g(\bar{a})) \equiv \bar{a} \in g(\bar{a})$

となり，また $(**)$ より，$\bar{a} \in \alpha$ であることに注意すると，$\bar{a} \notin g(\bar{a}) \equiv \bar{a} \in g(\bar{a})$ となり，矛盾が生ずる．よって $\alpha \neq |\mathrm{P}(\alpha)|$ が成立する． □

注意 1) (2) の証明で，$z = \bar{a}$ とおくとしたところ，対角線論法が使用されている．なお対角線論法については，Ⅲ部2章 §2.4 で改めて言及される．

2) 念のため，(※) をも証明しておく．まず $x \in \alpha$ とする．このとき，*Trans*(α) ゆえ，$x \subseteq \alpha$ (i.e. $x \in \mathrm{P}(\alpha)$) である．よって $x \in \alpha \supset x \in \mathrm{P}(\alpha)$ であり，UG して $\alpha \subseteq \mathrm{P}(\alpha)$ を得る．

第4章 集合論——公理的集合論 ZFC

上の定理で $|x|<|P(x)|$ を示したが，このこととこの項の冒頭で触れた $|\omega|<|\mathrm{R}|$ との関係についても，一応確認しておく．しかしそのためには，次の定理を添えておけばよいであろう．

定理 3.6 $y^x \underset{\mathrm{df}}{\equiv} \{f|f: x \to y\}$ とする．このとき，次の (1)，(2) が成立する．
(1) $2^x \approx \mathrm{P}(x)$ (i.e. $|2^x|=|\mathrm{P}(x)|$).
(2) $|\mathrm{R}|=|2^\omega|$ (i.e. $|\mathrm{R}|=|\mathrm{P}(\omega)|$).

証明 (1) について． 1) $u \in \mathrm{P}(x)$ なる任意の u について，$f: x \to 2$ なる f が一対一に対応していることを示す．しかしそれは，$u \subseteq x$ なる各々の u に対応する f として，$v \in u$ のとき $f(v)=1$．$v \notin u$ のとき $f(v)=0$ なる f を考えれば明らかである．

2) 逆に，$f: x \to 2$ なる任意の f について，$u \subseteq x$ が一対一に対応していることを示す．しかしそれは，f に対応する u として，$u=\{v|v \in x \wedge f(v)=1\}$ を考えれば明らかである．

(2) について． 区間 $(0,1)$ に属する各実数は，$0.a_0 a_1 a_2 \cdots$（ただし $a_i=1$ または 0）で表わされる．よって各実数には $f: \omega \to 2$ が対応する．すなわち $|(0,1)|=|2^\omega|$ である．一方 $|\mathrm{R}|=|(0,1)|$ であることは，R と $(0,1)$ との間に，$2z-1/z(1-z)$（ただし $z \in (0,1)$）による一対一対応が存在することから明らかである．よって $|\mathrm{R}|=|2^\omega|$ が成立する． □

注意 $y^x (=\{f|f: x \to y\})$ は，x, y 各々が集合のとき，$y^x \subset \mathrm{P}(x \times y) (= \mathrm{P}(\{\langle u,v \rangle | u \in x \wedge v \in y\}))$ ゆえ，集合として存在していること，念のため添えておく．

無限基数 $\aleph$

最後に，無限基数についてごく簡単に（証明ぬきで）触れて，この § を終ることにする．はじめに三つの固有クラスを定義する．なおクラスとは，

すでに§4.1で触れたように，述語に対応する集りであり，ZFCの公理によってその存在は必ずしも保証されていない．その存在が保証されている集まりが，いうまでもなく集合(セット)である．もとよりクラスの中にも集合であるものもある．しかしとくに集合ではあり得ないクラスもあり，それらが「固有クラス」(proper class) と呼ばれるクラスである．

定義（OR, CA, CA^*）
(1) $OR \underset{\mathrm{df}}{=} \{u | Ord(u)\}$．
(2) $CA \underset{\mathrm{df}}{=} \{u | Card(u)\}$．
(3) $CA^* \underset{\mathrm{df}}{=} CA - \omega$．

なお CA^* の元は，「無限基数」(infinite cardinal) または「超限基数」(transfinite cardinal) と呼ばれる． □

定理 3.7 A を $A \subseteq OR$ なる固有クラスとする．このとき，$F: OR \to A$ で $\alpha < \beta \supset F(\alpha) < F(\beta)$ であるような全単射な関数 F が，一意的に存在する．

証明 略．(本書では触れられていない超限帰納法による関数の定義が必要となる．) □

さてこの定理と上の定義から，改めて次のような「$\aleph$（アレフ）」(aleph)と呼ばれる全単射関数が定義されてくる．

定義（$\aleph$）
$\aleph$ とは，$\aleph: OR \to CA^*$ であり，$\alpha < \beta \supset \aleph(\alpha) < \aleph(\beta)$ であるような全単射関数である．
なお，$\aleph(\alpha)$ は $\aleph_\alpha$ と表わされる． □

定理 3.8 (1) $\aleph_0 = \omega$． (2) $\forall u(u \in CA^* \supset \exists \alpha(\aleph_\alpha = u))$．

証明 (1)，(2) とも，定義から明らかである． □

第4章 集合論——公理的集合論 ZFC

この定理からも明らかなように、無限基数は、$\aleph_0 < \aleph_1 < \aleph_2 < \cdots < \aleph_n < \cdots < \aleph_\omega < \cdots$ のように系列をなしていることが分かる。問題はこの系列の性質であるが、その一つとして、下記のような有名な仮説が立てられている。

連続体仮説 CH　　$\aleph_1 = |\mathbf{R}|$.

一般連続体仮説 GCH　　$\forall_\alpha (\aleph_{\alpha+1} = 2^{\aleph_\alpha})$.

注意　1）CH は Continuum Hypothesis の略記、GCH は Generalized CH の略記である。

2）CH は、実数の集合の濃度が、自然数の集合の濃度の次に大きいことを、その内容としている。すなわち両者の間に第3の濃度が存在しないことの要請である。

3）CH はまた、$|\mathbf{R}| = |2^\omega|$ ゆえ、$\aleph_1 = 2^{\aleph_0}$ と表記されることもある。CH は GCH の $\alpha = 0$ の場合に相当していることになる。

§4.4　実数について

ZFC での実数の定義

§4.2、§4.3 では、数に伴う順序性、計量性に注目しつつ、集合概念から数概念がどのように定義されていくかについて、主に最も基本的な数である自然数の場合で見てみた。しかし通常の数学では、その自然数をもその一部に含む実数や複素数が前面に登場する形で、様々な事柄が展開されている。では通常の数学で前提されているこれらの数は、集合論 ZFC ではどのように定義されているのか。そこでこの §4.4 では、§4.2、§4.3 への補足として、実数の定義とそれに関連した定理の一例であるコーシー(Cauchy, A. L.) の収束条件定理について、その要所を眺めていくことにする。

ところで実数の定義の仕方も種々のものがある。しかしいずれの場合も、前提とされるのが有理数の集合であることでは同じである。では有理数はどのように定義されるか。しかしこの点は、自然数がすでに定義されている場

合，その自然数を使って整数が定義され，つづいてこの整数の比として有理数が定義されることなど，周知のとおりである．したがって集合論 ZFC においても，§4.2 で自然数が順序数の一部としてすでに定義されていることから，後はこの周知の過程が形式的に整えられて表記されること以外は，全く同様に進められていく．そこでまずは ZFC でのこの過程を，ごく簡単にスケッチしておくことにしよう．すなわち $\omega:0$ をも含む自然数の集合，Z：整数 integer の集合，Fr：分数 fraction の集合，Q：有理数 rational number の集合とした上で，Z, Fr, Q 各々の定義を記してみる．

定義（Z, Fr, Q）
(1) $Z \underset{\mathrm{df}}{\equiv} \omega \cup \{\langle x, 0 \rangle \mid x, y \in \omega \land x + y = 0\}$.
(2) $\mathrm{Fr} \underset{\mathrm{df}}{\equiv} \{\langle m, n \rangle \mid m, n \in Z \land n \neq 0\}$.
(3) 1) $q \simeq_F q' \underset{\mathrm{df}}{\Longleftrightarrow} q = \langle m, n \rangle \land q' = \langle m', n' \rangle \land m \cdot n' = n \cdot m' \land m, n, m', n' \in Z \land n, n' \neq 0$.
　　　2) $[q]_F \underset{\mathrm{df}}{\equiv} \{q' \mid q' \simeq_F q\}$.
(4) $Q \underset{\mathrm{df}}{\equiv} \{[q]_F \mid q \in \mathrm{Fr}\}$.　　　　　　　　　　□

注意 1) §4.2 では省略したが，ω の元には加法（+）が定義されている．
2) Z, Fr, Q 各々の元には，ここでは一切省略するが，上記の定義をもとに四則（+，−，・，/）が定義される．
3) (3) 1) の $\simeq_F$ は，Fr の元間の同値関係であり，(3) 2) の $[q]_F$ はそれにもとづく同値類である．

さて，有理数の集合 Q が上記のように定義された上では，それを踏まえてさっそく実数の定義を提示することにしよう．しかしそのためにはさらに，有理数のコーシー列 Cauchy sequence の定義，そのコーシー列間の同値関係 $\simeq_c$ の定義，および $\simeq_c$ にもとづくコーシー列の同値類 $[\ ]_c$ の定義が必要となる．そこで各々を順次記していく．ただし Q^+：正なる有理数を元とする集合とする．

第4章 集合論──公理的集合論 ZFC

定義（有理数列のコーシー列）

有理数列 $\langle q_1, q_2, \cdots \rangle$ はコーシー列である $\underset{\mathrm{df}}{\Longleftrightarrow} \forall \varepsilon \in \mathrm{Q}^+ \exists k \in \omega \forall m, n \in \omega (m, n > k \supset |q_m - q_n| < \varepsilon)$. □

定義（有理数コーシー列の同値類）

(1)　$q = \langle q_1, q_2, \cdots \rangle$, $q' = \langle q_1', q_2', \cdots \rangle$ を各々有理数のコーシー列とする．その上で，

$q \simeq_c q' \underset{\mathrm{df}}{\Longleftrightarrow} \forall \varepsilon \in \mathrm{Q}^+ \exists k \in \omega \forall n \in \omega (n > k \supset |q_n - q_n'| < \varepsilon)$.

(2)　$q = \langle q_1, q_2, \cdots \rangle$ を有理数のコーシー列とする．その上で，$[q]_c \underset{\mathrm{df}}{\equiv} \{q' | q' = \langle q_1', q_2', \cdots \rangle$ は有理数のコーシー列であり，かつ $q' \simeq_c q\}$. □

それでは，このような定義を踏まえて，実数はどのように定義されるか．いよいよその定義を提示する．

定義（実数の集合 R）

$q = \langle q_1, q_2, \cdots \rangle$：有理数のコーシー列とする．その上で，$\mathrm{R} \underset{\mathrm{df}}{\equiv} \{r | \exists q (r = [q]_c)\}$. またこの R は「実数」(real number) の集合と呼ばれる． □

なお同じ有理数 q からなる有理数列 $\langle q_1, q_2, \cdots \rangle$ (i.e. $\langle q, q, \cdots \rangle$) は有理数のコーシー列であり，その同値類には，上の定義に従って一つの実数が対応することになる．この場合，その実数は有理数 q と同一視される．したがって，有理数は実数の一部として実数に含まれることになる．

コーシーの収束条件定理

以上，実数の定義について眺めてみたが，その内容をより身近にするためにも，実数論で基本となるコーシーの収束条件定理に注目してみることにする．というのも，この定理の証明に際しては，実数が明確に定義されていることが是非必要となるからである．ただその定理を掲げるに当って，予め定義を二つほど用意しておく．ただし R^+：正なる実数の集合とする．

定義（$\lim_{n\to\infty} r_n = r$ および実数列のコーシー列）

(1) 実数列$\langle r_1, r_2, \cdots \rangle$は$r$に収束する（i.e. $\lim_{n\to\infty} r_n = r$）$\underset{\text{df}}{\Longleftrightarrow}$ $\forall \varepsilon \in \mathrm{R}^+ \exists k \in \omega \forall n \in \omega (n > k \supset |r_n - r| < \varepsilon)$.

(2) 実数列$\langle r_1, r_2, \cdots \rangle$はコーシー列である $\underset{\text{df}}{\Longleftrightarrow}$ $\forall \varepsilon \in \mathrm{R}^+ \exists k \in \omega \forall m, n \in \omega (m, n > k \supset |r_m - r_n| < \varepsilon)$. □

定理（コーシーの収束条件定理） 実数列$\langle r_1, r_2, \cdots \rangle$は$r$に収束する（i.e. $\lim_{n\to\infty} r_n = r$）$\Longleftrightarrow$ 実数列$\langle r_1, r_2, \cdots \rangle$はコーシー列である.

証明 (1) $\Rightarrow$ について． $\lim_{n\to\infty} r_n = r$とする．とすると定義により，$k_1$および$k_2$が存在して，$\forall m \in \omega (m > k_1 \supset |r_m - r| < \varepsilon/2)$，$\forall n \in \omega (n > k_2 \supset |r_n - r| < \varepsilon/2)$が成立する．ここで$k = min(k_1, k_2)$とおくと，さらに$\forall m, n \in \omega (m, n > k \supset (|r_m - r| < \varepsilon/2 \wedge |r_n - r| < \varepsilon/2))$を得る．一方，$|r_m - r_n| = |r_m - r| + |r_n - r| < \varepsilon/2 + \varepsilon/2 = \varepsilon$ゆえ，結局$\forall \varepsilon \in \mathrm{R}^+ \exists k \in \omega \forall m, n \in \omega (m, n > k \supset |r_m - r_n| < \varepsilon)$を得る．すなわち実数列$\langle r_1, r_2, \cdots \rangle$はコーシー列である．

(2) $\Leftarrow$ について． まず$\langle r_1, r_2, \cdots \rangle$を実数のコーシー列とする．また$q_n = \langle q_{n1}, q_{n2}, \cdots \rangle$を下記の(#1)をみたす$r_n < q_n < r_n + 1/n$なる実数の一部としての有理数列とする（なお有理数の集合は可算であることから，ここでのq_nの選択は選択公理なしに可能である）．

(#1) $\forall \varepsilon \in \mathrm{R}^+ \exists k \in \omega \forall n \in \omega (n > k \supset |r_n - q_n| < 1/k < \varepsilon/3)$.

すると上のq_nからなる$q = \langle q_1, q_2, \cdots \rangle$は実数のコーシー列となる．なぜなら，$|q_m - q_n| < |q_m - r_m| + |r_m - r_n| + |r_n - q_n|$であり，$m, n > k$については，$|q_m - r_m| < \varepsilon/3$，$|r_m - r_n| < \varepsilon/3$，$|r_n - q_n| < \varepsilon/3$となるような$k (\in \omega)$を選ぶことができるからである．すなわち

(#2) $\forall \varepsilon \in \mathrm{R}^+ \exists k \in \omega \forall m, n (m, n > k \supset |q_m - q_n| < \varepsilon)$

が成立するからである．

さてその上で，$q_n = \langle q_{n1}, q_{n2}, \cdots, q_{nn}, \cdots \rangle$の元となっている有理数$q_{nn}$を考える．するとこの$q_{nn}$を元とする$q' = \langle q_{11}, q_{22}, \cdots, q_{nn}, \cdots \rangle$は，有理数のコーシー列となる．なぜなら，上の(#2)より明らかに，

$\forall \varepsilon \in \mathrm{Q}^+ \exists k \in \omega \forall m, n \in \omega (m, n > k \supset |q_{mm} - q_{nn}| < \varepsilon)$

が成立するからである．

そこで，$q' = \langle q_{11}, q_{22}, \cdots \rangle$ の同値類 $[q']_c$ は，実数の定義により一つの実数となる．と同時に $\simeq_c$ の定義により

(#3)　$\forall \varepsilon \in \mathrm{R}^+ \exists k \in \omega \forall n \in \omega (n > k \supset |q_n - [q']_c| < \varepsilon/2)$

が成立する．よって (#1) と (#3) を結びつけると，任意の $n > k$ について，$|r_n - [q']_c| \leq |r_n - q_n| + |q_n - [q']_c| < \varepsilon/3 + \varepsilon/2 < \varepsilon$ をみたす k を選べることから，結局

$\forall \varepsilon \in \mathrm{R}^+ \exists k \in \omega \forall n \in \omega (n > k \supset |r_n - [q']_c| < \varepsilon)$

となり，$[q']_c$ が $\langle r_1, r_2, \cdots \rangle$ の極限であることが明らかとなる．すなわち $r = [q']_c$ とすると定理の $\Leftarrow$ は示された．　□

注意　この § では，実数を有理数のコーシー列の同値類として定義しているゆえ，上の定理の証明も多くのテキストの証明とは異なったものとなっている．通常は，実数の公理の一つとされるデデキントの公理（i.e. 実数の連続性の公理）を使って証明される．なお上のコーシーの収束条件定理にアルキメデス（Archimedes）の公理を追加するとき，それがデデキントの公理となること，よく知られていることではあるが，ひと言添えておく．

これまで実数の定義とそれに関連する一つの定理について，余り解説を加えずに記してみたが，その要点は簡略化（i.e. 同値類などのことを無視）していえば，(1) 収束する数列がコーシー列と捉えられていること，その上で (2) 収束する有理数列が，それ自体一つの新しい存在として実数と捉えられていること，この二点にまとめられるといえよう．とにかくこのように，通常の数学も，集合論 ZFC にしっかりもとづいたものとなっている．しかも労さえ厭わなければ，その構成を明確に展開できる形となっている．この § ではそのごく一端を補足として眺めてみたに過ぎない．

第 II 部
束論および圏論と記号論理

第1章　束　　　論

　束とは，二つの演算（i.e. 結び∨と交わり∧）を伴った半順序集合であり，さらにいくつかの演算が加えられることによって，様々な束が考えられる．この章では，記号論理との関係から，そうした束の中でもブール束（i.e. ブール代数）を中心にして，その基礎事項が記される．
　§1.1 では，ブール代数の定義とその基本性質が提示される．
　§1.2 では，無限結び∨と無限交わり∧をも伴った完備束と完備ブール代数などの定義と基本性質が提示される．
　§1.3 では，ブール代数などの構造を理解する上で不可欠となる超フィルターについて，その定義と基本性質などが記される．
　§1.4 では，前§で導入されたブール代数の超フィルターたちを元とする集合であるブール代数の双対空間なるものが定義される．その上で，ブール代数とそのブール代数の双対空間との関係を明らかにしているストーンの定理が取り上げられ，双対空間の性質などが明かにされる．

§1.1　束とブール代数

半順序集合

　ブール代数とはある演算を伴った集合の一つで，その演算についての公理を示すことによって，直接定義することができる．しかし以下では，内容的にも近づき易くするため，まず半順序集合を定義し，次にその特殊なものと

して束を定義し，さらにその特殊なものとしてブール代数を定義する，という仕方で記していく．

定義（半順序集合）
x, y, z を集合 P の元として，それらの間の関係 $\leq$ が次の (1)〜(3) をみたすとき，関係 $\leq$ は「半順序」(partial order, po と略記) と呼ばれる．また集合 P の元の間に po $\leq$ が定義されているとき，集合 P は「半順序集合」(partially ordered set, po set と略記) と呼ばれる．
(1)　$x \leq x$.　（反射性）
(2)　$x \leq y$, $y \leq x$ $\Rightarrow$ $x = y$.　（反対称性）
(3)　$x \leq y$, $y \leq z$ $\Rightarrow$ $x \leq z$.　（推移性）　　□

つづいて半順序集合 po set に関する諸概念を定義する．なお，そこでの P はすべて po set とする．

定義（線形順序集合）
P の元 x, y について，$x \leq y$ または $y \leq x$ または $x = y$ のうち一つが成立しているとき，x, y は「比較可能」(comparable) と呼ばれ，また P に属する任意の二元が比較可能なとき，P は「線形順序集合」(linearly ordered set) と呼ばれる．　　□

定義（極大元など）
(1)　1) P の元 x は，P の任意の元 y について，$x \leq y$ なら $y = x$ であるとき，「極大元」(maximal element) と呼ばれる．
2) P の元 x は，P の任意の元 y について，$y \leq x$ なら $y = x$ であるとき，「極小元」(minimal element) と呼ばれる．
(2)　1) P の元 x は，P の任意の元 y について，$y \leq x$ であるとき，「最大元」(the greatest element) と呼ばれ，1 で表わされる．
2) P の元 x は，P の任意の元 y について，$x \leq y$ であるとき，「最小元」(the least element) と呼ばれ，0 で表わされる．　　□

注意 1, 0 は必ず存在するとは限らない．しかし存在するとき，各々一意的に決まる．

定義（上界，下界）
(1) P の元 x は，P の部分集合 M に属する任意の元 y について，$y \leqslant x$ であるとき，M の「上界」(upper bound) と呼ばれる．
(2) P の元 x は，P の部分集合 M に属する任意の元 y について，$x \leqslant y$ であるとき，M の「下界」(lower bound) と呼ばれる． □

定義（上限，下限）
(1) P の元 x は，P の部分集合 M の上界であり，かつ M の任意の上界 y について，$x \leqslant y$ であるとき，M の「最小上界」(the least upper bound) または「上限」(supremum) と呼ばれ，記号 $\sup M$ で表わされる．
(2) P の元 x は，P の部分集合 M の下界であり，かつ M の任意の下界 y について，$y \leqslant x$ であるとき，M の「最大下界」(the greatest lower bound) または「下限」(infimum) と呼ばれ，記号 $\inf M$ で表わされる． □

注意 $\sup M$, $\inf M$ は必ず存在するとは限らない．しかし存在するときは，各々一意的に決まる．

束

次に束の定義とその基本的な性質を掲げていく．

定義（束）
po set P の任意の二元 x, y からなる P の部分集合 $\{x, y\}$ について，$\sup \{x, y\}$ と $\inf \{x, y\}$ が存在するとき，P は「束」(lattice) と呼ばれる．
なお以下では，P が束のときは，P の代りに La と表わしていく． □

定義（結び，交わり）
(1) $\sup\{x,y\}$ は $x \vee y$ と表わされ，x と y の「結び」(join) と呼ばれる．
(2) $\inf\{x,y\}$ は $x \wedge y$ と表わされ，x と y の「交わり」(meet) と呼ばれる． □

注意 $\vee, \wedge$ は，論理語の $\vee, \wedge$ と同じ形であるが，そのサイズ（i.e. 活字のポイント）を小さくした記号である．

定理 1.1 x, y, z は，各々束 La の元とする． (1) $x \vee y$ については，次の 1), 2) が成立する．
1) $x \leq x \vee y$ および $y \leq x \vee y$.
2) $x \leq z, y \leq z \Rightarrow x \vee y \leq z$.
(2) $x \wedge y$ については，次の 1), 2) が成立する．
1) $x \wedge y \leq x$ および $x \wedge y \leq y$.
2) $z \leq x, z \leq y \Rightarrow z \leq x \wedge y$.
(3) 1) $x \leq y \iff x \vee y = y$. 2) $x \leq y \iff x \wedge y = x$.

証明 (1), (2) について．両方とも，上限，下限の定義，および $\vee$, $\wedge$ の定義より明らか．
(3) について． 1) の $\Rightarrow$ について．$\iff$ の左 $x \leq y$ と $y \leq y$（反射性）ゆえ，(1) の 2) より，$x \vee y \leq y$. 一方 (1) の 1) より，$y \leq x \vee y$. よって $\leq$ の反対称性から $x \vee y = y$ を得る．
1) の $\Leftarrow$ について．(1) の 1) より，$x \leq x \vee y$. すると $\iff$ の右は $x \vee y = y$ ゆえ，直ちに $x \leq y$ を得る．
2) について．1) と同様に． □

定理 1.2 束 La では，x, y, z 各々を La の元として，次の (1), (2) が成立する．
(1) 1) $x \vee y = y \vee x$.   (2) 1) $x \wedge y = y \wedge x$.
    2) $x \vee (y \vee z) = (x \vee y) \vee z$.   2) $x \wedge (y \wedge z) = (x \wedge y) \wedge z$.

3) $x\vee(x\wedge y)=x$. 　　　　　　3) $x\wedge(x\vee y)=x$.

証明 (1) 1) について．$\{x,y\}=\{y,x\}$ より明らか．

(1) 2) について．定理 1.1(1) の 1) より，$x\leqq x\vee y\leqq(x\vee y)\vee z$, 同じく $y\leqq x\vee y\leqq(x\vee y)\vee z$, 同じく $z\leqq(x\vee y)\vee z$. よって定理 1.1(1) の 2) により，後の二つから $y\vee z\leqq(x\vee y)\vee z$ を得，さらにこれとはじめの一つから $x\vee(y\vee z)\leqq(x\vee y)\vee z$ を得る．一方同様にして，$(x\vee y)\vee z\leqq x\vee(y\vee z)$ も示せる．よって反対称性により，上の (1) 2) が成立する．

(1) 3) について．$x\leqq x$ と $x\wedge y\leqq x$ から，定理 1.1(1) の 2) より，$x\vee(x\wedge y)\leqq x$ を得る．一方 $x\leqq x\vee(x\wedge y)$ は明らか．よって反対称性により，上の (1) 3) が成立する．

(2) 1), 2), 3) について．(1) と同様に．　　　　　　　　　　　□

注意 定理 1.2 の (1), (2) とも，1) は交換性，2) は結合性，3) は吸収性を表わしている．なお束は，これらの式をみたす演算 $\vee, \wedge$ を伴った集合として定義されることもある．この場合，定理 1.2 の各式は束の公理とされてくる．

定理 1.3 束 La では，x, y, z 各々を La の元として，次の (1), (2) が成立する．

(1) 　1) $x\vee x=x$. 　　　2) $x\wedge x=x$.
(2) 　1) $x\vee(y\wedge z)\leqq(x\vee y)\wedge(x\vee z)$.
　　　2) $(x\wedge y)\vee(x\wedge z)\leqq x\wedge(y\vee z)$.

証明 (1) について．1), 2) とも，定理 1.1(3) と $x\leqq x$ から明らか．

(2) 1) について．$x\leqq x\vee y$ と $x\leqq x\vee z$ から，定理 1.1(2) の 2) より，$x\leqq(x\vee y)\wedge(x\vee z)$ を得る．一方 $y\wedge z\leqq y\leqq x\vee y$ と $y\wedge z\leqq z\leqq x\vee z$ から，定理 1.1(2) の 2) より，$y\wedge z\leqq(x\vee y)\wedge(x\vee z)$ を得る．よって定理 1.1(1) の 2) より，$x\vee(y\wedge z)\leqq(x\vee y)\wedge(x\vee z)$ が成立する．

(2) 2) について．上の (2) 1) と同様に．　　　　　　　　　　　□

注意 (1) は巾等性を表わしている．(2) は片側分配性を表わしている．なお (2) 1), 2) 各々の逆向きの関係は一般には成立しない．

ブール代数

つづいてブール代数の定義とその基本的な性質を掲げていく．

定義（分配束）
束 La は，x, y, z 各々を La の元として，次の (1), (2) が成立しているとき，「分配束」(distributive lattice) と呼ばれる．
(1) $(x \vee y) \wedge (x \vee z) \leqslant x \vee (y \wedge z)$.
(2) $x \wedge (y \vee z) \leqslant (x \wedge y) \vee (x \wedge z)$. □

注意 定理 1.3 の (2) を考え合せるなら，結局分配性 (i.e. 分配律) が成立する束が分配束ということになる．

定義（補元）
束 La には最大元 1 と最小元 0 とが存在しているとする．その上で La の元 x, y が次の (1), (2) をみたすとき，y は x の「補元」(complement) と呼ばれ，x^c で表わされる．あるいは x は y の補元と呼ばれ，y^c で表わされる．
(1) $x \vee y = 1$.　(2) $x \wedge y = 0$. □

注意 定義中の (1), (2) は，相補性 (i.e. 相補律) を表わしている．

定義（相補束）
束 La は，その任意の元 x について，つねに補元 x^c が存在するとき，「相補束」(complemented lattice) と呼ばれる． □

定義（ブール代数）

束 La は，それが分配束であり，かつ相補束であるとき，「ブール束」(Boolean lattice) または「ブール代数」(Boolean algebra) と呼ばれる．

なお以下では，La がブール代数のときは，La の代りに Ba と表わしていく． □

定理 1.4　ブール代数 Ba では，x, y, z 各々を Ba の元として次の (1), (2) が成立する．

(1)　1)　$x \vee y = y \vee x$.
　　　2)　$x \vee (y \vee z) = (x \vee y) \vee z$.
　　　3)　$x \vee (x \wedge y) = x$.
　　　4)　$x \vee (y \wedge z) = (x \vee y) \wedge (x \vee z)$.
　　　5)　$(x \wedge x^c) \vee y = y$.

(2)　1)　$x \wedge y = y \wedge x$.
　　　2)　$x \wedge (y \wedge z) = (x \wedge y) \wedge z$.
　　　3)　$x \wedge (x \vee y) = x$.
　　　4)　$x \wedge (y \vee z) = (x \wedge y) \vee (x \wedge z)$.
　　　5)　$(x \vee x^c) \wedge y = y$.

証明　(1) 1)〜4) について．　Ba の定義から明らか．

(1) 5) について．　$x \wedge x^c = 0$ ゆえ，$x \wedge x^c \leqq y$ である．よって 5) は，定理 1.1(3) の 1) より，明らか．

(2) 1)〜5) について．　(1) と同様に． □

注意　ブール代数は，これらの式をみたす演算 $\vee, \wedge, {}^c$ を伴った集合として定義されることもある．この場合，定理 1.4 の各式はブール代数の公理とされてくる．

定理 1.5　ブール代数 Ba では，x, y 各々を Ba の元として，次の (1)〜(5) が成立する．

(1)　x の補元 x^c は一意的に決まる．
(2)　$x^{cc} = x$.
(3)　1) $(x \vee y)^c = x^c \wedge y^c$.　2) $(x \wedge y)^c = x^c \vee y^c$.
(4)　$x \leqq y \iff y^c \leqq x^c$
(5)　$x \wedge y^c = 0 \Rightarrow x \leqq y$

証明 (1) について． x の補元として y_1 と y_2 があるとする．すなわち $x \vee y_1 = 1, x \wedge y_1 = 0, x \vee y_2 = 1, x \wedge y_2 = 0$ とする．すると，$y_1 = y_1 \wedge 1 = y_1 \wedge (x \vee y_2) = (y_1 \wedge x) \vee (y_1 \wedge y_2) = y_1 \wedge y_2$ である．よって，$y_1 \leqslant y_2$ を得る．同様にして，$y_2 \leqslant y_1$ も示せる．すなわち $y_1 = y_2$ となる．

(2) について． x は x^c の補元である．また x^{cc} は x^c の補元である．よって上の (1) により，$x^{cc} = x$ である．

(3) 1) について． $(x \vee y) \vee (x^c \wedge y^c) = (x \vee y \vee x^c) \wedge (x \vee y \vee y^c) = 1 \wedge 1 = 1$. また $(x \vee y) \wedge (x^c \wedge y^c) = (x \wedge x^c \wedge y^c) \vee (y \wedge x^c \wedge y^c) = 0 \vee 0 = 0$. これらは，$x^c \wedge y^c$ が $x \vee y$ の補元であることを示している．よって $(x \vee y)^c = x^c \wedge y^c$ である．

(3) 2) について． (3) 1) と同様に．

(4) の $\Rightarrow$ について． $x \leqslant y$ (i.e. $x \vee y = y$) とする．すると，$y^c = (x \vee y)^c = x^c \wedge y^c$ である．よって，$y^c \leqslant x^c$ となる．

(4) の $\Leftarrow$ について． (4) $\Rightarrow$ と同様に．

(5) について． $x \wedge y^c = 0$ とする．すると $x \wedge y^c = 0 \leqslant x$, $x \wedge y^c = 0 \leqslant y$ ゆえ，$x \wedge y^c \leqslant x \wedge y$. すなわち $(x \wedge y^c) \vee (x \wedge y) = x \wedge y$. するとこの左辺は $(x \wedge y^c) \vee (x \wedge y) = ((x \wedge y^c) \vee x) \wedge ((x \wedge y^c) \vee y) = x \wedge ((x \wedge y^c) \vee y) = x \wedge (x \vee y) = x$ であり，結局 $x = x \wedge y$ である．すなわち $x \leqslant y$ である． □

ところでブール代数の例であるが，後述するように，Ⅰ部1章§1.2での論理体系Lのうち $\exists, \forall$ を除いた部分 (i.e. 命題論理) の構造などが，その一例である．しかしより典型的な例としては，集合 S の部分集合を元とする集合 (i.e. S の巾集合 $P(S) = \{X | X \subseteq S\}$) である．すなわちそれは，部分集合間の関係 $\subseteq$ を po $\leqslant$ とし，S の部分集合間の合併集合 $\cup$, 共通部分 $\cap$, および部分集合の補集合 ^{c} なる演算を，各々 Ba の $\vee, \wedge, ^c$ とし，さらに S を 1, 空集合 ϕ を 0 としたブール代数である．

またブール代数に関しては，原子元についても簡単に触れておこう．

定義（原子元）

x, y を Ba の元として，x が最小元 0 ではなく，かつ $y \leqslant x$ のとき $y = 0$ または $y = x$ である場合，x は Ba の「原子元あるいはアトム」(atom) と呼ば

れる. □

注意 上の定義より,アトム x と最小元 0 との間にはいかなる元も存在しない.すなわちアトム x とは,最小元 0 ではない極小元である.

定理 1.6 Ba の元 x は原子元である $\iff$ Ba の任意の元 y, z について,$x \leq y \vee z$ のとき $x \leq y$ または $x \leq z$ である.

証明 (1) $\Rightarrow$ について. $\iff$ の右が成立しないと仮定する(背理法).すなわちある y, z が存在して,$x \leq y \vee z$ かつ $x \not\leq y$ かつ $x \not\leq z$ である,と仮定する.すると $x \not\leq y$ より,定理 1.5(5) の対偶を使って,$x \wedge y^c \neq 0$ である.一方 x はアトムゆえ,結局 $x = x \wedge y^c$ または $x \leq x \wedge y^c$ である.すると $x \wedge y^c \leq x$ は明らかゆえ,$x = x \wedge y^c$ を得る.すなわち $x \leq y^c$ を得る.また同様にして,$x \not\leq z$ より,$x \leq z^c$ も得られる.そこで両者を合せると,$x \leq y^c \wedge z^c = (y \vee z)^c$ が成立する.するとはじめの仮定の一部より $x \leq y \vee z$ でもあることから,$x \leq (y \vee z) \wedge (y \vee z)^c = 0$ となり,$x = 0$ が引き出されてくる.これは x がアトムであることと矛盾する.よって (1) は示された.

(2) $\Leftarrow$ について.   まず $0 \leq y \leq x$ とする.その上で,$x = x \wedge 1 = x \wedge (y \vee y^c) = (x \wedge y) \vee (x \wedge y^c)$ と,$x \leq x$ とから,$x \leq (x \wedge y) \vee (x \wedge y^c)$ が成立することに注意する.すると $\iff$ の右より,$x \leq x \wedge y$ または $x \leq x \wedge y^c$ が得られる.よって $x \leq x \wedge y$ のときは,$x \wedge y \leq x$ は明らかゆえ,$x = x \wedge y$ すなわち $x \leq y$ となり,はじめの $y \leq x$ と合せて,$y = x$ が成立する.また $x \leq x \wedge y^c$ のときは,$x \wedge (x \wedge y^c) = x$ であり,よって $x \wedge y^c = x$ すなわち $x \leq y^c$ である.ここではじめの $y \leq x$ の対偶 $x^c \leq y^c$ と合せると,$x \vee x^c \leq y^c$ すなわち $1 \leq y^c$ となり,$y = 0$ が成立する.結局 $0 \leq y \leq x$ のとき,$y = x$ または $y = 0$ となり,x はアトムである. □

注意 上の定理における $\iff$ の右の条件をみたす元 x は,「双対素元」(coprime element)と呼ばれることがある.

定義（原子的，非原子的）

ブール代数 Ba において，最小元 0 でない任意の元 y に対して，$x \leq y$ なる Ba の原子元 x が存在するとき，Ba は「原子的」(atomic) と呼ばれる．またブール代数 Ba において，いかなる原子元も存在しないとき，Ba は「非原子的」(atomless) と呼ばれる．   □

注意 先にブール代数の典型例とした $P(S)$ は，原子的である．その際，$x \in S$ とすると $\{x\}$ がアトムとなってくる．非原子的なブール代数の例としては，実数直線上の区間を元とし，その間の集合算 $\cup, \cap, {}^c$ を演算とした Ba などが考えられる．

ハイティング代数

ブール代数に近い束としてハイティング代数にも簡単に触れておこう．しかしこの束は，相対擬補束の一種であることから，まずは相対擬補元および相対擬補束の定義からはじめよう．

定義（相対擬補元）

x, y, z 各々を束 La の元とする．このとき，$x \wedge z \leq y$ をみたす最大元 z は，y に対する x の「相対擬補元」(relative pseudo complement) と呼ばれ，記号 $x \supset y$ と表わされる．   □

注意 $\supset$ は，論理語 $\supset$ と同じ形であるが，そのサイズ（i.e. 活字のポイント）を小さくした記号である．

定理 1.7 x, y, z 各々を La の元として，$x \supset y$ については，次の (1), (2) が成立する．

(1) $x \wedge (x \supset y) \leq y$.

(2) $x \wedge z \leq y \iff z \leq x \supset y$.

証明 (1) について． 上の定義から明らか．

(2) ⇒ について． ⇒ で表わされている関係は，$x \supset y$ が $x \wedge z \leq y$ をみたす z の中の最大元となっていることを表わしており，定義から明らか．

(2) ⇐ について． $z \leq x \supset y$ すなわち $z \wedge (x \supset y) = z \cdots (*)$ とする．するとこの $(*)$ を使って，$x \wedge z \wedge y = x \wedge z \wedge (x \supset y) \wedge y \cdots (**)$ を得る．ここで上の (1) $x \wedge (x \supset y) \leq y$ (i.e. $x \wedge (x \supset y) \wedge y = x \wedge (x \supset y)$) を $(**)$ の右辺に使うと，$x \wedge z \wedge y = x \wedge z \wedge (x \supset y)$ を得，さらにこの式の右辺に $(*)$ を適用すると，$x \wedge z \wedge y = x \wedge z$ すなわち $x \wedge z \leq y$ となる． □

定義（相対擬補束）

束 La は，その任意の元 x, y について，つねに相対擬補元 $x \supset y$ が存在するとき，「相対擬補束」(relatively pseudo complemented lattice) と呼ばれる． □

定理 1.8 相対擬補束 La では，次の (1), (2) が成立する．
(1) La には最大元 1 が存在する．
(2) La は分配束である．

証明 (1) について． x, y 各々を La の元として，$x \wedge y \leq x$ は明らか．よって定理 1.7(2) より，任意の y について，$y \leq x \supset x$ となる．すなわち $x \supset x$ が最大元 1 である．

(2) について． $x \wedge (y \vee z) \leq (x \wedge y) \vee (x \wedge z)$ を示せばよい．まず上式の右辺を u とおく．すると $x \wedge y \leq u$, $x \wedge z \leq u$ である．ここでその各々に，定理 1.7(2) を使うと，$y \leq x \supset u$, $z \leq x \supset u$ を得る．よって定理 1.1(1)2) より，$y \vee z \leq x \supset u$ となり，再び定理 1.7(2) を使うと，$x \wedge (y \vee z) \leq u$ が成立する． □

注意 相対擬補束には最小元 0 が存在するとは限らない．

定理 1.9 相対擬補束 La では，x, y を La の元として，$x \leq y \iff x \supset y = 1$ が成立する．

証明 (1) ⇒ について．$x\supset y=1$ を示すには，任意の $z(\in La)$ について，$z\leq x\supset y$ を示せばよい．すなわち定理 1.7(2) より，$x\wedge z\leq y$ を示せばよい．しかしこれは，⇒ の左 $x\leq y$ と $x\wedge z\leq x$ とから明らか．

(2) ⇐ について．⇐ の右は，上の (1) で示したように，任意の z について，$x\wedge z\leq y$ であることを表わしている．そこで z を 1 としてみる．すると $x\wedge 1\leq y$, すなわち $x\leq y$ となる． □

以上相対擬補束について少々触れてみた．そこでそれをベースに定義されるハイティング代数の定義を記すことにしよう．

定義（ハイティング代数）

相対擬補束 La に最小元 0 が存在し，しかもその任意の元 x について，下記の (#) によって「擬補元」(pseudo complement) と呼ばれる $\neg x$ が定義されているとき，相対擬補束 La は，「ハイティング代数」(Heyting algebra) または「擬似ブール代数」(pseudo Boolean algebra) と呼ばれる．

(#) $\neg x \underset{\mathrm{df}}{\equiv} x\supset 0$.

なお以下では，La がハイティング代数のときは，La の代りに Ha と表わしていく． □

注意 1) $\neg x$ については，Ba の補元 x^c とは異なり，$x\vee\neg x=1$ や $\neg\neg x\leq x$ は成立しない．これらの関係も成立することを要請すれば，$\neg$ と ^{c} とは同じものになる．

2) 論理と束との関係は，II 部 2 章 §2.1 で取り上げられるが，おおよそをいえば，古典論理 CL の $\exists,\forall$ を除く部分は Ba に対応し，直観論理 IL の $\exists,\forall$ を除く部分は Ha に対応してくる．

§1.2 完備束

完備束

束における結び∨，交わり∧を拡張した無限結び∨，無限交わり∧の定義からはじめよう．

定義（無限結び，無限交わり）
P を無限個の元からなる半順序集合 po set とし，また S を P の任意の空でない部分集合（i.e. $S \subseteq P, S \neq \phi$）とする．その上で，$S$ に上限（i.e. 最小上界）が存在するとき，その上限は $\vee S$ と表わされ，「無限結び」（infinite join）と呼ばれ，同様に，S に下限（i.e. 最大下界）が存在するとき，その下限は $\wedge S$ と表わされ，「無限交わり」（infinite meet）と呼ばれる．

なお，S が $\{x_i | i \in I\}$（ただし I は添字集合）と表わされる場合は，$\vee S, \wedge S$ の代りに各々 $\bigvee_{i \in I} x_i, \bigwedge_{i \in I} x_i$ と表わされることもある．

また $\vee \phi, \wedge \phi$ は，各々 P の最小元 0，最大元 1 と定義し，無限結び，無限交わりの特別な場合とする． □

注意 上の定義での S は，通常は無限集合であるが，もとより有限集合であってもよい．また定義では，$S = \phi$ の場合も定義されていることから，$\vee S, \wedge S$ は正確には"任意（個）結び"，"任意（個）交わり"と呼ばれるべきかもしれないが，慣例にならって上のように記した．

定理 2.1 P を無限 po set，S を P の空でない部分集合とする．このとき，次の (1), (2) が成立する．
(1) 1) 任意の $x \in S$ について，$x \leqq \vee S$ である．
    2) 任意の $x \in S$ について $x \leqq y$ のとき，$\vee S \leqq y$ である．
(2) 1) 任意の $x \in S$ について，$\wedge S \leqq x$ である．
    2) 任意の $x \subset S$ について $y \leqq x$ のとき，$y \leqq \wedge S$ である．

証明 (1), (2) とも，定義により，$S \neq \phi$ のとき $\vee S$, $\wedge S$ が，各々最小上界，最大下界であることから明らか．　□

定義（完備束）
P を無限 po set とする．その上で，P の任意の部分集合について，$\vee S$, $\wedge S$ が各々存在するとき，P は「完備束」(complete lattice) と呼ばれる．
なお以下では，完備束については，cLa と表わしていく．　□

注意 1) $S = \{x, y\}$ のとき，$\vee \{x, y\} = x \vee y$, $\wedge \{x, y\} = x \wedge y$ ゆえ，完備束 cLa は，束 La の一部でもある．
2) 完備束 cLa には，その定義より，最小元 0，最大元 1 が存在する．

定理 2.2 完備束 cLa では，次の (1)〜(3) が成立する．ただし I, J は各々添字集合とする．
(1) 1) 任意の $i \in I$ について $x_i \leq y_i$ のとき，$\bigvee_{i \in I} x_i \leq \bigvee_{i \in I} y_i$ である．
　　2) 任意の $i \in I$ について $x_i \leq y_i$ のとき，$\bigwedge_{i \in I} x_i \leq \bigwedge_{i \in I} y_i$ である．
(2) 1) $\bigvee_{i \in I} \bigvee_{j \in J} x_{ij} = \bigvee_{j \in J} \bigvee_{i \in I} x_{ij}$.
　　2) $\bigwedge_{i \in I} \bigwedge_{j \in J} x_{ij} = \bigwedge_{j \in J} \bigwedge_{i \in I} x_{ij}$.
(3) $\bigvee_{i \in I} \bigwedge_{j \in J} x_{ij} \leq \bigwedge_{j \in J} \bigvee_{i \in I} x_{ij}$.

証明 (1) 1) について．　$x_i \leq y_i$ とする．一方定理 2.1(1)1) より $y_i \leq \bigvee_{i \in I} y_i$ ゆえ，$x_i \leq y_i$ と合せて $x_i \leq \bigvee_{i \in I} y_i$ を得る．ここに定理 2.1(2)1) を適用して，$\bigvee_{i \in I} x_i \leq \bigvee_{i \in I} y_i$ となる．
(1) 2) について．　1) と同様にして示せる．
(2) 1) について．　まず $\bigvee_{i \in I} \bigvee_{j \in J} x_{ij} \leq \bigvee_{j \in J} \bigvee_{i \in I} x_{ij}$ を示す．定理 2.1(1)1) より，$x_{ij} \leq \bigvee_{i \in I} x_{ij}$. そこでここにこの定理の (1)1) を使うと，$\bigvee_{j \in J} x_{ij} \leq \bigvee_{j \in J} \bigvee_{i \in I} x_{ij}$ を得る．さらにここに定理 2.1(2)1) を適用すると，$\bigvee_{i \in I} \bigvee_{j \in J} x_{ij} \leq \bigvee_{j \in J} \bigvee_{i \in I} x_{ij}$ となる．次に同様にして $\bigvee_{j \in J} \bigvee_{i \in I} x_{ij} \leq \bigvee_{i \in I} \bigvee_{j \in J} x_{ij}$ も示せる．よって，(2) 1) が成立する．
(2) 2) について．　1) と同様にして示せる．
(3) について．　定理 2.1(1)1) より，$x_{ij} \leq \bigvee_{i \in I} x_{ij}$. すなわち，$\bigvee_{i \in I} x_{ij} = z_j$ と

おくと，$x_{ij} \leq z_j$ である．そこでここにこの定理の(1)2) を使うと，$\bigwedge_{j \in J} x_{ij} \leq \bigwedge_{j \in J} z_j$ を得る．さらにここに定理 2.1(2)1) を適用すると，$\bigvee_{i \in I} \bigwedge_{j \in J} x_{ij} \leq \bigwedge_{j \in J} z_j$ (i.e. (3)) が成立する． □

完備ブール代数

定義（完備ブール代数）
Ba を無限ブール代数とする．その上で Ba の任意の部分集合 S について，$\vee S$，$\wedge S$ が存在するとき，「完備ブール代数」(complete Boolean algebra) と呼ばれる．

なお以下では，完備ブール代数については，cBa と表わしていく． □

注意 1) 完備ブール代数 cBa はもとよりブール代数 Ba の一部である．したがって §1.1 で提示したブール代数で成立する定理は，cBa でも成立する．
2) また cBa は完備束 cLa でもあり，この § ですでに提示した定理は，cBa でも成立する．

定理 2.3 完備ブール代数 cBa では，次の (1)〜(3) が成立する．ただし I は添字集合とする．
(1) 1) $(\bigvee_{i \in I} x_i)^c = \bigwedge_{i \in I} x_i^c$. 2) $(\bigwedge_{i \in I} x_i)^c = \bigvee_{i \in I} x_i^c$.
(2) 1) $\bigvee_{i \in I} x_i = (\bigwedge_{i \in I} x_i^c)^c$. 2) $\bigwedge_{i \in I} x_i = (\bigvee_{i \in I} x_i^c)^c$.
(3) 1) $x \wedge \bigvee_{i \in I} y_i = \bigvee_{i \in I}(x \wedge y_i)$.
2) $x \vee \bigwedge_{i \in I} y_i = \bigwedge_{i \in I}(x \vee y_i)$.

証明 (1) 1) について．まず $(\bigvee_{i \in I} x_i)^c \leq \bigwedge_{i \in I} x_i^c$ を示す．$x_i \leq \bigvee_{i \in I} x_i$ は明らか．よってブール代数の定理 1.5(4) により，$(\bigvee_{i \in I} x_i)^c \leq x_i^c$ を得る．そこでここに定理 2.1(2)2) を適用すると，$(\bigvee_{i \in I} x_i)^c \leq \bigwedge_{i \in I} x_i^c$ となる．次に同様にして，$\bigwedge_{i \in I} x_i^c \leq (\bigvee_{i \in I} x_i)^c$ も示せる．

(1) 2) について． 1) と同様にして示せる．
(2) 1) について． この定理の(1)1) より，$(\bigvee_{i \in I} x_i)^{cc} = (\bigwedge_{i \in I} x_i^c)^c$ を得る．

一方定理1.5(2)により，一般に$z^{cc}=z$ゆえ，(2) 1) が成立する．

(2) 2) について． 1) と同様にして示せる．

(3) 1) について． i) まず $x\wedge\bigvee_{i\in I}y_i\leq\bigvee_{i\in I}(x\wedge y_i)$ を示す．$x\wedge y_i\leq\bigvee_{i\in I}(x\wedge y_i)$ は明らか．そこでここにブール代数で一般に成立する関係 $x\wedge u\leq v\iff u\leq x^c\vee v\cdots$（※）を使うと，$y_i\leq x^c\vee\bigvee_{i\in I}(x\wedge y_i)$ を得る．よって定理2.1 (1) 2) により，$\bigvee_{i\in I}y_i\leq x^c\vee\bigvee_{i\in I}(x\wedge y_i)$ となる．そこで再び（※）を使うと，$x\wedge\bigvee_{i\in I}y_i\leq\bigvee_{i\in I}(x\wedge y_i)$ となる．

ii) 次に $\bigvee_{i\in I}(x\wedge y_i)\leq x\wedge\bigvee_{i\in I}y_i$ を示す．$x\wedge y_i\leq y_i\leq\bigvee_{i\in I}y_i$ は明らか．よって定理2.1(1)2) より，$\bigvee_{i\in I}(x\wedge y_i)\leq\bigvee_{i\in I}y_i\cdots$（＊）を得る．一方 $x\wedge y_i\leq x$ は明らか．よって定理2.1(1)2) より，$\bigvee_{i\in I}(x\wedge y_i)\leq x\cdots$（＊＊）を得る．そこで（＊），（＊＊）を合せると，$\bigvee_{i\in I}(x\wedge y_i)\leq x\wedge\bigvee_{i\in I}y_i$ となる．

iii) 上のi), ii) により，(3) 1) は成立する．

(3) 2) について． この定理の(3)1) より，$x^c\wedge\bigvee_{i\in I}y_i^c=\bigvee_{i\in I}(x^c\wedge y_i^c)$ が成立する．後は，前§の定理1.5(3) およびこの定理の(1) を使って両辺を変形すれば，$(x\vee\bigwedge_{i\in I}y_i)^c=(\bigwedge_{i\in I}(x\vee y_i))^c$ を得，(3) 2) が成立する． □

注意 1)（※）はブール代数において簡単に示せるので，ここでは証明は省略する．なお，$x^c\vee v\iff x\supset v$ とおいてみると，（※）は，相対擬補束での相対擬補元の性質（i.e. 定理1.7 (2)）$x\wedge u\leq v\iff u\leq x\supset v$ に相当した関係となっている．

2) 完備ブール代数cBaは，後に（i.e. II部2章§2.1）で触れられるように，述語論理と対応してくる．

完備ハイティング代数

以上，完備束cLa，その一部である完備ブール代数cBa各々について，その定義と基本性質を眺めてみた．つづいて以下では，完備ハイティング代数についても，その定義と基本性質を掲げておこう．

定義（完備ハイティング代数）
Haを無限ハイティング代数（擬似ブール代数）とする．その上で，Haの

任意の部分集合 S について，$\vee S$, $\wedge S$ が存在するとき，Ha は「完備ハイティング代数」(complete Heyting algebra) と呼ばれ，cHa と表わされる．□

注意 完備ハイティング代数 cHa は，ハイティング代数 Ha の一部である．したがって前 § で提示した Ha について成立する定理は，cHa でも成立する．また cHa は cLa でもあり，この § で提示した定理 2.1 と定理 2.2 は，cHa でも成立する．

定理 2.4 完備ハイティング代数 cHa では，次の (1)～(4) が成立する．ただし I は添字集合とする．

(1) 1) $x \wedge \bigvee_{i \in I} y_i = \bigvee_{i \in I}(x \wedge y_i)$.
　　　2) $x \vee \bigwedge_{i \in I} y_i \leq \bigwedge_{i \in I}(x \vee y_i)$.

(2) 1) $\bigvee_{i \in I}(x_i \supset y) \leq \bigwedge_{i \in I} x_i \supset y$.
　　　2) $\bigvee_{i \in I}(y \supset x_i) \leq y \supset \bigvee_{i \in I} x_i$.

(3) 1) $\bigwedge_{i \in I}(x_i \supset y_i) \leq \bigwedge_{i \in I} x_i \supset \bigwedge_{i \in I} y_i$.
　　　2) $\bigwedge_{i \in I}(x_i \supset y_i) \leq \bigvee_{i \in I} x_i \supset \bigvee_{i \in I} y_i$.

(4) 1) $\bigwedge_{i \in I}(x_i \supset y) \leq \bigvee_{i \in I} x_i \supset y$.
　　　2) $\bigwedge_{i \in I}(y \supset x_i) \leq y \supset \bigwedge_{i \in I} x_i$.

証明　(1) 1) について．　 i) まず $x \wedge \bigvee_{i \in I} y_i \leq \bigvee_{i \in I}(x \wedge y_i)$ を示す．$x \wedge y_i \leq \bigvee_{i \in I}(x \wedge y_i)$ は明らか．そこでここに Ha での定理 1.7(2) $x \wedge u \leq v \iff u \leq x \supset v$ … (#) を使うと，$y_i \leq x \supset \bigvee_{i \in I}(x \wedge y_i)$ を得る．よって定理 2.1(1)2) により，$\bigvee_{i \in I} y_i \leq x \supset \bigvee_{i \in I}(x \wedge y_i)$ となる．そこで再び (#) を使うと，$x \wedge \bigvee_{i \in I} y_i \leq \bigvee_{i \in I}(x \wedge y_i)$ となる．

ii) 次に $\bigvee_{i \in I}(x \wedge y_i) \leq x \wedge \bigvee_{i \in I} y_i$ を，定理 2.3(3)1) ii) での証明と同様にして示す．

iii) i), ii) より，(1) 1) が成立する．

(1) 2) について．　$x \vee \bigwedge_{i \in I} y_i \leq x \vee y_i$ は明らか．よって定理 2.1(2)2) により，$x \vee \bigwedge_{i \in I} y_i \leq \bigwedge_{i \in I}(x \vee y_i)$ が成立する．

(2) 1) について．　Ha の定理 1.7(1) より，$x_i \wedge (x_i \supset y) \leq y$ は明らか．

よって $\bigwedge_{i\in I} x_i \wedge (x_i \supset y) \leq y$. すると上の（#）により，$x_i \supset y \leq \bigwedge_{i\in I} x_i \supset y$ を得る．よって定理2.1(1)2)により，$\bigvee_{i\in I}(x_i \supset y) \leq \bigwedge_{i\in I} x_i \supset y$ が成立する．

(2) 2) について．1）と同様にして示せる．

(3) 1) について．$x_i \wedge (x_i \supset y_i) \leq y_i$ は明らか．よって，$\bigwedge_{i\in I} x_i \wedge \bigwedge_{i\in I}(x_i \supset y_i) \leq y_i$. すると定理2.1(2)2)により，$\bigwedge_{i\in I} x_i \wedge \bigwedge_{i\in I}(x_i \supset y_i) \leq \bigwedge_{i\in I} y_i$ を得る．後は上の（#）を使えば，(3) 1) は成立する．

(3) 2) について．1）と同様にして示せる．

(4) 1) について．$\bigwedge_{i\in I}(x_i \supset y) \leq x_i \supset y$ は明らか．すると上の（#）を使うと，$\bigwedge_{i\in I}(x_i \supset y) \wedge x_i \leq y$，さらに（#）を使うと $x_i \leq \bigwedge_{i\in I}(x_i \supset y) \supset y$ を得る．よって定理2.1 (1) 2) により，$\bigvee_{i\in I} x_i \leq \bigwedge_{i\in I}(x_i \supset y) \supset y$ となり，後は（#）を再び2回使えば，$\bigwedge_{i\in I}(x_i \supset y) \leq \bigvee_{i\in I} x_i \supset y$ となる．

(4) 2) について．$\bigwedge_{i\in I}(y \supset x_i) \wedge y \leq (y \supset x_i) \wedge y \leq x_i$ は明らか．後は定理2.1 (2) 2) と（#）によって示せる． □

注意 1) 定理2.3と比べると明らかなように，cBaでは成立していても，cHaでは不成立となる関係が多くある．たとえば，定理2.3 (3) では，$\wedge$-$\vee$分配律も $\vee$-$\wedge$分配律も成立するのに対し，cHaでは $\vee$-$\wedge$分配律は不成立となっている．

2) とくにこのcHaでの $\wedge$-$\vee$分配律の成立性と $\vee$-$\wedge$分配律の不成立性は，すぐ後で触れられるように大切な要点ともなる．そこで念のため，$\vee$-$\wedge$分配律の反例を一つ添えておこう．

R：実数の集合，I：正整数の集合とする．その上で，x：$-1 < u < 0$，$0 < u < 1$ の合併集合（ただし $u \in R$）とし，y_i：$-1/i < u < 1/i$（ただし $u \in R$, $i \in I$）とする．このとき $\bigwedge_{i\in I} y_i$ は空集合 ϕ となり，$x \vee \bigwedge_{i\in I} y_i = x$ である．一方 $x \vee y_i$ は，任意の $i \in I$ について，$-1 < u < 1$ となり，$\bigwedge_{i\in I}(x \vee y_i)$ も $-1 < u < 1$ である．よって $x \vee \bigwedge_{i\in I} y_i \neq \bigwedge_{i\in I}(x \vee y_i)$ となる．

ところでcHaは，$\vee S$，$\wedge S$ が存在する無限Haであり，またそのHaとは，Haの任意の x, y について相対擬補元 $x \supset y$ が存在し，$x \supset 0$ を擬補元とする束であった．しかしcHaは，このような定義とは異なる方向から定義されることもある．ただしその定義のためには，フレームと呼ばれる完備束の定義とそれにつづく一つの定理が必要となる．

定義（フレーム）

完備束 cLa において，cLa の任意の部分集合 S と任意の元 x について，$S = \{y_i | i \in I\}$（ただし I は添字集合）として，

($\star$)　　$x \wedge \bigvee_{i \in I} y_i = \bigvee_{i \in I} (x \wedge y_i)$

が成立するとき，この cLa は「フレーム」(frame) と呼ばれ，A で表わされる．

なお ($\star$) は，$\wedge$-$\vee$「無限分配律」(infinite distributive law) とも呼ばれる． □

注意　フレームでは，$\vee$-$\wedge$ 分配律が要請されることはない．

定理 2.5　完備束 A はフレームである $\iff$ 完備束 A は完備ハイティング代数 cHa である．

証明　(1) $\Rightarrow$ について．　フレーム A が cHa であることを示すには，相対擬補元の性質 $z \wedge x \leqslant y \iff z \leqslant x \supset y$ … (#) がフレーム A でも成立することを示せばよい．すなわち ($\star$) $\Rightarrow$ (#) を示せばよい．なおその際，相対擬補元の定義（§1.1）より，$x \supset y = \bigvee_{i \in I} \{z_i | z_i \wedge x \leqslant y\}$ … ($*$) であることに注意する．

1) (#) の $\Rightarrow$ について．$z_i \wedge x \leqslant y$ とする．すると，$z_i \leqslant \bigvee_{i \in I} \{z_i | z_i \wedge x \leqslant y\} \underset{(*)}{=} x \supset y$ で，$z_i \leqslant x \supset y$ となる．

2) (#) の $\Leftarrow$ について．$z_i \leqslant x \supset y$ とする．すると $z_i \wedge x \leqslant z_i$ ゆえ，$z_i \wedge x \leqslant x \supset y$ であり，$z_i \wedge x \leqslant x$ と合せて，$z_i \wedge x \leqslant (x \supset y) \wedge x$ を得る．一方 $(x \supset y) \wedge x \underset{(*)}{=} \bigvee_{i \in I} \{z_i | z_i \wedge x \leqslant y\} \wedge x \underset{(\star)}{=} \bigvee_{i \in I} \{z_i \wedge x | z_i \wedge x \leqslant y\} \leqslant y$ である．よって，$z_i \wedge x \leqslant y$ となる．

(2) $\Leftarrow$ について．　こちらは (#) $\Rightarrow$ ($\star$) を示せばよい．しかしこれは，定理 2.4 (1) 1) で証明済である． □

以上，フレームの定義と定理 2.5 を提示したが，いまやこのことにより上述したように，cHa が通常の定義とは異なる方向から定義されることも明ら

定義（cHa）

完備束 cLa において，先の∧-∨無限分配律（☆）が成立するとき，その cLa は完備ハイティング代数と呼ばれ，cHa と表わされる． □

実際，次 § で cHa という場合，cHa はこの定義に従ったものと考えていく．

§1.3 ブール代数の超フィルター

ブール代数のフィルターと超フィルター

この § では，いろいろな束各々の構造と深く関係するフィルターとイデアルについて，主にブール代数にそって簡単に記しておく．というのも，他の束の場合も，ブール代数の場合とほぼ同様な事柄として示すことができるからである．またイデアルはフィルターと双対的であることから，はじめにその定義のみを触れるに留め，もっぱらフィルターを中心に記していく．

さっそくブール代数 Ba におけるフィルターの定義を掲げよう．

定義（Ba のフィルター）

ブール代数 Ba の部分集合 F（i.e. $F \subseteq Ba$）が，次の（1），（2）をみたすとき，F は Ba の「フィルター」（filter）と呼ばれる．

(1) $x \in F$, $y \in F$ のとき，$x \wedge y \in F$ である．
(2) $x \in F$, $y \in Ba$ のとき，$x \vee y \in F$ である． □

注意 1) $x \leq y \iff x \vee y = y$ ゆえ，条件（2）は，(2') $x \in F$, $x \leq y$ のとき，$y \in F$ である，とも表わされる．

2) また Ba には最大元 1（$\in Ba$）が存在し，$x \leq 1$ ゆえ，(2') により，$1 \in F$

はつねに成立する.

定義（Ba のイデアル）
ブール代数 Ba の部分集合 I (i.e. $I \subseteq$ Ba) が，次の (1)，(2) をみたすとき，I は Ba の「イデアル」(ideal) と呼ばれる．
　(1)　$x \in I$, $y \in I$ のとき，$x \vee y \in I$ である．
　(2)　$x \in I$, $y \in$ Ba のとき，$x \wedge y \in I$ である．
　((2')　$x \in I$, $y \leqslant x$ のとき，$y \in I$ である．)　　　□

ところで Ba のフィルターは，その性格に応じて次の定義でのように分類され，各々に名称が与えられる．

定義（固有フィルターなど）
　(1)　$\{1\}$ は，「自明なフィルター」(trivial filter) と呼ばれる．
　(2)　ブール代数 Ba 自身は，「非固有フィルター」(improper filter) と呼ばれる．
　(3)　最小元 0 を含まないフィルターは，「固有フィルター」(proper filter) と呼ばれる．
　(4)　Ba の部分集合 $\{y \mid x \leqslant y,\ x \in$ Ba$\}$ は，x によって生成された「主フィルター」(principal filter) と呼ばれる．　　　□

　注意　イデアルについても，同様に各々の性格に応じて分類され，各々に同様の名称が与えられる．しかしイデアルへの言及はここまでとする．

さらに二つのフィルターの定義を与えよう．いずれも以後必要不可欠となるフィルターである．

定義（双対素フィルター，超フィルター）
　(1)　Ba の固有フィルター F が，次の条件（#）をみたすとき，F は Ba の「双対素フィルター」(coprime filter) と呼ばれる．

(#)　$x \vee y \in F$ のとき，$x \in F$ または $y \in F$ である．

(2)　Ba の固有フィルター F が，次の条件（##）をみたすとき，F は Ba の「超フィルター」(ultrafilter) または「極大フィルター」(maximal filter) と呼ばれる．

(##)　Ba の固有フィルター F は，Ba の任意のフィルター F' について，$F \subseteq F'$ なら $F' = F$ かまたは $F' = $ Ba である．　　　□

注意　1) 双対素フィルターの条件（#）は，Ba のアトムの定義と対応したものといえる．
　2) 超フィルター (i.e. 極大フィルター) の条件（##）は，Ba の部分集合間の $\subseteq$ を po $\leq$ とみなしたとき，po set での極大元の定義と対応している．
　3) 双対素フィルター，超フィルターとも，その定義の内容から見て，Ba に限らず分配束についても，それらに準じた定義は可能である．

いま Ba の双対素フィルターと Ba の超フィルターの定義を与えたが，両者の間にはどのような関係があるであろうか．その答は，次の定理 3.1 とそれにつづく定理 3.2 に見出せる．

定理 3.1　Ba においては，超フィルターは双対素フィルターである．

証明　F を超フィルターとする．その上で，$x \vee y \in F$ のとき，$x \in F$ または $y \in F$，となることを示せばよい．すなわち $x \vee y \in F$ で $x \notin F$ のとき，$y \in F$ となることを示せばよい．そこで $x \vee y \in F$ で $x \notin F$ と仮定し，このもとで次のような集合 F' を考える．すなわち $F' = \{z \wedge u | x \leq z$ かつ $u \in F\}$．するとこの F' について，(1)〜(3) が成立する．(1) F' はフィルターである．(2) $F \subseteq F'$．(3) $F' \neq F$．

(1) について．F' がフィルターの二つの条件をみたすことを示せばよい．簡単ゆえ，省略．

(2) について．$v \in F$ とする．また $x \leq 1$ ゆえ，$1 \wedge v$ かつ $v \in F$ となり，$1 \wedge v \in F'$ すなわち $v \in F'$ である．

(3) について．$x \leq x$ かつ $u \in F$ は明らか．よって，$x \wedge u \in F'$．ここで x

$\wedge u \leqslant x$ であり，また F' はフィルターゆえ，$x \in F'$ を得る．しかし一方で，上の仮定より，$x \notin F$．よって $F \neq F'$ である．

さて F' について，(1)〜(3) が成立すると，(1), (3) および F の極大性により，$F' = \mathrm{Ba}$ となる．よって，$0 \in \mathrm{Ba} = F'$ であり，ある z が存在して，$0 = z \wedge u$ かつ $x \leqslant z$ かつ $u \in F$ でなければならない．すると，F の固有性より，$u \neq 0$ ゆえ，$z = 0$，したがって $x = 0$ となる．ここではじめの仮定 $x \vee y \in F$ と合せると，$0 \vee y \in F$ すなわち $y \in F$ が示せる． □

注意 証明の中で登場した F' は，F と $\{x\}$ $(x \notin F)$ から生成されたフィルターと呼ばれることがある．

定理 3.2 Ba においては，下記の三つの条件は，各々同等である．
(1) F は双対素フィルターである．
(2) 任意の $x \in \mathrm{Ba}$ について，$x \in F$ または $x^c \in F$ であり，$x \in F$ かつ $x^c \in F$ となることはない．
(3) F は超フィルターである．

証明 $(1) \Rightarrow (2) \Rightarrow (3) \Rightarrow (1)$ を示す．

$(1) \Rightarrow (2)$ について．$x \vee x^c = 1 \in F$ は明らか．よって，双対素フィルターの定義により，$x \in F$ または $x^c \in F$ である．次に，$x \in F$ かつ $x^c \in F$ と仮定する（背理法）．すると，フィルターの定義により，$x \wedge x^c \in F$ すなわち $0 \in F$ を得る．しかしこれは F の固有性と矛盾する．よって (2) の後半も成立する．

$(2) \Rightarrow (3)$ について．F が超フィルターでないと仮定する（背理法）．すなわち $F \subsetneq F'$ なるある固有フィルターが存在すると仮定する．するとある z が存在して，$z \notin F$ かつ $z \in F'$ であり，(2) の前半と $z \notin F$ から，$z^c \in F$ を得，さらに $F \subsetneq F'$ より $z^c \in F'$ となる．そこで $z \in F'$ と合せると，$z \wedge z^c \in F'$ すなわち $0 \in F'$ となり F' の固有性と矛盾する．よって (3) が成立する．

$(3) \Rightarrow (1)$ について．これは前定理 3.1 に他ならない． □

注意 定理 3.2 は定理 3.1 の逆が成立することも示している．なお分配束では定理 3.1 の逆は成立しない．

Ba 間の準同形写像とフィルター

上記したフィルターの定義からでは，フィルターがいかなるものであるのか，イメージ的には必ずしもはっきりしない．しかし Ba 間の準同形写像との関係に注目してみるとき，フィルターも大分身近になってくる．

定義（準同形写像）
ブール代数 Ba_1，Ba_2 間の写像 $h: Ba_1 \to Ba_2$ が，次の (1)〜(3) をみたすとき，h は「準同形写像」(homomorphism) と呼ばれる．
(1) $h(x \vee y) = h(x) \vee h(y)$． (2) $h(x \wedge y) = h(x) \wedge h(y)$．
(3) $h(x^c) = h(x)^c$． ただし (1)〜(3) の左辺の $\vee$, $\wedge$, ^{c} は Ba_1 の演算であり，右辺の $\vee$, $\wedge$, ^{c} は Ba_2 での演算である． □

定義（全射，双対核，核）
$h: Ba_1 \to Ba_2$ は準同形写像とする．
(1) $hBa_1 = Ba_2$ のとき，h は「全射」(epihomomorphism) と呼ばれる．ただし $hBa_1 = \{h(x) | x \in Ba_1\}$ とする．
(2) $h^{-1}\{1\}$ は h の「双対核」(cokernel) または「殻」(shell) と呼ばれる．ただし $h^{-1}\{1\} = \{x | h(x) = 1, 1 \in Ba_2\}$ である．
(3) $h^{-1}\{0\}$ は h の「核」(kernel) と呼ばれる．ただし $h^{-1}\{0\} = \{x | h(x) = 0, 0 \in Ba_2\}$ である． □

注意 写像 $f: A \to B$ において，fA は A の「像」(image) を表わし，$f^{-1}C$（ただし $C \subseteq B$）は C の「逆像」(inverse image) を表わす記号である．

定理 3.3 $h: Ba_1 \to Ba_2$ を準同形写像とする．このとき，次の (1), (2) が成立する．

(1) 1) $h(1)=1$. 2) $h(0)=0$. 3) $x \leqslant y \Rightarrow h(x) \leqslant h(y)$.
(2) h の双対核 $h^{-1}\{1\}$ は，Ba_1 のフィルターである．

証明 (1) 1) について．$h(1)=h(x \vee x^c)=h(x) \vee h(x)^c=1$．2)，3) も同様にして示せる．

(2) について．$h^{-1}\{1\}$ がフィルターの二つの条件をみたすことを示せばよい．1) $x \in h^{-1}\{1\}$，$y \in h^{-1}\{1\}$ とする．すなわち $h(x)=1$，$h(y)=1$ とする．このとき，$h(x) \wedge h(y)=h(x \wedge y)=1$．よって $x \wedge y \in h^{-1}\{1\}$ となる．2) $x \in h^{-1}\{1\}$，$y \in Ba_1$ のとき，$x \vee y \in h^{-1}\{1\}$ となることも同様にして示せる． □

注意 念のため，簡単な場合でのイメージ図を添えておこう．

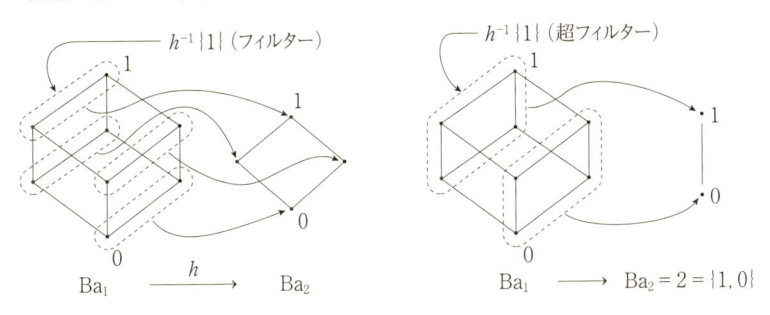

ここにおいて，フィルターがいかなるものであるかは，大分身近になったといえよう．なお上の定理 3.3 (2) の逆ともいえる定理にも触れておく．というのも，この定理は Ba の「準同形定理」(Homomorphism Theorem) と呼ばれる大切な定理だからである．しかしその証明は，少々長くなるのでここでは省略し，その概略のみを記すに留める．

定理 3.4 任意のブール代数 Ba とその任意の固有フィルター F について，あるブール代数 Ba′ が存在して，その間の全射な準同形写像 $h: Ba \to Ba'$ では，次の (#) が成立する．

(#) Ba の固有フィルター F は，この h の双対核である．

証明（概略）〈1〉 Ba と F とが与えられたとする．すると任意の $x, y \in$ Ba に対して，同値関係 $\simeq_F$ が，$x \simeq_F y \underset{\text{df}}{\Longleftrightarrow} x \wedge y^c \in F$ かつ $x^c \wedge y \in F$，として定義される．そこでこの $\simeq_F$ による同値類 $|x|$（i.e. $\{y | y \simeq_F x, x \in \text{Ba}\}$）に注目し，この同値類を元とする集合 $B' = \{|x| \, | \, x \in \text{Ba}\}$ を考える．するとこの B' には，$|x| \vee |y| \underset{\text{df}}{=} |x \vee y|$，$|x| \wedge |y| \underset{\text{df}}{=} |x \wedge y|$，$|x|^c \underset{\text{df}}{=} |x^c|$ として，演算 $\vee$, $\wedge$, ^{c} が定義される．すなわち B' はブール代数 Ba′（i.e. Ba の商代数 Ba/F）となってくる．

〈2〉 Ba′ の存在が示されたことから，$h(x) = |x|$ として，$h : \text{Ba} \to \text{Ba}'$ なる全射な準同形写像が考えられてくる．そこで後は，Ba′ の構成に関与した固有フィルター F が，この h の双対核となることを示せばよい．すなわち，$x \in F$ なら $x \in h^{-1}\{1\}$ となることを示せばよい．しかしこのことは，各々の定義に従って素直に展開していけば容易に示せる． □

完備ブール代数のフィルター

完備ブール代数 cBa とは無限ブール代数であり，しかもその任意の部分集合 S に対して無限結び $\vee S$，無限交わり $\wedge S$ が存在する束であった．それゆえそのフィルターについても，新たに以下のようなフィルターが定義されてくる．

定義（完備フィルター）

完備ブール代数 cBa の部分集合 F が，次の (1)，(2) をみたすとき，F は cBa の「完備フィルター」（complete filter）と呼ばれる．
(1) $x \in F$, $y \in$ cBa のとき，$x \vee y \in F$ である．
(2) F の任意の部分集合 S（i.e. $S \subseteq F$）について，$\wedge S \in F$ である． □

定義（完備双対素フィルターなど）

(1) cBa の固有な完備フィルター F が，次の条件 (#) をみたすとき，F は cBa の「完備双対素フィルター」（completely coprime filter）と呼ばれる．
(#) F の任意の部分集合 S について，$\vee S \in F$ のとき，$\exists x \in S (x \in F)$

(i.e. $S \cap F \neq \phi$) である.

(2) cBa の固有な完備フィルター F が,次の条件（##）をみたすとき,F は cBa の「完備超フィルター」(completely ultrafilter) と呼ばれる.

(##) cBa の任意の固有な完備フィルター F' について,$F \subseteq F'$ なら $F'=F$ かまたは $F'=$ cBa である. □

注意 cBa においては,完備双対素フィルターと完備超フィルターは,Ba の場合と同様に一致する.

上に cBa での新たなフィルターを定義したが,次のように完備準同形写像が定義されるとき,Ba での定理 3.3（2）と同様の事柄が成立する.

定義（完備準同形写像）
完備ブール代数間の準同形写像 $h: \text{cBa}_1 \to \text{cBa}_2$ が,次の（1）,（2）をみたすとき,h は「完備準同形写像」(complete homomorphism) と呼ばれる.
(1) cBa_1 は完備ブール代数である.
(2) $h(\bigvee_{i \in I} x_i) = \bigvee_{i \in I} h(x_i)$. □

注意 1) cBa_2 の方は,必ずしも cBa とは限らない.
2)（2）の代りに,$h(\bigwedge_{i \in I} x_i) = \bigwedge_{i \in I} h(x_i)$ でもよい.

定理 3.5 $h: \text{cBa}_1 \to \text{cBa}_2$ を完備準同形写像とする.このとき,h の双対核 $h^{-1}\{1\}$ は完備フィルターである.

証明 定理 3.3（2）と同様にして示せる. □

Ha,cHa でのフィルター

以上,Ba,cBa でのフィルターについて,そのおおよそを眺めてみた.しかしもとよりフィルターは,Ba,cBa に限らず,種々の束においても定

義される．ただそのいずれもが，Ba, cBa においてとほぼ同様であり，それゆえその代表として Ba, cBa の場合に特に注目してみた．この点は，この § の冒頭でも触れたとおりである．しかしとはいえ，つづく次 § との関係から，ハイティング代数 Ha と完備ハイティング代数 cHa (i.e. フレーム A) におけるフィルターについては，その定義など簡単に記しておくことにする．

定義（Ha でのフィルターと準同形写像）
ハイティング代数 Ha の任意の部分集合 F（i.e. $F\subseteq$Ha）が，次の (1), (2)（または (2')）をみたしているとき，F は Ha の「フィルター」と呼ばれる．
(1)　$x\in F$, $y\in F$ のとき，$x\wedge y\in F$ である．
(2)　$x\in F$, $y\in$Ha のとき，$x\vee y\in F$ である．
(2')　$x\in F$, $x\leq y$ のとき，$y\in F$ である．

また Ha 間の写像 $h:\mathrm{Ha}_1\to\mathrm{Ha}_2$ が，次の (1)～(4) をみたすとき，h は Ha 間の「準同形写像」と呼ばれる．
(1)　$h(x\vee y)=h(x)\vee h(y)$．　　(2)　$h(x\wedge y)=h(x)\wedge h(y)$．
(3)　$h(x\supset y)=h(x)\supset h(y)$．　　(4)　$h(0)=0$．
ただし (1)～(4) の左辺の $\vee, \wedge, \supset$ は Ha_1 の演算であり，また左辺の 0 は Ha_1 の最小元である．右辺の各々は Ha_2 の演算，最小元である．　□

注意　Ha では相対擬補元 $\supset$ なる演算が加えられていたこと，また擬補元 $\neg x$ (i.e. $x\supset 0$) が定義されていた．それゆえ (3), (4) が必要となる．

定理 3.6　$h:\mathrm{Ha}_1\to\mathrm{Ha}_2$ を Ha 間の準同形写像とする．このとき，このhの双対核（i.e. $h^{-1}\{1\}$）は Ha_1 のフィルターである．

証明　定理 3.3 (2) と同様にして示せる．　□

また双対素フィルター，超フィルターも Ba の場合と同様に定義される

(明記は省略). なおこの両者の関係については，Ha では定理 3.2 が成立しないことから，定理 3.1 に相当する事柄のみ成立する. すなわち超フィルターなら双対素フィルターである，は成立する.

次に完備ハイティング代数 cHa での完備フィルターなどの定義を提示する.

定義（cHa での完備フィルターなど）
完備ハイティング代数 cHa の任意の部分集合 F (i.e. $F \subseteq cHa$) が，次の (1), (2) をみたすとき，F は cHa の「完備フィルター」と呼ばれる.
(1) $x \in F$, $y \in cHa$ のとき，$x \vee y \in F$ である.
(2) F の任意の部分集合 S (i.e. $S \subseteq F$) について，$\wedge S \in F$ である.

また cHa の任意の固有フィルター F が，次の条件（#）をみたすとき，F は cHa の「完備双対素フィルター」と呼ばれる.
(#) F の任意の部分集合 S について，$\vee S \in F$ のとき，$\exists x \in S (x \in F)$ (i.e. $S \cap F \neq \phi$) である.

さらにまた cHa の任意の固有な完備フィルター F が，次の条件（##）をみたすとき，F は cHa の「完備超フィルター」と呼ばれる.
(##) cHa の任意の固有な完備フィルター F' について，$F \subseteq F'$ なら $F' = F$ かまたは $F' = cHa$ である. □

注意 完備双対素フィルターと完備超フィルターとの関係は，定理 3.1 に相当する事柄のみ成立し，その逆は成立しない.

定義（完備準同形写像）
cHa 間の準同形写像 $h : cHa_1 \to cHa_2$ が，次の (1)～(3) をみたすとき，この h は cHa 間の「完備準同形写像」と呼ばれる.
(1) cHa_1 は完備ハイティング代数である.
(2) $h(\bigvee_{i \in I} x_i) = \bigvee_{i \in I} h(x_i)$. (3) $h(\bigwedge_{i \in I} x_i) = \bigwedge_{i \in I} h(x_i)$. ただし I は添字集合とする. なお (3) の添字集合 I は有限集合とする. また左辺の $\vee$, $\wedge$ は cHa_1 の演算であり，右辺の各々は cHa_2 の演算である. □

注意 cHa_2 の方は，必ずしも cHa とは限らない．

定理 3.7 $h : cHa_1 \to cHa_2$ を cHa 間の完備準同形写像とする．このとき，次の (1)，(2) が成立する．

(1) この h の双対核（i.e. $h^{-1}\{1\}$）は，cHa_1 の完備フィルターである．

(2) $cHa_2 = \{1, 0\} = 2$ の場合，すなわち $h : cHa_1 \to 2$ の場合の h の双対核は，cHa_1 の完備双対素フィルターである．

証明 (1) について． 定理 3.3 (2) と同様にして示せる．

(2) について． $h^{-1}\{1\} = \{x \mid h(x) = 1\}$ が完備双対素フィルターの条件 (#) をみたすことを示せばよい．そのために $S \subseteq cHa_1$ とし，$\vee S \in \{x \mid h(x) = 1\}$ とする．すなわち $h(\vee S) = 1$ とする．すると $\underset{x \in S}{\vee} h(x) = 1 \cdots (*)$ である．ここで，すべての $x (\in S)$ について，$h(x) = 0$ と仮定する（背理法）．すると $\underset{x \in S}{\vee} h(x) = 0$ となり，直ちに $(*)$ と矛盾する．よって，ある $x (\in S)$ が存在して，$h(x) \neq 0$ である．一方 $2 = \{1, 0\}$ ゆえ，結局ある $x (\in S)$ が存在して，$h(x) = 1$ である．すなわち $\exists x \in S (x \in \{x \mid h(x) = 1\})$，すなわち $\exists x \in S (x \in h^{-1}\{1\})$ となる．これで $h^{-1}\{1\}$ が条件 (#) をみたすことが示された． □

注意 定理 3.7 (2) は，次 § で使用されることになる．

超フィルターの存在定理

ところでいままで注目してきた超フィルターは，任意のブール代数に存在するであろうか．下記の定理 3.8 に示されているように答は肯定的である．しかし任意の無限ブール代数におけるその存在は，集合論での選択公理 AC と同等な「ツォルンの補題」（Zorn's Lemma, ZL と略記）によって保証される．そこでまず ZL を予め提示しておくことにしよう．

ZL 半順序集合 P が帰納的に順序づけられているとき，P には必ず極大

元が存在する．

ただし，P が帰納的 inductive に順序づけられているとは，P の線形部分集合がつねに上界をもつことをいう．

定理 3.8（超フィルターの存在定理） 任意のブール代数 Ba について，その任意の固有フィルターには，それを含む超フィルターが存在する．

証明 まずブール代数 Ba の固有フィルターを F_0 とし，それを含むフィルターを元とする集合 F (i.e. $F=\{F_i|F_0\subseteq F_i, i\in I\}$，ただし I は添字集合) を考える．次にこの F の線形部分集合である D を考え，この D が上界をもつことを示す．しかしそのためには $\cup D$ (i.e. D の和集合) を考えればよい．そこで $\cup D$ が実際に D の上界となっていることを示す．ただ $F_k\in D$ なら $F_k\subseteq\cup D$ であることは直ちに明らかである．よって後は，$\cup D$ がフィルターであることを示せばよい．すなわち $\cup D$ がフィルターの条件をみたすことを示せばよい．そこでその条件の一つ，$x\in\cup D$，$y\in\cup D$ のとき，$x\wedge y\in\cup D$ となることを示す（なお他の条件については省略）．

まず $x\in\cup D$ ($\equiv\exists F_j(x\in F_j$ かつ $F_j\in D)$) から，$x\in F_j$ がいえる．同様に $y\in\cup D$ から，$y\in F_k$ がいえる．ここで D は線形部分集合ゆえ，$F_j\subseteq F_k$ または $F_k\subseteq F_j$ である．いま $F_j\subseteq F_k$ としてみる．すると $x\in F_j$ と合せて，$x\in F_k$ を得る．また上の $y\in F_k$ とも合せると，F_k はフィルターゆえ，$x\wedge y\in F_k$ を得る．さらに $F_k\subseteq\cup D$ は明らかゆえ，結局 $x\wedge y\in\cup D$ が成立する．

以上により，F は確かに帰納的に順序づけられていることが示された．すると ZL により，F には極大元が存在することになる．すなわち Ba には固有フィルター F_0 を含む超フィルターが存在する． □

超フィルターの存在定理は，次 § でのストーンの定理と関係してくる．ただそのためには，存在定理を後出する定理 3.10 の形にしておく必要がある．そこでまずは，そこに登場する有限交差性という概念やそれに関連する事項について，記しておく．なお以下よりこの § の終りまで，A はブール代数 Ba の任意の部分集合とする．

定義（有限交差性，A^+, A^-）

(1) A の任意の有限部分集合 X について，$\inf X \neq 0$ のとき，A は「有限交差性」(finite intersection property，fip と略記) をもつと呼ばれる．

(2) 1) $A^+ \underset{\mathrm{df}}{=} \{x \mid \exists y \in A(y \leq x)\}$． 2) $A^- \underset{\mathrm{df}}{=} \{\inf X \mid X \in \mathrm{P}_\omega(A)\}$． ただし $\mathrm{P}_\omega(A)$ は，A の有限部分集合の集合とする． □

定理 3.9 (1) $A \subseteq A^- \subseteq (A^-)^+$．

(2) $(A^-)^+$ は Ba のフィルターである．

(3) $A \subseteq F$ のとき，$(A^-)^+ \subseteq F$ である． ただし F は Ba のフィルターとする．

(4) A は fip をもつ $\iff$ $(A^-)^+$ は Ba の固有フィルターである．

証明 (1) について． $x \in A$ とする．すると $\{x\} \in \mathrm{P}_\omega(A)$ であり，しかも $x = \inf\{x\}$ である．よって $x \in A^-$．すなわち $A \subseteq A^-$ である．再び $x \in A$ とする．すると $x \leq x$ ゆえ，$x \in A^+$ である．よって一般に $A \subseteq A^+$ であり，$(A^-) \subseteq (A^-)^+$ も成立する．

(2) について． $(A^-)^+$ がフィルターの条件をみたすことを示せばよい．その条件の一つ，$x \in (A^-)^+$, $y \in (A^-)^+$ のとき，$x \wedge y \in (A^-)^+$ となることを示す（なお他の条件については省略）．まず A^+, A^- の定義より，$x \in (A^-)^+$ であることが，ある $X \in \mathrm{P}_\omega(A)$ が存在して，$\inf X \leq x$ であることに注意する．すると前提 $x \in (A^-)^+$, $y \in (A^-)^+$ の各々から，ある $X \in \mathrm{P}_\omega(A)$ が存在して，$\inf X \leq x$ およびある $Y \in \mathrm{P}_\omega(A)$ が存在して，$\inf Y \leq y$ であるといえる．一方 $\wedge$ の性質より，$\inf X \wedge \inf Y \leq x \wedge y$ であり，また一般に $\inf(X \cup Y) = \inf X \wedge \inf Y$ であり，さらにまた $X \in \mathrm{P}_\omega(A)$, $Y \in \mathrm{P}_\omega(A)$ のとき，$X \cup Y \in \mathrm{P}_\omega(A)$ である．そこでこれらを合せると，ある $X \cup Y \in \mathrm{P}_\omega(A)$ が存在して，$\inf(X \cup Y) \leq x \wedge y$ となってくる．すなわち $x \wedge y \in (A^-)^+$ が成立する．

(3) について． $x \in (A^-)^+$ とする．すなわちある $X \in \mathrm{P}_\omega(A)$ が存在して，$\inf X \leq x \cdots (*)$ である．ところで前提 $A \subseteq F$ および $X \subseteq A$ より，$X \subseteq F$ であり，しかも F はフィルターゆえ，$\inf X \in F$ である．さらに $(*)$ と合せると，$x \in F$ を得る．よって，$(A^-)^+ \subseteq F$ が成立する．

(4) について． 1) 左辺 ⇒ 右辺を示す．$(A^-)^+$ が固有でない (i.e. $0\in(A^-)^+$) と仮定．すると，ある $X\in P_\omega(A)$ が存在して，inf $X\leq 0$ となる．よって，inf $X=0$．すなわち A が fip をもつことはない．

2) 右辺 ⇒ 左辺を示す．A が fip をもたないと仮定．すなわち，ある $X\in P_\omega(A)$ が存在して，inf $X=0$ とする．よって，ある $X\in P_\omega(A)$ が存在して，inf $X\leq 0$．すなわち $0\in(A^-)^+$ である． □

以上の準備のもとで，必要としている定理が成立してくる．

定理 3.10 ブール代数 Ba の fip をもつ任意の部分集合 A には，それを含む超フィルターが存在する．

証明 定理 3.9 により，A を含む固有フィルターが考えられる．よって定理 3.8 により，それを含む超フィルターが存在する． □

§1.4 ストーンの定理

Ba でのストーンの定理

ブール代数 Ba からは，そのすべての超フィルター (i.e. 双対素フィルター) を元とする一つの集合が考えられる．いいかえれば Ba からは，すべての双対素フィルターを点とする一つの空間が考えられる．そしてその空間は Ba の性格を反映する．したがってその空間に注目することは，Ba の性格を明らかにする上でも大切である．なおこのことは，Ba に限らず Ha，cBa，cHa (i.e. フレーム A) についてもいえる．しかしまずは Ba について，ストーン (Stone, M. H.) によって提示された Ba とそこから得られる空間との対応関係 (i.e. ストーンの定理) およびその空間 (i.e. ストーン空間) の特徴などを，見ていくことにする．

定義（Ba のストーン空間）

ブール代数 Ba の超フィルター（i.e. 双対素フィルター）の集合は，Ba の「ストーン空間」（Stone space）と呼ばれ，S(Ba) で表わされる．

(i.e. S(Ba) = $\{F|F$ は Ba の超フィルターである$\}$) □

注意 Ba のストーン空間は，Ba の「双対空間」（dual space）と呼ばれることもある．

定理 4.1 $x, y \in$ Ba とし，$x \neq y$ とする．このとき，x, y の一方だけを元とし，他方を元としない（Ba の）超フィルター F が存在する．

証明 $x \neq y$ とする．すなわち $x \leq y$ かつ $y \leq x$ ということはないとする．さらにいいかえれば，$x \not\leq y$ または $y \not\leq x$ とする．その上でいま $x \not\leq y$ とする．すると §1.1 の定理 1.5(5) の対偶（i.e. $x \not\leq y \Rightarrow x \wedge y^c \neq 0$）により，$x \wedge y^c \neq 0$ を得る．すなわち $\{x, y^c\}$ は fip をもつ．すると，前 § の定理 3.10 により，$\{x, y^c\}$ を含む超フィルターが存在し，$x \in F$ かつ $y^c \in F$ である．一方前 § の定理 3.2 より，$y^c \in F$ のとき $y \notin F$ を得，結局 $x \in F$ かつ $y \notin F$ なる F の存在が示された． □

つづいて Ba と S(Ba) との対応関係をその内容としているストーンの定理を提示する．

定理 4.2（ストーンの定理） ブール代数 Ba は，P(S(Ba))（i.e. = $\{X|X \subseteq$ S(Ba)$\}$）のある部分集合と同形である．

注意 証明に入る前に二点ほど確認しておく．1) P(S(Ba)) のある部分集合とは，S(Ba) の部分集合からなる集合であり，またそれは，S(Ba) の部分集合間の $\subseteq$ を po とし，合併集合 $\cup$，共通部分 $\cap$ を各々結び $\vee$，交わり $\wedge$ とし，補集合 ^{c}（i.e. S(Ba) との差集合）を補元 ^{c} としたブール代数となっている．

2) この定理中での同形とは，Ba と上の 1) で触れたブール代数との間の全単射準同形写像のことである．

証明 まず $x\in\mathrm{Ba}$ に対して, $h(x)=\{F|x\in F$ かつ F は Ba の超フィルターである (i.e. $F\in\mathrm{S}(\mathrm{Ba})\}$ $(\in\mathrm{P}(\mathrm{S}(\mathrm{Ba}))))$ となる写像 $h:\mathrm{Ba}\to\mathrm{P}(\mathrm{S}(\mathrm{Ba}))$ を考える. その上で, (1) h が準同形写像であること, (2) h が単射であることを示していく.

(1) 1) $x,y\in\mathrm{Ba}$ のとき, $x\vee y\in F\iff x\in F$ または $y\in F\cdots$ (※) ゆえ, $h(x\vee y)=\{F|x\vee y\in F\}=\{F|x\in F$ または $y\in F\}=h(x)\cup h(y)=h(x)\vee h(y)$ が成立する. 2) $x\in\mathrm{Ba}$ のとき, 前§定理 3.2 より, $x^c\in F\iff x\notin F$ ゆえ, $h(x^c)=\{F|x^c\in F\}=\{F|x\notin F\}=\mathrm{S}(\mathrm{Ba})-\{F|x\in F\}=h(x)^c$ が成立する. よって 1), 2) より, h は準同形写像である.

(2) $x,y\in\mathrm{Ba}$ で $x\neq y$ とする. すると先の定理 4.1 により, $x\in F$ かつ $y\notin F$ なる F が存在する. よって, $h(x)=\{F|x\in F\}\neq\{F|y\in F\}=h(y)$ である. すなわち $x\neq y$ のとき $h(x)\neq h(y)$ であり, h は単射である. □

注意 1) 証明中の (※) について. Ba では超フィルターは双対素フィルターであり, 左から右は双対素フィルターの定義から明らか. 右から左は, フィルターの定義から明らか.

2) 証明では h が単射であることのみが示されているが, 定理は $\mathrm{P}(\mathrm{S}(\mathrm{Ba}))$ のある部分集合への写像を問題としており, 全射であることを示す必要はない.

Ba でのストーンの定理 (別バージョン)

上ではブール代数 Ba とその双対空間であるストーン空間 $\mathrm{S}(\mathrm{Ba})$ との対応関係を見たが, 次にこのストーン空間がある種の位相空間として特徴づけられることを見ておく. というのも, 後出する完備ハイティング代数 cHa などに対応する双対空間は, 別の種類の位相空間として特徴づけられ, このことから改めて Ba や cHa など各々の性格を反映した様子がはっきりしてくるからである. なお位相空間に関する基礎概念については, それらが登場した記事の後に, 注意事項として念のためその定義などを記しておく.

定理 4.3 ブール代数 Ba のストーン空間 $\mathrm{S}(\mathrm{Ba})$ は位相空間である.

注意 1)〈位相空間の定義〉 集合 T において，T の部分集合として「開集合」(open set) たちの集合 $\mathcal{O}$ が，下記のように定義されているとき，T は「位相空間」(topological space) と呼ばれる．すなわち $\mathcal{O}$ は次の（ⅰ）〜（ⅲ）をみたす集合である．

（ⅰ） $\mathcal{O}$ の有限個の元（i.e. 開集合）の共通部分はまた $\mathcal{O}$ の元（i.e. 開集合）である．（2個の場合：$O_1, O_2 \in \mathcal{O} \Rightarrow O_1 \cap O_2 \in \mathcal{O}$.）

（ⅱ） $\mathcal{O}$ の任意個（有限または無限個）の元（i.e. 開集合）の合併集合はまた $\mathcal{O}$ の元（i.e. 開集合）である．（I：任意個の元からなる集合として，$O_i \in \mathcal{O} (i \in I)$ $\Rightarrow \bigcup_{i \in I} O_i \in \mathcal{O}$.）

（ⅲ） $\phi, T \in \mathcal{O}$. □

2) 位相空間の定義としては，上記 $\mathcal{O}$ の代りに，T の「閉集合」(closed set) たちの集合 $\mathbb{F}$ とした定義もある．その場合，$\mathbb{F}$ は次の（ⅰ）〜（ⅲ）をみたす集合とされる．

（ⅰ） I：有限個の元からなる集合として，$F_i \in \mathbb{F}(i \in I) \Rightarrow \bigcup_{i \in I} F_i \in \mathbb{F}$.

（ⅱ） I：任意個の元からなる集合として，$F_i \in \mathbb{F}(i \in I) \Rightarrow \bigcap_{i \in I} F_i \in \mathbb{F}$.

（ⅲ） $\phi, T \in \mathbb{F}$. □

なお閉集合は開集合の補集合となっていること，ここからも明らかであろう．

証明（定理 4.3 の） $h: \mathrm{Ba} \to \mathrm{P}(\mathrm{S}(\mathrm{Ba}))$ で $h(x) = \{F | x \in F \text{ かつ } F \in \mathrm{S}(\mathrm{Ba})\}$ を考える．するとこの $h(x)$ は，$S \subseteq \mathrm{Ba}$ として，合併集合 $\bigcup_{x \in S}$，共通部分 $\bigcap_{x \in S}$ 各々に関して閉じており，$\{h(x) | x \in \mathrm{Ba}\}$ は開集合の集合となっており，また同時に閉集合の集合となっている．すなわち $\mathrm{S}(\mathrm{Ba})$ には，閉かつ開なる集合（i.e. 閉開集合）の集合が伴っており，$\mathrm{S}(\mathrm{Ba})$ は位相空間となっている． □

注意 閉開集合は「クロープン」(clopen) とも呼ばれる．

さてそれでは，この Ba のストーン空間 $\mathrm{S}(\mathrm{Ba})$ はどのような位相空間であろうか．その答は次の定理に見出せる．

定理 4.4（ストーンの定理別バージョン） 次の（1），（2）が成立する．

（1） $h: \mathrm{Ba} \to \mathrm{P}(\mathrm{S}(\mathrm{Ba}))$ で $h(x) = \{F | x \in F \text{ かつ } F \in \mathrm{S}(\mathrm{Ba})\}$ なる写像は，$\mathrm{P}(\mathrm{S}(\mathrm{Ba}))$ のある部分集合（i.e. $\{h(x) | x \in \mathrm{Ba}\}$）への同形写像となっている．

(2) Ba のストーン空間 S(Ba) は，閉開集合からなる集合を基底とするコンパクトなハウスドルフ空間である．

注意 1)〈基底の定義〉 位相空間 T の開集合たちの集合 $\mathcal{B}$ が，次の条件 (#) をみたすとき，$\mathcal{B}$ は T の「開基底」(open base) と呼ばれる．

(#) 任意の開集合 O とその一点 x に対して，ある $O'(\in \mathcal{B})$ が存在して，$x \in O' \subseteq O$ である．

2)〈T_i ($i = 0, 1, 2$) 空間の定義〉（ⅰ）位相空間 T において，$x, y \in T$ で $x \neq y$ に対して，$x \in O$ かつ $y \notin O$，または $x \notin O$ かつ $y \in O$ となる開集合 O が存在するとき，T は「T_0 空間」(T_0 space) と呼ばれる．

（ⅱ）位相空間 T において，$x, y \in T$ で $x \neq y$ に対して，$x \in U$ かつ $y \notin U$，および $x \notin V$ かつ $y \in V$ となる開集合 U, V が存在するとき，T は「T_1 空間」(T_1 space) と呼ばれる．

（ⅲ）位相空間 T において，$x, y \in T$ で $x \neq y$ に対して，$x \in U$ かつ $y \in V$，さらに $U \cap V = \phi$ となる開集合 U, V が存在するとき，T は「T_2 空間」(T_2 space) または「ハウスドルフ空間」(Hausdorff space) と呼ばれる．

3)〈コンパクトの定義〉 位相空間 T において，開集合の集合 $\{O_i | i \in I\}$ (I：添字集合) の合併集合 $\bigcup_{i \in I} O_i$ が T の部分集合 A を含む (i.e. $A \subseteq \bigcup_{i \in I} O_i$) のとき，$\{O_i | i \in I\}$ は A の「開被覆」(open covering) と呼ばれる．

また $A \subseteq \bigcup_{i \in I} O_i$ として，A がさらに $\{O_i | i \in I\}$ の有限個の $O_{i_1}, \cdots, O_{i_n}$ によって $A \subseteq O_{i_1} \cup \cdots \cup O_{i_n}$ となるとき，T の部分集合 A は「コンパクト」(compact) と呼ばれる．なお $A = T$ のとき，T は「コンパクト空間」(compact space) とも呼ばれる．

証明（定理 4.4 の）(1) について．これは先のストーンの定理の証明から明らか．なお，$\{h(x) | x \in \text{Ba}\}$ は $h(x)$ 間の $\subseteq$ を po $\leq$ として，ブール代数となっている．

(2) について． 1) まず S(Ba) がハウスドルフ空間であることを示す．そのために，$U, V \in$ S(Ba) で $U \neq V$ とする．すなわちある $x \in$ Ba が存在して，$x \in U$ かつ $x \notin V$ (i.e. $x^c \in V$) とする．すると $U \in h(x)$ かつ $V \in h(x^c)$ であり，しかも $h(x)$ と $h(x^c)$ は，前定理の証明で触れたように各々開集合であり，また $h(x) \cap h(x^c) = \phi$ となっている．

2) 次に S(Ba) がコンパクト空間であることを示す．すなわち S(Ba) の

任意の被覆が，S(Ba) の開基底である $\{h(x)|x\in \mathrm{Ba}\}$ の中の有限個のものによる被覆となることを示す．そのために，$\{h(x_i)|i\in I\}$（I：添字集合）を S(Ba) のある被覆とする．その上で，S(Ba) はそこからのいかなる有限被覆をももたないと仮定する（背理法）．すると I の有限な部分集合 I' の各々について，$\bigcup_{i\in I'} h(x_i) \neq \mathrm{S(Ba)}$ であり，$\bigcap_{i\in I'} h(x_i^c) = h(\bigwedge_{i\in I'} x_i^c) \neq \phi = h(0)$ である．よって $\bigwedge_{i\in I'} x_i^c \neq 0$．すなわち $\{x_i^c|i\in I\}$ は fip をもち，§1.3 の定理 3.10 により，それを含む超フィルター F が存在する．よって，すべての $i\in I$ について $x_i^c \in F$ となり，$F\notin \bigcup_{i\in I} h(x_i)$ を得る．しかしこれは，$\{h(x_i)|i\in I\}$ を S(Ba) の被覆としたことと矛盾する．よって S(Ba) はコンパクトである．

3) さらに S(Ba) がすべての閉開集合からなる集合を基底としていることを示す．$\{h(x)|x\in \mathrm{Ba}\}$ は S(Ba) の開基底であり，$h(x), h(x^c)$ 各々開集合であるが，一方で $h(x) = \mathrm{S(Ba)} - h(x^c)$ が成立することから，$h(x)$ は閉集合でもある．なぜなら上式の右辺は，開集合の補集合となっており，開集合の補集合は一般に閉集合となるからである．

以上，1), 2), 3) により，(2) は示された． □

注意 閉開集合からなる基底をもち，かつコンパクトなハウスドルフ空間は，「ブール空間」(Boolean space) と呼ばれることもある．

以上ブール代数 Ba について，その双対空間であるストーン空間およびストーン空間の位相空間としての性格に注目してみた．しかし前にも触れたように，双対空間は Ba に限らず cBa にも cHa (i.e. フレーム A) についても，Ba と同様に考えられる．すなわち各々の完備双対素フィルターの全体からなる空間が，cBa, cHa についての双対空間である．しかし以下では，cHa の双対空間 S(cHa) についてのみに注目してみることにする．というのも S(cHa) では，位相空間として，S(Ba) とは大分異なった性格が見出されるからである．

cHa でのストーンの定理

はじめに，Ba の場合と同様に，cHa のストーン空間 S(cHa) の定義を与えておく．

定義（cHa のストーン空間）
完備ハイティング代数 cHa の完備双対素フィルターの集合は，cHa の「ストーン空間」と呼ばれ，S(cHa) と表わされる．
(i.e. S(cHa) = $\{F|F$ は cHa の完備双対素フィルターである$\}$.) □

注意 S(cHa) は cHa の「双対空間」とも呼ばれる．また cHa と同等であるフレーム A の場合は，そのストーン空間は，A の「ポイント空間」(point space) と呼ばれ，pt(A) と表わされることもある．

定理 4.5（ストーンの定理） 次の (1)，(2) が成立する．
(1) $h: \text{cHa} \to P(S(\text{cHa}))$ で $h(x) = \{F|x \in F$ かつ $F \in S(\text{cHa})\}$ なる写像は，$P(S(\text{cHa}))$ のある部分集合（i.e. $\{h(x)|x \in \text{cHa}\}$）への準同形写像となっている．
(2) cHa のストーン空間 S(cHa) は，すべての開集合からなる集合（i.e. $\{h(x)|x \in \text{cHa}\}$）を基底とする位相空間であり，しかも T_0 空間である．

証明 (1) について． cHa (i.e. フレーム A) は $\wedge$-$\vee$ 分配律 $x \wedge \bigvee_{i \in I} y_i = \bigvee_{i \in I}(x \wedge y_i)$ をみたす完備束であった．よって，次の (*1)，(*2) が成立することを示せばよい．
(*1) $h(x \wedge y) = h(x) \wedge h(y)$ (i.e. $= h(x) \cap h(y)$).
(*2) $h(\bigvee_{i \in I} x_i) = \bigvee_{i \in I} h(x_i)$ (i.e. $= \bigcup_{i \in I} h(x_i)$).
1) (*1) について． $h(x \wedge y) = \{F|x \wedge y \in F$ かつ $F \in S(\text{cHa})\} = \{F|x \in F$ かつ $y \in F$ かつ $F \in S(\text{cHa})\} = \{F|x \in F\} \cap \{F|y \in F\}$ ($F \in S(\text{cHa})$ として) $= h(x) \cap h(y) = h(x) \wedge h(y)$.
2) (*2) について． i) $F \in h(\bigvee_{i \in I} x_i) \iff F \in \{F|\bigvee_{i \in I} x_i \in F\} \iff \bigvee_{i \in I} x_i$

$\in F \underset{①}{\Rightarrow} \exists x_i \in \{x_i | i \in I\} (x_i \in F) \iff F \in \underset{i \in I}{\cup} h(x_i) \iff F \in \underset{i \in I}{\vee} h(x_i)$. なお①は，$F$ が完備双対素フィルターであることによる．

ii) $F \in \underset{i \in I}{\vee} h(x_i) \iff F \in \underset{i \in I}{\cup} h(x_i) \iff \exists x_i \in \{x_i | i \in I\} (x_i \in F) \underset{②}{\Rightarrow} \underset{i \in I}{\vee} x_i \in F \iff F \in h(\underset{i \in I}{\vee} x_i)$. なお②は，$F$ がフィルターであることによる．

(2) について． 1) 上の (1) の (∗1), (∗2) は，$\{h(x) | x \in cHa\}$ の元である集合たちの有限個の共通部分 $\cap$ が $\{h(x) | x \in cHa\}$ に属すること，任意個の合併集合 $\cup$ が $\{h(x) | x \in cHa\}$ に属することを表わしている．すなわち $\{h(x) | x \in cHa\}$ は $S(cHa)$ のすべての開集合たちからなる集合であり，$S(cHa)$ の開基底となっている．いいかえれば，$S(cHa)$ は $\{h(x) | x \in cHa\}$ を開基底とする位相空間となっている．

2) つづいて $S(cHa)$ が T_0 空間であることを示す．そのために，$F_1, F_2 \in S(cHa)$ で $F_1 \neq F_2$ とする．その上でさらに $x \in F_1$ かつ $x \notin F_2$ (i.e. $x \in F_1 - F_2$) とする．すると，この x に対して $h(x) = \{F | x \in F\}$ を考えると，$F_1 \in h(x)$ かつ $F_2 \notin h(x)$ となる．すなわちこの $h(x)$ は，T_0 空間の条件をみたす開集合となっている．　　　　　　　　　　　　　　　　　　　　　　　　　　□

注意 $\{h(x) | x \in cHa\}$ の元である集合たちの任意個の共通部分 $\underset{i \in I}{\cap}$ は，$\{h(x) | x \in cHa\}$ には属さないことを，念のため見ておこう．すなわち $h(\underset{i \in I}{\wedge} x_i) = \underset{i \in I}{\wedge} h(x_i)$ … (∗) が一般には不成立であることを見ておく．実際，$F \in \underset{i \in I}{\wedge} h(x_i) \iff F \in \underset{i \in I}{\cap} h(x_i) \iff \forall x_i \in \{x_i | i \in I\} (F \in h(x)) \iff \forall x_i \in \{x_i | i \in I\} (x_i \in F)$ (i.e. $\{x_i | i \in I\} \subseteq F$) であるが，この $\{x_i | i \in I\} \subseteq F$ から $\underset{i \in I}{\wedge} x_i \in F$ は，F が完備双対素フィルターである以上，引き出せない．よって上の (∗) は不成立である．しかし $F \in h(\underset{i \in I}{\wedge} x_i) \Rightarrow F \in \underset{i \in I}{\cap} h(x_i) \iff F \in \underset{i \in I}{\wedge} h(x_i)$ は，$F \in h(\underset{i \in I}{\wedge} x_i) \iff \underset{i \in I}{\wedge} x_i \in F \underset{\circledast}{\Rightarrow} \forall x_i \in \{x_i | i \in I\} (x_i \in F) \iff F \in \underset{i \in I}{\cap} h(x_i)$ により，成立する．なお ⊛ は，$\forall x_i \in \{x_i | i \in I\} (\underset{i \in I}{\wedge} x_i \leq x_i)$ と F がフィルターゆえ，$\underset{i \in I}{\wedge} x_i \in F \Rightarrow x_i \in F$ であることによる．

第2章　記号論理と束

　この章では，1章で示された束論での基礎事項を踏まえて，記号論理と束とがどのように関わっているのか，その様子を明らかにする．実際このことによって，記号論理各々の理論領域への理解を一層深める手がかりが得られることになる．

　§2.1では，推論関係 → が半順序 ≦ と対応することから，記号論理での推理論とブール代数との対応する様子が取り上げられる．

　§2.2では，局所的なレベルにおけるλ計算では，作用者の集合（i.e. プログラム領域）も被作用者の集合（i.e. データ領域）も，各々完備半順序集合 cpo なる束と捉えられること，またその各々の間には埋め込み関係（i.e. ep対）が成立することなどが記される．

　§2.3では，§2.2での事柄が統合化されるとき，大局的一般的なレベルでは，プログラム領域とデータ領域間の埋め込み関係は同等関係（i.e. ≅）となることが明示される．すなわちこのことは，λ計算のλ項の担う両義性への解釈が可能となる領域（i.e. λ領域 D_∞）の存在を示しており，§2.3は§2.2とともに興味深い内容となっている．

　§2.4では，公理的集合論 ZFC 全体をある視点から統一的に特徴づけること（i.e. ZFC のモデルを考えること）の試みの一つとして，ZFC とブール代数との関わりを踏まえたモデルである ZFC のブール値モデルが取り上げられる．ただしこのテーマは，集合論の分野では必ず言及される大切な事柄であり，和書でも良書が数多くあることから，詳しくはそれらに譲り，本書での言及はごく簡単なものに留めた．

§2.1 論理体系Lとブール代数

$A \to A \lor B$, $B \to A \lor B$, $A \to C$ かつ $B \to C$ $\Rightarrow$ $A \lor B \to C$ なる論理則と, $x \leqq x \lor y$, $y \leqq x \lor y$, $x \leqq z$ かつ $y \leqq z$ $\Rightarrow$ $x \lor y \leqq z$ なる束で成立する関係とを並べるとき, 両者の間に対応関係のあることは容易に気付く. しかもこのような対応関係は, この例に限らず多くの場合に見出せる. そしてその場合, 論理での推論関係 $\to$ は束での po 関係 $\leqq$ に, 論理の結合子 $\lor$, $\land$ は束での上限 $\lor$, 下限 $\land$ に対応している. しかし一方でより注意深く見てみるとき, 束における po $\leqq$ が, 反射性, 推移性, 反対称性をみたす順序であるのに対し, 論理の $\to$ では, 反射性, 推移性は成立するとしても, 反対称性は成立しないことに気付く. すなわち $A \to B$ かつ $B \to A$ なら $A = B$ は成立しない. 論理則としては, $A \to B$ かつ $B \to A$ なら $A \equiv B$ であり, $A \equiv B$ は $A = B$ とは異なった事柄である. とはいえ, 上に触れた論理と束との対応関係は, やはり決して無視することもできない. そこで以下では, 論理と束との対応関係を, 改めてしっかりと眺めていくことにする.

命題論理とブール代数

Ⅰ部1章では述語論理を取り上げ, それが論理体系Lとしてまとめられることなどを見た. しかしまずは, このLの一部である $\to$ と $\lor$, $\land$, $\supset$, $\neg$ のみが登場する部分に注目し, すなわち「命題論理」(propositional logic) と呼ばれる部分に注目し, この部分と束との対応関係を眺めてみることにしよう. そのためにもはじめに, この部分 (i.e. 命題論理) の論理式 $A, B, \cdots$ からなる集合を W_1 と表わし, またこの W_1 では, 論理体系Lの公理Ⅰ, Ⅱにもとづく論理則が成立している, としてみる. するとそこでの推論関係 $\to$ は, W_1 上で $A \to A$ (反射), $A \to B, B \to C \Rightarrow A \to C$ (推移) であるが, 上での注意のとおり, $A \to B, B \to A \Rightarrow A = B$ (反対称) をみたすことのない順序関係となっている. すなわち一般に反射性, 推移性のみをみたす関係は「擬順序」(quasi ordering) と呼ばれることから, $\to$ は擬順序となっている.

第 2 章 記号論理と束

そこで次に，この W_1 の元 A, B 間に $A \to B$ かつ $B \to A$ として定義される $A \equiv B$ なる同値関係 $\equiv$ に注目し，この $\equiv$ によって W_1 を類別する．その上で，類別の結果得られる同値類を元とする新たな集合（i.e. 商集合）$W_1/\equiv$ を考え，さらにこの $W_1/\equiv$ 上に改めて関係 $\leqq$ を新たに定義する．

定義（$W_1/\equiv$, $|A| \leqq |B|$）
 (1) $W_1/\equiv \underset{\mathrm{df}}{=} \{|A| \mid A \in W_1\}$. ただし，$|A| = \{X \mid X \in W_1 \text{ かつ } X \equiv A\}$ ($\in W_1/\equiv$).
 (2) $|A| \leqq |B| \underset{\mathrm{df}}{\Longleftrightarrow} A \to B$. ただし，$\to$ は W_1 上での推論関係とする． □

すると，推論関係 $\to$ とこのように対応づけられた新たな順序関係 $\leqq$ は po となり，またこの対応づけによって，命題論理と束（いまの場合ブール代数）とはしっかり対応していることが明らかとなってくる．

定理 1.1 (1) $W_1/\equiv$ 上の順序関係 $\leqq$ は po である．
 (2) この順序関係 $\leqq$ を伴った集合 $W_1/\equiv$ (i.e. $\langle W_1/\equiv, \leqq \rangle$) は，ブール代数 Ba である．

証明 (1) について． 1) W_1 では $A \to A$ ゆえ，$|A| \leqq |A|$．すなわち $\leqq$ は反射性をみたす．
 2) $|A| \leqq |B|$, $|B| \leqq |A|$ (i.e. $A \to B$, $B \to A$) とする．すると W_1 上で $A \equiv B$ となり，A と B とは同じ同値類に属することになる．よって $|A| = |B|$．すなわち $\leqq$ は反対称性をみたす．
 3) $|A| \leqq |B|$, $|B| \leqq |C|$ (i.e. $A \to B$, $B \to C$) とする．すると W_1 上では $A \to C$ となり，よって $|A| \leqq |C|$ である．すなわち $\leqq$ は推移性をみたす．
 4) 1)～3) により，$\leqq$ は po である．
 (2) について．ブール代数 Ba は，相補分配束であり，1) $W_1/\equiv$ の元 $|A|, |B|$ からなる $\{|A|, |B|\}$ が上下限をもつこと，その上で $W_1/\equiv$ が 2) 分配束であること，3) 相補束であることを示せばよい．

1) W_1 では，$A \to A \vee B$, $B \to A \vee B$, $A \to C$ かつ $B \to C \Rightarrow A \vee B \to C$ である．よってこれらは，先の定義に従うと $W_1/\equiv$ では，$|A| \leqslant |A \vee B|$, $|B| \leqslant |A \vee B|$, $|A| \leqslant |C|$ かつ $|B| \leqslant |C| \Rightarrow |A \vee B| \leqslant |C|$ が成立し，またこのことは $|A \vee B|$ が $\{|A|, |B|\}$ の上限となっていることを示している（すなわち $|A| \vee |B| \underset{\mathrm{df}}{\equiv} |A \vee B|$ とできる）．同様にして，$|A \wedge B|$ が下限となることも示せる（i.e. $|A| \wedge |B| \underset{\mathrm{df}}{\equiv} |A \wedge B|$）．

2) W_1 では，$A \wedge (B \vee C) \rightleftarrows (A \wedge B) \vee (A \wedge C)$ である．そこで上の 1) での上下限の定義および $\leqslant$ の反対称性を使うことにより，$|A| \wedge (|B| \vee |C|) = (|A| \wedge |B|) \vee (|A| \wedge |C|)$ が示せる．すなわち $W_1/\equiv$ では分配性が成立する．もう一方の分配性についても，同様にして示せる．

3) W_1 では，$B \to A \vee \neg A$ である．よって $W_1/\equiv$ では，$|B| \leqslant |A \vee \neg A|$ であり，$|A \vee \neg A|$ は最大元 1 となっている．そこで 1) の上限の定義を使うと，$|A| \vee |\neg A| = 1 \cdots (*)$ を得る．また W_1 では，$A \wedge \neg A \to B$ である．よって $W_1/\equiv$ では，$|A \wedge \neg A| \leqslant |B|$ であり，$|A \wedge \neg A|$ は最小元 0 となっている．そこで 1) の下限の定義を使うと，$|A| \wedge |\neg A| = 0 \cdots (**)$ を得る．するとここで $(*)$, $(**)$ は，$W_1/\equiv$ では相補性が成立していることを示している（なお，ここから $|A|^c \underset{\mathrm{df}}{\equiv} |\neg A|$ とできる）． □

注意 定理 1.1 (2) でのブール代数 $\langle W_1/\equiv, \leqslant \rangle$ は，しばしば「リンデンバウム代数」（Lindenbaum algebra）と呼ばれることがある．

述語論理と完備ブール代数

以上，論理体系 L の一部である命題論理が，どのような仕方でブール代数なる束と対応するか，明確となった．では論理体系 L である述語論理の場合や直観論理の場合は，どのようであろうか．以下この辺のところを眺めていこう．はじめに述語論理の場合を取り上げる．このときも，まず述語論理の論理式 $A, B, \cdots$ からなる集合を W と表わし，またこの W では述語論理の論理則がすべて成立しているとする．その上で命題論理の場合と同様に，W での同値関係 $\equiv$ に注目し，その結果得られる同値類を元とする商集合 $W/$

≡を考え，この $W/\equiv$ 上に改めて順序関係を定義する．

定義 ($W/\equiv$, $|A|\leqslant|B|$)
(1) $W/\equiv \underset{\mathrm{df}}{=} \{|A| \mid A\in W\}$. ただし，$|A|=\{X\mid X\in W$ かつ $X\equiv A\}$ ($\in W/\equiv$).
(2) $|A|\leqslant|B| \underset{\mathrm{df}}{\Longleftrightarrow} A\to B$. ただし，$\to$ は W 上での推論関係とする． □

するとこの定義のもとで，先ほどと同様にして $\leqslant$ は po となり，また次の定理が成立する．

定理 1.2 上の定義での po $\leqslant$ を伴った $W/\equiv$ (i.e. $\langle W/\equiv, \leqslant \rangle$) は，完備ブール代数 cBa である．

証明 完備ブール代数 cBa とは，その任意の部分集合 $S(\subseteq \mathrm{cBa})$ について，無限結び $\vee S$，無限交わり $\wedge S$ が存在するブール代数であった．そこで，$\langle W/\equiv, \leqslant\rangle$ がブール代数となることは，定理 1.1 と同様にして示せるので，後は $\langle W/\equiv, \leqslant\rangle$ に無限結びと無限交わりが存在することを示せばよい．
(1) W では，y が x に対して自由であるとき，$Ay \to \exists xAx \cdots (*)$，また y が C に自由変項として現われていないとき，$Ay\to C \Rightarrow \exists xAx \to C \cdots (**)$ である．よって先の定義を使うと，$(*)(**)$ より，各々 $|Ay|\leqslant |\exists xAx|\cdots(\#)$, $|Ay|\leqslant |C| \Rightarrow |\exists xAx|\leqslant |C|\cdots(\#\#)$ を得る．すると $(\#)(\#\#)$ は，$|\exists xAx|$ が $\{|Ay|\mid |Ay|\in S\subseteq W/\equiv\}$ の上限 (i.e. 無限結び) となっていることを示している (すなわち $\vee\{|Ay|\mid |Ay|\in S\subseteq W/\equiv\} \underset{\mathrm{df}}{\equiv} |\exists xAx|$ とできる).
(2) また無限交わりの存在も，同様にして示せる． □

注意 1) 上記 $\{|Ay|\mid |Ay|\in S\subseteq W/\equiv\}$ での S は，$(*)(**)$ での y に対する条件によって決まってくる．
2) 完備ブール代数 $\langle W/\equiv, \leqslant\rangle$ も，しばしば「リンデンバウム代数」と呼ば

れることがある.

直観論理と完備ハイティング代数

つづいて直観論理の場合を取り上げる. このときも, まずは直観論理の論理式 $A, B, \cdots$ からなる集合を考える. といってもそれは上の W と同じものといえるが, そこでは直観論理の論理則が成立する集合と考えるので, W とは区別して W_I で表わすことにする. すなわち直観論理とは, 論理体系 L からその公理IIに含まれる $\neg\neg A \to A$ を排除した論理であり, この $\neg\neg A \to A$ にもとづく論理則は, W_I では不成立となっている. 後は, 命題論理, 述語論理の場合と同様にして, 直観論理に対応する束を明らかにしていく.

定義 ($W_I/\equiv$, $|A| \leq |B|$)
(1) $W_I/\equiv \underset{\mathrm{df}}{=} \{|A| \mid A \in W_I\}$. ただし, $|A| = \{X \mid X \in W_I$ かつ $X \equiv A\}$ $(\in W_I/\equiv)$.
(2) $|A| \leq |B| \underset{\mathrm{df}}{\Longleftrightarrow} A \to B$. ただし, $\to$ は W_I 上での推論関係とする.
□

するとこの定義のもとで, $\leq$ は po となり, また次の定理が成立する.

定理 1.3 上の定義での po $\leq$ を伴った $W_I/\equiv$ (i.e. $\langle W_I/\equiv, \leq \rangle$) は, 完備ハイティング代数 cHa である.

証明 cHa では, 完備束として, 無限結び $\vee$, 無限交わり $\wedge$ は定義され, また最大元 1, 最小元 0 も存在している. しかし cHa で特徴的なことは, それらに加えて相対擬補元 $\supset$ が定義されている点である. 実際それゆえに cHa では, 分配性が成立し, また擬補元 $x \supset 0$ (i.e. $\neg x$) も定義されることになってくる. とくに $\neg x$ については, $x \vee \neg x = 1$ が一般には成立せず, この点が cHa の特徴の一つとなっている. そこでこれらの cHa の性格を念頭において, 直観論理の W_I での論理則を見てみるとき, 下記の (1)〜(3) のよう

に，まさにその各々に対応する事柄が成立しており，$\langle W_I/\equiv, \leqslant \rangle$ が cHa であることが明らかとなる．

(1) 直観論理では，通常の論理で $A \supset B \underset{\mathrm{df}}{\Longleftrightarrow} \neg A \vee B$ とされる条件法 $\supset$ とは別に，$\supset$ は改めて $C \wedge A \to B \Longleftrightarrow C \to A \supset B$ をみたすものとして定義されている．したがって先の定義を使うと，$W_I/\equiv$ では，$|C| \wedge |A| \leqslant |B| \Longleftrightarrow |C| \leqslant |A \supset B|$ が成立することになる．しかしこれは，$|A \supset B|$ が $|A|$ の $|B|$ に対する相対擬補元に他ならないことを示している．すなわち $|A| \supset |B| \underset{\mathrm{df}}{\equiv} |A \supset B|$ として，$\langle W_I/\equiv, \leqslant \rangle$ は相対擬補元 $\supset$ が定義される束となっている．

(2) 直観論理では，矛盾を表わす論理式 $\bot$ が $\bot \to B$ として定義されている．よって $W_I/\equiv$ では，$|\bot| \leqslant |B|$ となり，$|\bot|$ は $\langle W_I/\equiv, \leqslant \rangle$ の最小元であることを示している．すなわち $0 \underset{\mathrm{df}}{\equiv} |\bot|$ とできる．また $\langle W_I/\equiv, \leqslant \rangle$ の最大元の存在は，$|A| \supset |A|$ より明らかになる．

(3) 直観論理では，通常の論理での否定 $\neg$ とは別に，否定 $\neg A$ は $A \supset \bot$ と定義されているが，このことは $\langle W_I/\equiv, \leqslant \rangle$ では，$|A| \supset 0$ であり，$\langle W_I/\equiv, \leqslant \rangle$ でも擬補元 $\neg$ が定義される．すなわち $\neg |A| \underset{\mathrm{df}}{\equiv} |A| \supset 0$ とできる．なお直観論理では，$\neg\neg A \to A$ あるいはそれと同等な $\to A \vee \neg A$ は排除されるが，この点は $\langle W_I/\equiv, \leqslant \rangle$ では，$|A| \vee \neg |A| = 1$ が一般には不成立であることに対応する． □

論理体系 L とストーンの定理

II 部 1 章 §1.4 において，ブール代数 Ba や完備ハイティング代数 cHa には，各々その双対空間であるストーン空間 S(Ba)，S(cHa) が対応していることが明らかにされた．またその空間のいずれもが位相空間であること，しかも S(Ba)，S(cHa) は各々異なった性格をもつ位相空間であることなどにも言及した．一方この § においては，命題論理がリンデンバウム代数なる Ba と対応していること，直観論理が $\langle W_I/\equiv, \leqslant \rangle$ なる cHa と対応していることが明らかにされた．するといまや，命題論理には位相空間 S(Ba) が，直観論理には S(cHa) が対応してくることも，自ずと明らかとなってくる．

すなわち命題論理の論理式 A（正確には $|A|$）には，S(Ba) の閉開集合 $h(|A|)(= \{F| |A| \in F$ かつ F は $\langle W_1/\equiv, \leq \rangle$ の超フィルター$\})$ が対応し，直観論理の論理式 A（正確には $|A|$）には，S(cHa) の開集合 $h(|A|)(= \{F| |A| \in F$ かつ F は $\langle W_1/\equiv, \leq \rangle$ の完備双対素フィルター$\})$ が対応することが明らかとなってくる．さらにその上で，命題論理での命題演算が S(Ba) での閉開集合の集合演算に対応し，直観論理での演算が S(cHa) での開集合の集合演算に対応してくることなども明らかとなってくる．そしてその結果は，命題論理であれ，直観論理であれ，その各々の特徴などを，各々の位相空間やそこでの集合演算の特徴として捉えることも可能となり，新たな視点から各種論理への接近法が生れてくることになる．

たとえば，S(cHa) では cHa の元に対応する集合は開集合であるが，開集合については，有限個の $\cap$ と任意個の $\cup$ について閉じていることから，それに対応して $x \wedge \bigvee_{i \in I} y_i = \bigvee_{i \in I}(x \wedge y_i)$ は当然成立し得ても，$x \vee \bigwedge_{i \in I} y_i = \bigwedge_{i \in I}(x \vee y_i)$ は必ずしも成立しないことなども，自然に理解でき，またこのことに対応する論理での状況も自然に理解されてくる．

また cHa の元に対応する集合が開集合であることは，開集合の補集合が閉集合である以上，その補集合に対応する元は cHa にはないことになってしまう．それゆえ，集合とその補集合との合併＝全集合，という論理での排中律に相当する事態は S(cHa) では成立せず，排中律に対しても，新しい見方が可能となってくる．

とにかくⅡ部1章 §1.4 とこの § を結びつけるとき，論理への新しい視点からの理解が可能となってくる．

§2.2　λ 領域 D_∞

§2.2, §2.3 のテーマ

λ 計算での λ 項は，すでにⅠ部3章でも触れたとおり，同じ λ 項が作用者となる場合もあり，また同時に被作用者となる場合もある．すなわち λ 項

は，本来的に両義性を担っている．計算機との関わりでもう少し具体的にいえば，同じλ項がプログラムを表わす場合もあればデータを表わす場合もある，ということである．そこでλ計算のλ項に対しては，この両義性をどのように解釈すべきであるかが，一つの問題となってくる．しかしこの問題に対しては，すでにいくつかの解答が用意されている．以下の二つの§では，その解答の一つとして，D_∞ と表記される領域の導入による解答を取り上げる．というのも領域 D_∞ は，po 集合の一種である完備半順序集合から徐々に構成される集合であり，それについての議論は束論での議論の延長にあるものとなっているからである．すなわち D_∞ についての議論は，記号論理の一部であるλ計算論の中心問題が，束によって解明されている場面でもあり，記号論理と束との関係をテーマとしているこのⅡ部2章の主旨にそったものとなっているからである．

まずはじめに，出発点となる考え方を，予め二つほど指摘しておこう．一つは，データ（i.e. 情報）は，その詳しさに関して半順序 po をなしている，という考え方である．このことはたとえば円周率 π の場合，3.14, 3.1415, 3.141592, 3.14159265, …と詳しさ（あるいは近似）の程度に関して系列をなしている，ことからも明らかである．しかしより一般的には，データの詳しさは，この例のように単に線形順序というより，半順序をなしている，という考え方である．もう一つは，プログラムは，このような po 集合であるデータ領域間の関数となっている，という考え方である．しかも，プログラムによってデータが処理される際，データの詳しさ（近似性）は，当然保存されるべきであり，プログラムはデータ領域間の連続関数となっている，という考え方である．

さてそれでは，このような出発点となる考え方に立つとき，目ざすべきところはどのようなことになるか．この点も予めひと言触れておこう．いま D, D' を各々 po 集合であるデータ領域とし，また $[D \to D']$ を D, D' 間の連続関数（i.e. プログラム）のすべてからなる集合とするとき，上記したλ項の両義性についての問題という点からいって，最終的に目ざすところは，D と $[D \to D]$ とが同等となっているような領域 D を見出すことである，といえてくる．そして実は，D_∞ はまさにこの条件をみたす領域に他ならない

領域となっている．それではこの§2.2とつづく§2.3で，出発点となる考え方の定式化からはじめて最終目標であるD_∞に至るまでを，順次しっかりと記していこう．

完備半順序集合 cpo と連続関数

さっそく上で触れたデータ領域となる完備半順序集合の定義を提示する．

定義（有向部分集合）
Dを po 集合とし，Xをその空でない部分集合（i.e. $X \subseteq D, \neq \phi$）とする．その上で，Xの任意の元x, yについて，Xのある元zが存在して，$x \leq z$かつ$y \leq z$をみたすとき，XはDの「有向部分集合」（directed subset）と呼ばれる．

なお上の定義で$D = X$の場合，Dは「有向集合」（directed set）と呼ばれる． □

注意 1) po 集合Dの空でない部分集合Xの元$x_0, x_1, x_2, \cdots$が，$x_0 \leq x_1 \leq x_2 \leq \cdots$のように線形順序となっているとき，$X$は「鎖」（chain）と呼ばれるが，$X$が有向部分集合であるとは，この鎖をより一般化した集合となっている．

2) 情報科学の分野では，po $\leq$ に代って $\sqsubseteq$ が，$\vee, \bigvee$ に代って $\sqcup, \bigsqcup$ が，$\wedge, \bigwedge$ に代って $\sqcap, \bigsqcap$ が，その各々の記号として使用されることが多い．しかし本書では，一貫性を考えて，それらの記号は使用しない．

定義（完備半順序集合）
po 集合Dが，次の(1), (2)をみたすとき，Dは「完備半順序集合」（complete po set, cpo と略記）と呼ばれる．

(1) Dには最小元 0 が存在する．

(2) Dの任意の有向部分集合Xについて，Xの上限$\vee X$はDの元（i.e. $\vee X \in D$）である．

なお，po 集合Dが，(2)のみをみたしているとき，Dは「有向完備半順序集合」（directed complete po set, dcpo と略記）と呼ばれる． □

第 2 章 記号論理と束

注意 1）上記（2）では，空でない X に対して $\vee X$ が要請されており，上の（2）では $\vee \phi$（i.e. $=0$）の存在は要請されていないゆえ，（1）が要請される．
2）情報科学の分野では，最小元 0 の代りに記号 $\bot$ が使用されることが多い．

つづいて先に触れたように，プログラムに相当することになるデータ領域間の連続関数の定義を与える．

定義（cpo 間の連続関数）
（1） D, D' を各々po 集合とする．その上で，関数 $f: D \to D'$ において，D の任意の元 x, y について，$x \leqslant y \Rightarrow f(x) \leqslant f(y)$ であるとき，f は「単調関数」（monotone function）と呼ばれる．
（2） D, D' を各々cpo とする．その上で，関数 $f: D \to D'$ において，D の任意の有向部分集合 X について，$\vee \{f(x) | x \in X\}$ が存在し，$f(\vee X) = \vee \{f(x) | x \in X\}$ であるとき，f は（cpo D, D' 間の）「連続関数」（continuous function）と呼ばれる． □

定理を一つ添えておこう．

定理 2.1 cpo D, D' 間の関数 f が連続関数のとき，f は単調関数である．

証明 $x, y \in D$ で $x \leqslant y$ とする．その上で $\{x, y\}$（$\subseteq D$）を考えると，$x \leqslant y$ かつ $y \leqslant y$ ゆえ，$\{x, y\}$ は D の有向部分集合であり，また $\vee \{x, y\} = y \cdots (*)$ である．一方 f は連続ゆえ，$f(\vee \{x, y\}) = \vee \{f(x), f(y)\} = f(x) \vee f(y)$ である．よって（*）をこの式の左辺に代入すると，$f(y) = f(x) \vee f(y)$ が成立する．すなわち $f(x) \leqslant f(y)$ となる． □

関数空間と ep 対

つづいて以下において一貫してキーポイントとなる関数空間と写像 ep 対について見ていく．まず関数空間の定義を掲げる．

定義（関数空間）

D, D' を各々 cpo とする．その上で，それらの間の連続関数 $f: D \to D'$ の全体（i.e. すべての f からなる集合）は，「関数空間」(function space) と呼ばれ，記号 $[D \to D']$ で表わされる．

また $f, g \in [D \to D']$ として，D の任意の元 x について，$f(x) \leq g(x)$ であるとき，$f \leq g$ と表わされ，この $\leq$ は $[D \to D']$ 上の「順序」と呼ばれる．□

このようにその上に順序をも定義された関数空間は，その順序に関してそれ自体 cpo となることが，示されてくる．

定理 2.2 D, D' を各々 cpo とする．このとき，関数空間 $[D \to D']$ は，その上に定義された $\leq$ に関して，cpo である．

証明 (1) $\leq$ が半順序 po であること，(2) $[D \to D']$ に最小元 0 が存在すること，(3) $[D \to D']$ の有向部分集合 G について，上限 $\vee G$ が存在すること，以上の三点を示せばよい．

(1) について．　上に定義された $\leq$ が，反射性，反対称性，推移性をみたすことを示せばよい．

(2) について．　$f_0: D \to D'$ を $f_0(x) = 0(\in D')$ とする．すると，この f_0 が $[D \to D']$ の最小元 0 となる．

(3) について．　任意の有向部分集合 $G(\subseteq [D \to D'])$ について，$g: D \to D'$ を $g(x) = \vee\{f(x) | f \in G\}$ …（*）とする．すると $g = \vee G$ としているゆえ，後は $g \in [D \to D']$ であることを示せばよい．すなわち g が連続関数であることを示せばよい．そのために，$X(\subseteq D)$ を D の有向部分集合とする．すると，$g(\vee X) \underset{①}{=} \vee\{f(\vee X) | f \in G\} \underset{②}{=} \vee\{\vee\{f(x) | x \in X\} | f \in G\} \underset{③}{=} \vee\{\vee\{f(x) | f \in G\} | x \in X\} \underset{④}{=} \vee\{g(x) | x \in X\}$ となり，g が連続であることが明らかとなる．ただし，①は上の（*）により，②は f の連続性により，③は II 部 1 章定理 2.2(2) により，④は上の（*）による．□

次に cpo 間の写像関係である ep 対の定義を与える．

第2章 記号論理と束

定義（ep 対）

D, D' を各々 cpo とする．その上で，$f: D \to D'$，$g: D' \to D$ なる二つの連続関数 f, g が下記の条件（#）をみたしているとき，f は D から D' への「埋め込み」(embedding) と呼ばれ，g は D' から D への「射影」(projection) と呼ばれる．

 (#) $g \circ f = \mathrm{id}_D$ かつ $f \circ g \leq \mathrm{id}_{D'}$ である．

また f, g 両者を対にした (f, g) は，D から D' への「ep 対」(ep pair) と呼ばれ，$D \xrightarrow[(f,g)]{} D'$ と表わされることもある．

なお D から D' への ep 対を f で表わし，その上で埋め込みの方は f^e，射影の方は f^p と表わされることもある（i.e. $f = (f^e, f^p)$，$D \xrightarrow{f} D'$）．

ただし条件（#）中の id_D は $\mathrm{id}_D : D \to D$ なる同一関数 identity，$\mathrm{id}_{D'}$ は $\mathrm{id}_{D'} : D' \to D'$ なる同一関数を表わしている． □

注意 1) 本書では，(f^e, f^p) とする表記の方を多用する．
2) 念のため，ep 対のイメージ図を添えておこう．

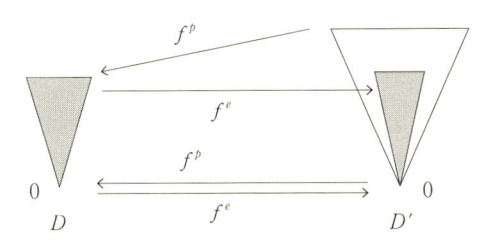

またここで ep 対の基本的な性質も提示しておこう．

定理 2.3 (f^e, f^p) を D から D' への ep 対とする．このとき，下記の (1)〜(5) が成立する．

(1) f^e は単射である．

(2) (f^e, f^p)，(g^e, g^p) が，各々 D から D' への ep 対とするとき，$f^e \leq g^e \iff g^p \leq f^p$ である．

(3) f^e に対する f^p は一意的に決まる．また f^p に対する f^e は一意的に決

まる.

(4) $x\in D$, $y\in D'$ として, $f^e(x)\leq y \iff x\leq f^p(y)$ である.

(5) 1) $D \xrightleftharpoons[\mathrm{id}_D]{\mathrm{id}_D} D$ として, $(\mathrm{id}_D, \mathrm{id}_D)$ は D から D への ep 対である.

2) $D \xrightarrow{(f^e, f^p)} D'$, $D' \xrightarrow{(g^e, g^p)} D''$ のとき, $D \xrightarrow{(g^e \circ f^e, f^p \circ g^p)} D''$ である. すなわち ep 対の合成は, また ep 対である.

証明 (1) について. $x, y \in D$ として, $f^e(x) = f^e(y) \Rightarrow x = y$ を示す. $f^e(x) = f^e(y)$ と仮定する. ここで ep 対の定義により, $f^p \circ f^e(x) = x$, $f^p \circ f^e(y) = y$ ゆえ, 上の仮定と合せて, $x = f^p \circ f^e(x) = f^p \circ f^e(y) = y$ を得る.

(2) について. 1) $\Rightarrow$ を示す. $f^e \leq g^e$ と仮定する. するとこの仮定と定義から, $g^p = \mathrm{id}_D \circ g^p = f^p \circ f^e \circ g^p \leq f^p \circ g^e \circ g^p \leq f^p \circ \mathrm{id}_{D'} = f^p$ を得る.

2) $\Leftarrow$ も, 同様にして示せる.

(3) について. (f^e, f_1^p), (f^e, f_2^p) とする. すると上の (2) により, $f^e \leq f^e \iff f_2^p \leq f_1^p$ かつ $f^e \leq f^e \iff f_1^p \leq f_2^p$ となる. よって, $f_2^p \leq f_1^p$ かつ $f_1^p \leq f_2^p$ であり, $f_1^p = f_2^p$ を得る. なお f^p に対する f^e の一意性も, 同様にして示せる.

(4) について. 1) $\Rightarrow$ を示す. $f^e(x) \leq y$ と仮定する. すると, 先の定理 2.1 により, f^p は連続ゆえ単調であり, $f^p \circ f^e(x) \leq f^p(y)$ を得る. 一方 $f^p \circ f^e(x) = \mathrm{id}(x) = x$ である. よって, $x \leq f^p(y)$ となる. 2) $\Leftarrow$ も, f^e の単調性から, 同様にして示せる.

(5) について. 1) は明らか. 2) を示す. まず, $f^p \circ g^p \circ g^e \circ f^e = f^p \circ f^e = \mathrm{id}_D$ が定義に従って成立する. また $g^e \circ f^e \circ f^p \circ g^p \leq g^e \circ g^p \leq \mathrm{id}_{D'}$ が同じく定義に従って成立する. □

さてこの § の最後に, 次 § での領域 D_∞ の構成に直結してくる定理を一つ提示する.

定理 2.4 A, A', B, B' を各々 cpo とし, $[A \to B]$, $[A' \to B']$ を各々関数空間とする. また, f, g 各々を $A \xrightarrow{f} A'$, $B \xrightarrow{g} B'$ なる ep 対とする. このとき, $[A \to B] \xrightarrow{h} [A' \to B']$ なる ep 対 h が存在する.

第2章 記号論理と束　　　　　　　　　175

証明　まず事柄の状況を図示しておこう．なお図中では，$[A \to B]$, $[A' \to B']$ なる関数空間を各々 C, C' とし，また縦にした形に配置してある．

$$
\left.\begin{array}{c} A \xrightarrow{f} A' \\ \parallel \\ (f^e, f^p) \\ \\ B \xrightarrow{g} B' \\ \parallel \\ (g^e, g^p) \end{array}\right\} \implies \begin{array}{c} C \xrightarrow{h=(h^e, h^p)} C' \\ \ulcorner A \urcorner \xrightleftharpoons[f^p]{f^e} \ulcorner A' \urcorner \\ x \downarrow \xrightarrow{} h^e(x) y \\ h^p(y) \xleftarrow{} \downarrow \\ \llcorner B \lrcorner \xrightleftharpoons[g^p]{g^e} \llcorner B' \lrcorner \end{array}
$$

上の状況図から明らかなように，存在する ep 対 $h \ (= (h^e, h^p))$ として，次のものとすればよい．ただしここでの λ 記号は，地の文上の記号としてメタ的に使用している．

$$
\begin{cases} h^e = \lambda x \in [A \to B].\ g^e \circ x \circ f^p. \\ \quad (\text{i.e. } h^e(x) = g^e \circ x \circ f^p) \\ h^p = \lambda y \in [A' \to B'].\ g^p \circ y \circ f^e. \\ \quad (\text{i.e. } h^p(y) = g^p \circ y \circ f^e) \end{cases}
$$

実際，h^e, h^p をこのようにするとき，(1) h^e, h^p は各々連続であること，(2) 1) $h^p \circ h^e = \mathrm{id}_{[A \to B]}$, 2) $h^e \circ h^p \leq \mathrm{id}_{[A' \to B']}$ であることが，以下のように容易に確認される．

(1) について．$[A \to B]$, $[A' \to B']$ 各々関数空間ゆえ，その元である x, y は各々連続関数である．また f^e, f^p, g^e, g^p も連続であることから，h^e, h^p も連続である．

(2) 1) $h^p \circ h^e(x) \underset{①}{=} h^p \circ (g^e \circ x \circ f^p) \underset{②}{=} g^p \circ g^e \circ x \circ f^p \circ f^e \underset{③}{=} \mathrm{id} \circ x \circ \mathrm{id} = x.$ ただし，①は h^e の定義により，②は h^p の定義により，③は ep 対の定義による．

2) 同様にして，$h^e \circ h^p(y) = h^e \circ (g^p \circ y \circ f^e) = g^e \circ g^p \circ y \circ f^e \circ f^p \leq y.$ ∎

§2.3　λ 領域 D_∞（つづき）

前 § に引きつづきこの § では，λ 計算での λ 項の両義性を納得するため

に，ある場合にはプログラムに対応し，別の場合にはデータにも対応するような対象を成員とする領域 D_∞ を，具体的に構成する作業を展開していこう．またこの § の後半では，構成された領域 D_∞ が実際にそのような性格をもつことの確認も，取り上げることにする．

領域 D_∞ の構成

はじめに，§2.2 の定理 2.2 を踏まえるとき，$D_0, D_1, \cdots, D_{n-1}, D_n, \cdots$ なる cpo の系列が，直ちに次のように定義されることに注目する．なお以下では，特に断らない限り，$n \in \omega$ とする．

定義 $(D_0, \cdots, D_n, \cdots)$
(1) $D_0 \underset{\mathrm{df}}{\equiv} D$. ただし，$D$ は空でない任意の cpo とする．
(2) $D_n \underset{\mathrm{df}}{\equiv} [D_{n-1} \to D_{n-1}]$. □

また同時に，上の系列をなす cpo 間には，すなわち任意の n についての D_n と D_{n+1} との間には，§2.2 の定理 2.4 を踏まえるとき，次のように f'_n, f''_n なる関数も定義されてくる．しかもその上で，それら f'_n, f''_n が ep 対となることも，定義につづく定理で示されてくる．

定義 (f'_n, f''_n)
(1) f'_0, f''_0 は，各々次の 1)，2) として定義される関数である．
1) $f'_0 : D_0 \to D_1$ で，$f'_0 \underset{\mathrm{df}}{\equiv} \lambda x \in D_0. (\lambda y \in D_0. x)$.
   (i.e. $f'_0(x) = \lambda y \in D_0. x$)
2) $f''_0 : D_1 \to D_0$ で，$f''_0 \underset{\mathrm{df}}{\equiv} \lambda z \in D_1. z(0)$.
   (i.e. $f''_0(z) = z(0)$)
(2) f'_n, f''_n は，各々次の 1)，2) として定義される関数である．
1) $f'_n : D_n \to D_{n+1}$ で，$f'_n \underset{\mathrm{df}}{\equiv} \lambda x \in D_n. f'_{n-1} \circ x \circ f''_{n-1}$.
2) $f''_n : D_{n+1} \to D_n$ で，$f''_n \underset{\mathrm{df}}{\equiv} \lambda y \in D_{n+1}. f''_{n-1} \circ y \circ f'_{n-1}$. □

第 2 章　記号論理と束　　　　　　　　　　　　　　　　　　　　　177

注意　この定義中に現れる λ 記号は，$\iff$ と同様に，地の文上の記号としてメタ的に使用している．

上記した二つの定義の状況を身近にするために，図を添えておこう．

$$
\left.
\begin{array}{c}
D_n \\[2pt]
D_{n-1} \underset{f''_{n-1}}{\overset{f'_{n-1}}{\rightleftarrows}} [D_{n-1} \longrightarrow D_{n-1}] \\
(*1) \qquad\qquad (*3) \\[10pt]
D_{n-1} \underset{f''_{n-1}}{\overset{f'_{n-1}}{\rightleftarrows}} [D_{n-1} \longrightarrow D_{n-1}] \\
(*2) \qquad\qquad (*4)
\end{array}
\right\}
\Longrightarrow
\begin{array}{c}
D_n \underset{f''_n}{\overset{f'_n}{\rightleftarrows}} D_{n+1} \\[6pt]
D_{n-1} \underset{f''_{n-1}}{\overset{f'_{n-1}}{\rightleftarrows}} [D_{n-1} \longrightarrow D_{n-1}] \\[6pt]
x \longmapsto f'_n(x) \\
\qquad f''_n(y) \longmapsfrom \qquad y \\[6pt]
D_{n-1} \underset{f''_{n-1}}{\overset{f'_{n-1}}{\rightleftarrows}} [D_{n-1} \longrightarrow D_{n-1}]
\end{array}
$$

注意　図中の $(*1), (*2), (*3), (*4)$ のところを各々 A, B, A', B' とおけば，上図が定理 2.4 の証明中に現れた図と重なることは，明らかであろう．すなわち f'_n, f''_n は定理 2.4 を踏まえたものとなっている．

定理 3.1　任意の n について，上で定義された f'_n, f''_n による (f'_n, f''_n) は ep 対となってくる．

証明　(1) f'_n, f''_n が各々連続であること，(2) $f''_n \circ f'_n = \mathrm{id}_{D_n}$，(3) $f'_n \circ f''_n \leq \mathrm{id}_{D_{n+1}}$ であることを，各々数学的帰納法を使って示していく．

[I]　f'_0, f''_0 について．　(1) 1) f'_0 は定値関数であり，連続であることは明らか．

2) f''_0 の連続性は，$X \subseteq D_1$ として次のように示される．$f''_0(\vee X) \underset{\circledast}{=} \vee X$ $(0_0) = \vee \{z(0_0) \mid z \in X\} = \vee \{f''_0(z) \mid z \in X\} = \vee \{f''_0(x) \mid x \in X\}$. 　ただし $\circledast$ は $\vee X \in D_1$ と f''_0 の定義による．

(2)　$f''_0 \circ f'_0(x) = f''_0(\lambda y \in D_0. \, x) = (\lambda y \in D_0. \, x)(0_0) = x$.

(3)　$f'_0 \circ f''_0(z) = f'_0(z(0_0)) = \lambda y \in D_0. \, z(0_0) \leq z$.

［Ⅱ］ f'_n, f''_n について． (1) 1) f'_n の連続性は，すなわち $f'_n(\vee X) = \vee \{f'_n(z) | z \in X\}$（ただし $X \subseteq D_n$ として）は，f'_{n-1} の連続性を仮定（帰納法）した上で，次のように示される．$f'_n(\vee X) = f'_{n-1} \circ \vee X \circ f''_{n-1} = \lambda y \in D_n.(f'_{n-1} \circ \vee X \circ f''_{n-1})(y) \underset{①}{=} \lambda y \in D_n. f'_{n-1} \vee \{z(f''_{n-1}(y)) | z \in X\} \underset{②}{=} \lambda y \in D_n. \vee \{f'_{n-1} \circ z \circ f''_{n-1}(y) | z \in X\} = \lambda y \in D_n. \vee \{f'_n(z)(y) | z \in X\} = \vee \{f'_n(z) | z \in X\}$．ただし①は，$\vee X(x) = \vee \{z(x) | z \in X\}$ であること，②は f'_{n-1} の連続性を使っている．

2) f''_n の連続も，同様にして示せる．

(2) $f''_{n-1} \circ f'_{n-1} = \mathrm{id}_{D_{n-1}}$ と仮定する（帰納法）．すると，$f''_n \circ f'_n(x) = f''_{n-1} \circ f'_n(x) \circ f'_{n-1} = f''_{n-1} \circ f'_{n-1} \circ x \circ f''_{n-1} \circ f'_{n-1} = x$ である（i.e. $f''_n \circ f'_n = \mathrm{id}_{D_n}$）．

(3) $f'_{n-1} \circ f''_{n-1} \leq \mathrm{id}_{D_n}$ と仮定する（帰納法）．すると，$f'_n \circ f''_n(y) = f'_{n-1} \circ f''_n(y) \circ f''_{n-1} = f'_{n-1} \circ f''_{n-1} \circ y \circ f'_{n-1} \circ f''_{n-1} \leq y$ である（i.e. $f'_n \circ f''_n \leq \mathrm{id}_{D_n}$）． □

このように先に定義した f'_n, f''_n（$n \geq 0$）からなる (f'_n, f''_n) が ep 対となることから，今後は改めて，f'_n, f''_n 各々を f^e_n, f^p_n と表記し直していくことにする．

定義（f^e_n, f^p_n）
先の定義での f'_n, f''_n（$n \geq 0$）は，各々 f^e_n, f^p_n（$n \geq 0$）と表わされる．また (f^e_n, f^p_n) は ep 対として単に f_n と表わされることもある． □

注意 この表記に従うと，$n \geq 1$ のとき，f^e_n, f^p_n 各々は，$f^e_n = \lambda x \in D_{n-1}. f^e_{n-1} \circ x \circ f^p_{n-1}$，$f^p_n = \lambda y \in D_n. f^p_{n-1} \circ y \circ f^e_{n-1}$ となる．

さて以上により，$D_0 \xrightarrow{f_0} D_1 \xrightarrow{f_1} D_2 \to \cdots \to D_n \xrightarrow{f_n} D_{n+1} \to \cdots$ なる ep 対で結ばれた cpo の系列が得られてきたことになる．そしてその構成を目的としている領域 D_∞ は，まさにこの系列をベースに次のように定義されてくる．

定義（領域 D_∞）

$D_\infty \underset{\mathrm{df}}{=} \{\langle d_0, d_1, \cdots, d_n, \cdots\rangle \mid$ 任意の n について，$d_n \in D_n$ かつ $d_n = f_n^p(d_{n+1})$ である$\}$．

またこの D_∞ 上の順序 $\leq$ は，任意の n について，$d_n \leq d'_n$ のとき，$\langle d_0, d_1, \cdots, d_n, \cdots\rangle \leq \langle d'_0, d'_1, \cdots, d'_n, \cdots\rangle$ である，とされる． □

注意 D_∞ は $D_0 \times D_1 \times \cdots \times D_n \times \cdots$ の部分集合となっている（i.e. $D_\infty \subseteq D_0 \times D_1 \times \cdots \times D_n \times \cdots$）．

領域 D_∞ の性質

それでは，λ 項の両義性を理解するためにその構成を目ざしていた領域 D_∞ は，上のように定義されるとき，実際にそのような性格をもっているであろうか．すなわち，§2.2 のはじめの部分でもすでに触れたように，D_∞ と $[D_\infty \to D_\infty]$ とは同等（i.e. $D_\infty \cong [D_\infty \to D_\infty]$）となっているであろうか．もとより答は肯定的である．しかしどのような事情で $D_\infty \cong [D_\infty \to D_\infty]$ が成立してくるのかの確認作業は必要である．そしてそのためにも，まずは領域 D_∞ 自体が cpo であることを見ておく．

定理 3.2 領域 D_∞ は cpo である．

証明 (1) D_∞ 上の順序 $\leq$ は po であることについて．この $\leq$ が反射性，反対称性，推移性をみたすことを示せばよい．

(2) D_∞ が最小元をもつことについて．各 D_n の最小元を 0_n とすると，$f_n^p(0_{n+1}) = 0_n$ ゆえ，$\langle 0_0, 0_1, \cdots, 0_n, \cdots\rangle$ なる元が D_∞ には存在することになる．しかもこの元が，$\leq$ の定義より，D_∞ の最小元である．

(3) X を D_∞ の任意の有向部分集合として，$\vee X \in D_\infty$ なる $\vee X$ が存在することについて．まず各 n について，$X_n = \{d_n \mid \langle d_0, d_1, \cdots, d_n, \cdots\rangle \in X \subseteq D_\infty\}$ とする．すると X_n は cpo である D_n の有向部分集合ゆえ，$\vee X_n \in D_n$ が存在する．そこで $\vee X = \langle \vee X_0, \vee X_1, \cdots, \vee X_n, \cdots\rangle$ を考える．すると，$\leq$

の定義により,$\vee X$ が X の上限であることは明らか.また $\vee X\in D_\infty$ も次のように示せる.すなわち各 n について,$f_n^p(\vee X_n)\underset{\text{①}}{=}\vee\{f_n^p(d_{n+1})|d_{n+1}\in X_{n+1}\}\underset{\text{②}}{=}\vee\{d_n|d_n\in X_n\}=\vee X_n$ であり,$\langle\vee X_0,\vee X_1,\cdots,\vee X_n,\cdots\rangle\in D_\infty$ (i.e. $\vee X\in D_\infty$) である.ただし①は f_n^p の連続性により,②は D_∞ の定義による. □

次にこの cpo D_∞ と,系列 $D_0\to D_1\to\cdots\to D_n\to D_{n+1}\to\cdots$ の成員である各 cpo D_n との間に成立する関係 μ_n', μ_n'' に注目する.

定義 $(\mu_n',\ \mu_n'')$

μ_n', μ_n'' は,各々次の (1),(2) として定義される関数である.

(1) $\mu_n':D_n\to D_\infty$ で,$\mu_n'(d_n)\underset{\text{df}}{=}\langle d_0,d_1,\cdots,d_n,\cdots\rangle$. ただし,$0\leq i<n$ のとき,$d_i=f_i^p\circ f_{i-1}^p\circ\cdots\circ f_{n-1}^p(d_n)$,また $d_n=d_n$,また $n<j$ のとき,$d_j=f_{j-1}^e\circ f_{j-2}^e\circ\cdots\circ f_n^e(d_n)$ である.

(2) $\mu_n'':D_\infty\to D_n$ で,$\mu_n''(d)=d_n$. ただし $d=\langle d_0,d_1,\cdots,d_n,\cdots\rangle(\in D_\infty)$ とする. □

定理 3.3 任意の n について,上で定義された μ_n', μ_n'' による (μ_n',μ_n'') は ep 対となってくる.

証明 まず (1) $\mu_n''\circ\mu_n'=\text{id}_{D_n}$,(2) $\mu_n'\circ\mu_n''\leq\text{id}_{D_\infty}$ を示し,その上でこの (1),(2) を使って (3) μ_n',μ_n'' 各々の連続性を示す.

(1) $\mu_n''\circ\mu_n'(d_n)=\mu_n''\langle d_0,d_1,\cdots,d_n,\cdots\rangle=\mu_n''(d)=d_n$. すなわち $\mu_n''\circ\mu_n'=\text{id}_{D_n}$.

(2) $d=\langle d_0,d_1,\cdots,d_n,\cdots\rangle\in D_\infty$ とする.すると $\mu_n''(d)=d_n\cdots$ (*1) である.また一方で,$\mu_n'(d_n)=\langle d_0',d_1',\cdots,d_n',\cdots\rangle\in D_\infty$ とおくと,定義により,$0\leq i<n$ のとき,$d_i'=f_i^p\circ f_{i+1}^p\circ\cdots\circ f_{n-1}^p(d_n)=d_i$,また $d_n'=d_n$,また $n<j$ のとき,$d_j'=f_{j-1}^e\circ f_{j-2}^e\circ\cdots\circ f_n^e(d_n)=f_{j-1}^e\circ f_{j-2}^e\circ\cdots\circ f_n^e\circ f_n^p\circ\cdots\circ f_{j-2}^p\circ f_{j-1}^p(d_j)\leq d_j$ である.すると $\langle d_0',\cdots,d_i',\cdots d_n',\cdots,d_j',\cdots\rangle\leq\langle d_0,\cdots,d_i,\cdots,d_n,\cdots,d_j,\cdots\rangle$ を得る.すなわち $\mu_n'(d_n)\leq d$ を得る.よって先の (*1) と合せて,$\mu_n'\circ\mu_n''(d)\leq d$ となる.すなわち $\mu_n'\circ\mu_n''\leq\text{id}_{D_\infty}$.

第2章 記号論理と束   181

(3) 1) μ'_n の連続性について．X_n を D_n の有向部分集合として，まず次の関係（#）が成立することに注目する．

(#) $\mu'_n(\vee X_n) \leq d \underset{①}{\Longleftrightarrow} \vee X_n \leq \mu''_n(d) \underset{②}{\Longleftrightarrow} \forall x \in X_n (x \leq \mu''_n(d)) \underset{③}{\Longleftrightarrow} \forall x \in X_n (\mu'_n(x) \leq d) \underset{④}{\Longleftrightarrow} \vee \{\mu'_n(x) | x \in X_n\} \leq d$．ただしここで，①と③は，$\mu'_n, \mu''_n$ が上の(1)，(2)をみたすこと，および単調であること（下記の注意参照）から，§2.2の定理2.3(4)が適用できることによる．また②，④は，$\vee$ の性質による．

さて次に，上の（#）中の d を $\mu'_n(\vee X_n)$ としてみる．すると，$\mu'_n(\vee X_n) \leq \mu'_n(\vee X_n) \Longleftrightarrow \vee \{\mu'_n(x) | x \in X_n\} \leq \mu'_n(\vee X_n)$ となり，$\Longleftrightarrow$ の左辺が真であることより，右辺 $\vee \{\mu'_n(x) | x \in X_n\} \leq \mu'_n(\vee X_n) \cdots (*2)$ が成立する．さらに上の（#）中の d を $\vee \{\mu'_n(x) | x \in X_n\}$ としてみる．すると，$\mu'_n(\vee X_n) \leq \vee \{\mu'_n(x) | x \in X_n\} \Longleftrightarrow \vee \{\mu'_n(x) | x \in X_n\} \leq \vee \{\mu'_n(x) | x \in X_n\}$ となり，$\Longleftrightarrow$ の右辺が真であることより，左辺 $\mu'_n(\vee X_n) \leq \vee \{\mu'_n(x) | x \in X_n\} \cdots (*3)$ が成立する．よって，$(*2), (*3)$ より，$\mu'_n(\vee X_n) = \vee \{\mu'_n(x) | x \in X_n\}$ が得られる．すなわち μ'_n は連続である．

2) μ''_n の連続性について．X を D_∞ の有向部分集合とし，$X_n = \{d_n | \langle d_0, d_1, \cdots, d_n, \cdots \rangle \in X\}$ とおく．すると，$\vee X = \langle \vee X_0, \vee X_1, \cdots, \vee X_n, \cdots \rangle$ ゆえ，$\mu''_n(\vee X) = \vee X_n = \vee \{\mu''_n(d) | d \in X\}$ が得られる．すなわち μ''_n は連続である．□

注意 §2.2の定理2.1によれば，連続であれば単調であったが，上の (3) 1) は，μ'_n の連続性自体の証明であり，μ'_n の単調性は別途に証明されなければならない．その証明は容易であるが，念のため記しておこう．$d_n \leq d'_n$ と仮定する．ところで $\mu'_n(d'_n) = \langle d'_0, \cdots, d'_i, \cdots, d'_n, \cdots, d'_j, \cdots \rangle$ で，$d'_i = f^p_i \circ \cdots \circ f^p_{n-1}(d'_n)$, $d'_n = d'_n$, $d'_j = f^e_{j-1} \circ \cdots \circ f^e_n(d'_n)$ である．一方 $\mu'_n(d_n) = \langle d_0, \cdots, d_i, \cdots d_n, \cdots, d_j, \cdots \rangle$ で，$d_i = f^p_i \circ \cdots \circ f^p_{n-1}(d_n) \underset{①}{\leq} f^p_i \circ \cdots \circ f^p_{n-1}(d'_n)$, $d_n \leq d'_n$, $d_j = f^e_{j-1} \circ \cdots \circ f^e_n(d_n) \underset{②}{\leq} f^e_{j-1} \circ \cdots \circ f^e_n(d'_n)$ である．よって，$\mu'_n(d_n) \leq \mu'_n(d'_n)$ が成立する．ただし①，②は各々 $f^p_i \circ \cdots \circ f^p_{n-1}$, $f^e_{j-1} \circ \cdots \circ f^e_n$ の単調性による．

このように先に定義した μ'_n, μ''_n ($n \geq 0$) からなる (μ'_n, μ''_n) が ep 対となることから，今後は改めて，μ'_n, μ''_n 各々を μ^e_n, μ^p_n と表記し直していくことにする．

定義 (μ_n^e, μ_n^p)

先の定義での μ_n', μ_n'' ($n \geq 0$) は，各々 μ_n^e, μ_n^p ($n \geq 0$) と表わされる．また (μ_n^e, μ_n^p) は ep 対として単に μ_n と表わされることがある． □

以上，D_∞ と D_n との関係で ep 対となる μ_n^e, μ_n^p に注目した．というのも，実はこの μ_n^e, μ_n^p を使って，D_∞ と $[D_\infty \to D_\infty]$ の同等性も証明されるからである．しかしそのためには，この μ_n^e, μ_n^p の性質について，もう少し見ておくことが必要となる．

定理 3.4 (1) $\mu_{n+1}^e \circ f_n^e = \mu_n^e$． (2) $f_n^p \circ \mu_{n+1}^p = \mu_n^p$．ただし，$f_n^e : D_n \to D_{n+1}$, $f_n^p : D_{n+1} \to D_n$ とする．

証明 §2.2 定理 2.3(5)2) により，ep 対の合成は ep 対である．よって，$\mu_{n+1}^e \circ f_n^e$ と $f_n^p \circ \mu_{n+1}^p$ は ep 対をなす．また同定理 (3) により，e, p は各々互いに一意的である．よって，上の (1)，(2) が成立する． □

定理 3.5 (1) $\{\mu_n^e \circ \mu_n^p \mid n \in \omega\}$ は上昇列である (i.e. 任意の $n (\in \omega)$ について，$\mu_n^e \circ \mu_n^p \leq \mu_{n+1}^e \circ \mu_{n+1}^p$ である)．
(2) $\vee \{\mu_n^e \circ \mu_n^p \mid n \in \omega\} = \mathrm{id}_{D_\infty}$ である．

証明 (1) について．$\mu_n^e \circ \mu_n^p \underset{①}{=} \mu_{n+1}^e \circ f_n^e \circ f_n^p \circ \mu_{n+1}^p \underset{②}{\leq} \mu_{n+1}^e \circ \mu_{n+1}^p$．ただし，①は定理 3.4 により，②は $f_n^e \circ f_n^p \leq \mathrm{id}_{D_{n+1}}$ による．

(2) について．まず準備として次の 1), 2) を示す．その上で 3) として (2) を示していく．

1) $n \geq m$ とする．このとき，$\mu_m^e \circ \mu_n^e \circ \mu_n^p \underset{①}{=} f_m^p \circ f_{m+1}^p \circ \cdots \circ f_{n-1}^p \circ \mu_n^p \circ \mu_n^e \circ \mu_n^p \underset{②}{=} f_m^p \circ f_{m+1}^p \circ \cdots \circ f_{n-1}^p \circ \mu_n^p \underset{③}{=} \mu_m^p \cdots$ (*) が成立する．ただし，①，③ は定理 3.4 (2) により，② は $\mu_n^p \circ \mu_n^e = \mathrm{id}_{D_n}$ による．

2) $n \geq m$ とする．このとき，$\mu_m^e \circ \vee \{\mu_n^e \circ \mu_n^p \mid n \geq 0\} \underset{①}{=} \mu_m^e \circ \vee \{\mu_n^e \circ \mu_n^p \mid n \geq m\} \underset{②}{=} \vee \{\mu_m^p \circ \mu_n^e \circ \mu_n^p \mid n \geq 0\} = \vee \{\mu_n^p \mid n > m\} = \mu_m^p \cdots$ (**) が成立する．ただし，①はこの定理の(1) により，②は μ_m^p の連続性により，③は上の

($*$) による.

3) 上の準備のもとに (2) を示す.まず $d=\langle d_0,\cdots,d_n,\cdots\rangle$ とし,$\vee\{\mu_n^e\circ\mu_n^p|n\geqq 0\}(d)=d'=\langle d'_0,\cdots,d'_n,\cdots\rangle(\in D_\infty)$ とおく.すると,$d_m\underset{①}{\equiv}\mu_m^p(d)\underset{②}{\equiv}\mu_m^p\circ\vee\{\mu_n^e\circ\mu_n^p|n\geqq 0\}(d)=\mu_m^p(d')\underset{③}{\equiv}d'_m$ となり,$d=d'$ を得る.よって,$\vee\{\mu_n^e\circ\mu_n^p|n\geqq 0\}(d)=d$ が成立する.すなわち $\vee\{\mu_n^e\circ\mu_n^p|n\geqq 0\}=\mathrm{id}_{D_\infty}$ である.ただし,①,③は μ_m^p の定義により,②は上の ($**$) による. □

ここで先に進む前に,念のため,いままで言及したところの状況図を添えておこう.

$$D_0 \underset{f_0^p}{\overset{f_0^e}{\rightleftarrows}} D_1 \rightleftarrows \cdots \rightleftarrows D_i \underset{f_i^p}{\overset{f_i^e}{\rightleftarrows}} \cdots \rightleftarrows D_{n-1} \underset{f_n^p}{\overset{f_n^e}{\rightleftarrows}} D_n \rightleftarrows D_{n+1} \rightleftarrows \cdots \rightleftarrows D_j \underset{f_{j-1}^p}{\overset{f_{j-1}^e}{\rightleftarrows}} \cdots \rightleftarrows D_\infty \rightleftarrows$$

with maps $\mu_i^p, \mu_i^e, \mu_n^p, \mu_n^e, \mu_j^e, \mu_j^p$ to/from D_∞, and $\vee\{\mu_n^e\circ\mu_n^p|n\in\omega\}=\mathrm{id}_{D_\infty}$.
$[D_n\xrightarrow[d_{n+1}]{}D_n]$
$f_i^p\circ\cdots\circ f_{n-1}^p$, $f_{j-1}^e\circ\cdots\circ f_n^e$

$D_\infty\cong[D_\infty\to D_\infty]$

いよいよ $D_\infty\cong[D_\infty\to D_\infty]$ に注目し,その証明を与えよう.すなわち $\Phi:D_\infty\to[D_\infty\to D_\infty]$,$\Psi:[D_\infty\to D_\infty]\to D_\infty$ なる写像 Φ,Ψ を定義し,この Φ,Ψ が $\Psi\circ\Phi=\mathrm{id}_{D_\infty}$ かつ $\Phi\circ\Psi=\mathrm{id}_{[D_\infty\to D_\infty]}$ をみたすこと (i.e. $D_\infty\cong[D_\infty\to D_\infty]$) を定理 3.7 として,その証明を与えることにする.

定義(Φ, Ψ)

Φ, Ψ は各々次の (1),(2) として定義される写像である.

(1) $\Phi:D_\infty\to[D_\infty\to D_\infty]$ で,$\Phi(d)\underset{\mathrm{df}}{\equiv}\vee\{\mu_n^e\circ d_{n+1}\circ\mu_n^p|n\geqq 0\}(\in[D_\infty\to D_\infty])$.ただし,$d=\langle d_0,d_1,\cdots,d_n,\cdots\rangle(\in D_\infty, d_n\in D_n)$ とする.

(2) $\Psi:[D_\infty \to D_\infty] \to D_\infty$ で, $\Psi(g) \underset{\mathrm{df}}{\equiv} \langle g_0, g_1, \cdots, g_n, \cdots \rangle (\in D_\infty)$. ただし, $g \in [D_\infty \to D_\infty]$ とし, $g_{n+1} = \mu_n^e \circ g \circ \mu_n^p (n \geq 0)$, $g_0 = f_0^p(g_1)$ とする. なお $f_0^p : D_1 \to D_0$ である. □

定理 3.7 の前に定理を一つおかなければならない.

定理 3.6 (1) $\{\mu_n^e \circ d_{n+1} \circ \mu_n^p | n \in \omega\}$ は上昇列である.
(2) $f_n^p(g_{n+1}) = g_n$.

証明 (1) について. 任意の n について, $\mu_n^e \circ d_{n+1} \circ \mu_n^p \underset{①}{\equiv} \mu_{n+1}^e \circ f_n^e \circ d_{n+1} \circ f_n^p \circ \mu_{n+1}^p \underset{②}{\equiv} \mu_{n+1}^e \circ f_n^e \circ f_{n+1}^p(d_{n+2}) \circ f_n^p \circ \mu_{n+1}^p \underset{③}{\equiv} \mu_{n+1}^e \circ f_{n+1}^e(f_{n+1}^p(d_{n+2})) \circ \mu_{n+1}^p \underset{④}{\leq} \mu_{n+1}^e \circ d_{n+2} \circ \mu_{n+1}^p$ が成立する. ただし, ①は定理 3.4 により, ②は d_{n+1} の定義により, ③は f_{n+1}^e の定義により, ④は $f_{n+1}^e \circ f_{n+1}^p \leq \mathrm{id}_{D_{n+2}}$ による.

(2) について. $f_0^p(g_1) = g_0$ は Ψ の定義による. また $f_n^p(g_{n+1}) \underset{①}{\equiv} f_{n-1}^p \circ g_{n+1} \circ f_{n-1}^e \underset{②}{\equiv} f_{n-1}^p \circ \mu_n^e \circ g \circ \mu_n^p \circ f_{n-1}^e \underset{③}{\equiv} \mu_{n-1}^p \circ g \circ \mu_{n-1}^e \underset{④}{\equiv} g_n$ である. ただし, ①は f_n^p の定義により, ②は g_{n+1} の定義により, ③は定理 3.4 により, ④は g_n の定義による. □

定理 3.7 Φ, Ψ は各々先に定義した写像とする. このとき, $\Psi \circ \Phi = \mathrm{id}_{D_\infty}$ かつ $\Phi \circ \Psi = \mathrm{id}_{[D_\infty \to D_\infty]}$ が成立する (i.e. $D_\infty \cong [D_\infty \to D_\infty]$).

証明 (1) $\Psi \circ \Phi(d) = d (\in D_\infty)$ を示す. まず $d = \langle d_0, d_1, \cdots, d_n, \cdots \rangle$ とし, $\Psi \circ \Phi(d) = d' = \langle d_0', d_1', \cdots, d_n', \cdots \rangle$ とする. すると, $d_{n+1}' \underset{①}{\equiv} \mu_n^p \circ \vee \{\mu_i^e \circ d_{i+1} \circ \mu_i^p | i \geq 0\} \circ \mu_n^e \underset{②}{\equiv} \mu_n^p \circ \vee \{\mu_i^e \circ d_{i+1} \circ \mu_i^p | i \geq n\} \circ \mu_n^e \underset{③}{\equiv} \vee \{\mu_n^p \circ \mu_i^e \circ d_{i+1} \circ \mu_i^p \circ \mu_n^e | i > n\} \cdots (*1)$ が成立する. ただし, ①は Φ, Ψ の定義により, ②は定理 3.6 (1) により, ③は μ_n^p, μ_n^e の連続性による.

一方 $i > n$ のとき, $\mu_i^p \circ \mu_n^e \underset{①}{\equiv} \mu_i^p \circ \mu_i^e \circ f_{i-1}^e \circ \cdots \circ f_{n+1}^e \circ f_n^e \underset{②}{\equiv} f_{i-1}^e \circ \cdots \circ f_{n+1}^e \circ f_n^e \cdots (*2)$ である. ただし, ①は定理 3.4 により, ②は $\mu_i^p \circ \mu_i^e = \mathrm{id}_{D_i}$ による. また $i > n$ のとき, 同様にして, $\mu_n^p \circ \mu_i^e = f_n^p \circ f_{n+1}^p \circ \cdots \circ f_{i-1}^p \cdots (*3)$ である.

そこでこの $(*2), (*3)$ を, 先の $(*1)$ の $\vee$ 内に使うと, $\mu_n^p \circ \mu_i^e \circ d_{i+1} \circ \mu_i^p \circ$

$\mu_n^e = f_n^p \circ f_{n+1}^p \circ \cdots \circ f_{i-1}^p \circ d_{i+1} \circ f_{i-1}^e \circ \cdots \circ f_{n+1}^e \circ f_n^e \underset{①}{=} f_{n+1}^p(f_{n+2}^p(\cdots(f_i^p(d_{i+1}))\cdots)) \underset{②}{=} d_{n+1}\cdots$ (*4)を得る．ただし，①は$f_{n+1}^p, \cdots, f_i^p$各々の定義により，②はそれらをd_{i+1}に適用した結果である．

さてすると，(*1), (*4) から，$d'_{n+1} = \vee \{d_{i+1} | i > n\} = d_{n+1}$ となる．よって，$\Psi \circ \Phi(d) = d$ が成立する．

(2) $\Phi \circ \Psi(g) = g$ を示す．先の定理3.5(2)より，$\vee \{\mu_n^e \circ \mu_n^p | n \geq 0\} = \mathrm{id}_{D_\infty}$ であることに注意すると，$g = \vee \{\mu_i^e \circ \mu_i^p | i \geq 0\} \circ g \circ \vee \{\mu_j^e \circ \mu_j^p | j \geq 0\} = \vee \{\mu_i^e \circ \mu_i^p \circ g \circ \mu_j^e \circ \mu_j^p | i, j \geq 0\} = \vee \{\mu_k^e \circ \mu_k^p \circ g \circ \mu_k^e \circ \mu_k^p | k = max(i,j) \geq 0\} \underset{\circledast}{=} \Phi \circ \Psi(g)$ が成立する．ただし，$\circledast$ は Φ, Ψ の定義による． □

注意 上の(1)での証明では，$d'_{n+1} = d_{n+1}$ は示されたが，$d'_0 = d_0$ については，$d'_0 = f_0^p(d'_1)$ と $d'_1 = d_1$ から得られること，ひと言添えておく．

λ 領域 D_∞ による λ 項の解釈

上の定理3.7 $D_\infty \cong [D_\infty \to D_\infty]$ により，領域 D_∞ の両義性はしっかりと確認できた．すなわち D_∞ が λ 領域に他ならないことが確認できた．したがって λ 項の両義性についても，λ 項はこの領域 D_∞ の元を指示している，と解釈すれば，§2.2の冒頭で触れた λ 計算論での課題に対して，確かに一つの解答が与えられたといえる．しかし λ 計算論での λ 項の解釈については，もう少し明確な仕方で定式化されている．そこでこの§2.3の最後に，その点についてごく簡単に触れておこう．

定義（λ モデルなど）

D_∞, Φ, Ψ は，各々既出のとおりとし，また $[\![\ ]\!]$ と ρ は，$[\![\ ]\!]_\rho$ として下記の (1)～(3) をみたす λ 項から D_∞ への対応づけとする．このとき，$\langle D_\infty, \Phi, \Psi, [\![\ ]\!], \rho \rangle$ は，λ 項の「解釈」(interpretation)，または λ 計算の「解釈の枠組」(model) と呼ばれる．またこのモデルは，「λ モデル」(λ model) あるいは「スコット・モデル」(Scott's model) と呼ばれることもある．

(1) $[\![x]\!]_\rho = \rho(x) (\in D_\infty)$． ただし ρ は，λ 項である自由変項 x に対する

D_∞ の元の対応づけである.

(2) $[\![AB]\!]_\rho = (\Phi[\![A]\!]_\rho)[\![B]\!]_\rho$.

(3) $[\![\lambda x. A]\!]_\rho = \Psi(g)$.　　ただし, $g = \lambda d \in D_\infty. [\![A]\!]_\rho [x := d]$ である.

なお (2), (3) において, $[\![A]\!]_\rho, [\![B]\!]_\rho$ は λ 項 A, B 各々の中の自由変項を, ρ で対応づけした上での D_∞ の元への対応づけである.　　□

実際, このように λ 項への解釈を定義すると, λ 計算で成立する事柄は, この解釈 (i.e. モデル) のもとで真となることが, 直ちに明らかとなる. たとえば, λ 計算すなわち λ 簡約の中核である β 変換は, この解釈のもとで真となることが, 直ちに明らかとなる.

定理 3.8　$(\lambda x. A)B \xrightarrow{\beta} A[x := B]$ は, 上記解釈 (i.e. モデル) のもとで真である.

証明　$[\![(\lambda x. A)B]\!]_\rho = (\Phi(\Psi(g)))[\![B]\!]_\rho$ (ただし $g = \lambda d \in D_\infty. ([\![A]\!]_\rho [x := d])$
$= g[\![B]\!]_\rho = [\![A]\!]_\rho [x := [\![B]\!]_\rho] = [\![A[x := B]]\!]_\rho$.　　□

以上 §2.2, §2.3 において, λ 計算論の大切な課題に対して, 領域 D_∞ による解答を眺めてみた. とくにその中心となる D_∞ の構成について, しっかりと記してみた. しかし一方で, その構成の背後にある考え方あるいは事柄の実体についての言及は, ほとんどなされていない. というのは, この点については, 実はⅢ部2章§2.2で改めて取り上げられることになっているからである.

§2.4　公理的集合論 ZFC のブール値モデル

ブール値関数の世界 $V^{(B)}$

この § では, ZFC と完備ブール代数 cBa との関わりを取り上げる. とい

ってもここでは，ZFC も cBa と関わりがあることの確認として，そのごく一端への言及に留める．

注意 実際このテーマは，集合論では AC や CH などの独立性の証明問題と直結しており，集合論での重要事項の一つである．したがってこのテーマについては，詳しく解説された和書も多くあり，ここでの言及以上の本格的な内容は，それらの文献に委ねることにする．

集合が関数と対応することは，Ⅰ部2章 §2.2 で触れた特性関数などからも容易に予想されることである．実際この予想どおり，ZFC の集合たち各々には，2 (i.e. $\{1,0\}$) なるブール代数を値域とするブール値関数を対応させることができる．すなわち ZFC の集合たちの世界 universe を V と表わすとき，その各々に対応する2値のブール値関数たちの世界 $V^{(2)}$ が，次のように定義されてくる．

定義 ($V^{(2)}$)

(1) $V_0^{(2)} \underset{\mathrm{df}}{\equiv} \phi$, (2) $V_\alpha^{(2)} \underset{\mathrm{df}}{\equiv} \{x \mid x:Dom(x) \to 2 \text{ かつ } \exists \gamma < \alpha (Dom(x) \subseteq V_\gamma^{(2)})\}$
とする．その上で，$V^{(2)} \underset{\mathrm{df}}{\equiv} \bigcup_{\alpha \in OR} V_\alpha^{(2)}$ である．ただし，$Dom(x)$ は x の定義域を表わしている．

なお $V^{(2)}$ は，「2値ブール関数の世界」(universe of 2 valued Boolean functions) と呼ばれる． □

このように $V^{(2)}$ が定義されると，ZFC の集合たちの世界 V と $V^{(2)}$ との間には，全単射となる対応関係が成立する．しかしこの点について，詳しく触れることはここでは省略する．

ところで $V^{(2)}$ の定義は，ブール値関数の値域を2値のブール代数2ではなく，それをも一部に含む完備ブール代数 cBa に拡大した場合のブール値関数たちの世界 $V^{(B)}$ の可能性も予想させる．実際，$V^{(B)}$ は次のように定義されてくる．

定義 ($V^{(B)}$)

(1) $V_0^{(B)} \underset{\mathrm{df}}{=} \phi$, (2) $V_\alpha^{(B)} \underset{\mathrm{df}}{=} \{x | x : Dom(x) \to \mathrm{B}$ かつ $\exists \gamma < \alpha (Dom(x) \subseteq V_\gamma^{(B)})\}$ とする．その上で，$V^{(B)} \underset{\mathrm{df}}{=} \bigcup_{\alpha \in OR} V_\alpha^{(B)}$ である． ただし $Dom(x)$ は x の定義域を，B は cBa を表わしている．なお $V^{(B)}$ は，「ブール値関数の世界」(universe of Boolean valued functions) と呼ばれる． □

このように $V^{(B)}$ が定義されると，これまたここでは省略するが，$V^{(2)}$ がその部分構造となっていることも明示されてくる．と同時にこのことは，$V^{(2)}$ が ZFC の集合たちの世界 V に対応していることから，逆に $V^{(B)}$ に対応する集合たちの世界の存在を示唆することになる．すなわち $V^{(B)}$ の導入は，従来の集合概念では捉えられない集合たちの世界をもたらす可能性を生む．実際その結果，20 世紀後半の集合論では多様な集合が登場することになり，集合論の分野は大変豊かなものとなってくる．

なお上の $V^{(2)}$，$V^{(B)}$ の定義には，それに伴って各々の世界の元 x に，次のような「位数」(rank) と呼ばれる順序数が定義されること，ここに添えておく．

定義 (rank (x))

(1) $\mathrm{rank}(x) \underset{\mathrm{df}}{=} \mu\alpha (x \in V_\alpha^{(2)})$.
(2) $\mathrm{rank}(x) \underset{\mathrm{df}}{=} \mu\alpha (x \in V_\alpha^{(B)})$. □

注意 $V^{(2)}$，$V^{(B)}$ の定義は，各々位数 α に関しての超限帰納法にもとづく定義となっている．

B 式とそのブール値

ZFC の論理式（i.e. 命題）は，V の元（i.e. 集合）についての性質や関係などを表現している．すると，V と $V^{(B)}$ の一部との対応から，当然 $V^{(B)}$ の元（i.e. ブール値関数）についての性質や関係などを表現している式が考えられてくる．すなわちそれは，「B 式」(B formula) と呼ばれ，次のように定義

される.ただし括弧関係についての言及は省略する.

定義（B式）
(1)　u, v 各々は $V^{(B)}$ の元として,$u \in v$, $u = v$ は,各々B式である.
(2)　A, B がB式のとき,$A \vee B$, $A \wedge B$, $A \supset B$, $\neg A$, $\exists x A(x)$, $\forall x A(x)$ は,各々B式である.
(3)　(1), (2) によりB式であるもののみが,B式である.　□

と同時にこのB式の各々には,次の定義のように,完備ブール代数 cBa の元が対応づけられてくる.

定義（B式のブール値）
B式 A に下記の (1)〜(3) によって対応づけられる完備ブール代数 cBa の元は,B式 A の「ブール値」(Boolean value) と呼ばれ,$[\![A]\!]^B$ で表わされる.
(1)　$A : u \in v, u = v$ のとき.
1) $[\![u \in v]\!]^B \underset{\text{df}}{\equiv} \bigvee_{y \in Dom(v)} (v(y) \wedge [\![u = y]\!]^B)$.
2) $[\![u = v]\!]^B \underset{\text{df}}{\equiv} \bigwedge_{x \in Dom(u)} (u(x) \supset [\![x \in v]\!]^B) \wedge \bigwedge_{y \in Dom(v)} (v(y) \supset [\![y \in u]\!]^B)$.
ただし,x, y, u, v は各々 $V^{(B)}$ の元とする.
(2)　$A : B \vee C$, $B \wedge C$, $B \supset C$, $\neg B$ のとき.
1) $[\![B \vee C]\!]^B \underset{\text{df}}{\equiv} [\![B]\!]^B \vee [\![C]\!]^B$.
2) $[\![B \wedge C]\!]^B \underset{\text{df}}{\equiv} [\![B]\!]^B \wedge [\![C]\!]^B$.
3) $[\![B \supset C]\!]^B \underset{\text{df}}{\equiv} [\![B]\!]^B \supset [\![C]\!]^B$.　4) $[\![\neg B]\!]^B \underset{\text{df}}{\equiv} ([\![B]\!]^B)^c$.
(3)　$A : \exists x A(x)$, $\forall x A(x)$ のとき.
1) $[\![\exists x A(x)]\!]^B \underset{\text{df}}{\equiv} \bigvee_{u \in V^{(B)}} [\![A(u)]\!]^B$.
2) $[\![\forall x A(x)]\!]^B \underset{\text{df}}{\equiv} \bigwedge_{u \in V^{(B)}} [\![A(u)]\!]^B$.　□

注意　1) 上の定義 (1) は,x, y, u, v 各々 $V^{(B)}$ の元として,その対 $\langle x, y \rangle$ と対 $\langle u, v \rangle$ 間に次のように定義される順序 $<$ に関しての帰納法にもとづく定義となっている.$\langle x, y \rangle < \langle u, v \rangle \underset{\text{df}}{\Longleftrightarrow} (x \in Dom(u)$ かつ $y = v)$ または $(x = u$ かつ y

$\in Dom(v))$.

2) $\underset{\mathrm{df}}{\equiv}$ の右側に現われる $\vee, \wedge, \supset, {}^c, \bigvee, \bigwedge$ は，各々完備ブール代数 cBa の演算である．

以上，B 式および B 式のブール値の定義を記したが，ここから得られる B 式のブール値に関する基本的な性質を，以下定理の形で提示していく．なお今後この § では，$[\![\ ]\!]^B$ の上付きの B は省略する（例外もあるが）．

定理 4.1 $u, v \in V^{(B)}$ とする． (1) $[\![u = v]\!] = [\![v = u]\!]$． (2) $[\![u = u]\!] = 1$．
(3) $x \in Dom(u)$ のとき，$u(x) \leq [\![x \in u]\!]$．

証明 (1) について．$=$ では，u と v と入れ換えても変らないゆえ，(1) は明らかである．

(2) について．すべての $x \in Dom(u)$ について，$[\![x = x]\!] = 1$ と仮定する（帰納法）．するとまず $x \in Dom(u)$ なら，$u(x) = u(x) \wedge [\![x = x]\!] \leq \bigvee_{y \in Dom(u)}(u(y) \wedge [\![x = y]\!]) = [\![x \in u]\!]$ … (*) が成立する．よってこの (*) (i.e. $u(x) \leq [\![x \in u]\!]$) と $\supset$ の定義より，$(u(x) \supset [\![x \in u]\!]) = 1$ となる．そこで $[\![u = u]\!] = \bigwedge_{x \in Dom(u)}(u(x) \supset [\![x \in u]\!]) = 1$ を得る．

(3) について．$x \in Dom(u)$ のとき，(2) の (*) の条件部分が成立しており，よって $u(x) \leq [\![x \in u]\!]$ である． □

定理 4.2 $u, v, w, u', v' \in V^{(B)}$ とする．
(1) $[\![u = v]\!] \wedge [\![v = w]\!] \leq [\![u = w]\!]$．
(2) $[\![u = u']\!] \wedge [\![u \in v]\!] \leq [\![u' \in v]\!]$．
(3) $[\![v = v']\!] \wedge [\![u \in v]\!] \leq [\![u \in v']\!]$．
(4) 任意の B 式 $A(x)$ について，$[\![u = v]\!] \wedge [\![A(u)]\!] \leq [\![A(v)]\!]$．

証明 (1)〜(3) について．
次の 1)〜3) を位数 α についての同時帰納法で示していけばよい．
1) $\mathrm{rank}(u), \mathrm{rank}(u') < \alpha$ かつ $\mathrm{rank}(v) \leq \alpha$ なら，$[\![u = u']\!] \wedge [\![u \in v]\!] \leq [\![u'$

$\in v\rrbracket$.

2) $\mathrm{rank}(u)<\alpha$ かつ $\mathrm{rank}(v')$, $\mathrm{rank}(v)\leq\alpha$ なら，$\llbracket u\in v\rrbracket \wedge \llbracket v=v'\rrbracket \leq \llbracket u\in v'\rrbracket$.

3) $\mathrm{rank}(u)$, $\mathrm{rank}(v)$, $\mathrm{rank}(w)\leq\alpha$ なら，$\llbracket u=v\rrbracket \wedge \llbracket v=w\rrbracket \leq \llbracket u=w\rrbracket$.

まず (2) に対応する 1) について． $\llbracket u=u'\rrbracket \wedge \llbracket u\in v\rrbracket = \bigvee_{y\in Dom(v)}(v(y)\wedge \llbracket y=u\rrbracket)\wedge \llbracket u=u'\rrbracket = \bigvee_{y\in Dom(v)}(v(y)\wedge \llbracket y=u\rrbracket \wedge \llbracket u=u'\rrbracket) \underset{①}{\leq} \bigvee_{y\in Dom(v)}(v(y)\wedge \llbracket y=u'\rrbracket) = \llbracket u'\in v\rrbracket$ (①は，3) による)．

次に (3) に対応する 2) について． $y\in Dom(v)$ のとき，$\llbracket u=y\rrbracket \wedge v(y)\wedge \llbracket v=v'\rrbracket = \llbracket u=y\rrbracket \wedge v(y)\wedge \bigwedge_{y\in Dom(v)}(v(y)\supset \llbracket y\in v'\rrbracket) \leq \llbracket u=y\rrbracket \wedge v(y)\wedge (v(y)\supset \llbracket y\in v'\rrbracket) \leq \llbracket u=y\rrbracket \wedge \llbracket y\in v'\rrbracket \underset{②}{\leq} \llbracket u\in v'\rrbracket$ (②は 1) による)． よって $\bigvee(\llbracket u=y\rrbracket \wedge v(y)\wedge \llbracket v=v'\rrbracket) \leq \llbracket u\in v'\rrbracket$ を得る．すなわち $\llbracket u\in v\rrbracket \wedge \llbracket v=v'\rrbracket \leq \llbracket u\in v'\rrbracket$．

最後に (1) に対応する 3) について． $x\in Dom(u)$ のとき，$\llbracket u=v\rrbracket \wedge \llbracket v=w\rrbracket \wedge u(x) \underset{③}{\leq} \llbracket u=v\rrbracket \wedge \llbracket v=w\rrbracket \wedge \llbracket x\in u\rrbracket \underset{④}{\leq} \llbracket x\in v\rrbracket \wedge \llbracket v=w\rrbracket \underset{⑤}{\leq} \llbracket x\in w\rrbracket$ (③は定理 4.1 の (3)，④，⑤は 2) による)．よって⊃の性質により，$\llbracket u=v\rrbracket \wedge \llbracket v=w\rrbracket \leq u(x)\supset \llbracket x\in w\rrbracket$ となる．するとさらに $\llbracket u=v\rrbracket \wedge \llbracket v=w\rrbracket \leq \bigwedge_{x\in Dom(u)}(u(x)\supset \llbracket x\in w\rrbracket)$ … (*1) が成立する．一方同様にして，$\llbracket u=v\rrbracket \wedge \llbracket v=w\rrbracket \leq \bigwedge_{x\in Dom(w)}(w(x)\supset \llbracket x\in u\rrbracket)$ … (*2) も成立する．よって (*1)，(*2) を合せて，$\llbracket u=v\rrbracket \wedge \llbracket v=w\rrbracket \leq \llbracket u=w\rrbracket$ を得る．

(4) について． 上の (1)，(2)，(3) を使い，B 式 $A(x)$ の構造に関しての帰納法で示していく．ここでは省略する． □

もう一つ，制限された限量記号を伴う B 式のブール値についての定理をも，提示しておく．

定理 4.3 $A(x)$：1 個の自由変項 x をもつ任意の B 式とする．また $u\in V^{(B)}$ とする．

(1) $\llbracket \exists x\in u A(x)\rrbracket = \bigvee_{x\in Dom(u)}(u(x)\wedge \llbracket A(x)\rrbracket)$.

(2) $\llbracket \forall x\in u A(x)\rrbracket = \bigwedge_{x\in Dom(u)}(u(x)\supset \llbracket A(x)\rrbracket)$.

証明 (1) について． $\llbracket \exists x\in u A(x)\rrbracket = \llbracket \exists x(x\in u\wedge A(x))\rrbracket = \bigvee_{y\in V^{(B)}}\llbracket y\in u$

$\wedge A(y)\rrbracket = \bigvee_{y \in V^{\mathrm{B}}} (\bigvee_{x \in Dom(u)} (u(x) \wedge \llbracket x=y \rrbracket) \wedge \llbracket A(y) \rrbracket) = \bigvee_{y \in V^{\mathrm{B}}} \bigvee_{x \in Dom(u)} (u(x) \wedge \llbracket x=y \rrbracket \wedge \llbracket A(y) \rrbracket) = \bigvee_{x \in Dom(u)} (u(x) \wedge \bigvee_{y \in V^{\mathrm{B}}} (\llbracket x=y \rrbracket \wedge \llbracket A(y) \rrbracket)) = \bigvee_{x \in Dom(u)} (u(x) \wedge \llbracket \exists y(x=y \wedge A(y)) \rrbracket) \underset{(*)}{=} \bigvee_{x \in Dom(u)} (u(x) \wedge \llbracket A(x) \rrbracket)$ (※は=の論理則による).

(2)について.(1)と同様にして示せる.ここでは省略する. □

ZFC のブール値モデル

これまで $V^{(2)}$, $V^{(\mathrm{B})}$ の導入およびB式,B式のブール値などに言及してきたが,これらを踏まえるとき,B式に対してその成立不成立(あるいはその真偽)を問題にし得る枠組の用意が可能となってくる.

定義(ブール値構造)
(1) $V^{(\mathrm{B})} \underset{\mathrm{df}}{\equiv} \langle V^{(\mathrm{B})}, \llbracket \ \rrbracket^{\mathrm{B}} \rangle$. なお $V^{(\mathrm{B})}$ はB式に対する「ブール値構造」(Boolean valued structure)と呼ばれる.
(2) $V^{(\mathrm{B})} \vDash A \underset{\mathrm{df}}{\Longleftrightarrow} \llbracket A \rrbracket^{\mathrm{B}} = 1$. ただし $V^{(\mathrm{B})} \vDash A$ は,B式 A はブール値構造 $V^{(\mathrm{B})}$ のもので真である,を表わしている. □

さてこのようにブール値構造を定義するとき,次に掲げる基本定理ともいうべき大切な定理4.4が成立してくる.ただその前にひと言注意しておく.それは,上の定義はもっぱらB式 A に対してのブール値構造となっているが,$V^{(\mathrm{B})}$ の一部である $V^{(2)}$ と V とが全単射の関係にあることから,$V^{(\mathrm{B})}$ はZFC の論理式 A に対してのブール値構造と考えることも可能である,ということである.したがって以下では,$V^{(\mathrm{B})} \vDash A$ の A として ZFC の式 A となっている表記も,使用していくことになる.

定理4.4 (1) 式 A が述語論理で成立するとき,$V^{(\mathrm{B})} \vDash A$ である(i.e. $\llbracket A \rrbracket^{\mathrm{B}} = 1$).
(2) 式 A が ZFC で成立するとき,$V^{(\mathrm{B})} \vDash A$ である(i.e. $\llbracket A \rrbracket^{\mathrm{B}} = 1$).

定理4.4は上記のとおりであるが,この定理から直ちに明らかになること

第2章 記号論理と束

は，ブール値構造 $V^{(B)}$ によって ZFC が統一的に特徴づけられており，ブール値構造 $V^{(B)}$ は ZFC のモデルとなっていることである．それゆえこのブール値構造は，改めて ZFC の「ブール値モデル」(Boolean valued model) とも呼ばれることになる．

では定理 4.4 の証明はどのようになされるか．しかしそのすべてをここに提示する余裕はない．以下ではそのごく一部を記すに留める．

定理 4.4 の証明 (1) について． II 部 2 章 §2.1 および先のブール値の定義から示される．しかしここでは省略する．

(2) について． ZFC の公理たち各々のブール値が 1 となること (i.e. $[\![\text{公理}]\!]^B = 1$) を示せば，上の (1) と合せて (2) は示せる．ここでは外延性の公理，分離の公理，和の公理についてのみ，記しておく．

⟨1⟩ 外延性の公理の場合．すなわち $[\![\forall x \forall y (\forall z (z \in x \equiv z \in y) \supset x = y)]\!] = 1$ を示す．しかしこれは，$[\![\forall z(z \in x \equiv z \in y)]\!] \underset{①}{=} [\![\forall z(z \in x)]\!] \wedge [\![\forall z \in y (z \in x)]\!] \underset{②}{=} \bigwedge_{z \in Dom(x)} (x(z) \supset [\![z \in y]\!]) \wedge \bigwedge_{z \in Dom(y)} (y(z) \supset [\![z \in x]\!]) \underset{③}{=} [\![x = y]\!]$ となることから明らかである．なお①は $\equiv$ の定義，②は定理 4.3(2)，③は $[\![x = y]\!]$ の定義による．

⟨2⟩ 分離の公理の場合．すなわち $[\![\forall x \exists y \forall z (z \in y \equiv z \in x \wedge A(z))]\!] = 1$ を示す．そのためにまずは，$x \in V^{(B)}$ が与えられたとして，存在すると考えられる $y \in V^{(B)}$ を実際に定義し，その上で $[\![\forall z (z \in y \equiv z \in x \wedge A(z))]\!] = 1$ を示していく．

1) さっそく $y \in V^{(B)}$ を次のように定義する．$Dom(y) \underset{\text{df}}{=} Dom(x)$, $y(z) \underset{\text{df}}{=} x(z) \wedge [\![A(z)]\!]$ (ただし $z \in Dom(y)$).

次に $[\![\forall z (z \in y \equiv z \in x \wedge A(z))]\!] = [\![\forall z \in y (z \in x \wedge A(z))]\!] \wedge [\![\forall z \in x (A(z) \supset z \in y)]\!]$ であることに注意して，$=$ の右辺の前半と後半の各々が 1 となることを示す．

2) 前半について．$[\![\forall z \in y (z \in x \wedge A(z))]\!] \underset{①}{=} \bigwedge_{z \in Dom(y)} (y(z) \supset [\![z \in x \wedge A(z)]\!]) \underset{②}{=} \bigwedge_{z \in Dom(x)} ((x(z) \wedge [\![A(z)]\!]) \supset ([\![z \in x]\!] \wedge [\![A(z)]\!])) \underset{③}{=} 1$．なお①は定理 4.3 (2)，②は上の定義，③は定理 4.1(3) による．

3) 後半について．$[\![\forall z \in x (A(z) \supset z \in y)]\!] \underset{①}{=} \bigwedge_{z \in Dom(x)} (x(z) \supset [\![A(z) \supset z \in y]\!])$

$\underset{②}{\equiv} \bigwedge_{z \in Dom(x)} ((x(z) \wedge \llbracket A(z) \rrbracket) \supset \llbracket z \in y \rrbracket) \underset{③}{\equiv} \bigwedge_{z \in Dom(y)} (y(z) \supset \llbracket z \in y \rrbracket) \underset{④}{\equiv} 1$. なお①は定理 4.3 (2)，②は⊃の性質，③は上の定義，④は定理 4.1 (3) による.

4) ここで 2), 3) が示されたゆえ，$\llbracket \forall z (z \in y \equiv z \in x \wedge A(z)) \rrbracket = 1$ が得られる．

〈3〉和の公理の場合，すなわち $\llbracket \forall x \exists y \forall z (z \in y \equiv \exists u (z \in u \wedge u \in x)) \rrbracket = 1$ を示す．

1) そのためにまず $x \in V^{(B)}$ に対して $y \in V^{(B)}$ を次のように定義する．$Dom(y) \underset{\mathrm{df}}{\equiv} \cup \{Dom(u) | u \in Dom(x)\}$, $y(z) \underset{\mathrm{df}}{\equiv} \llbracket \exists u (z \in u \wedge u \in x) \rrbracket$ (ただし $z \in Dom(y)$).

その上で次に，$\llbracket \forall z (z \in y \supset \exists u (z \in u \wedge u \in x)) \rrbracket$ と $\llbracket \forall z (\exists u (z \in u \wedge u \in x) \supset z \in y) \rrbracket$ に分けて，各々が 1 となることを示していく．

2) 前半について．$\llbracket \forall z (z \in y \supset \exists u (z \in u \wedge u \in x)) \rrbracket = \llbracket \forall z (z \in y \supset \exists u (z \in u \wedge u \in x)) \rrbracket \underset{①}{\equiv} \bigwedge_{z \in Dom(y)} (y(z) \supset \llbracket \exists u (z \in u \wedge u \in x) \rrbracket) \underset{②}{\equiv} \bigwedge_{z \in Dom(y)} (\llbracket \exists u (z \in u \wedge u \in x) \rrbracket \supset \llbracket \exists u (z \in u \wedge u \in x) \rrbracket) = 1$. なお①は定理 4.3 (2)，②は上の 1) での定義による．

3) 後半について．まず $\forall z (\exists u (z \in u \wedge u \in x) \supset z \in y)$ が，論理則によって，$\forall u \in x \forall z (z \in u \supset z \in y)$ と表わされることに注意する．すると，$\llbracket \forall u \in x \forall z \in u (z \in y) \rrbracket \underset{①}{\equiv} \bigwedge_{u \in Dom(x)} (x(u) \supset \bigwedge_{z \in Dom(u)} (u(z) \supset \llbracket z \in y \rrbracket)) = \bigwedge_{u \in Dom(x)} \bigwedge_{z \in Dom(u)} ((x(u) \wedge u(z)) \supset \llbracket z \in y \rrbracket)$ … (*1) となる．一方，$u \in Dom(x)$, $z \in Dom(u)$ のとき，上の 1) での定義により $z \in Dom(y)$ ゆえ，定理 4.1 (3) により，$y(z) \leq \llbracket z \in y \rrbracket$ … (*2) である．さらにまた，$u \in Dom(x)$, $z \in Dom(u)$ のとき，定理 4.1 (3) により，$u(z) \leq \llbracket z \in u \rrbracket$ であり，よって $x(u) \wedge u(z) \leq x(u) \wedge \llbracket z \in u \rrbracket \leq \bigvee_{u \in Dom(x)} (x(u) \wedge \llbracket z \in u \rrbracket) = \llbracket \exists u (z \in u \wedge u \in x) \rrbracket \underset{②}{\equiv} y(z)$ … (*3) である．すると (*2), (*3) により，$x(u) \wedge u(z) \leq \llbracket z \in y \rrbracket$ … (*4) が得られてくる．そこでこの (*4) を先の (*1) に適用すれば，後半の式 = 1 が成立する．なお①は定理 4.3 (2)，②は上の 1) での定義による．   □

定理 4.4 は大切な定理であるが，ここではその証明の全体を提示することはできなかった．しかしその証明がどのようなものであるかは，上記したところからも，その一端は窺うことができたといえよう．

注意 実際，上記証明内で取り上げられた公理以外の場合について，$[\![\ ]\!]^{\mathrm{B}}=1$ を示すには，V と $V^{(2)}$，$V^{(2)}$ と $V^{(\mathrm{B})}$ との関係を前提する部分もあり，この § ではこの点を省略している以上，飛躍のない仕方での証明を与えることはできない．

ところで，ブール値関数たちの世界 $V^{(\mathrm{B})}$ の導入によって，通常の集合概念を超えた多様な集合たちの存在が可能となることは，すでにひと言触れたとおりである．しかしこのことに関してさらにごく簡単にもうひと言添えてこの § を閉じることにする．すなわちそのひと言とは，次の二点である．その第 1 は，先の $V^{(\mathrm{B})}$ の B は任意の完備ブール代数であるが，その B に代って何らかの特殊な完備ブール代数 B′ を具体的に考えることによって，$V^{(\mathrm{B}')}$ に対応する特殊な集合たちの姿を明確に描くことが可能となる点である．またその第 2 は，そのような B′ 値ブール関数に対応する集合についての B′ 式 A の中には，$[\![A]\!]^{\mathrm{B}}=1$ であっても $[\![A]\!]^{\mathrm{B}'} \neq 1$ であるような B′ 式 A が存在する場合もあり，その場合その姿を明確に描くことが可能となる点である．そして実際，ZFC の CH などの独立性証明も，まさにこの二点の線上にある事柄であるといえる．それゆえにこそこの二点を最後にひと言添えてみた．しかしこの § の冒頭での注意でのように，これ以上の詳しい事柄は集合論の専門書に委ねることにしよう．

第3章　圏　　　論

　圏とは，何らかの状況が対象たちとその間の作用たちから成るものとして描かれた世界である．ただしその対象と作用の在り方には，いくつかの基本的なパターンがあり，どのような基本的パターンを備えているかによって，様々な圏が考えられてくる．

　§3.1，§3.2では，そのような基本的なパターンが基礎概念と称され，そのいくつかが提示される．とくに記号論理との関係では，終対象，積，巾，真理値対象なる基礎概念を備えたトポスと呼ばれる圏が注目される．§3.4ではこのトポスとその諸性質が言及される．

　しかしトポスの諸性質が問題にされるに当っては，その前に，ある圏からある圏への準同形的な作用ともいえる関手が忘れられてはならない．§3.3では，この関手の定義をはじめ，互いに逆方向を向いた二つの関手間の関係としての随伴関係などが言及される．

　なおこの随伴関係は，II部4章§4.1，またとくにIII部各章において，鍵概念ともなる大切な関係であること，ひと言予告しておこう．

§3.1　圏

圏の定義

　§3.1と§3.2では，圏の定義と圏に関する基礎概念の定義などを取り上げる．まず圏の定義を与えることからはじめよう．

定義（圏）

$\mathbb{C}$において，以下の事柄 (1)〜(5) が成立しているとき，$\mathbb{C}$は「圏」(category) と呼ばれる．

(1) $\mathbb{C}$は，「対象」(object) $A, B, C, \cdots$ と「矢」(arrow) $f, g, h, \cdots$ とから構成されている．

(2) $\mathbb{C}$の任意の矢fには，「始域」(domain) と呼ばれる対象Aと，「終域」(codomain) と呼ばれる対象Bとが伴っている．なおこのことは，dom $f = A$ かつ cod $f = B$，または$f: A \to B$と表わされる．

(3) $\mathbb{C}$の任意の矢f, gについて，dom $g =$ cod fのとき，新しい矢$g \circ f$が存在する．なお$g \circ f$は，fとgとの「合成」(composite) と呼ばれ，下の図1のように表わされる．

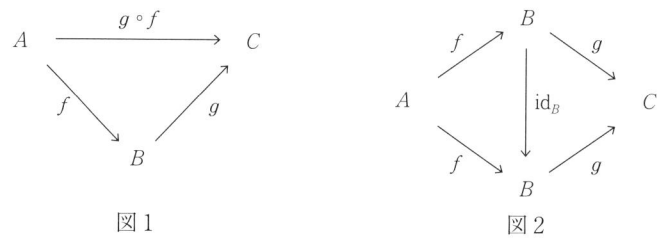

図1　　　　　　　　　　図2

(4) $\mathbb{C}$の任意の矢f, g, hについて，$A \xrightarrow{f} B \xrightarrow{g} C \xrightarrow{h} D$のとき，$h \circ (g \circ f) = (h \circ g) \circ f$が成立する．

(5) $\mathbb{C}$の任意の対象Bには，$f = \mathrm{id}_B \circ f$ かつ $g = g \circ \mathrm{id}_B$ をみたす矢id_Bが存在する．すなわち上の図2をみたす矢id_Bが存在する．なおこのid_Bは，1_Bとも表わされ，「同一矢」(identity) と呼ばれる． □

定義（図式，可換）

上の図1，図2のように，複数個の対象を矢で結んだ図は，「図式」(diagram) と呼ばれる．またその図式において，異なる経路 (i.e. 合成された矢) が等しいとき，その図は「可換」(commutative) と呼ばれる． □

注意　1) 矢は「射」(morphism) とも呼ばれる．

2) $\mathbb{C}$を構成する対象たちの集まり全体が，集合であるかクラスであるかが問

題となることがある．しかし以下では，この点については，特別に言及することはしない．

　上記の定義をみたす事態は，その定義がきわめて抽象的であることから当然であるが，多くの場面で見出せる．ここではごく身近な例を三つほど掲げておく．

　(1) 対象 $A, B, C, \cdots$ を各々集合とし，矢 $f, g, h, \cdots$ を，各々集合間の写像とするとき，それらは一つの圏を構成する．なおこの圏は，「集合の圏」(category of sets) と呼ばれ，記号 $\mathbb{S}\mathrm{et}$ で表わされる．

　(2) 対象 $A, B, C, \cdots$ を各々位相空間とし，矢 $f, g, h, \cdots$ を，各々位相空間の間の連続写像とするとき，それらは一つの圏を構成する．なおこの圏は，「位相空間の圏」(category of topological spaces) と呼ばれ，記号 $\mathbb{T}\mathrm{op}$ で表わされる．

　(3) 対象 $A, B, C, \cdots$ を各々半順序 po$\leqslant$ が定義されている po 集合の元とし，矢 $f, g, h, \cdots$ を po 集合の元の間の po$\leqslant$ とするとき，それらは一つの圏を構成する．なおこの圏は，「半順序圏」(partial order category) と呼ばれ，記号 $\mathbb{P}\mathrm{o}$ で表わされる．

圏についての基礎概念（その1）

　圏の定義と例につづいて，圏について議論していく上で，是非必要となる種々の基礎概念を順次定義していく．まずモノ，エピ，アイソという矢の性格についての定義を提示する．ただしその際，各々の定義に登場する A, B, C は，ある一つの圏 $\mathbb{C}$ の対象とし，f, g, h もその同じ圏 $\mathbb{C}$ の矢とする．

定義（モノ）

　$C \underset{h}{\overset{g}{\rightrightarrows}} A \xrightarrow{f} B$ なる任意の C, g, h について，$f \circ g = f \circ h \Rightarrow g = h$ が成立するとき，矢 $f: A \to B$ は「モノ」(mono) と呼ばれ，$f: A \rightarrowtail B$ なる記号で表わされることもある． □

定義（部分対象）

矢 $f: A \to B$ がモノである（i.e. $f: A \rightarrowtail B$）とき，A は B の「部分対象」（subobject）と呼ばれる． □

　注意　Set の場合，$f: A \to B$ がモノであることは，写像 $f: A \to B$ が単射であることに相当する．すなわち集合 A が集合 B の部分集合と一対一に対応していることであり，この点を踏まえるとき，モノなる矢には，自然に上記の定義が付随してくる．

定義（エピ）

$A \xrightarrow{f} B \underset{h}{\overset{g}{\rightrightarrows}} C$ なる任意の C, g, h について，$g \circ f = h \circ f \Rightarrow g = h$ が成立するとき，矢 $f: A \to B$ は「エピ」（epi）と呼ばれ，$f: A \twoheadrightarrow B$ なる記号で表わされることもある． □

定義（アイソ）

$f: A \to B$ について，$g: B \to A$ が存在して，$g \circ f = \mathrm{id}_A$ かつ $f \circ g = \mathrm{id}_B$ が成立するとき，矢 $f: A \to B$ は「アイソ」（iso）と呼ばれる．なお上の g は f^{-1} と表わされることもある． □

定義（同形）

$f: A \to B$ がアイソのとき，対象 A と対象 B とは「同形」（isomorphic）と呼ばれ，記号 $A \cong B$ で表わされる． □

　注意　Set の場合，$f: A \to B$ がエピであることは，写像 $f: A \to B$ が全射であることに相当する．また $f: A \to B$ がアイソであることは，全単射であることに相当する．実際 Set の場合，$f: A \to B$ がアイソであることとモノかつエピであることは同等である．しかし圏一般では，アイソならモノかつエピである，は成立しても，その逆は必ずしも成立しない．この点ひと言添えておく．

次に，終対象，元，始対象の定義を提示する．ただしここでも，各々の定義に登場する A, B は各々ある一つの圏 $\mathbb{C}$ での対象とし，矢も同じ圏の矢と

する．

定義（終対象）

任意の対象 A について，$A \to B$ なる矢が一意的に存在するとき，対象 B は「終対象」(terminal object) と呼ばれ，記号 1 で表わされる．また $A \to 1$ なる一意的な矢は記号 $!_A$ で表わされる（i.e. $!_A : A \to 1$ または $A \xrightarrow{\;!\;} 1$）． □

注意 Set の場合，終対象 1 は単一集合（i.e. 唯 1 個の元からなる集合）である．また最大元が存在する po 集合から考えられる圏 Po の場合，最大元 B が任意の元 A について $A \leqslant B$ ゆえ，最大元 B が終対象 1 である．

$1 \to A$ は，Set の場合，単一集合の 1 個の元から集合 A のある 1 個の元を対応させる矢となってくる．したがってこの点を踏まえるとき，終対象 1 が存在する圏では，次の定義が自然に付随してくる．

定義（元）

$1 \to A$ なる矢は対象 A の「元」(element) と呼ばれる． □

定義（始対象）

任意の対象 A について，$B \to A$ なる矢が一意的に存在するとき，対象 B は「始対象」(initial object) と呼ばれ，記号 0 で表わされる．また $0 \to A$ なる一意的な矢は，記号 0_A で表わされる（i.e. $0_A : 0 \to A$ または $0 \xrightarrow{\;0\;} A$）． □

注意 1) Set の場合では，始対象は空集合 ϕ である．また最小元が存在する po 集合から考えられる圏 Po の場合では，最小元が始対象 0 である．

2) 矢 0_A となる Set の場合での矢 ϕ_A について，ひと言説明しておく．そのために，空集合は全く元をもたない集合であるが，いま仮にこのことを，空集合は空なる元をもつと表わすことにする．すると任意の集合 A は，その集合本来の元とこの空なる元をも，その元としてもっていることになる．そこで $\phi_A : \phi \to A$ なる矢 ϕ_A は，いまや空集合の空なる元から集合 A の元でもある空なる元への対応を与える写像である，と理解されてくる．

圏についての基礎概念(その2)

引きつづき,圏の基礎概念として,積,イコライザーの定義を提示していく.ただしその際,定義に登場する対象および矢は,すべてある一つの圏 $\mathbb{C}$ に属するものとする.

定義(積)

次の条件(1),(2)をみたす対象 $A \times B$ が $\mathbb{C}$ の中に存在するとき,$A \times B$ は A と B との「積」(product)と呼ばれる.

(1) $A \xleftarrow{\pi_1} A \times B \xrightarrow{\pi_2} B$ なる二つの矢 π_1, π_2 が存在する.

(2) 下図のような C, f, g について,$f = \pi_1 \circ h$ かつ $g = \pi_2 \circ h$ をみたす矢 h (i.e. 下図を可換とする h)が一意的に存在する.

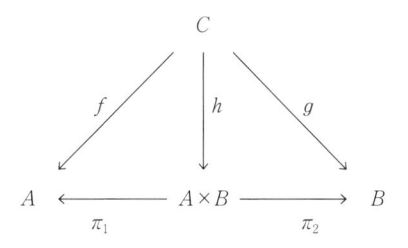

$$
\begin{array}{c}
C \\
f \swarrow \; \downarrow h \; \searrow g \\
A \xleftarrow{\pi_1} A \times B \xrightarrow{\pi_2} B
\end{array}
$$

なお上記条件をみたす h は,記号 $\langle f, g \rangle$ で表わされる(i.e. $h = \langle f, g \rangle$).

□

注意 1) Set の場合では,$A \times B$ は $\{\langle x, y \rangle | x \in A$ かつ $x \in B\}$ なる積集合に相当する.すなわち条件(1)の π_1, π_2 は各々,$\pi_1 : A \times B \to A$, $\pi_2 : A \times B \to B$ なる射影であり,また $f : C \to A$, $g : C \to B$, $x \in C$ として,条件(2)は,$h(x) = \langle f(x), g(x) \rangle$ なる写像である.

2) また $\mathbb{P}\mathrm{o}$ の場合では,$A \times B$ は $\{A, B\}$ の下限 $A \wedge B$ に相当する.実際 $\mathbb{P}\mathrm{o}$ では,下限の定義での $A \wedge B \leq A$, $A \wedge B \leq B$, および $C \leq A, C \leq B \Rightarrow A \wedge B$ 各々は,$A \times B \to A$, $A \times B \to B$, および $C \to A, C \to B \Rightarrow C \to A \times B$ に他ならないからである.

定義(イコライザー)

$A \underset{g}{\overset{f}{\rightrightarrows}} B$ において,$C \xrightarrow{e} A \underset{g}{\overset{f}{\rightrightarrows}} B$ なる矢 e が,次の条件(1),(2)をみた

すとき，e は f と g との「イコライザー」(equalizer) と呼ばれる.
(1) $f \circ e = g \circ e$.
(2) $f \circ k = g \circ k$ であるなら，$k = e \circ h$ である h (i.e. 下図を可換とする h) が一意的に存在する.

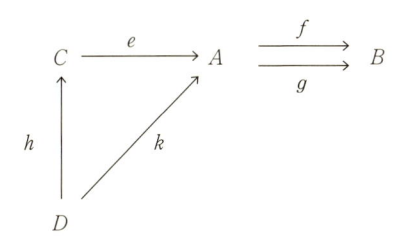

$$
\begin{array}{c}
C \xrightarrow{e} A \underset{g}{\overset{f}{\rightrightarrows}} B \\
h \uparrow \nearrow k \\
D
\end{array}
$$

□

注意 1) $\mathfrak{Set}$ の場合，イコライザー e は，集合 C から集合 A の部分集合 $\{x | x \in A$ かつ $f(x) = g(x)\}$ に一対一に対応づける写像に相当している.
2) 積 $A \times B$ は，A, B が与えられたとき，A, B 各々に向かう矢 f, g の共通の始域となり得るものの極限的なものである．イコライザー e は，$A \underset{g}{\overset{f}{\rightrightarrows}} B$ なる二つの矢について，それらが同一の矢とみなし得る始域部分の極限的な部分をターゲットとしている矢である．この共通点は，後述するリミットとして改めて定式化される．

§3.2 圏（つづき）

圏についての基礎概念（その3）

前 § は定義の羅列に終始したが，この § でも引きつづき，圏に関する基礎概念の定義を中心に進めていく．なお，基礎概念の定義に登場する対象および矢は，すべてある一つの圏 $\mathbb{C}$ に属するものとする.

定義（プルバック）
$A \xrightarrow{f} C \xleftarrow{g} B$ について，$A \xleftarrow{f'} D \xrightarrow{g'} B$ が次の条件 (1), (2) をみたすとき，$A \xleftarrow{f'} D \xrightarrow{g'} B$ は $A \xrightarrow{f} C \xleftarrow{g} B$ の「プルバックまたは引き戻し」(pull

back, p.b. と略記）と呼ばれる．

(1) 下の図1において，$f \circ g' = g \circ f'$(i.e. 可換) である．

(2) 任意の E と $h: E \to A$ および $k: E \to B$ について，$f \circ h = g \circ k$ であるとき，下の図2において $h = g' \circ l$ および $k = f' \circ l$ とする（i.e. 図2を可換とする）$l: E \to D$ が一意的に存在する．

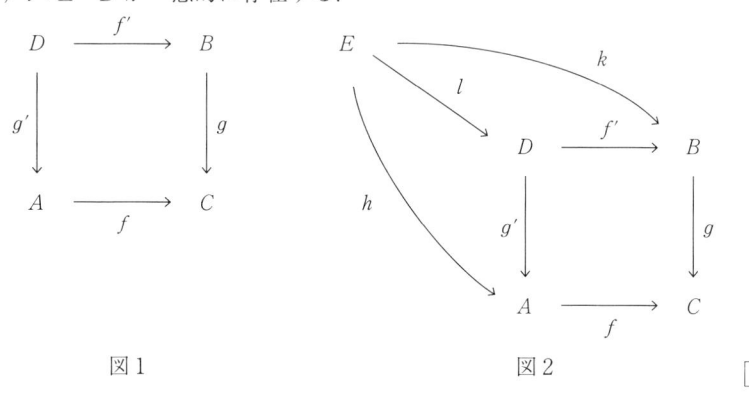

図1   図2

注意 Set の場合では，$A \xrightarrow{f} C \xleftarrow{g} B$ の p.b. D は，$\{\langle x, y \rangle | x \in A$ かつ $y \in B$ かつ $f(x) = g(y)\}$ なる集合に相当する．またこのとき，f', g' は，各々 $f'(\langle x, y \rangle) = y$，$g'(\langle x, y \rangle) = x$ であり，D から B, A 各々への射影となっている．

プルバックについては，定理を一つだけ添えておこう．

定理 2.1 圏 $\mathbb{C}$ においては，下図が可換であるとき，次の (1), (2) が成立する．ただし図中における点・は，各々その位置にある対象を略記したものとする．

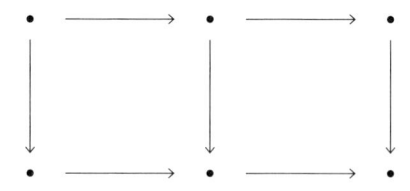

(1) 上図において，右の四角形が p.b. であり，かつ外枠となる長方形も

p.b. であるとき，左の四角形は p.b. である.

(2) 上図において，左右各々の四角形が p.b. であるとき，外枠となる長方形は p.b. となる.

証明 (1) について． まず下図において，l_1 と l_2 を除いた部分が可換とする．すると右の四角形が p.b. であることにより，l_1 が一意的に存在し，l_2 を除いた部分が可換となる．一方外枠となっている長方形も p.b. であることから，l_2 が一意的に存在してくる．よってこのことと，l_1 の存在に伴う可換性を考え合せるとき，この状況は左の四角形が p.b. であることを示している．

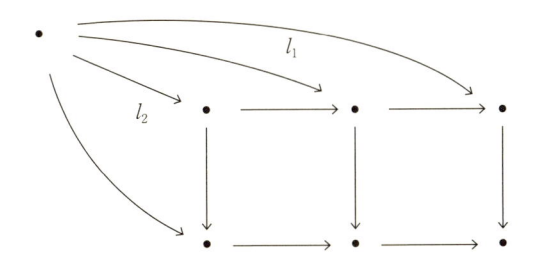

(2) について． (1) と同様にして示せる． □

つづいて巾の定義を提示するが，その前に矢の積の定義を与えておくことが必要となる．

定義（矢の積）

$f: A \to B$, $g: C \to D$ とする．このとき $\langle f \circ \pi_1, g \circ \pi_2 \rangle : A \times C \to B \times D$ は，f と g との「矢の積」(product of arrows) と呼ばれ，記号 $f \times g$ で表わされる． □

注意 念のため図を添えておこう．

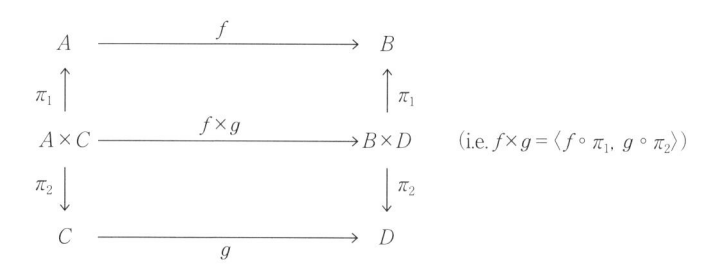

$$\begin{CD}
A @>f>> B \\
@AA\pi_1 A @AA\pi_1 A \\
A\times C @>f\times g>> B\times D \\
@VV\pi_2 V @VV\pi_2 V \\
C @>g>> D
\end{CD}$$
(i.e. $f\times g = \langle f\circ\pi_1,\ g\circ\pi_2\rangle$)

定義（巾）

$\mathbb{C}$ において下記の (1), (2) が成立するとき，$\mathbb{C}$ は「巾」(exponentiation) をもつ，と呼ばれる．

(1) $\mathbb{C}$ の任意の二つの対象には，その積が存在する．

(2) $\mathbb{C}$ の任意の対象 A, B について，次の条件 (#) をみたす対象 B^A と矢 $\mathrm{ev}: B^A\times A\to B$ が存在する．

(#) 任意の対象 C と矢 $g: C\times A\to B$ について，下図を可換とする矢 $\hat{g}: C\to B^A$ が一意的に存在する（i.e. $\mathrm{ev}\circ(\hat{g}\times\mathrm{id}_A)=g$ をみたす $\hat{g}$ が一意的に存在する）．

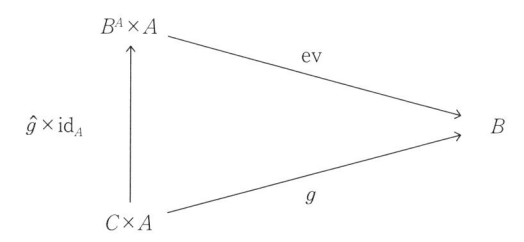

$$\begin{array}{c}
B^A\times A \\
\nearrow \quad \searrow \mathrm{ev} \\
\hat{g}\times\mathrm{id}_A B \\
\nwarrow_{} \nearrow g \\
C\times A
\end{array}$$

なお，矢 ev は「値づけ」(evaluation) と呼ばれ，$\hat{g}$ は g の「トランスポーズまたは転置」(transpose) と呼ばれる． □

注意 Set の場合では，B^A は $\{f|f:A\to B\}$ である．すなわち B^A は，A から B への写像のすべてを元とする集合である．また ev は，$f\in B^A$，$x\in A$ として，$\mathrm{ev}(\langle f,x\rangle)=f(x)$ となっている．

ところで，巾の定義においては積の存在が大前提となっているが，その積と巾との間には，次の定理のような注目すべき関係が成立している．

定理 2.2 $\mathbb{C}(C \times A, B) \cong \mathbb{C}(C, B^A)$. ただし一般に $\mathbb{C}(X, Y)$ は，$\mathbb{C}$ の対象 X から $\mathbb{C}$ の対象 Y への矢の全体を表わしている．またここでの $\cong$ は，その両辺の集合の間に全単射なる対応が存在することを表わしている．

証明 $\mathbb{C}(C \times A, B) \to \mathbb{C}(C, B^A)$ なる対応づけとして巾の定義に登場した転置 $\hat{\ }$ を考え，この $\hat{\ }$ が全単射であることを示していく．

(1) $\hat{\ }$ が単射であることを示す．そのためにまず $f \in \mathbb{C}(C \times A, B)$，$g \in \mathbb{C}(C \times A, B)$ とする．すると巾の定義から，$f = \mathrm{ev} \circ (\hat{f} \times \mathrm{id}_A)$，$g = \mathrm{ev} \circ (\hat{g} \times \mathrm{id}_A)$ が各々成立する．その上で $\hat{f} = \hat{g}$ を仮定すると，直ちに $f = g$ を得る．

(2) $\hat{\ }$ が全射であることを示す．そのためにまず $h \in \mathbb{C}(C, B^A)$ とする．するとこの h を使って，$f = \mathrm{ev} \circ (h \times \mathrm{id}_A)$ なる $\mathbb{C}(C \times A, B)$ の元 f が定義できる．その上でこの f の $\hat{f}$ を考えると，$\hat{f}$ が f に対して一意的であることから，結局 $h = \hat{f}$ が成立する．すなわち $\mathbb{C}(C, B^A)$ のどんな元 h にも，必ず $\hat{\ }$ によって対応づけられる $\mathbb{C}(C \times A, B)$ の元 f が存在する． □

注意 定理 2.2 の関係は，次のようにも表わされる．
(※) $C \times A \xrightarrow{g} B \iff C \xrightarrow{\hat{g}} B^A$.
するとこの（※）を踏まえるとき，下限や相対擬補元が定義されている po 集合から考えられる圏 $\mathbb{P}\mathrm{o}$ の場合，この $\mathbb{P}\mathrm{o}$ には巾が存在し，しかもその巾は相対擬補元に相当することが明らかとなる．実際，相対擬補元 $x \supset y$ は，$z \wedge x \leqslant y \iff z \leqslant x \supset y$ と定義されるが，$\leqslant$ を $\to$ と考える $\mathbb{P}\mathrm{o}$ では，まさにこの関係は上の（※）に他ならないからである．

双対性について

以上，圏に関しての基礎概念を，その定義を中心に順次記してきたが，これらの基礎概念で表わされる事柄が，矢の性格についての概念は別として，いかなる圏においても見出される，ということではない．いいかえれば，どのような基礎概念で表わされる事柄が成立するかによって圏各々が性格づけ

られる，ということである．またその基礎概念も，上に言及したものに限らず，さらに数々のものがある．実際，モノとエピ，終対象と始対象が，各々互いに矢の向きを逆にした関係となっているように，積やイコライザー，さらに p.b. などにも，矢の向きを逆にした基礎概念が定義されている．

定義（双対）
S を圏についての何らかの命題とする．このとき，S 内における dom を cod に，cod を dom に換え，また $g \circ f$ を $f \circ g$ のように矢の合成の順序を変えた命題は，命題 S の「双対」（dual）と呼ばれ，記号 S^{op} で表わされる．

また命題 S^{op} によって記述される概念は，対応する命題 S によって記述されている概念の「双対」（dual）と呼ばれる．　　　□

定義（双対圏）
$\mathbb{C}$ を圏として，この $\mathbb{C}$ から得られ下記の条件 (1)～(3) をみたす圏は，$\mathbb{C}$ の「双対圏」（dual category）と呼ばれ，記号 $\mathbb{C}^{\mathrm{op}}$ で表わされる．
(1)　$\mathbb{C}^{\mathrm{op}}$ の対象の全体は，$\mathbb{C}$ の対象の全体と同じである．
(2)　$\mathbb{C}^{\mathrm{op}}$ の矢の全体は，$\mathbb{C}$ の矢の全体と同じである．
(3)　$\mathbb{C}^{\mathrm{op}}$ で $f\colon A \to B$ であることは，$\mathbb{C}$ で $f\colon B \to A$ であることと同等である．　　　□

双対についての上に記した一般的な定義を念頭におきつつ，積，イコライザー，p.b. 各々の双対として，直和，コイコライザー，プッシュアウトについて，略式な仕方ではあるが，各々の定義を提示しておく．

定義（直和など）
(1)　圏 $\mathbb{C}^{\mathrm{op}}$ での対象 A，B の積は，圏 $\mathbb{C}$ において A，B の「直和」（coproduct）と呼ばれ，$A \amalg B$ で表わされる（下の図 1 参照）．なお図中の i_1，i_2 は「入射」（injection）と呼ばれる．また h は $[f, g]$ と表記されることもある．
(2)　圏 $\mathbb{C}^{\mathrm{op}}$ での矢 f，g のイコライザーは，圏 $\mathbb{C}$ において f，g の「コイ

コライザー」(coequalizer) と呼ばれる（下の図2参照）．

(3) 圏 $\mathbb{C}^{op}$ での p.b. D は，圏 $\mathbb{C}$ において「プッシュアウト」(pushout, p.o. と略記) と呼ばれる（下の図3参照）．

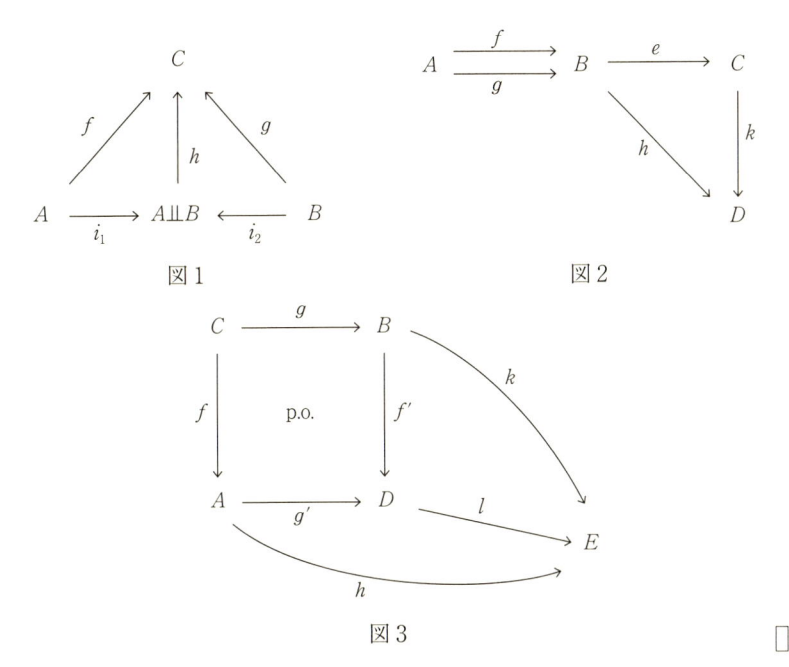

図1

図2

図3 □

リミットとコリミット

ところで終対象，積，イコライザー，p.b. などの基礎概念の定義の仕方には，ある共通した形が見出せる．そこで次に，この点に注目し，その事柄を明確に定式化したリミットおよびその双対であるコリミットの定義を提示する．しかしそのためには，それに先立って，コーン，ココーンの定義が必要である．

定義（コーン，ココーン）

(1) $\mathbb{C}$ を圏とし，$\to D_i \to D_j \to$ ($i,j \in I$, I：添字集合) が $\mathbb{C}$ の一部となっている図式を $\mathbb{D}$ とする．その上で，$\mathbb{C}$ の対象 X と $\mathbb{D}$ の各対象 D_i ($i \in I$) につ

いて，矢 $f_i: X \to D_i$ が定まっており，かつ $\mathbb{D}$ 中の任意の矢 $d_{ij}: D_i \to D_j$ について，下の図1が可換なとき，対象 X と $\{f_i | f_i: X \to D_i, i \in I\}$ なる矢の集合は，$\mathbb{D}$ への「コーン」（cone）と呼ばれる．

（2）$\mathbb{C}$ を圏とし，$\to D_i \to D_j \to (i, j \in I)$ が $\mathbb{C}$ の一部となっている図式を $\mathbb{D}$ とする．その上で，$\mathbb{C}$ の対象 X と $\mathbb{D}$ の各対象 $D_i (i \in I)$ について，矢 $f_i: D_i \to X$ が定まっており，かつ $\mathbb{D}$ 中の任意の矢 $d_{ij}: D_i \to D_j$ について，下の図2が可換なとき，対象 X と $\{f_i | f_i: D_i \to X\}$ なる矢の集合は，$\mathbb{D}$ への「ココーン」（cocone）と呼ばれる．

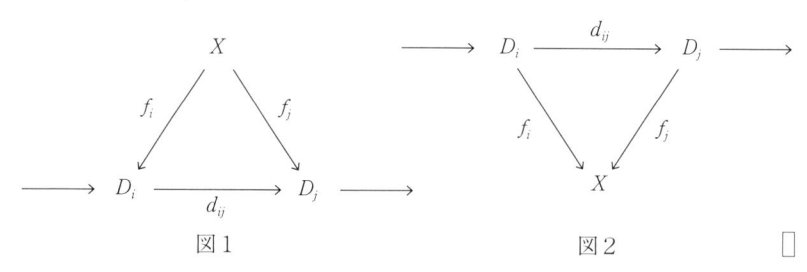

図1　　　　　図2

定義（リミット）

$\mathbb{C}$ を圏とし，$\mathbb{D}$ をコーンの定義での図式とする．また X と $\{f_i | f_i: X \to D_i, i \in I\}$ を $\mathbb{D}$ へのコーンとする．その上で，Y と $\{g_i | g_i: Y \to D_i, i \in I\}$ なる $\mathbb{D}$ への任意のコーンについて，ある矢 $h: Y \to X$ が一意的に存在して，下図が可換となるとき，X と $\{f_i | f_i: X \to D_i, i \in I\}$ なる $\mathbb{D}$ へのコーンは，$\mathbb{D}$ の「リミット」（limit）と呼ばれ，記号 $\varprojlim \mathbb{D}$ で表わされる．

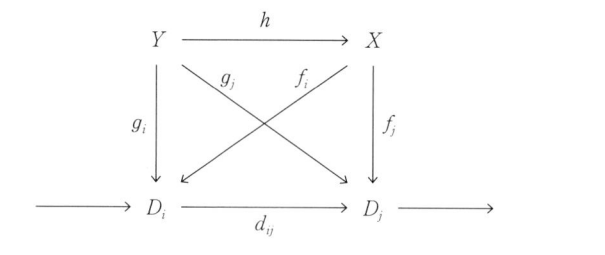

定義（コリミット）

$\mathbb{C}$ を圏とし，$\mathbb{D}$ をココーンの定義での図式とする．また X と $\{f_i | f_i:$

$D_i \to X, i \in I\}$ を $\mathbb{D}$ へのココーンとする．その上で，Y と $\{g_i | g_i : D_i \to Y, i \in I\}$ なる任意のココーンについて，ある矢 $h : X \to Y$ が一意的に存在して，下図が可換となるとき，X と $\{f_i | f_i : D_i \to X, i \in I\}$ なる $\mathbb{D}$ へのココーンは，$\mathbb{D}$ の「コリミット」(colimit) と呼ばれ，記号 $\varinjlim \mathbb{D}$ で表わされる．

$$\begin{array}{ccc} \longrightarrow D_i & \xrightarrow{d_{ij}} & D_j \longrightarrow \\ {}_{f_i}\downarrow & {}^{g_i}\diagdown\diagup^{f_j} & \downarrow{}_{g_j} \\ X & \xrightarrow{h} & Y \end{array}$$

□

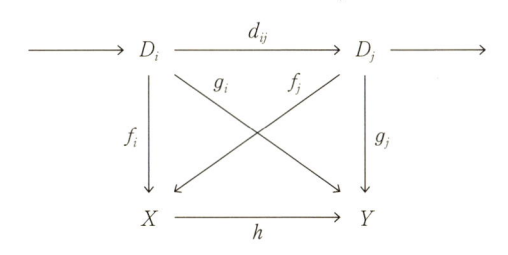

注意 リミットは「射影的極限」(projective limit) とも呼ばれる．またコリミットは「帰納的極限」(inductive limit) とも呼ばれる．

以上がリミット，コリミットの定義であるが，ここで積とイコライザーが，各々リミットの例となっていることを確認しておこう．

(1) 積について．積 $A \times B$ とは下の図1を可換とする矢 h が一意的に存在することであった．ここで A, B を図式 $\mathbb{D}$ としてみると，この図は，X に相当する $A \times B$ と $\{\pi_1, \pi_2\}$ が $\mathbb{D}$ へのコーンとなっており，またこのコーンに向って，Y に相当する C と $\{f, g\}$ とからなる $\mathbb{D}$ への任意のコーンについて，矢 h が一意的に存在する状況を表わしている．

(2) イコライザーについて．イコライザー e とは，下の図2を可換とする矢 h が一意的に存在することであった．ここで $A \xrightarrow[g]{f} B$ を図式 $\mathbb{D}$ としてみると，この図は，X に相当する C と $\{e\}$ とが $\mathbb{D}$ へのコーンとなっており，またこのコーンに向かって，Y に相当する D と $\{k\}$ とからなる $\mathbb{D}$ への任意のコーンについて，矢 h が一意的に存在する状況を表わしている．

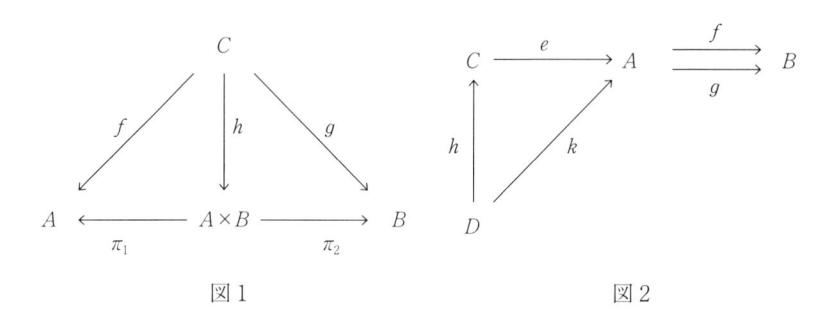

図1 (左): C から A, $A\times B$, B への射 f, h, g と、$A \xleftarrow{\pi_1} A\times B \xrightarrow{\pi_2} B$

図2 (右): $C \xrightarrow{e} A \rightrightarrows^{f}_{g} B$ と $D \xrightarrow{h} C$, $D \xrightarrow{k} A$

なおリミット，コリミットについては，後で触れられることにもなる定理を一つ添えておく．

定理 2.3 (1) リミットは，同形のものを除いて一意的に決まる．
(2) コリミットは，同形のものを除いて一意的に決まる．

証明 (1) リミットの場合について． X_1, X_2 を各々リミットとし，また $k: X_1 \to X_2$, $l: X_2 \to X_1$ とする．すると，下図から明らかなように，$h_1 = l \circ h_2 \cdots (*)$, $h_2 = k \circ h_1 \cdots (**)$ が成立している．よって，$(*)$ に $(**)$ を代入して，$h_1 = l \circ k \circ h_1$, すなわち $l \circ k = \mathrm{id}_{X_1}$ を得る．また $(**)$ に $(*)$ を代入して，$h_2 = k \circ l \circ h_2$, すなわち $k \circ l = \mathrm{id}_{X_2}$ を得る．したがって $X_1 \cong X_2$ となる．

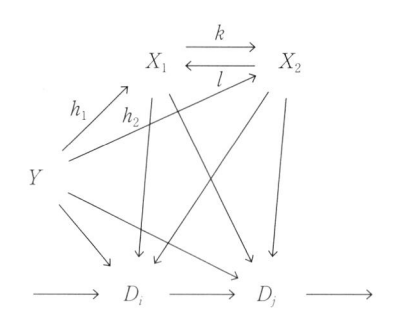

(2) コリミットの場合について． 同様にして示せる． □

§3.3　関手と随伴関係

関手および自然変換

　圏とは対象と矢から成り立つ一つの世界であり，そしてそうした圏には種々のものが数多く存在する．そこで当然のことながら，そうした圏同士の間の対応関係などが，改めて問題となってくる．この §では，このような圏同士の対応関係ともいえる関手について，後に必要となる限りの事柄を少しばかり取り上げる．まずはその定義を提示しよう．

定義（関手）

　$\mathbb{B}$, $\mathbb{C}$ を各々圏とする．その上で F が下記の (1)〜(3) をみたすとき，F は $\mathbb{B}$ から $\mathbb{C}$ への「関手」(functor) と呼ばれ，記号 $F : \mathbb{B} \to \mathbb{C}$ で表わされる．

　(1)　F は，$\mathbb{B}$, $\mathbb{C}$ 各々に属する対象間の写像となっている．(i.e. $\mathrm{ob}(\mathbb{B})$, $\mathrm{ob}(\mathbb{C})$ で $\mathbb{B}$, $\mathbb{C}$ 各々の対象たちの集まりを表わすとき，F は $F : \mathrm{ob}(\mathbb{B}) \to \mathrm{ob}(\mathbb{C})$ なる写像となっている．)

　(2)　F は，$\mathbb{B}$ に属する矢たちの集まり $\mathbb{B}(A, B)$（ただし $A, B \in \mathrm{ob}(B)$）から $\mathbb{C}$ に属する矢たちの集まり $\mathbb{C}(F(A), F(B))$ への写像となっている．(i.e. F は $F : \mathbb{B}(A, B) \to \mathbb{C}(F(A), F(B))$ なる写像となっている．)

　(3)　$F(\mathrm{id}_A) = \mathrm{id}_{F(A)}$（ただし $A \in \mathrm{ob}(\mathbb{B})$），および $F(g \circ f) = F(g) \circ F(f)$（ただし f, g は $\mathbb{B}$ の矢であり，しかも $g \circ f$ が $\mathbb{B}$ で定義されているものとする）．　□

　注意　1) 関手 $F : \mathbb{B} \to \mathbb{C}$ は，$\mathbb{B}$ の圏としての構造を保存した仕方での $\mathbb{C}$ への写像となっており，いわば圏 $\mathbb{B}$, $\mathbb{C}$ 間の準同形写像ともいえる対応関係である．

　2) 上の (3) から，$\mathbb{B}$ での可換な図式は，関手 F によって下図のように $\mathbb{C}$ での可換に図式に対応づけられている．

```
       𝔹                          ℂ
   A ──────────────────────→  F(A)
   │╲ f                      F(f) ╱│
   │ ╲                          ╱  │
 h │  ╲                        ╱   │ F(h)
   │   ▶B ──────────────→ F(B)     │
   │  ╱                        ╲   │
   │ ╱ g                     F(g)╲ │
   ▼╱                              ▶▼
   C ──────────────────────→    F(C)
```

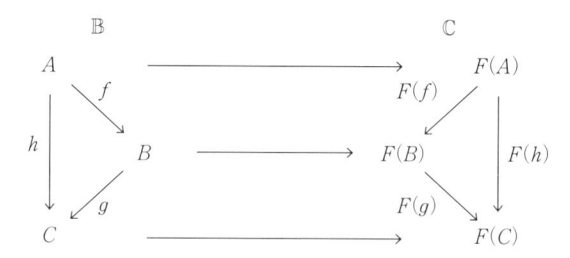

3) 関手 $F:\mathbb{B}\to\mathbb{C}$，関手 $G:\mathbb{C}\to\mathbb{D}$ があるとき，矢の合成と同様に，$G\circ F:\mathbb{B}\to\mathbb{D}$ が定義される．

4) 上の定義での関手 F では，$\mathbb{B}$ での矢の向きは $\mathbb{C}$ においても保存されている．しかしこれに対して，$\mathbb{B}$ の $f:A\to B$ が関手 F によって $\mathbb{C}$ において $F(f):F(B)\to F(A)$ のように矢の向きが逆になることもある．この場合，上の定義の (3) とは異なり，$F(g\circ f)=F(f)\circ F(g)$ となる．なお，先の通常の関手は「共変関手」(covariant functor) と呼ばれることもあり，後の関手は「反変関手」(contravariant functor) と呼ばれる．以下では，もっぱら共変関手のみを考えていく．

関手の簡単な例を二つほど掲げておく．

例 1 $\mathrm{Id}_\mathbb{C}$ が次の (1)，(2) をみたすとき，$\mathrm{Id}_\mathbb{C}$ は関手 $\mathrm{Id}_\mathbb{C}:\mathbb{C}\to\mathbb{C}$ となり，「同一関手」(identity functor) と呼ばれる．

 (1) $\mathbb{C}$ の任意の対象 A に A 自身を対応させる（i.e. $\mathrm{Id}_\mathbb{C}(A)=A$）．

 (2) $\mathbb{C}$ の任意の矢 f に f 自身を対応させる（i.e. $\mathrm{Id}_\mathbb{C}(f)=f$）．

例 2 P が次の (1)，(2) をみたすとき，P は関手 $\mathrm{P}:\mathrm{Set}\to\mathrm{Set}$ となり，「巾集合関手」(powerset functor) と呼ばれる．

 (1) 任意の集合 A（i.e. $\in\mathrm{ob}(\mathrm{Set})$）に A の巾集合 $\mathrm{P}(A)$（i.e. $\in\mathrm{ob}(\mathrm{Set})$）を対応させる．

 (2) 任意の写像 $f:A\to B$（i.e. Set の矢）に対して，写像 $\mathrm{P}(f)$ は，$\mathrm{P}(f):\mathrm{P}(A)\to\mathrm{P}(B)$ であり，かつ $C\subseteq A$ なる各 C に対して f による像 $f(C)\subseteq B$ を対応させる写像である．

なお上記した同一関手を使うと，圏の間の同形ということも，次のように定義される．

定義（圏の同形）

$\mathbb{B}, \mathbb{C}$ を各々圏とする．その上で下記の条件（#）をみたす関手 $F: \mathbb{B} \to \mathbb{C}$ が存在するとき，$\mathbb{B}$ と $\mathbb{C}$ とは「同形」(isomorphic) であると呼ばれ，記号 $\mathbb{B} \cong \mathbb{C}$ で表わされる．

（#） 関手 $F: \mathbb{B} \to \mathbb{C}$ に対して，関手 $G: \mathbb{C} \to \mathbb{B}$ が存在して，$G \circ F = \mathrm{Id}_{\mathbb{B}}$ かつ $F \circ G = \mathrm{Id}_{\mathbb{C}}$ である． □

注意 上の条件（#）をみたす関手 $F: \mathbb{B} \to \mathbb{C}$ は「同形関手」(isomorphism) と呼ばれることがある．また条件（#）の関手 G は F^{-1} と表わされることもある．

ところで，$\mathbb{B}, \mathbb{C}$ を各々圏とするとき，$\mathbb{B}$ から $\mathbb{C}$ への関手は，もとより一つとは限らず，数多くあり得る．するとさらにこうした関手間同士の対応関係ということも問題となってくる．すなわち $\mathbb{B}$ と $\mathbb{C}$ との間の関手 F, G について，両者の対応関係ともいえる F から G への自然変換ということが問題となってくる．

定義（自然変換）

$\mathbb{B}, \mathbb{C}$ を各々圏とし，F, G を各々 $\mathbb{B} \underset{G}{\overset{F}{\rightrightarrows}} \mathbb{C}$ なる関手とする．その上で τ が下記の (1), (2) をみたすとき，τ は F から G への「自然変換」(natural transformation) と呼ばれ，記号 $\tau: F \to G$ で表わされる．

(1) $\mathbb{B}$ の任意の対象 $A (\in \mathrm{ob}(\mathbb{B}))$ について，$\mathbb{C}$ の矢 $\tau_A: F(A) \to G(A)$ が対応する．

(2) $\mathbb{B}$ の任意の矢 $f (\in \mathbb{B}(A, B))$ について，下図の四角形部分の図式は可換である（i.e. $\tau_B \circ F(f) = G(f) \circ \tau_A$）．

$$
\mathbb{B} \xrightarrow[G]{F} \mathbb{C}
$$

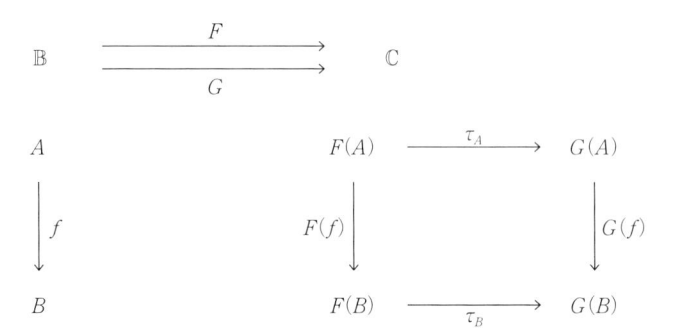

$$
\begin{array}{ccccc}
A & & F(A) & \xrightarrow{\tau_A} & G(A) \\
\downarrow f & & \downarrow F(f) & & \downarrow G(f) \\
B & & F(B) & \xrightarrow{\tau_B} & G(B)
\end{array}
$$

なお，$\mathbb{B}$ の A, B に対応する $\mathbb{C}$ の矢 τ_A, τ_B は，各々 τ の「A 成分」(A component），τ の「B 成分」(B component）と呼ばれる． □

このように関手間に自然変換が定義されると，関手各々を対象と考え，関手間の自然変換を矢と考えることによって，新たに一つの圏を考えることが可能となる．

定義（関手の圏）
$\mathbb{B}, \mathbb{C}$ を各々圏とする．その上で $\mathbb{B} \to \mathbb{C}$ なる関手の各々を対象とし，またそれら関手間の自然変換の各々を矢とする圏は，「関手の圏」(category of functors) と呼ばれ，記号 $\mathbb{C}^{\mathbb{B}}$ で表わされる． □

随伴関係

関手については，さらに種々の事柄が問題となり得る．しかし以下では，もっぱら二つの関手間の随伴関係と呼ばれる事柄に注目していく．はじめにその定義であるが，正式な定義には予めさらに少々の準備が必要となることから，ここでは正式な定義ではなく，近づきやすい多少略式な仕方での定義に留めておく．

定義（随伴関係）
$\mathbb{B}, \mathbb{C}$ を各々圏とし，F, G を各々 $\mathbb{B} \xrightleftharpoons[G]{F} \mathbb{C}$ なる関手とする．その上で $\mathbb{B}$ の

任意の対象 A と $\mathbb{C}$ の任意の対象 B について，

(#) $\quad \mathbb{C}(F(A), B) \cong \mathbb{B}(A, G(B))$

であるとき，F と G との間には「随伴関係」(adjunction) が成立していると呼ばれ，記号 $F \dashv G$ で表わされる．

また上の関係 (#) は，F は G の「左随伴」(left adjoint) である，あるいは G は F の「右随伴」(right adjoint) である，とも呼ばれる．

ただしここで $\mathbb{C}(F(A), B)$ は，$F(A) \to B$ なる $\mathbb{C}$ の矢の集まりを表わし，$\mathbb{B}(A, G(B))$ は $A \to G(B)$ なる $\mathbb{B}$ の矢の集まりを表わしている．さらにここでの $\cong$ は，その両辺の集まりの間に全単射な対応が成立することを表わしている．

なお上の関係 (#) は，$f \in \mathbb{C}(F(A), B)$, $g \in \mathbb{B}(A, G(B))$ として，下図のように可換な図式として表わされることもある．

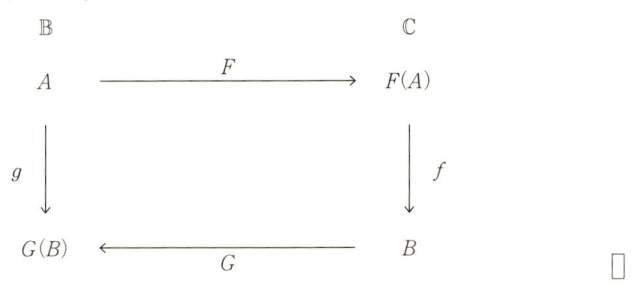

$$\begin{array}{ccc} \mathbb{B} & & \mathbb{C} \\ A & \xrightarrow{F} & F(A) \\ {\scriptstyle g}\downarrow & & \downarrow{\scriptstyle f} \\ G(B) & \xleftarrow{G} & B \end{array}$$

上の定義では，随伴関係は関手 F, G 間の関係として定義されているが，(#) なる随伴関係は，必ずしも関手 F, G 間の関係とはいえない種々の場面でしばしば見出せる関係でもある．そこでこの点をも考慮して，F, G を何らかの作用とした上で，$F(A) \to B$ で広く "$F(A) \to B$ なる矢（i.e. 関係）が成立している"ことを表明し，$A \to G(B)$ で広く "$A \to G(B)$ なる矢（i.e. 関係）が成立している"ことを表明している，としてみる．すると先の定義中の (#) は，

(##) $\quad F(A) \to B \iff A \to G(B)$

と表わすことが可能となる．実際，(##) のような表わし方は，種々の場面での随伴関係を問題にするときや，随伴関係の諸事項の論証などを簡易的に行うときに便利である．

定義につづいて，随伴関係の具体例を三つほど掲げておこう．

例1　前§で触れた積と巾との間に成立する定理2.2の関係
$$\mathbb{C}(C \times A, B) \cong \mathbb{C}(C, B^A)$$
にその例を見出せる．すなわち $C \times A$ (i.e. $(C) \times A$) を $F(C)$ と考え，B^A (i.e. $(B)^A$) を $G(B)$ と考えるとき，上の関係は
$$\mathbb{C}(F(C), B) \cong \mathbb{C}(C, G(B))$$
であり，F (i.e. ( )$\times A$) と G (i.e. ( )^A) との間にはまさに随伴関係が成立している (i.e. ( )$\times A \dashv$ ( )^A).

例2　束における交わり$\wedge$と相対擬補元$\supset$との間には，
$$z \wedge x \leqslant y \iff z \leqslant x \supset y$$
が成立している．ここで x, y, z を A, B, C で表わし，$\leqslant$ を $\rightarrow$ に置きかえると，上の関係は
$$C \wedge A \rightarrow B \iff C \rightarrow A \supset B$$
と表わされ，そこで $C \wedge A$ を $F(C)$ と考え，$A \supset B$ を $G(B)$ と考えるとき，結局
$$F(C) \rightarrow B \iff C \rightarrow G(B)$$
であり，明らかに F (i.e. ( )$\wedge A$) と G (i.e. $A \supset$ ( )) との間に随伴関係が成立している (i.e. ( )$\wedge A \dashv A \supset$ ( )). すなわち束での交わりと相対擬補元との間にも随伴関係が成立しており，と同時にこのことは，論理での連言$\wedge$と条件法$\supset$との間にも随伴関係が成立していることを示している．

例3　II部2章§2.2定理2.5(4)では領域 D, D' 間の写像 $f^e : D \rightarrow D'$, $f^p : D' \rightarrow D$ について，
$$f^e(x) \leqslant y \iff x \leqslant f^p(y)$$
が成立していることが示された．そこでここでも，f^e, f^p を各々 F, G に，$\leqslant$ を $\rightarrow$ に，x, y を各々 A, B におきかえると，上の関係は
$$F(A) \rightarrow B \iff A \rightarrow G(B)$$
であり，f^e と f^p との間にも随伴関係が成立している (i.e. $f^e \dashv f^p$) といえてくる．

ユニットとコユニット

次に,随伴関係 $F \dashv G$ の定義から得られる基本的な事柄を,二つほど見ておこう.なおその際の証明は,いずれも簡易的な仕方で与えていく.また関手の合成記号 $\circ$ は省略し,$F \circ G$ は FG と表わしていく.

はじめにユニットとコユニットなる矢の存在を見ておく.

定理 3.1 $\mathbb{B}$, $\mathbb{C}$ を各々圏とし,F, G を各々 $\mathbb{B} \underset{G}{\overset{F}{\rightleftarrows}} \mathbb{C}$ なる関手とする.その上で $F \dashv G$ であるとき,次の (1), (2) が成立する.また逆に (1), (2) が成立するとき,$F \dashv G$ である.

(1) $\mathbb{B}$ の任意の対象 A について,$\eta_A : A \to GF(A)$ なる矢が存在する.

(2) $\mathbb{C}$ の任意の対象 B について,$\varepsilon_B : FG(B) \to B$ なる矢が存在する.

なお η_A は A における「ユニット」(unit) と呼ばれ,ε_B は B における「コユニット」(counit) と呼ばれる.

証明 (1) について. $F \dashv G$ とする.すなわち,$\mathbb{B}$ の任意の対象 A と $\mathbb{C}$ の任意の対象 B について,$F(A) \to B \iff A \to G(B)$ が成立しているとする.そこでこの関係での B を $F(A)$ とする.すると,$F(A) \to F(A) \iff A \to GF(A)$ であり,$\iff$ の左辺がつねに成立することから,$A \to GF(A)$ がつねに成立する.よって η_A なる矢が存在する.

(2) について. 上の関係での A を $G(B)$ とすることによって,(1) と同様にして示せる.

逆について.(1) と (2) とから,$F(A) \to B \iff A \to G(B)$ の成立を示せばよい.まず $\Rightarrow$ を示すために,$\Rightarrow$ の左 $F(A) \to B$ を仮定する.すると G は通常の関手ゆえ,$GF(A) \to G(B)$ が成立し,(1) の $A \to GF(A)$ と結びつけると,直ちに $\Rightarrow$ の右 $A \to G(B)$ が得られる.つづいて $\Leftarrow$ を示すために,$\Leftarrow$ の右 $A \to G(B)$ を仮定する.すると,F は通常の関手ゆえ,$F(A) \to FG(B)$ が成立し,(2) の $FG(B) \to B$ と結びつけると,直ちに $\Leftarrow$ の左 $F(A) \to B$ が得られる. □

注意 1) この定理は，$F \dashv G$ の成立と (1) かつ (2) の成立とが，同じ事柄であることを明らかにしている．

2) $\mathbb{B}$ の対象と矢を $\mathbb{B}$ の全く同じ対象と矢に対応づける同一関手 $\mathrm{Id}_\mathbb{B} : \mathbb{B} \to \mathbb{B}$ を考えるとき，定理の (1) の η_A は，$\mathrm{Id}_\mathbb{B} \to GF$ なる自然変換の対象 A での状況を表わしている．すなわち (1) の η_A は，$\eta : \mathrm{Id}_\mathbb{B} \to GF$ なる自然変換の A 成分 η_A でもある．(2) の ε_B についても，同様のことがいえる．

ここで念のため，η_A, ε_B の図を添えておく．

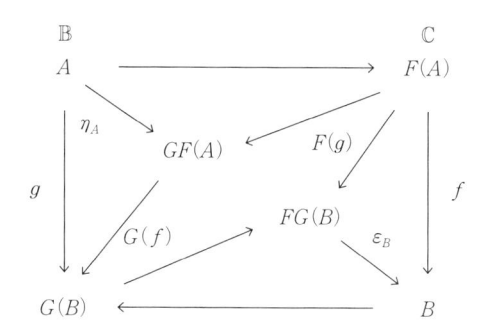

$$
\begin{array}{ccc}
\mathbb{B} & & \mathbb{C} \\
A & \longrightarrow & F(A) \\
\downarrow \eta_A & GF(A) \quad F(g) & \\
g & G(f) \quad FG(B) & f \\
\downarrow & & \varepsilon_B \downarrow \\
G(B) & \longleftarrow & B
\end{array}
$$

さて，$F \dashv G$ の定義から得られるもう一つ基本的な事柄は，上にも登場した GF と FG についてである．

定理 3.2 $\mathbb{B}$, $\mathbb{C}$ を各々圏とし，F, G を各々 $\mathbb{B} \underset{G}{\overset{F}{\rightleftarrows}} \mathbb{C}$ なる関手とする．また $F \dashv G$ であるとする．このとき，次の (1)，(2) が成立する．

(1) 1) $GFGF(A) \to GF(A)$. ただし $A \in \mathrm{ob}(\mathbb{B})$ とする．
　　2) $GFGF(A) \rightleftarrows GF(A)$. 同上．
(2) 1) $FG(B) \to FGFG(B)$. ただし $B \in \mathrm{ob}(\mathbb{C})$ とする．
　　2) $FG(B) \rightleftarrows FGFG(B)$. 同上．

証明 (1) 1) について．まず $F \dashv G$ とする．すなわち $\mathbb{B}$ の任意の対象 A と $\mathbb{C}$ の任意の対象 B について，$F(A) \to B \iff A \to G(B)$ が成立しているとする．ここでこの関係における B を $F(A)$ とし，A を $GF(A)$ とする．すると $FGF(A) \to F(A) \iff GF(A) \to GF(A)$ となる．よって $FGF(A) \to F(A)$ が成立する．するとさらに，G は通常の関手ゆえ，$GFGF(A) \to GF(A)$

が成立する.

(1) 2) について. 上の1) の逆を示せばよい. そのために定理3.1(1) $A \to GF(A)$ に注目し, この中の A を $GF(A)$ とする. すると直ちに $GF(A) \to GFGF(A)$ が得られる.

(2) について. (1) と同様にして示される. □

注意 $\mathbb{P}(S)$ を集合 S の部分集合を対象とし, $\subseteq$ を矢 $\to$ とした圏とする. また F, G を各々 $\mathbb{P}(S) \underset{G}{\overset{F}{\rightleftarrows}} \mathbb{P}(S)$ で $F \dashv G$ なる関手とする. このとき, GF や FG の意味内容を多少理解することができてくる. すなわち定理3.1(1) は, $A \subseteq GF(A)$ となり, 定理3.2(1)の2) は, $GF(A) = GFGF(A)$ となり, またいまの場合, $GF(A \cup B) = GF(A) \cup GF(B)$ および $GF(S) = S$ も示せることから, $\mathbb{P}(S)$ での GF はいわゆる集合の「閉包」(closure) に相当するものと理解できてくる. 同様に $\mathbb{P}(S)$ での FG は, 集合の「開核」(open kernel) に相当するものと理解できてくる.

以上関手について, 後に必要となる事柄を中心に, 簡単に記しておいた.

§3.4 トポスとその基本定理

トポスの定義

トポスとは, 圏 Set に代表されるような圏の一種であるが, その定義に当っては, 新たにサブオブジェクト・クラシファイヤーなる基礎概念の定義が予め必要となる.

定義 (サブオブジェクト・クラシファイヤー)
圏 $\mathbb{C}$ には終対象 1 が存在するとした上で, 次の条件 (#) をみたす矢 $\top: 1 \to \Omega$ を伴った対象 Ω は, $\mathbb{C}$ の「サブオブジェクト・クラシファイヤー」(subobject classifier) と呼ばれる.

(#) 任意のモノ $f: A \to B$ について, 下図が p.b. となるような矢 χ_f:

$B \to \Omega$ が一意的に存在する.

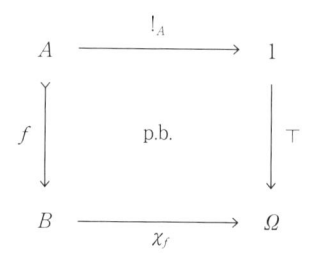

$$\begin{array}{ccc} A & \xrightarrow{!_A} & 1 \\ {\scriptstyle f}\downarrow & \text{p.b.} & \downarrow{\scriptstyle \top} \\ B & \xrightarrow[\chi_f]{} & \Omega \end{array}$$

なお,矢 χ_f はモノ f(i.e. B の部分対象)の「特性矢」(character)と呼ばれる.

注意 1) 片仮名サブオブジェクト・クラシファイヤーは,少々長いので,本書では以下にその内容を考えて,その代りに"真理値対象"と呼んでいく.

2) Ω を $\{\top, \bot\}$(ただし $\top, \bot$ は各々真偽を表わす真理値)とし,Set の場合で考えると,矢 χ_f が,A の部分集合 B を $\top$ に対応づける特性関数に相当するものであることが明らかであろう.しかし Ω は,$\{\top, \bot\}$ のように二元からなるブール代数とは限らない.一般には Ω は,多元ブール代数やハイティング代数となる構造をもつ場合もあり得る.

真理値対象 Ω の定義を与えたので,さっそくトポスの定義を掲げることにしよう.

定義(トポス)

圏 $\mathbb{E}$ が下記の (1)〜(4) をみたしているとき,圏 $\mathbb{E}$ は「トポス」(topos)と呼ばれる.

(1) $\mathbb{E}$ には,終対象 1 が存在する.

(2) $\mathbb{E}$ には,$\mathbb{E}$ の任意の二つの対象 A, B について,その積 $A \times B$ が存在する.

(3) $\mathbb{E}$ には,$\mathbb{E}$ の任意の二つの対象 A, B について,その巾 B^A が存在する.

(4) $\mathbb{E}$ には,サブオブジェクト・クラシファイヤー(i.e. 真理値対象)Ω が存在する. □

注意 1) トポスはしばしば「エレメンタリー・トポス」(elementary topos) とも呼ばれる．それゆえ，通常 $\mathbb{E}$ なる記号が使用されることが多い．

2) トポス $\mathbb{E}$ には，上の定義には登場しないイコライザー e，プルバック p.b.，始対象 0，直和 $\amalg$，プッシュアウト p.o. なども存在する．というのも，ここでは証明する余裕はないが，下記の事柄 [1]〜[3] が定理として成立しているからである．

[1] 終対象 1 と積および真理値対象 Ω が存在するとき，イコライザーが存在する．

[2] 積とイコライザーが存在するとき，p.b. が存在する．

[3] 上の定義中の (1)〜(4) が成立するとき，始対象，直和，p.o. が存在する．

(なお，[1]，[2] の証明は，[S : LC] p.72〜74 に見出せる.)

トポスの基礎的な性質

トポスにおいて成立する基礎的な事柄のうち，II 部 4 章との関連で必要となる事柄に絞って，証明なしにごく簡単に触れておく．なお以下での対象や矢は，各々トポス $\mathbb{E}$ での対象や矢とする．

[1] トポスにおけるモノとアイソについて

定理 4.1 $f : A \to B$ をモノなる矢とする．このとき，f は f の特性矢 χ_f と $\top \circ !_B$ とのイコライザーである．

証明 略．([S : LC] p.146〜147，参照.) □

定理 4.2 矢 $f : A \to B$ はアイソである $\iff$ 矢 $f : A \to B$ はモノかつエピである．

証明 略．([S : LC] p.147〜148，参照.) □

注意 1) 定理 4.1 は，トポスにおいては，f がモノなら f はイコライザーであ

ることを示しているが，一方圏一般ではこの逆も成立する．したがって，トポスでは，モノとイコライザーとは同じものとなっている．

2) 定理4.2での ⇒ は，圏一般でも成立する．しかしその逆 ⇐ は，圏一般では必ずしも成立しない．

[2] トポスにおけるエピ－モノ分解定理について

定義（fのイメージ）
$f: A \to B$ を任意の矢とする．このとき，下図のようなfのfによるプッシュアウト p.o. における矢 h, k についてのイコライザーは，「fのイメージ」(image of f) と呼ばれ，記号 $\mathrm{im}f$ で表わされる (i.e. $\mathrm{im}f: f(A) \to B$).

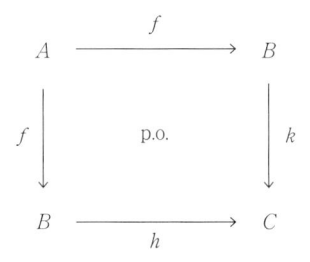

$$
\begin{array}{ccc}
A & \xrightarrow{f} & B \\
f \downarrow & \text{p.o.} & \downarrow k \\
B & \xrightarrow{h} & C
\end{array}
$$

□

注意 念のため，$\mathrm{im}f$ がイコライザーとなっている図を添えておく．また図中における矢 $f^*: A \to f(A)$ は，$\mathrm{im}f$ がイコライザーゆえ，当然一意的に存在する矢となっている．

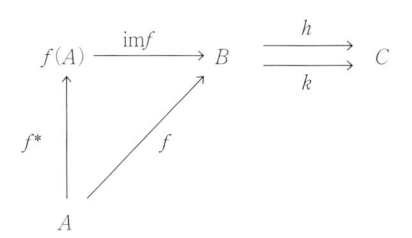

$$
\begin{array}{c}
f(A) \xrightarrow{\mathrm{im}f} B \rightrightarrows_{k}^{h} C \\
f^* \uparrow \quad \nearrow f \\
A
\end{array}
$$

定理4.3 $f: A \to B$ を任意の矢とする．このとき，任意のrとモノsについて，$f = s \circ r$ であるなら，下図を可換とする矢 $t: f(A) \to D$ が一意的に存在する．また図中の$f^*: A \to f(A)$ はエピである．

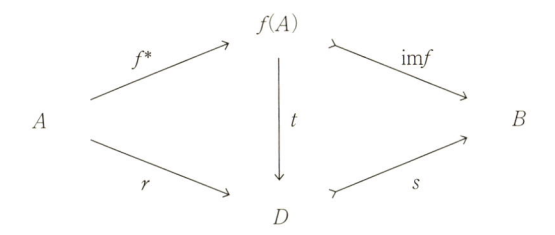

$$A \xrightarrow{f^*} f(A) \xrightarrow{\mathrm{im}f} B$$
$$A \xrightarrow{r} D \xrightarrow{s} B$$
$$f(A) \xrightarrow{t} D$$

証明 略．（[S：LC] p.152〜154，参照．） □

定理 4.4（エピ-モノ分解定理） $f: A \to B$ を任意の矢とする．このとき矢 f は，エピとなる矢 $f^*: A \to f(A)$ とモノなる矢 $\mathrm{im}f: f(A) \to B$ とに，同形の場合は同一とみなした上で，下図のように一意的に分解される．

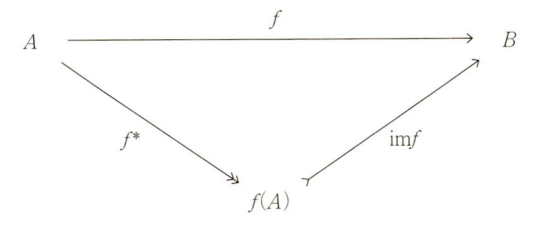

$$A \xrightarrow{f} B$$
$$A \xrightarrow{f^*} f(A) \xrightarrow{\mathrm{im}f} B$$

証明 略．（[S：LC] p.154〜155，参照．） □

注意 定理 4.4 は「エピ-モノ分解定理」(Epi-mono factorization Theorem) と呼ばれ，本書では後のⅡ部 4 章 §4.3 などで使用される．

トポスの基本定理

つづいてさらに，やはり 4 章 §4.1 で言及されるトポスの基礎的な性質の一つとして，いわゆる「トポスの基本定理」(Fundamental Theorem of Topos) と呼ばれる定理を，簡単に取り上げる．しかしそのためには，一つの圏が与えられたとき，それをもとにスライスなる新しい圏が生成される，という事柄にまず触れておかなければならない．

定義（スライス）

$\mathbb{C}$ を圏とし，B を $\mathbb{C}$ の任意の対象とする．また A, C も $\mathbb{C}$ の任意の対象とし，$f: A \to B$, $g: C \to B$ を各々 $\mathbb{C}$ の矢とする．その上で，この $f: A \to B$ なる矢と $g: C \to B$ なる矢を各々新たな対象と考え，さらに下図を可換 (i.e. $f = g \circ h$) とするような $h: A \to C$ なる $\mathbb{C}$ の矢を，新しい対象とした f から g への新しい矢と考える．するとこのとき，$\mathbb{C}$ から新しい対象たちと新しい矢たちからなる新しい圏が生成される．そしてこのように $\mathbb{C}$ から生成された新しい圏は，$\mathbb{C}$ の B による「スライス」(slice) と呼ばれ，記号 $\mathbb{C} \downarrow B$ で表わされる．

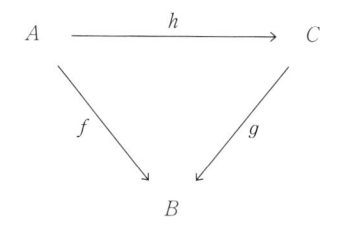

$$\begin{array}{ccc} A & \xrightarrow{h} & C \\ & \searrow{\scriptstyle f} \quad \swarrow{\scriptstyle g} & \\ & B & \end{array}$$

□

さてスライスの定義を与えたので，次に直ちに，トポスの基本定理を提示しよう．

定理 4.5（トポスの基本定理） 圏 $\mathbb{E}$ がトポスであり，B が $\mathbb{E}$ の任意の対象であるとき，その $\mathbb{E}$ の B によるスライス（i.e. $\mathbb{E} \downarrow B$）もトポスである．

また A, B を各々 $\mathbb{E}$ の任意の対象とし，$f: A \to B$ であるとき，$\mathbb{E} \downarrow A$ と $\mathbb{E} \downarrow B$ との間には，$f^*: \mathbb{E} \downarrow B \to \mathbb{E} \downarrow A$，$\Sigma_f: \mathbb{E} \downarrow A \to \mathbb{E} \downarrow B$ および $\Pi_f: \mathbb{E} \downarrow A \to \mathbb{E} \downarrow B$ なる関手 f^*, Σ_f, Π_f が存在し，それらの間に随伴関係 $\Sigma_f \dashv f^* \dashv \Pi_f$ が成立する．

証明 略．([S : LC] §3.3, §3.4, §4.3, 参照.) □

注意 1) 上の定理に現われている関手 f^* の $*$ 印は，先の定理 4.3, 定理 4.4 に現われている矢 f^* の $*$ 印とは全く別ものであること，念のため注意しておく．

2) 上記定理の後半部分を図示しておこう．なお，図中の $\perp$ は，上下に記され

た関手間の随伴関係を表わしている．

$$\mathbb{E}\downarrow B \underset{\Pi_f}{\overset{f^*}{\rightleftarrows}} \bot \quad \mathbb{E}\downarrow A \underset{f^*}{\overset{\Sigma_f}{\rightleftarrows}} \bot \quad \mathbb{E}\downarrow B$$

以上，「トポスの基本定理」について証明なしで記してみたが，そこには実は大変重要な内容が含意されている．

まず「基本定理」の前半では，トポス $\mathbb{E}$ の一構成要素である任意の対象 B によって $\mathbb{E}$ をスライスし，B を中心とする新しい論理構造 $\mathbb{E}\downarrow B$ をつくるとき，それがもとの $\mathbb{E}$ と同一構造となることが明らかにされている．したがってこのことは，多少比喩的にいえば，$\mathbb{E}\downarrow B$ は B を視座とした構造であり，その B がいかなる視座であれ，そこで見出される新しい構造はもとの全体 $\mathbb{E}$ の構造を反映したものとなっている，ということでもある．いいかえれば，トポス $\mathbb{E}$ の構造は，スライスするという作業，すなわちある視座を選択するという作業に関して，不動性を保っており，「基本定理」はトポス構造の"不動性定理"になっているともいえる．そこでこのトポスの不動性は，一方でトポスが終対象 1，積，巾，真理値対象 Ω を伴った圏であり，われわれの知性のエッセンスが集約された論理構造でもあることと考え合せるとき，改めてトポスが普遍性の高い論理構造であることを示している．

また「基本定理」の後半では，トポス構造をもつスライス間には，視座 A と視座 B との間に矢 f で表わされる何らかの対応づけに注目するとき，その f が関手 f^* を引き起こすこと，さらにその f^* には，逆方向の関手 Σ_f と Π_f とが随伴関係の形で伴っていることが明らかにされている．そしてこのことは，4章§4.1で触れられるように，われわれの通常の論理において不可欠な限量記号 $\exists, \forall$ の存在とも深く関わる事柄となっている．

とにかくいずれにせよ，トポスおよびその基本定理は，この§ではごく簡単な言及に留めたが，記号論理自体にとっても，また知識論的な立場からも，とても大切なテーマであるといえる．

注意 トポスが終対象 1 をもつこと，積と巾をもつこと，真理値対象 Ω をも

つこととわれわれの知性のエッセンスとの関連については，［S：LC］p.196～198に簡単な言及が見出せる．

第4章　記号論理と圏

　この章では，3章で示された圏論での基礎事項を踏まえて，記号論理と圏とがどのように関わっているのか，その様子を明らかにする．実際このことによって，記号論理の理論領域各々への理解を一層深める手がかりが得られることになる．

　§4.1では，限量記号∃, ∀各々の性格が，圏論的な捉え方のもとで明らかにされる．なおその際その事柄に近づき易くするために，かつてタルスキー (Tarski, A.) によって導入された充足の概念が利用される．

　§4.2では，λ計算でのλ項の両義性解釈のために2章§2.2, §2.3において構成されたλ領域 D_∞ が，改めて圏論の立場から捉え直され，その構成過程の姿がより透明なものとされる．

　§4.3では，集合論での選択公理 AC が，圏の一種であるトポスにおいて定式化される様子が記され，AC の核心が何であるかが言及される．なおこの結果は，Ⅲ部3章の前提となり，またそこで指摘されるように，排中律，二重否定の除去，背理法などの古典論理の論理則，および通常の数学の容認に繋がる事柄となる．

§4.1　圏論での限量記号∃, ∀

この§のテーマ

　この§では，種々の論理的思考において不可欠な論理語である∃(存在)，∀(すべて)について，それらの圏論での捉え方を取り上げてみる．しかし種々の論理的思考といっても，それでは焦点が定まらないゆえ，以下では一

階の述語論理での限量記号∃, ∀について，その圏論での捉え方を見ていくことにする．

はじめに，述語論理では∃, ∀の各々が，次の (1), (2) によって定義されたことを確認しておこう．

(1) 1) $At \to \exists xAx$.
    2) $Ax \to C \Rightarrow \exists xAx \to C$.
(2) 1) $\forall xAx \to At$.
    2) $C \to Ax \Rightarrow C \to \forall xAx$.

ただし，(1), (2) 各々の 1) における t は，Ax の x に代入可能な項 (i.e. t は Ax の x に対して自由な項) であり，また (1), (2) 各々の 2) における C では，x は自由変項として現われていないとする．

ではこのように定義された∃, ∀は，圏論においてどのようなものと捉えられるであろうか．しかしそのことを直ちに触れる前に，少々回り道ではあるが，述語論理の論理式に対して定義される充足関係ということに目を向けてみることにする．というのも，そのことを踏まえるとき，∃, ∀の性格が図示できることになり，圏論的な把握に関してもイメージ的に容易に接近できるからである．

充 足 関 係

充足関係の概念は，述語論理の論理式に意味を付与し真偽を考える (i.e. 解釈する) 際，論理式中の自由変項の意味づけを組織的に実行できるようにタルスキーによって考案されたものである．以下その要点を順次記していく．

論理式の解釈に当っては，まず領域と呼ばれる一つの空でない集合 D が用意される．その上で，論理式中の個体常項 a_i の各々には，D の元 d_i が各々対応づけられ，また式中の単項述語には D の部分集合が対応づけられる．また式中の 2 項以上の述語 (i.e. 関係) については，複数個の D からなる直積集合 $D \times \cdots \times D$ の部分集合が対応づけられる．

では解釈の対象となっている論理式中の自由変項 x_i には，何が対応づけられるか．そのために，領域 D の元 d_i からなる可算列 s (i.e. $s = \langle d_1, d_2, d_3,$

…⟩，ただし $d_i \in D$）が注目され利用される．実際，このような可算列 s は，i を指定すると，その i に対して s の i 番目の元を対応させる関数とみなせ（i.e. $s : \omega \to D$）．したがって列 s は，自由変項 x_i に対して，その添字である i によって，s の i 番目の元を対応づけるような対応づけを可能にする（i.e. $s(x_i) = d_i$）．たとえば，D：自然数の集合とし，$s = \langle 5, 3, 6, \cdots \rangle$ とすると，論理式 Px_1x_2（i.e. Pxy）の x_1, x_2 に対しては各々 $5(=s(1))$，$3(=s(2))$ が，その意味として対応づけられる，というわけである．

さてそれでは，問題の充足関係ということは，改めてどのように定義されることになるか．しかしそのためには，上記した事柄をもう少し整理しておくことが必要となる．すなわち論理式中の述語および個体常項への対応づけを R で表わした上で，式中の自由変項への対応づけ s と合せて，式中の項への対応づけ $s^{☆}$（i.e. $s^{☆}$：項の集合 $\to D$）を定義する．さらにまた，前提となる領域 D と R と合せたもの（i.e. $\langle D, R \rangle$）を M で表わしておく．とにかくこのように整理しておくと，論理式 A の真偽は M と s によって決まってくることになり，M，s と A との関係として，充足関係の定式化は具体化される．

定義（$s^{☆}$）
(1)　$s^{☆}(a_i) = R(a_i) = d_j(\in D)$．
(2)　$s^{☆}(x_i) = s(i) = d_i(\in D)$．　ただし，$s = \langle d_1, d_2, \cdots \rangle (d_i \in D)$ とする．　□

定義（充足関係）
下記の (1) および (2) の 1)～6) をみたす M, s と論理式 A との関係は，「充足関係」(satisfaction) と呼ばれる．あるいは，M のもとで s は論理式 A を「充足する」(satisfy)，とも呼ばれる．また記号では，M, $s \vDash A$ と表記される．
(1)　A：要素式 $P_i t_1 \cdots t_n$ のとき．　$M, s \vDash A$ (i.e. $M, s \vDash P_i t_1 \cdots t_n$) $\underset{df}{\Longleftrightarrow}$ $R(P) s^{☆}(t_1) \cdots s^{☆}(t_n)$ が D で成立する（i.e. $\langle s^{☆}(t_1), \cdots, s^{☆}(t_n) \rangle \in R(P) \subseteq D^n$）．
(2)　1) A：$\neg B$ のとき．　$M, s \vDash \neg B \underset{df}{\Longleftrightarrow} M, s \vDash B$ は成立しない．
　2) A：$B \lor C$ のとき．　$M, s \vDash B \lor C \underset{df}{\Longleftrightarrow} M, s \vDash B$ または $M, s \vDash C$．

3) $A : B \wedge C$ のとき. $\mathrm{M}, s \vDash B \wedge C \underset{\mathrm{df}}{\Longleftrightarrow} \mathrm{M}, s \vDash B$ かつ $\mathrm{M}, s \vDash C$.
4) $A : B \supset C$ のとき. $\mathrm{M}, s \vDash B \supset C \underset{\mathrm{df}}{\Longleftrightarrow} \mathrm{M}, s \vDash B$ ならば $\mathrm{M}, s \vDash C$.
5) $A : \exists x_i B$ のとき. $\mathrm{M}, s \vDash \exists x_i B \underset{\mathrm{df}}{\Longleftrightarrow} s$ と高々 i 番目を異にする s' が少なくとも一つ存在して, $\mathrm{M}, s' \vDash B$.
6) $A : \forall x_i B$ のとき. $\mathrm{M}, s \vDash \forall x_i B \underset{\mathrm{df}}{\Longleftrightarrow} s$ と高々 i 番目を異にする s' のすべてについて, $\mathrm{M}, s' \vDash B$.

注意 1) 項の対応づけ $s^{☆}$ の詳細をはじめ, 解釈についてのもう少し丁寧な記事は, 拙著 [S:SL] §4.2 に見出せる.
2) 上に登場した M (i.e. $\langle D, \mathrm{R} \rangle$) は, 解釈の「枠組」(frame) と呼ばれることがある.

論理式の図形的イメージ

ところで, 上記のように定義される充足関係は, 無限次元空間 D^ω の点 s が, 式中の各述語に対応するその空間での部分集合の元であるか否かを問題としている関係であるともいえる. すなわち論理式 A には $\{s | \mathrm{M}, s \vDash A\}\,(\subseteq D^\omega)$ が対応し, $\mathrm{M}, s \vDash A$ の成立不成立は, 点 $s\,(\in D^\omega)$ が $s \in \{s | \mathrm{M}, s \vDash A\}$ であるか否かを問題としているといえる. と同時にこのことは, 少なくとも高々 3 項述語あるいは 2 項述語からなる論理式の場合に限るとき, 論理式への図形的イメージ化を可能にする. D^ω は無理としても, $D^n (n=1, 2, 3)$ は図示できるからである. そこで高々 2 項述語しか現われない論理式の場合を, さっそく具体的に見てみよう.

(1) まず $D \times D$ を用意する. ただし, x_1 の変域となる D は D_1 とし, x_2 の変域となる D は D_2 とする. すなわち $D_1 \times D_2$ を用意する.

(2) 次に論理式 Px_1 に対応する $\{s | \mathrm{M}, s \vDash Px_1\}$ の $D_1 \times D_2$ 上の図を考えよう. Px_1 には x_2 は現われていないゆえ, $s = \langle d_1, d_2 \rangle$ の d_2 は任意の $d\,(\in D_2)$ でよい. よって, P の意味によって制限される d_1 の範囲である D_1 の部分を, いわば D_2 の方向へ延ばしていった部分が, $\{s | \mathrm{M}, s \vDash Px_1\}$ の $D_1 \times D_2$ 上の図, すなわち論理式 Px_1 の図である (下図の (1) 参照).

(3) 論理式 $Px_1 \wedge Qx_2$ の図を考えよう. まず Px_1, Qx_2 各々に対応する部

分集合を上の (2) の要領で図示する.一方,$\{s|{\rm M}, s\vDash Px_1\wedge Qx_2\}=\{s|{\rm M},$ $s\vDash Px_1$ かつ ${\rm M},s\vDash Qx_2\}=\{s|{\rm M},s\vDash Px_1\}\cap\{s|{\rm M},s\vDash Qx_2\}$ ゆえ,結局 Px_1, Qx_2 各々の図の共通部分が論理式 $Px_1\wedge Qx_2$ の図となる(下図の (2) 参照).

(4) 論理式 Rx_1x_2 の図を考えよう.これは R の意味を満足する d_1 と d_2 の対 $\langle d_1, d_2\rangle$ を元とする集合である(下図の (3) 参照).

(5) 論理式 $\exists x_1 Rx_1x_2$ の図を考えよう.定義により,$\{s|{\rm M},s\vDash\exists x_1Rx_1x_2\}=\{s|s$ と高々一番目のところを異にする s' が少なくとも一つ存在して,${\rm M},s'\vDash Rx_1x_2\}$ である.よって R の意味を満足する d_1 と d_2 の対 $\langle d_1, d_2\rangle$ の d_1 を任意のものと考えた部分が,論理式 $\exists x_1Rx_1x_2$ の図である(下図の (4) 参照).

(6) なお,$\neg A$, $A\vee B$, $A\supset B$ (i.e. $\neg A\vee B$), $\forall x_1Rx_1x_2$ (i.e. $\neg\exists x_1\neg Rx_1x_2$) については,$\neg$,$\vee$ が補集合,合併集合で表わされることに注意し,上の (1)〜(5) の要領に従えば,各々図示可能となることは明らかであろう.

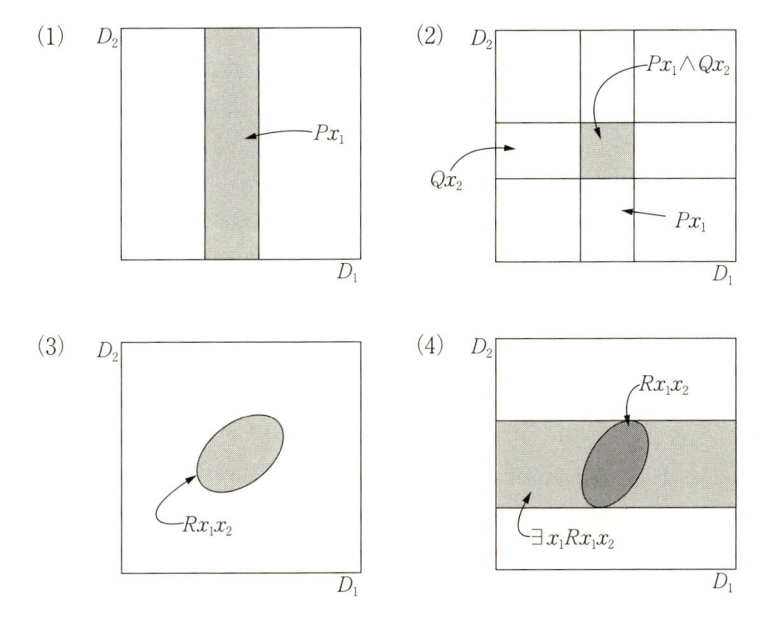

以上,充足関係の概念およびそれにもとづく論理式の図形的なイメージ化について言及してきた.大分回り道をしたが,この図形的なイメージ化を手

がかりに，いよいよこの§本来のテーマに戻り，一階述語論理での限量記号∃および∀について，その圏論的な捉え方を取り上げていこう．

限量記号∃の圏論的把握

はじめに∃を取り上げる．ただこの§の冒頭での∃の定義 (1) での Ax の代わりに，その一例となる 2 項述語 Rxy(i.e. Rx_1x_2) の場合で考えていく．すなわちその定義も冒頭の (1) ではなく，次の (3) に改めた上で考えていくことにする．なお (1) の 1), 2) に伴う条件の付記はここでは省略する．

(3) 1) $Rxy \to \exists xRxy$. 2) $Rxy \to C \Rightarrow \exists xRxy \to C$.

まずこの (3) を図示してみる．実際，先に記した図形化の手順に従って，論理式各々を集合 $D_1 \times D_2$ の部分集合とし，推論関係→はそうした部分集合間の包含関係⊆とするとき，(3) は下の図 1 ように図示できてくる．

少し補足すると，図中の網掛部分は，Rxy(i.e. Rx_1x_2) を充足する $\langle d_1, d_2 \rangle$ の集合で，これは論理式 Rxy に対応する部分集合である．また図中の横線が記入されている長方形部分は，論理式 $\exists xRxy$ に対応する部分集合であり，さらに図中の斜線が記入されている長方形部分は，論理式 C に対応する部分集合である．

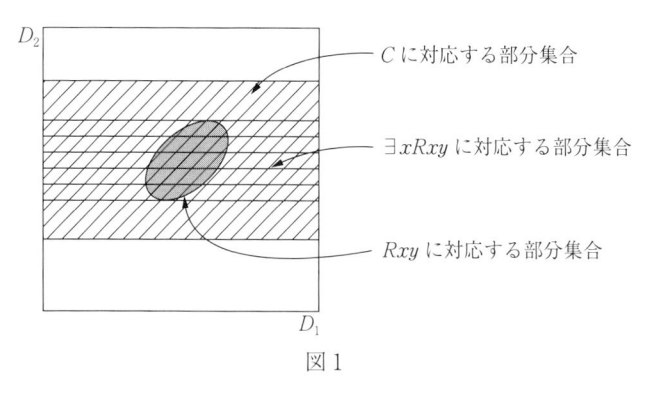

図 1

次に，この図を圏論的に捉えるために必要となる準備をする．その第 1 として，$p: D_1 \times D_2 \to D_2$ なる射影 p を考える．すなわち $p(\langle d_1, d_2 \rangle) = d_2$ なる写像 p を考える．第 2 には，$\mathbb{P}(D_2)$, $\mathbb{P}(D_1 \times D_2)$ なる圏を考える．すなわち $\mathbb{P}$

第4章 記号論理と圏　　　235

(D_2)は，D_2 の部分集合を対象とし，それらの間の包含関係⊆を矢 → とする圏であり，$\mathbb{P}(D_1 \times D_2)$は$D_1 \times D_2$の部分集合を対象とし，それらの間の包含関係⊆を矢 → とする圏である．第3には，$p^{-1}: \mathbb{P}(D_2) \to \mathbb{P}(D_1 \times D_2)$ なる関手p^{-1}を考える．すなわち$p^{-1}(Y) = \{\langle d_1, d_2\rangle | d_1 \in D_1$ かつ $d_2 \in Y \subseteq D_2\}$ なる関手p^{-1}を考える．また第4には，$\exists_p: \mathbb{P}(D_1 \times D_2) \to \mathbb{P}(D_2)$ なる関手$\exists_p$を考える．すなわち$\exists_p(X) = \{d_2 | d_2 = p(\langle d_1, d_2\rangle)$ かつ $\langle d_1, d_2\rangle \in X \subseteq D_1 \times D_2$ かつ $d_2 \in D_2\}$ なる関手$\exists_p$を考える．

以上，上の図1を圏論的に捉えるための準備として，関手p^{-1}, $\exists_p$を導入したが，このp^{-1}と$\exists_p$との間には，下の図2より，次の (4), (5) が成立していることが読み取れる．その上で (4), (5) は，さらに (6) にまとめられることも分かってくる．

(4)　$X \subseteq p^{-1} \circ \exists_p(X)$.　　(5)　$X \subseteq p^{-1}(Y) \Rightarrow \exists_p(X) \subseteq Y$.
(6)　$\exists_p(X) \subseteq Y \iff X \subseteq p^{-1}(Y)$.

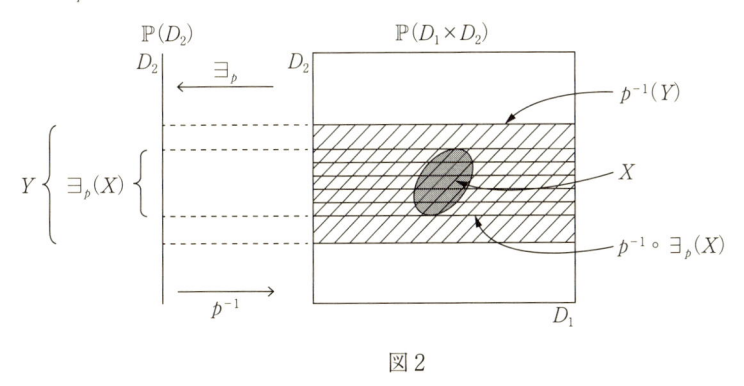

図2

注意　念のため，(4), (5) が (6) にまとめられることに触れておく．まず(4), (5) から (6) が引き出せることは，(5) の右辺 (i.e. $\exists_p(X) \subseteq Y$) を仮定すると，p^{-1}の単調性により，$p^{-1} \circ \exists_p(X) \subseteq p^{-1}(Y)$となり，さらにこれと (4) を合わせると (5) の左辺 (i.e. $X \subseteq p^{-1}(Y)$) が得られ，結局 (5) の逆が成立し，このことにより示せる．また (6) から (4) が引き出せることは，(6) のYに$\exists_p(X)$を代入することにより示せる．さらに (6) から (5) が引き出せることは，(5) が (6) の一部であることから明らかである．

ところで上に得られた (6) は，さらに⊆を ⟶ で表わすと，

(7)　　$\exists_p(X) \longrightarrow Y \Longleftrightarrow X \longrightarrow p^{-1}(Y)$

となり，これは3章§3.3で定義した随伴関係の一例に他ならず，$\exists_p \dashv p^{-1}$であることを示している．すなわち$\exists_p$はp^{-1}を右随伴関手とする左随伴関手であり，p^{-1}は$\exists_p$を左随伴関手とする右随伴関手となっている．

ではこのような状況のもとで，述語論理での限量記号∃は，圏論的にどのように捉えられるであろうか．しかしこの点は，先の図1を改めて見直すとき，明らかとなる．すなわち問題の$\exists xRxy$の$\exists x$には，図1の網掛部分の部分集合から同図の横線が記入されている長方形部分の部分集合を対応させる作用が対応していることが分かる．そこで図2のXを図1の網掛部分とみなし，図2の$p^{-1} \circ \exists_p(X)$を図1の横線が記入された長方形部分とみなせば，$\exists x$に対応する作用がいまや$p^{-1} \circ \exists_p$であることが，自ずと明らかとなってくる．すなわち述語論理の限量記号∃は，いまや圏論的には，上に導入した二つの関手p^{-1}と$\exists_p$との合成関手$p^{-1} \circ \exists_p$として捉えられてくる．さらにくり返していえば，論理の∃は，圏論的には，$\exists_p \dashv p^{-1}$を基本性質とするp^{-1}と$\exists_p$なる二つの関手による合成関手$p^{-1} \circ \exists_p$として把握される，ということである．

限量記号∀の圏論的把握

つづいて∀を取り上げよう．ただここでも，この§の冒頭での∀の定義 (2) のAxの代りに，2項述語Rxy(i.e. Rx_1x_2)の場合で考えていく．すなわちその定義も，次の (8) に改めた上で考えていく．なおここでも，(2) の1)，2) に伴う条件の付記は省略する．

(8)　　1) $\forall xRxy \rightarrow Rxy$.　　　2) $C \rightarrow Rxy \Rightarrow C \rightarrow \forall xRxy$.

∃の場合と同様にまずこの (8) を図示してみる．すると (8) は下の図3のようになる．

第4章 記号論理と圏

図中のラベル: D_2, D_1, Rxy に対応する部分集合, C に対応する部分集合, $\forall xRxy$ に対応する部分集合

図3

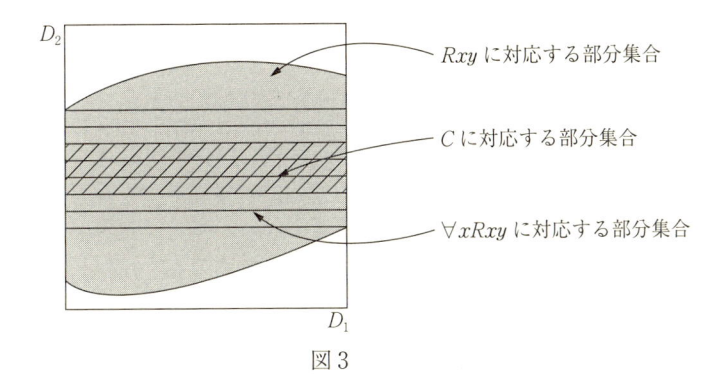

少し補足すると，図中の網掛部分は Rxy を充足する $\langle d_1, d_2\rangle$ の集合で，これは論理式 Rxy（i.e. Rx_1x_2）に対応する部分集合である．また図中の横線が記入されている長方形部分は，論理式 $\forall xRxy$ に対応する部分集合であり，さらに図中の斜線が記入されている長方形部分は，論理式 C に対応する部分集合である．

次にここでも $\exists$ と同様に，射影 p，圏 $\mathbb{P}(D_2)$，圏 $\mathbb{P}(D_1 \times D_2)$，関手 p^{-1} を考える．さらにこれらに加えて，新たに $\forall_p : \mathbb{P}(D_1 \times D_2) \to \mathbb{P}(D_2)$ なる次のような関手 $\forall_p$ も考える必要がある．すなわち $\forall_p(X) = \{d_2 | p^{-1}\{d_2\} \subseteq X \subseteq D_1 \times D_2 \text{ かつ } d_2 \in D_2\}$ なる関手を考える．すると p^{-1} と $\forall_p$ との間には，下の図4より，次の (9), (10) が成立していることが読み取れる．さらに (9), (10) は，(11) にまとめられることも分かってくる．

(9) $\quad p^{-1} \circ \forall_p(X) \subseteq X$. (10) $\quad p^{-1}(Y) \subseteq X \Rightarrow Y \subseteq \forall_p(X)$.
(11) $\quad p^{-1}(Y) \subseteq X \iff Y \subseteq \forall_p(X)$.

図4

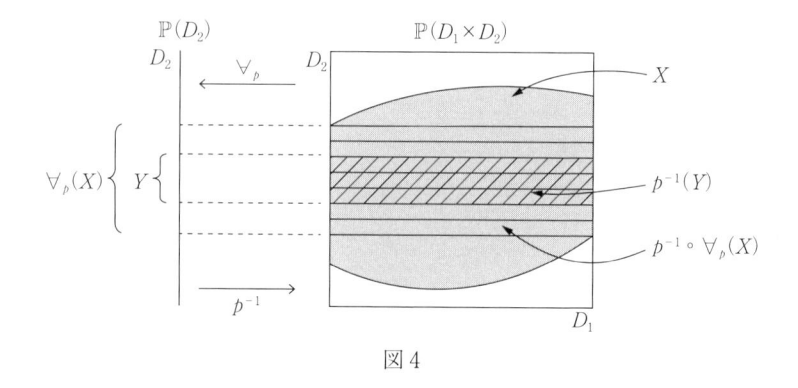

注意 ここでも念のため，(9),(10) が (11) にまとめられることについて触れておく．まず (9),(10) から (11) が引き出せることは，(10) の右辺 (i.e. $Y \subseteq \forall_p(X)$) を仮定すると，p^{-1} の単調性により，$p^{-1}(Y) \subseteq p^{-1} \circ \forall_p(X)$ となり，さらにこれと (9) を合せると (10) の左辺 (i.e. $p^{-1}(Y) \subseteq X$) が得られ，結局 (10) の逆が成立し，このことより示せる．また (11) から (9) が引き出せることは，(11) の Y に $\forall_p(X)$ を代入することにより示せる．(11) から (10) が引き出せることは，(10) が (11) の一部であることから明らかである．

ところで上に得られた (11) は，さらに $\subseteq$ を $\longrightarrow$ で表わすと，

(12)　　$p^{-1}(Y) \longrightarrow X \iff Y \longrightarrow \forall_p(X)$

となり，これは随伴関係 $p^{-1} \dashv \forall_p$ であることを示している．すなわち p^{-1} は $\forall_p$ を右随伴関手とする左随伴関手であり，$\forall_p$ は p^{-1} を左随伴関手とする右随伴関手となっている．またその上で，問題の $\forall x R x y$ の $\forall x$ には，図3の網掛部分から図3の横線が記入されている長方形部分を対応させる作用が対応していることに注意する．すると，図4の X を図3の網掛部分とみなし，図4の $p^{-1} \circ \forall_p(X)$ を図3の横線が記入されている長方形部分とみなせば，$\forall x$ に対応する作用がいまや $p^{-1} \circ \forall_p$ であることが，自ずと明らかとなってくる．すなわち述語論理での限量記号 $\forall$ は，いまや圏論的には，上に導入した二つの関手 p^{-1} と $\forall_p$ との合成関手 $p^{-1} \circ \forall_p$ として捉えられてくる．さらにくり返していえば，論理の $\forall$ は，圏論的には，$p^{-1} \dashv \forall_p$ を基本性質とする p^{-1} と $\forall_p$ なる二つの関手の合成関手 $p^{-1} \circ \forall_p$ として把握される，ということで

第4章 記号論理と圏

ある.

補　遺

　論理の限量記号 $\exists, \forall$ について, 差し当り一階述語論理の 2 項述語の場合に限って, その圏論的な捉え方の要点を上に見てみた. その結果その捉え方が, 2 項述語の場合に限らず一般的にも通用するものであることは, 容易に予想がつく. そこで最後に, 上で見た $\exists, \forall$ の圏論的な捉え方の要点をもう少し一般化しておく.

　そのために, 2 項述語の場合 $\mathbb{P}(D_2)$, $\mathbb{P}(D_1 \times D_2)$ が登場したが, そこでの D_1, D_2, $D_1 \times D_2$ などの集合を改めて $D^n (n \in \omega)$ と一般化し, また $\mathbb{P}(D_2)$, $\mathbb{P}(D_1 \times D_2)$ などの圏も改めて $\mathbb{P}(D^n)$ なる圏(i.e. D^n の部分集合たちをその対象とし, 部分集合間の包含関係 $\subseteq$ を矢とした圏) と一般化する. さらにまた射影 p も D^n と D^m (ただし $m < n$) 間の射影とし, p^{-1}, $\exists_p$, $\forall_p$ もその p によって先と同様にして決まる $\mathbb{P}(D^n)$ と $\mathbb{P}(D^m)$ 間の関手として一般化する. するとこの一般化した状況において, 論理の $\exists, \forall$ は, 先と同様に各々一般化した p^{-1} と $\exists_p$, p^{-1} と $\forall_p$ との合成関手として圏論的に捉えられることになっていく.

　ところで圏論では, 部分集合は部分対象であり, しかもそれはモノなる矢として捉えられることは, 3 章 §3.1 ですでに触れたとおりである. とすると, 上に記した事柄はさらに, D^n に相当する対象を A と表わすとき, $\mathbb{P}(D^n)$ に相当するより一般化した圏 $\mathrm{Sub}(A)$ が考えられてくる.

定義（部分対象の圏）

　$\mathbb{C}$ を圏とし, A をその任意の対象とする. このとき, この A を終域とするモノなる矢たちを対象とし, モノなる矢たちの間の次のような矢を矢とする圏は, A の「部分対象の圏」(category of subobjects) と呼ばれ, 記号 $\mathrm{Sub}(A)$ と表わされる. すなわち $\mathrm{Sub}(A)$ の矢は, $u : X \to A$, $v : Y \to A$ を各々対象として, 下図を可換とする矢 $w : X \to Y$ である. ただし X, Y は A の部分対象とする.

$$X \xrightarrow{w} Y$$
$$u \searrow \swarrow v$$
$$A$$

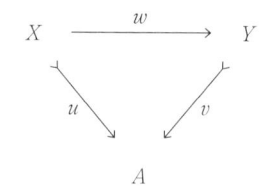

注意 圏 $\mathrm{Sub}(A)$ はトポスにもなっている．

　このように一般化を進めると，論理の限量記号 $\exists, \forall$ の圏論的な把握において核心となった射影 p なる写像および $p^{-1}, \exists_p, \forall_p$ なる関手の各々も，D^m に相当する対象を B とした上で，さらに一般化されて，p に対しては任意の $f: A \to B$ なる矢，$p^{-1}, \exists_p, \forall_p$ に対してはこの f によって決まる $\mathrm{Sub}(A)$ と $\mathrm{Sub}(B)$ 間の，$f^{-1}, \exists_f, \forall_f$ なる関手が考えられてくる．したがってこの一般化した状況においては，論理の $\exists, \forall$ 各々も，$\mathrm{Sub}(A)$ と $\mathrm{Sub}(B)$ 間の $\exists_f \dashv f^{-1} \dashv \forall_f$ をみたす関手 f^{-1} と $\exists_f, f^{-1}$ と $\forall_f$ の合成関手として，圏論的に改めて捉えられてくる．

　しかしこれら $f^{-1}, \exists_f, \forall_f$ なる関手は存在するとしてよいのであろうか．しかしこの問に対しては，3 章 §3.4 で言及した「トポスの基本定理」が，直ちに肯定的な解答を用意してくれることは明らかであろう．すなわち $f^{-1}, \exists_f, \forall_f$ の各々は，「基本定理」での f^*, Σ_f, Π_f に相当するものと考えられるからである．とにかく論理の限量記号 $\exists, \forall$ は，「トポスの基本定理」とも深く関わる仕方で，圏論的に捉えられる，ということができる．（なおこの辺の事情については，[S: LC] p.190〜192 に，もう少し立ち入った言及が見出される．）

§4.2　圏論での λ 領域

圏 $\mathbb{C}\mathrm{po}^{\mathrm{ep}}$ と関手 [→]

第4章 記号論理と圏

λ計算におけるλ項の両義性を適切に解釈するために，II部2章§2.3では，領域 D_∞ を構成した．実際そこでは，$D_\infty \to D_\infty$ なる連続関数の全体である $[D_\infty \to D_\infty]$（i.e. 関数空間）と D_∞ との間に $D_\infty \cong [D_\infty \to D_\infty]$ が成立し，そのことによってλ項の両義性への適切な解釈の方向が打ち出された．したがって，λ計算でのλ項の両義性の問題は，すでに解決されているといえる．しかし前章において，少しばかりであれ圏や関手について眺めた上では，領域 D_∞ を中心としたこの辺の事情を，圏や関手の考え方と結びつけて，改めて捉え直すことも可能となる．この§では，その捉え直しの具体的な状況を記していく．

はじめに，2章§2.2，§2.3に登場した領域たちが各々完備半順序集合 cpo であったこと，またその領域間には ep 対なる写像関係が定義されたことに注目し，cpo たちを対象とし，その cpo 間の ep 対を矢とする圏 $\mathbb{C}\mathrm{po}^{\mathrm{ep}}$ を導入することにする．

定義（$\mathbb{C}\mathrm{po}^{\mathrm{ep}}$）

完備半順序集合 cpo たちを対象とし，cpo 間の ep 対たちを矢とする圏は，「完備半順序集合の圏」(category of complete po sets) と呼ばれ，記号 $\mathbb{C}\mathrm{po}^{\mathrm{ep}}$ で表わされる． □

つづいて，$\mathbb{C}\mathrm{po}^{\mathrm{ep}}$ 間の関手の一つとなる関数空間なる関手を導入する．

定義（[→]）

$F : \mathbb{C}\mathrm{po}^{\mathrm{ep}} \to \mathbb{C}\mathrm{po}^{\mathrm{ep}}$ で，下記の (1)，(2) をみたす関手 F は，「関数空間」(function space) と呼ばれ，記号 [→] で表わされる．

(1) F は，$\mathbb{C}\mathrm{po}^{\mathrm{ep}}$ の対象 X に対して，$[X \to X]$（i.e. cpo$X$ から cpo$X$ への ep 対の全体からなる cpo）を対応させる． (i.e. $F(X) = [X \to X]$.)

(2) F は，$\mathbb{C}\mathrm{po}^{\mathrm{ep}}$ の矢 f (i.e. $= (f^e, f^p)) : X \to Y$ に対して，$F(f)$ (i.e. $= (F(f)^e, F(f)^p)$) を対応させる．ただし $F(f)^e = \lambda x \in [X \to X]. f^e \circ x \circ f^p$，$F(f)^p = \lambda y \in [Y \to Y]. f^p \circ y \circ f^e$ である． □

注意 1) 関数空間なる関手 [→] は，[$X→Y$]（i.e. $F(X, Y)$）のように，一般には2変数の場合で考えられる．しかしここでは，この§の主旨からして，1変数の関数空間のみを問題にしていく．

2) [$X→X$] が cpo となることは，Ⅱ部2章§2.2を参照のこと．

なお念のため，$F(f):[X→X]→[Y→Y]$ が ep 対となることを図示しておこう．

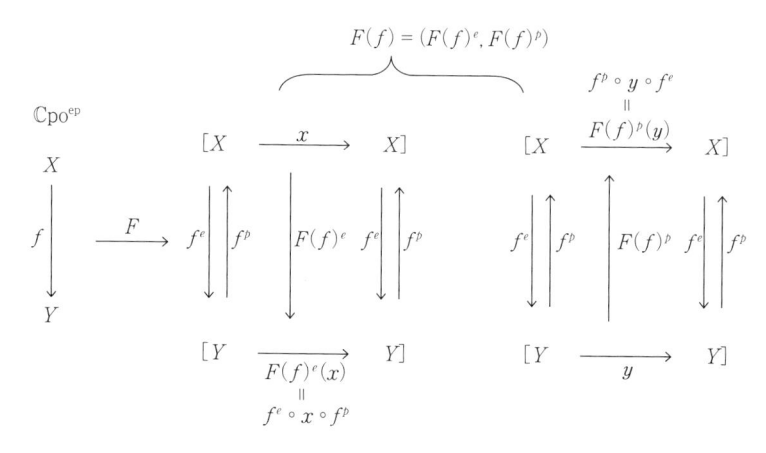

$$F(f) = (F(f)^e, F(f)^p)$$

$\mathbb{C}\text{po}^{\text{ep}}$

$$f^p \circ y \circ f^e$$
$$\|$$
$$F(f)^p(y)$$

（図式：$X \xrightarrow{f} Y$，$[X \xrightarrow{x} X]$ と $[Y \xrightarrow{F(f)^e(x)} Y]$ （$= f^e \circ x \circ f^p$），$[X \xrightarrow{F(f)^p(y)} X]$ と $[Y \xrightarrow{y} Y]$，$F(f)^e, f^e, f^p, F(f)^p$ による ep 対の図示）

以上，圏 $\mathbb{C}\text{po}^{\text{ep}}$ と関手 [→] を導入した．それではその上で，議論はどのように進められるのであろうか．予めその方向を簡単に触れておく．まずその要点となるのは，ある条件をみたす圏 $\mathbb{C}$ と，またその間のある条件をみたす関手 F について，不動点定理が成立する点である．すなわちある条件をみたす圏 $\mathbb{C}$ と関手 F については，ある $X \in \text{ob}(\mathbb{C})$ が存在して，$X \cong F(X)$ が成立する．そこで圏 $\mathbb{C}\text{po}^{\text{ep}}$，関手 [→] のいずれもが，不動点定理が要求する条件をみたすことさえ示せれば，その圏や関手を使った仕方で，$D_\infty \cong [D_\infty → D_\infty]$ に相当することの成立を確認できる，というわけである．ではその条件とは，どのような条件であるか．それは，圏については ω 完備性であり，関手については ω 連続性である．次にさっそくその各々を具体的に見ていくことにする．

第 4 章　記号論理と圏　　　　　　　　　　　243

ω 完備性について

定義（ω 完備性）
(1) 圏 $\mathbb{C}$ の図式 $D_0 \xrightarrow{f_0} D_1 \xrightarrow{f_1} D_2 \to \cdots$ は，「ω 鎖 Δ」（ω chain Δ）と呼ばれる．(i.e. $\Delta = \{f_n | f_n : D_n \to D_{n+1}$ かつ $D_n \in \mathrm{ob}(\mathbb{C})$ かつ $n \in \omega\}$．)
(2) $\mathbb{C}$ の任意の ω 鎖 Δ について，つねにコリミットが存在するとき，$\mathbb{C}$ は「ω 完備」（ω complete）である，と呼ばれる．　　　□

この定義のもとで，$\mathbb{C}\mathrm{po}^{\mathrm{ep}}$ が ω 完備であることを示したい．しかしそのためには，準備として二つほどの定理が必要となる．

定理 2.1　$\Delta = \{f_n | f_n : D_n \to D_{n+1}, D_n \in \mathrm{ob}(\mathbb{C}\mathrm{po}^{\mathrm{ep}}), n \in \omega\}$ を $\mathbb{C}\mathrm{po}^{\mathrm{ep}}$ の ω 鎖 Δ とし，また $\mu = \{\mu_n | \mu_n : D_n \to D, D_n, D \in \mathrm{ob}(\mathbb{C}\mathrm{po}^{\mathrm{ep}}), n \in \omega\}$ を Δ へのコーンとする．このとき，$\mathbb{C}\mathrm{po}^{\mathrm{ep}}$ のこの ω 鎖 Δ には，次の条件 (1), (2) をみたす $\mu : \Delta \to D$ が存在する．
(1)　$\{\mu_n^e \circ \mu_n^p | n \in \omega\}$ は上昇列である．
(2)　$\vee \{\mu_n^e \circ \mu_n^p | n \in \omega\} = \mathrm{id}_D$．

証明　まず cpo $D \subseteq D_0 \times D_1 \times D_2 \times \cdots$ を，$D \underset{\mathrm{df}}{=} \{\langle d_0, d_1, d_2, \cdots \rangle | d_n \in D_n, d_n = f_n^p(d_{n+1}), n \in \omega\}$ と定義する．また D 上の po $\leq$ は，$\langle d_0, d_1, d_2, \cdots \rangle \leq \langle d_0', d_1', d_2', \cdots \rangle \underset{\mathrm{df}}{\iff}$ 任意の $n \in \omega$ について，$d_n \leq d_n'$ である，と定義する．すると II 部 2 章 §2.3 定理 3.2 での D_∞ の場合と同様にして，D が cpo となることが示せる．
　次に，条件 (1), (2) をみたす $\mu : \Delta \to D$ の存在を示すために，任意の $n \in \omega$ について，$\mu_n^e : D_n \to D, \mu_n^p : D \to D_n$ なる連続関数を各々 1), 2) のように定義する．1) $\mu_n^e(d_n) = \langle d_0, d_1, d_2, \cdots \rangle$，ただし $d_n \in D_n$ について，$0 \leq i < n$ のとき，$d_i = (f_i^p \circ f_{i+1}^p \circ \cdots \circ f_{n-1}^p)(d_n), d_n = d_n, n < j$ のとき，$d_j = (f_{j-1}^e \circ f_{j-2}^e \circ \cdots \circ f_n^e)(d_n)$ である．2) $\mu_n^p(d) = d_n (d = \langle d_0, d_1, d_2, \cdots \rangle$ のとき)．するとこの定義のもとでは，2 章 §2.3 定理 3.3 の場合と同様にして，μ_n^e, μ_n^p が ep 対であることが示せる．

また $\mu = \{\mu_n | \mu_n : D_n \to D,\ D_n, D \in \mathrm{ob}(\mathbb{C}\mathrm{po}^{\mathrm{ep}}),\ n \in \omega\} : \Delta \to D$ がココーンであることは，$\mu_n^e = \mu_{n+1}^e \circ f_n^e,\ \mu_n^p = f_n^p \circ \mu_{n+1}^p$ を示せばよいが，これも 2 章 §2.3 定理 3.4 と同様に示せ，さらに $\mu : \Delta \to D$ が条件 (1), (2) をみたすことも，2 章 §2.3 定理 3.5 の場合と同様にして示せる． □

注意 上記定理の条件 (1), (2) をみたす $\mu : \Delta \to D$ は，「O コリミット」(O colimit) と呼ばれることがある．

定理 2.2 $\Delta = \{f_n | f_n : D_n \to D_{n+1}, n \in \omega\}$ を $\mathbb{C}\mathrm{po}^{\mathrm{ep}}$ の ω 鎖 Δ とし，$\mu : \Delta \to D$ を $\mathbb{C}\mathrm{po}^{\mathrm{ep}}$ の Δ へのココーンとする．このとき，下記の関係が成立する．

$\mu : \Delta \to D$ は先の条件 (1), (2) をみたす $\iff$ $\mu : \Delta \to D$ は Δ のコリミットである．

証明 (1) $\Rightarrow$ について．コリミットの定義により，$\mathbb{C}\mathrm{po}^{\mathrm{ep}}$ のココーン $\mu : \Delta \to D,\ \nu : \Delta \to D'$ について，下図を可換とする h(i.e. (h^e, h^p))が一意的に存在することを示せばよい．

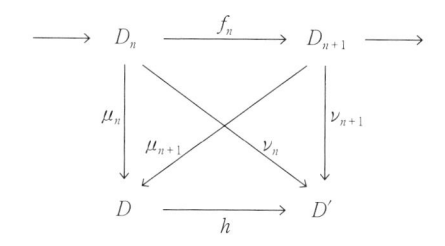

$$\begin{array}{ccc}
\longrightarrow D_n & \xrightarrow{f_n} & D_{n+1} \longrightarrow \\
\mu_n \searrow \mu_{n+1} \swarrow \searrow \nu_n \swarrow \nu_{n+1} \\
D & \xrightarrow{h} & D'
\end{array}$$

そこでまず先の (i.e. 定理 2.1 中の) 条件 (1), (2) をみたすこのような h が存在すると仮定する．すると，次の (#), (##) が成立する．

(#) $h^e = h^e \circ \mathrm{id}_D = h^e \circ (\vee \{\mu_n^e \circ \mu_n^p | n \in \omega\}) = \vee \{h^e \circ \mu_n^e \circ \mu_n^p | n \in \omega\}$
$= \vee \{\nu_n^e \circ \mu_n^p | n \in \omega\}$.

(##) $h^p = \mathrm{id}_D \circ h^p = (\vee \{\mu_n^e \circ \mu_n^p | n \in \omega\}) \circ h^p = \vee \{\mu_n^e \circ \mu_n^p \circ h^p | n \in \omega\}$
$= \vee \{\mu_n^e \circ \nu_n^p | n \in \omega\}$.

さてここで改めて，h^e, h^p を上の (#), (##) をみたすものとして定義する．その上でこの h^e, h^p が ep 対をなすこと，および $h \circ \mu = \nu$ (i.e. $h \circ \mu_n =$

第4章 記号論理と圏

ν_n) であることを示せば，h(i.e.(h^e, h^p)) の存在は示されたことになる．さらに一意性も示せば，$\Rightarrow$ の証明は終る．

1) h^e, h^p が ep 対となることについて．

$h^e \circ h^p = (\vee \{\nu_n^e \circ \mu_n^p | n \in \omega\}) \circ (\vee \{\mu_n^e \circ \nu_n^p | n \in \omega\})$
$= \vee \{\nu_n^e \circ \mu_n^p \circ \mu_n^e \circ \nu_n^p | n \in \omega\} = \vee \{\nu_n^e \circ \nu_n^p | n \in \omega\} \leq \mathrm{id}_{D'}$.

$h^p \circ h^e = (\vee \{\mu_n^e \circ \nu_n^p | n \in \omega\}) \circ (\vee \{\nu_n^e \circ \mu_n^p | n \in \omega\})$
$= \vee \{\mu_n^e \circ \nu_n^p \circ \nu_n^e \circ \mu_n^p | n \in \omega\} = \vee \{\mu_n^e \circ \mu_n^p | n \in \omega\} \underset{\circledast}{=} \mathrm{id}_D$.

なお $\circledast$ は，条件 (2) による．

2) $h \circ \mu_n = \nu_n$ について．

$h^e \circ \mu_n^e = (\underset{m \in \omega}{\vee} \{\nu_m^e \circ \mu_m^p | m \geq n\}) \circ \mu_n^e = \underset{m \in \omega}{\vee} \{\nu_m^e \circ \mu_m^p \circ \mu_n^e | m \geq n\}$
$= \underset{m \in \omega}{\vee} \{\nu_m^e \circ \mu_m^p \circ (\mu_m^e \circ f_{nm}^e) | m \geq n\} = \underset{m \in \omega}{\vee} \{\nu_m^e \circ f_{nm}^e | m \geq n\}$
$= \underset{m \in \omega}{\vee} \nu_m^e = \nu_n^e$. ただし f_{nm}^e は $f_{nm}^e : D_n \to D_m$ $(m \geq n)$ を表わす．

$\mu_n^p \circ h^p = \mu_n^p \circ (\underset{m \in \omega}{\vee} \{\mu_m^e \circ \nu_m^p | m \geq n\}) = \underset{m \in \omega}{\vee} \{\mu_n^p \circ \mu_m^e \circ \nu_m^p | m \geq n\}$
$= \underset{m \in \omega}{\vee} \{(f_{nm}^p \circ \mu_m^p) \circ \mu_m^e \circ \nu_m^p | m \geq n\} = \underset{m \in \omega}{\vee} \{f_{nm}^p \circ \nu_m^p | m \geq n\}$
$= \underset{m \in \omega}{\vee} \nu_m^p = \nu_n^p$. ただし f_{nm}^p は $f_{nm}^p : D_m \to D_n$ $(m \geq n)$ を表わす．

3) 一意性について．

$h' = h' \circ \vee \{\mu_n^e \circ \mu_n^p | n \in \omega\} = \vee \{h' \circ \mu_n^e \circ \mu_n^p | n \in \omega\}$
$= \vee \{\nu_n^e \circ \mu_n^p | n \in \omega\} = h$.

(2) $\Leftarrow$ について．定理2.1により，Δ に対して条件 (1), (2) をみたす $\nu : \Delta \to D'$ が存在する．またこの $\nu : \Delta \to D'$ は，上の $\Rightarrow$ で示したように，Δ に対しての通常のコリミットでもある．一方 $\Leftarrow$ の右により，$\mu : \Delta \to D$ は通常のコリミットである．すると3章§3.2定理2.3により，Δ に対するコリミットは同形を除いて一意的に決まるゆえ，$D \cong D'$ である．すなわち $k : D \to D'$, $l : D' \to D$ とすると，$l \circ k = \mathrm{id}_D$ かつ $k \circ l = \mathrm{id}_{D'}$ である．よって，任意の対象 D_n について，$k \circ \mu_n^e = \nu_n^e$ かつ $l \circ \nu_n^e = \mu_n^e$ が成立する．またここで $\mu_n^p = \nu_n^p \circ k$ でもあり，$\mu_n^e \circ \mu_n^p = l \circ \nu_n^e \circ \nu_n^p \circ k \leq l \circ \nu_{n+1}^e \circ \nu_{n+1}^p \circ k = \mu_{n+1}^e \circ \mu_{n+1}^p$ となり，$\{\mu_n^e \circ \mu_n^p | n \in \omega\}$ は上昇列である．すなわち μ は先の条件 (1) をみたしている．

また $\vee \{\mu_n^e \circ \mu_n^p | n \in \omega\} = \vee \{l \circ \nu_n^e \circ \nu_n^p \circ k | n \in \omega\} = l \circ \vee \{\nu_n^e \circ \nu_n^p | n \in \omega\} \circ k = l \circ k = \mathrm{id}_D$ も成立する．すなわち μ は先の条件 (2) をもみたしている．

以上，概念装置の細部に関する内容であったが，$\mathbb{C}\mathrm{po}^{\mathrm{ep}}$ の完備性を示すために必要となる定理を二つほど準備した．そこで次に改めて定理 2.3 として $\mathbb{C}\mathrm{po}^{\mathrm{ep}}$ の ω 完備性を提示しよう．

定理 2.3　圏 $\mathbb{C}\mathrm{po}^{\mathrm{eo}}$ は ω 完備である．

証明　Δ を $\mathbb{C}\mathrm{po}^{\mathrm{ep}}$ の任意の ω 鎖とする．すると定理 2.1 により，その定理中の条件 (1)，(2) をみたすコリミット $\mu : \Delta \to D$ が存在する．ここでこのコリミットに，定理 2.2 を適用すると，このコリミットが通常のコリミットであることが明らかとなる．よって $\mathbb{C}\mathrm{po}^{\mathrm{ep}}$ の任意の ω 鎖 Δ には，コリミット $\mu : \Delta \to D$ が存在する．すなわち $\mathbb{C}\mathrm{po}^{\mathrm{ep}}$ は ω 完備である． □

ω 連続性について

今度は，後出する不動点定理での関手に要求される条件である ω 連続性について，記すことにしよう．

定義（ω 連続性）
圏 $\mathbb{C}$ 間の関手 F が，$\mathbb{C}$ 上の任意の ω 鎖 Δ へのコリミット $\mu : \Delta \to D$ に対応する $F(\mu) : F(\Delta) \to F(D)$ も $F(\Delta)$ へのコリミットとなるような関手であるとき，F は「ω 連続」（ω continuous）と呼ばれる．ただし，$F(\Delta) = \{F(f_n) \mid F(f_n) : F(D_n) \to F(D_{n+1}), n \in \omega\}$，$F(\mu) = \{F(\mu_n) \mid F(\mu_n) : F(D_n) \to F(D), n \in \omega\}$ である． □

ではこの定義のもとで，いま注目している $\mathbb{C}\mathrm{po}^{\mathrm{ep}}$ 間の関手 [→] は，ω 連続であろうか．もとより ω 連続であるが，それを示すためには，通常，関手の ω 連続性を証明するに当たっては，局所的な ω 連続性を介して証明される方法が採用されることから，まずはこの局所的 ω 連続性について，その

定義と一つの定理を見ておくことにする．

定義（局所的 ω 連続性）
次の (1), (2) においては，$F: \mathbb{C} \to \mathbb{C}$ とする．
(1) 圏 $\mathbb{C}$ 上の任意の矢 $f, g: X \to Y$ について，$f \leqslant g \iff F(f) \leqslant F(g)$ であるとき，F は「局所的に単調」(locally monotonous) と呼ばれる．
(2) F が局所的に単調であり，さらに $\{f_n | f_n: X \to Y, n \in \omega\}$ は上昇列として，$F(\vee\{f_n | f_n: X \to Y, n \in \omega\}) = \vee\{F(f_n) | F(f_n): F(X) \to F(Y), n \in \omega\}$ であるとき，F は「局所的に ω 連続」(locally ω continuous) と呼ばれる． □

定理 2.4 $F: \mathbb{C}\mathrm{po}^{\mathrm{ep}} \to \mathbb{C}\mathrm{po}^{\mathrm{ep}}$ が局所的に ω 連続なら，F は ω 連続である．

証明 Δ を $\mathbb{C}\mathrm{po}^{\mathrm{ep}}$ の ω 鎖とし，$\mu: \Delta \to D$ を Δ への $\mathbb{C}\mathrm{po}^{\mathrm{ep}}$ 上のコリミットとする．すると定理 2.2 の $\Leftarrow$ により，この μ は，条件 (1) (i.e. $\{\mu_n^e \circ \mu_n^p | n \in \omega\}$ は上昇列である)，および条件 (2) (i.e. $\vee\{\mu_n^e \circ \mu_n^p | n \in \omega\} = \mathrm{id}_D$) をみたすコリミットでもある．
さてすると，上の条件 (1) と $F(\mu_n)^e \circ F(\mu_n)^p = F(\mu_n^e) \circ F(\mu_n^p) = F(\mu_n^e \circ \mu_n^p)$ であること，および F の局所的な単調性により，$\{F(\mu_n)^e \circ F(\mu_n)^p | n \in \omega\}$ は上昇列となってくる．また上の条件 (2) と F の局所的な ω 連続性により，$\vee\{F(\mu_n)^e \circ F(\mu_n)^p | n \in \omega\} = \vee\{F(\mu_n^e \circ \mu_n^p) | n \in \omega\} = F(\vee\{\mu_n^e \circ \mu_n^p | n \in \omega\}) = F(\mathrm{id}_D) = \mathrm{id}_{F(D)}$ である．すなわち $F(\mu) = \{F(\mu_n) | n \in \omega\}$ も，定理 2.1 の条件 (1), (2) をみたすことになる．よって，定理 2.2 の $\Rightarrow$ を使うと，$F(\mu)$ は $F(\Delta)$ へのコリミットであり，F は ω 連続である． □

注意 μ_n が ep 対のとき，$F(\mu_n)$ が ep 対となることは，$F(\mu_n^p) \circ F(\mu_n^e) = F(\mu_n^p \circ \mu_n^e) = F(\mathrm{id}_{D_n}) = \mathrm{id}_{F(D_n)}$，また $F(\mu_n^e) \circ F(\mu_n^p) = F(\mu_n^e \circ \mu_n^p) \leqslant F(\mathrm{id}_{D_n}) = \mathrm{id}_{F(D_n)}$ より明らか．

以上，局所的 ω 連続性についての定義と定理に言及した．その結果，問題の関手 [→] の ω 連続性の証明は，いまやこの関手の局所的な ω 連続性

について示せば十分であることが明らかとなった.

定理 2.5 関数空間なる関手 $[\to]:\mathbb{C}\mathrm{po}^{\mathrm{ep}}\to\mathbb{C}\mathrm{po}^{\mathrm{ep}}$ は,局所的に ω 連続である.

証明 $\{f_n|f_n:X\to Y, n\in\omega\}$ を $\{f_n|n\in\omega\}$ と略記し,$\{F(f_n)|F(f_n):F(X)\to F(Y), n\in\omega\}$ を $\{F(f_n)|n\in\omega\}$ と略記する.なおここでの F は,$[\to]$ を表わしている.

さてその上で,$\{f_n|n\in\omega\}$ を上昇列として,$F(\vee\{f_n|n\in\omega\})=\vee\{F(f_n)|n\in\omega\}\cdots(\#)$ を示せば,F の局所的 ω 連続性を示したことになる.そのために,まず $\vee\{f_n|n\in\omega\}=f=(f^e,f^p)$ とおく.すなわち $f^e=\vee\{f_n^e|n\in\omega\}$,$f^p=\vee\{f_n^p|n\in\omega\}$ とおく.すると,$F(f)=(F(f)^e,F(f)^p)$ であり,F(i.e. $[\to]$)の定義により,$F(f)^e=\lambda x\in[X\to X].f^e\circ x\circ f^p$,$F(f)^p=\lambda y\in[Y\to Y].f^p\circ y\circ f^e$ である.

ここで (#) の左辺 $F(f)$ (i.e. $(F(f)^e,F(f)^p)$) に注目すると,$F(f)^e$,$F(f)^p$ 各々は次のようになる.

$F(f)^e=F(f^e)=F(\vee\{f_n^e|n\in\omega\})=\lambda x\in[X\to X].\vee\{f_n^e|n\in\omega\}\circ x\circ\vee\{f_n^p|n\in\omega\}\cdots(*)$.

$F(f)^p=F(f^p)=F(\vee\{f_n^p|n\in\omega\})=\lambda y\in[Y\to Y].\vee\{f_n^p|n\in\omega\}\circ y\circ\vee\{f_n^e|n\in\omega\}\cdots(**)$.

つづいて,(#) の右辺に注目し,展開する.すると,$\vee\{F(f_n)|n\in\omega\}=\vee\{F(f_n^e,f_n^p)|n\in\omega\}=(\vee\{F(f_n^e)|n\in\omega\},\vee\{F(f_n^p)|n\in\omega\})$ となる.さらに (,) 内の各々は,F(i.e. $[\to]$)の定義により,次のようになる.

$\vee\{F(f_n^e)|n\in\omega\}=\vee\{\lambda x\in[X\to X].f_n^e\circ x\circ f_n^p|n\in\omega\}$
$=\lambda x\in[X\to X].\vee\{f_n^e|n\in\omega\}\circ x\circ\vee\{f_n^p|n\in\omega\}$.

$\vee\{F(f_n^p)|n\in\omega\}=\vee\{\lambda y\in[Y\to Y].f_n^p\circ y\circ f_n^e|n\in\omega\}$
$=\lambda y\in[Y\to Y].\vee\{f_n^p|n\in\omega\}\circ y\circ\vee\{f_n^e|n\in\omega\}$.

すなわち (,) 内の各々が,上の (*),(**) の各々と等しくなっている.

以上により,(#) の成立が示された. □

第 4 章 記号論理と圏

定理 2.6 関数空間なる関手 $[\to]: \mathbb{C}\mathrm{po}^{\mathrm{ep}} \to \mathbb{C}\mathrm{po}^{\mathrm{ep}}$ は，ω 連続である．

証明 定理 2.4 および定理 2.5 より明らか． □

不動点定理

いよいよ II 部 2 章 §2.3 での $D_\infty \cong [D_\infty \to D_\infty]$ が成立する状況に相当する圏論での状況に言及する段階となった．先に予め簡単な見通しを与えたように，要点は次の不動点定理にある．

定理 2.7 $\mathbb{C}$ を ω 完備な圏とし，$F: \mathbb{C} \to \mathbb{C}$ を ω 連続な関手とする．このとき，$\mathbb{C}$ の任意の対象 A と矢 $f: A \to F(A)$ に対して，$\mathbb{C}$ には $X \cong F(X)$ なる対象 X が存在する．

証明 まず $\mathbb{C}$ での ω 鎖 Δ と Δ' とを次のように定義する．
$$\Delta \underset{\mathrm{df}}{=} A \xrightarrow{f} F(A) \xrightarrow{F(f)} F^2(A) \xrightarrow{F^2(f)} \cdots\cdots.$$
$$\Delta' \underset{\mathrm{df}}{=} F(A) \xrightarrow{F(f)} F^2(A) \xrightarrow{F^2(f)} F^3(A) \xrightarrow{F^3(f)} \cdots\cdots.$$
ただし，$F^n(A) = F(F\cdots(F(A))\cdots)$（i.e. $n>0$ 個の F が A に作用したもの）とする．

するとここで，$\mathbb{C}$ が ω 完備であることから，$\mu: \Delta \to X$ なる Δ へのコリミット μ が存在する．ただし，$\mu = \{\mu_n | \mu_n: F^n(A) \to X, n \in \omega\}$ である．また Δ' についても，$\mu': \Delta' \to X$ なる Δ' へのコリミット μ' が存在する．ただし，$\mu' = \{\mu_{n+1} | \mu_{n+1}: F^{n+1}(A) \to X, n \in \omega\}$ である．

さて一方で F は ω 連続であるゆえ，$\mu: \Delta \to X$ より $F(\mu): F(\Delta) \to F(X)$ が成立する．すなわち $F(\Delta)$ へのコリミット $F(X)$ が存在する．すると $F(\Delta) = \Delta'$ ゆえ，Δ' へのコリミットは $F(X)$ といえる．すると，3 章 §3.2 定理 2.3 で示したように，コリミットは同形のものを除いて一意的に決まることから，結局いまや $X \cong F(X)$ が得られる． □

このように不動点定理の成立が明らかにされた上では，後は，$\mathbb{C}\mathrm{po}^{\mathrm{ep}}$ が ω

完備であること，および関手［→］が ω 連続であることを，この定理に結びつければ，この§で目ざしていた事柄が一挙に実現する．すなわち次の定理に，$D_\infty \cong [D_\infty \to D_\infty]$ に相当する事柄の圏論での把握が集約される．

定理 2.8　$\mathbb{C}\mathrm{po}^{\mathrm{ep}}$ では，$X \cong [X \to X]$ をみたす対象 X が存在する．

証明　$\mathbb{C}\mathrm{po}^{\mathrm{ep}}$ の ω 完備性と関手［→］の ω 連続性と，定理 2.7 より明らか．　　　□

§4.3　トポスでの選択公理 AC

この§のテーマ

「任意の集合 x について，ある関数 f が存在して，x の空でない任意の部分集合 y について，$f(y) \in y$ が成立する．」この命題が集合論での選択公理 AC の代表的な表現の一つであること，またそこでの f が選択関数と呼ばれることなど，すでに I 部 4 章 §4.1 で触れたとおりである．そしてその意味内容も，有限集合や可算無限集合などの身近な場合でイメージする限り，きわめて自明的であり，特別に問題はなさそうである．

しかし一方で，この AC を前提とするとき，常識では想像しにくいような結果が引き出されてくることもよく知られている．たとえば AC が登場するきっかけにもなった整列可能定理をはじめ，パラドックスにすら見えるバナッハ（Banach, S.）-タルスキーの定理などが，その代表的なものであろう．そこでかつては，AC の非構成的な性格も手伝って，多くの論者から，AC の正当性について疑問が投げかけられたこともあった．

しかし今日では，AC が公理的集合論 ZFC の AC 以外の公理群と無矛盾であることのゲーデルによる証明，および AC が ZFC の AC 以外の公理群から独立であることのコーエンによる証明により，公理論的には AC の正当性はそれなりに保証されている．しかし公理論でのこうした成果にもかかわ

らず，ACの実体が何であるのか，ACが含意する意味内容が結局何であるのか，ということまでは完全に明白になったとは，もとよりいい切れない．そこでこの§では，ACの意味内容について，圏論的な見方を採用することによって，多少なりともACの実体を明らかにしてみることにする．実際このことは，後のⅢ部3章において，改めてACの正当性を検討する上で是非必要なこととなってくる．

注意 参考のためバナッハ-タルスキーの定理を記しておこう．「3次元ユークリッド空間において，A, Bを各々内点をもつ有界集合とするとき，あるmが存在して，$A = A_1 \cup A_2 \cup \cdots \cup A_m$ かつ $B = B_1 \cup B_2 \cup \cdots \cup B_m$（ただし$A_i$と$B_i$（$1 \leq i \leq m$）は合同）とできる．」（バナッハ-タルスキーの定理）

トポスでのACの定式化

さっそく圏での，というよりトポス$\mathbb{E}$でのACの定式化を提示する．

AC Aが始対象でないとき，任意の矢$f: A \to B$について，$f \circ g \circ f = f$となる矢$g: B \to A$が存在する．

この定式化はマックレーンによるものであるが，上の定式化のままでは，直ちにその内容が明らかであるとはいえない．しかしトポス$\mathbb{E}$では次の定理が成立することから，それを手がかりに，ACの意味内容を明らかにしていく．

定理3.4 $\mathbb{E}$でACが成立する $\iff$ $\mathbb{E}$でESおよびNEが成立する．ただし，ESおよびNEとは，各々以下のとおりである．
　ES：任意のエピな$f: A \to B$について，$f \circ s = \mathrm{id}_B$となる矢$s: B \to A$が存在する．なおこの矢$s$は，「セクション」(section) または「スプリット」(split) と呼ばれる．
　NE：始対象0でない任意の対象Aについて，$x: 1 \to A$なる矢（i.e. 元）が存在する．

注意 ES，NE は，各々 epic-split，non-empty にもとづく省略名称である．

この定理によると，AC は ES と NE とからなっており，その各々の内容を明らかにすることによって，AC の内容も自ずと明らかにされるといえよう．そこで定理の証明は後回しにして，はじめに ES と NE 各々の意味内容の方に注目してみる．

まず ES について．ES で，任意のエピ $f: A \to B$ について，その存在を要請されているセクション s は，$C \underset{h}{\overset{g}{\rightrightarrows}} B \overset{s}{\longrightarrow} A$ とした上で，$s \circ g = s \circ h$ とすると，$f \circ s \circ g = f \circ s \circ h$ であり，ここで $f \circ s = \mathrm{id}_B$ ゆえ，$g = h$ となり，モノであることが分かる．すなわち ES によって，任意の $f: A \longrightarrow B$ について，モノ $s: B \rightarrowtail A$ の存在が要請されていることが分かる．

身近にするために $\mathbb{S}\mathrm{et}$ の場合でいえば，$s: B \rightarrowtail A$ がモノであることは，集合 B が集合 A の部分集合を表わしており，ES は，集合 A から集合 B の上への写像エピがあるときには，A に B なる部分集合が必ず存在することを要請している，といえる．さらに $\mathbb{S}\mathrm{et}$ の場合で，この s の働きを具体的に見てみるため，$f: A \xrightarrow{\mathrm{onto}} B$ とし，$\{x | f(x) = c \text{ かつ } c \in B\} = A_c (\subseteq A)$ とすると，$f(s(c)) = \mathrm{id}_B(c) = c$ ゆえ，結局 s によって $c (\in B)$ に A の部分集合 A_c の元 $s(c)$ が対応させられていることが分かる．つまり s は，A の空でない部分集合 A_c からその中の一つの元を選出する役割をしており，モノ s が集合論での AC の選択関数に相当するものであることが，はっきりしてくる．

とにかく以上により，エピ $f: A \longrightarrow B$ があるとき，A には部分集合に相当する部分対象が必ず存在することを要請しているのが，ES の意味内容である．

次に NE について．矢 $x: 1 \to A$ が対象 A の元と呼ばれるように，この矢は集合の元に相当する．したがって NE によって，始対象 0 以外の任意の対象 A には，まさにそうした元なるものが存在することが要請されている．しかしこれだけでは，存在要請されている $x: 1 \to A$ の実質的な意味内容は明らかではない．しかしこの点については，さらに次の定理 3.2 が成立することから，これを介してその内容をもう少し明らかにしてみる．

定理 3.2　$\mathbb{E}$ で NE が成立する $\iff$ $\mathbb{E}$ で SS および二値性が成立する．ただし，SS および二値性とは，各々以下のとおりである．

SS：下図 (1) のような一意的な矢 $! : A \to 1$ のエピ－モノ分解におけるエピ $!^* : A \longrightarrow \mathrm{supp}(A)$ について，セクション $s : \mathrm{supp}(A) \rightarrowtail A$ が存在する．なお $\mathrm{supp}(A)$ は，エピ $!^* : A \longrightarrow \mathrm{supp}(A)$ の「台」(support) と呼ばれる．

二値性 (bivalence)：真理値対象 Ω の元が $\top$ と $\bot$ の二つである (i.e. $\Omega = \{\top, \bot\}$)．ただし $\bot$ は，下図 (2) のような一意的な矢 $0_1 : 0 \to 1$ の特性矢である．

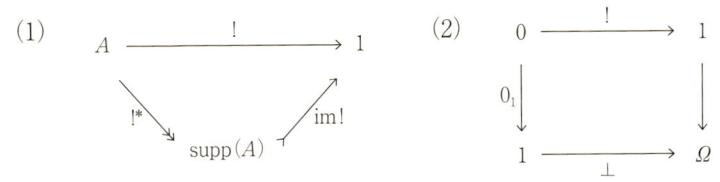

(1)
$$
\begin{array}{ccc}
A & \xrightarrow{\;\;!\;\;} & 1 \\
& \searrow\!{}_{!^*} \quad {}_{\mathrm{im}\,!}\!\nearrow & \\
& \mathrm{supp}(A) &
\end{array}
$$

(2)
$$
\begin{array}{ccc}
0 & \xrightarrow{\;\;!\;\;} & 1 \\
{}_{0_1}\!\downarrow & & \downarrow \\
1 & \xrightarrow{\;\;\bot\;\;} & \Omega
\end{array}
$$

注意　SS は support split にもとづく省略名称である．

ここでも定理 3.2 の証明は後回しにして，SS および二値性各々の意味内容について，先に注目してみる．

まず SS について．Ⅱ部 3 章 §3.4 でも触れたように，トポス $\mathbb{E}$ では任意の矢 $f : A \to B$ について，$f = \mathrm{im}\, f \circ f^*$ でしかも f^* がエピ，$\mathrm{im}\, f$ がモノであるように f は一意的に分解される (i.e. エピ-モノ分解定理)．したがって矢 $! : A \to 1$ についても，エピな矢の部分を取り出せる．その上で SS は，さらにこのエピな矢の終域である台 $\mathrm{supp}(A)$ から，始域である A へ向かうモノな矢 $s : \mathrm{supp}(A) \to A$ (i.e. セクション) の存在を要請している内容となっている．

二値性について．トポス $\mathbb{E}$ には，その定義から明らかなように，束的な構造をもつ真理値対象 Ω が必ず存在する．したがって Ω は一般的には複数個の元を成員とする対象である．NE の一部である二値性は，この Ω が $\top$ と $\bot$ の二つの元からなること (i.e. $\Omega = \{\top, \bot\}$) を要請している内容となっている．なおこの条件は，後述する定理 3.2 の証明において，$\iff$ の右から左を示す際に，是非必要となってくる．

以上，AC $\iff$ ES+NE $\iff$ ES+SS+二値性，という関係を手がかりに，トポス $\mathbb{E}$ で定式化された AC の内容を一応眺めてみた．その結果 ES が $\mathbb{E}$ の任意の対象 A について，適当な対象とそこへのエピを考えることにより，その対象 A の内部に部分対象なるものが必ず存在することの保証を与えていること，および二値性と結びついた SS が，$\mathbb{E}$ の始対象以外の任意の対象 A について，その内部に元（i.e. 要素）なるものが必ず存在することの保証を与えていることが，はっきりした．すなわちトポス $\mathbb{E}$ での AC は，結局，$\mathbb{E}$ での始対象以外の任意の対象が，部分と要素といういわば集合的構造ともいえる内部構造をもつことを要請している意味内容となっている点が，判明した．と同時に，ここで十分注意しておきたいことは，トポス $\mathbb{E}$ での対象に集合的構造をもたらす ES や SS が，両者とも共通してセクション s の存在という形で捉えられていることである．実際，この点をさらに注目するとき，以下で述べるように，上で判明した AC の内容について，その核心がより鮮明に浮び上ってくる．

AC の核心

ES の場合について． $f: A \longrightarrow B$ がエピであることは，B 全体によって A が一者または統一体として捉えられていることに他ならない．ES は，このように B を介して，その B をモノ $s: B \rightarrowtail A$ を使いそのまま A に送り返すことによって，A の中にその部分といえるものの存在を与えている．すなわち B が完全な媒介者となり，A が A 自身の内に送り返されるという仕方で，A に A の部分が与えられている．したがって，セクション s の"送り返し性"が，ES の内容の核心となっている．

SS の場合について． この場合も，$A \to 1$ に含まれるエピ $A \longrightarrow \mathrm{supp}(A)$ の $\mathrm{supp}(A)$ によって，A が一者または統一体として捉えられている．その上で，この $\mathrm{supp}(A)$ を介して，$\mathrm{supp}(A)$ をモノ $s: \mathrm{supp}(A) \rightarrowtail A$ を使い A に送り返すことによって，A の中にその部分といえるものの存在を与えている．ただ $\mathbb{E}$ が二値性をもつとき，後述するように $A \to 1$ のエピ–モノ分解での $\mathrm{supp}(A)$ は 1 と同等となり，終対象 1 という極限的な対象がモノ s によ

って A に送り返されることから，このときの A の中の部分は，もはや ES による部分ではなく，それとは異質な究極の部分として元 (i.e. 要素) と呼ばれる対象が与えられることになる．とはいえ，この SS の場合でも，やはりセクション s の "送り返し性" が，SS の内容の核心となっている．

結局，ES であれ SS であれ，始対象以外の対象 A について，それを統一体として捉えると同時にそれを A 自身の内に "送り返す" あるいは "反射する" といういわば "自己内反射性" が，ES, SS の核心である．すなわちこのエピとモノが生み出す "自己内反射性" が AC の核心である．そして AC のこの自己内反射性が，$\mathbb{E}$ の対象に集合的構造を付与することになっているといえよう．

定理 3.2 および定理 3.4 の証明

少々 AC の意味内容への言及に走りすぎたが，以下では，そうした内容を念頭におきつつも，定理 3.2 および定理 3.4 などの証明の作業を行うことにする．そのことによって，改めて，圏論での AC の姿を眺めることになろう．しかしその準備として，定理 3.1 が必要となる．

定理 3.1 (1) トポス $\mathbb{E}$ ではその任意の対象 A について，次の 1), 2) が成立する．
1) $A \to 0$ なる矢が存在するとき，$A \cong 0$ である．
2) $0 \to A$ はモノである．
(2) $\mathbb{E}$ では，$f: A \to 1$ がモノのとき，次の関係が成立する．
$x: 1 \to A$ が存在する $\Rightarrow f$ によって $A \cong 1$ である．

証明 (1) 1) について．まず一般に，$0 \cong 0 \times A \cdots (*)$ であることを，次のように確認する．すなわち $0 \to B^A$ は，0 が始対象ゆえ唯一つ存在すること，また巾の定義より，$0 \to B^A \iff 0 \times A \to B$ であること，したがって $0 \times A \to B$ も唯一つ存在すること，さらに B が任意であることにより，始対象の定義から $0 \times A \to B$ の $0 \times A$ は始対象 0 であること (i.e. $0 \cong 0 \times A$) が確認できる．

つづいて，$f: A \to 0$ が存在すると仮定する．その上で $A \cong 0 \times A \cdots (**)$ となることを示していく．そのために上の仮定のもとでは可換な下図が成立することに注意し，また一方で $0 \times A \xrightarrow{\pi_2} A \xrightarrow{\langle f, 1_A \rangle} 0 \times A$ なる矢（i.e. $\langle f, 1_A \rangle \circ \pi_2$）を考える．すると上の $(*)$ により，$0 \times A$ は始対象ゆえ，$\langle f, 1_A \rangle \circ \pi_2$(i.e. $= 1_{0 \times A}$)は唯一つ存在する．よって，$\langle f, 1_A \rangle = \pi_2^{-1}: A \to 0 \times A$ が存在する．すなわち，$A \cong 0 \times A \cdots (**)$ が成立する．ここで再び $(*)$ を $(**)$ の右辺に適用して，$A \cong 0$ が示される．

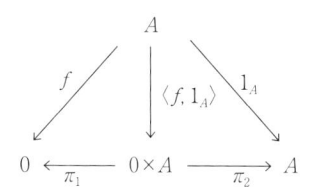

$$\begin{array}{ccccc}
& & A & & \\
& f \swarrow & \downarrow \langle f, 1_A \rangle & \searrow 1_A & \\
0 & \xleftarrow{\pi_1} & 0 \times A & \xrightarrow{\pi_2} & A
\end{array}$$

(1) 2) について． $f: 0 \to A$ が与えられたとして，$B \underset{h}{\overset{g}{\rightrightarrows}} 0 \xrightarrow{f} A$ なる g, h を考え，さらに $f \circ g = f \circ h$ と仮定する．ここで上の 1) の結果を使うと，$B \cong 0$ となる．すなわち B は始対象となり，$B \to 0$ なる矢は唯一つ存在し，結局 $g = h$ となる．よって，f はモノである．

(2) について． $f: A \to 1$ はモノとされているゆえ，f がエピでもあることを示せばよい．そこで $A \xrightarrow{f} 1 \underset{h}{\overset{g}{\rightrightarrows}} B$ なる g, h を考え，さらに $g \circ f = h \circ f$ と仮定する．すると $\Rightarrow$ の左により，$x: 1 \to A$ が存在するゆえ，上の仮定と合せて，$g \circ f \circ x = h \circ f \circ x$ が成立する．ここで 1 は終対象ゆえ，$f \circ x: 1 \to 1$ は唯一つ存在し，結局 $g = h$ となる．よって，f はエピである． □

次に定理 3.2 を証明しよう．

定理 3.2(再)　$\mathbb{E}$ で NE が成立する $\Longleftrightarrow$ $\mathbb{E}$ で SS および二値性が成立する．

証明　(1) $\Rightarrow$ について． 1) NE $\Rightarrow$ SS を示す．i) $\mathrm{supp}(A) \cong 0$ のとき．定理 3.1 (1) 1) により，$A \cong 0$ である．よってここから考えられる一意的な矢 $\mathrm{supp}(A) \to A$ が $A \to \mathrm{supp}(A)$ のセクション s となる． ii) $\mathrm{supp}(A) \not\cong 0$ のとき．NE により，$y: 1 \to \mathrm{supp}(A)$ が存在し，しかも $\mathrm{supp}(A) \rightarrowtail 1$ はモノゆえ，定理 3.1(2) により，$\mathrm{supp}(A) \cong 1$ である．よって $!: A \to 1$ は

エピとなる．ここで $A \cong 0$ と仮定する．すると定理 3.1(1) 2) により，! はモノとなる．すなわち $0 \cong 1$ で矛盾する．よって，$A \not\cong 0$ である．そこで再び NE により，$x : 1 \to A$ が存在する．するといま $\mathrm{supp}(A) \cong 1$ ゆえ，$\mathrm{supp}(A) \to A$ なる矢が存在する．これが $A \longrightarrow \mathrm{supp}(A)$ のセクション s となる．なお，この証明に関係する図を下に図1として添えておく．

2) NE $\Rightarrow$ 二値性を示す．　$y : 1 \to \Omega$ を真理値とする．$\chi_g = y$ となる $g : A \rightarrowtail 1$ を考えるため，下図2をつくる．ここで $y = \bot$ でないとしてみる．すると A は 0 ではない．また NE により $x : 1 \to A$ が存在し，定理 3.1(2) により，g は！となり，$\chi_g = \chi_!$ である．よって $y = \top$．結局 $y = \bot$ でないなら，$y = \top$ である（i.e. y は $\top$ または $\bot$ である）．

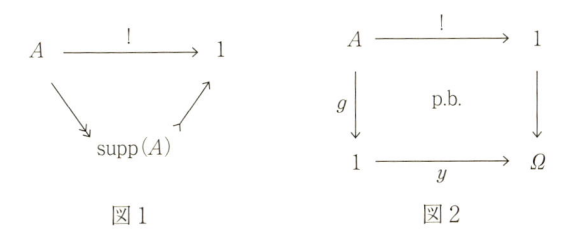

図1　　　　　　　　　　図2

(2) $\Leftarrow$ について．　$\mathbb{E}$ で二値性が成立していることから，$\mathrm{supp}(A) \rightarrowtail 1$ は 0_1 かまたは 1_1 である．しかも A が始対象でなければ $\mathrm{supp}(A)$ も始対象とはなり得ず，よって $\mathrm{supp}(A) \rightarrowtail 1$ は 0_1 ではなく，$\mathrm{supp}(A) \rightarrowtail 1$ は 1_1 となる．ここから $\mathrm{supp}(A) \cong 1$ が得られ，SS と結びつけることによって，$\mathrm{supp}(A) \to A$ は $1 \to A$ となり，A が始対象以外の対象であれば，$1 \to A$ という元が存在することになる（i.e. NE が成立する）．　　□

つづいて定理 3.4 の証明を与えよう．しかしそのためには，定理 3.3 が必要となる．この定理 3.3 は大切な内容を含意している．ただ証明を丁寧に与えるとなると少々長くなる．そこで証明は後回しにして，差し当りは定理 3.3 の提示に留め，それを踏まえて，定理 3.4 の方を先に証明していく．

定理 3.3　トポス $\mathbb{E}$ で ES が成立するとき，$\mathbb{E}$ では任意のモノ $f : A \rightarrowtail D$ について，$g : B \rightarrowtail D$ が存在して，下図が成立する（i.e. f と g とは相補的

である）． なおこのとき，$g(B)$ は $-f(A)$ と表わされる．

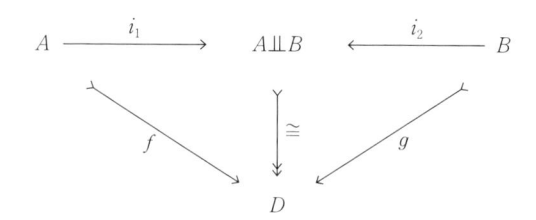

$$A \xrightarrow{i_1} A \amalg B \xleftarrow{i_2} B$$

（f から D への矢，$A \amalg B$ から D への $\cong$ の矢，g から D への矢）

定理 3.4（再） $\mathbb{E}$ で AC が成立する $\iff$ $\mathbb{E}$ で ES および NE が成立する．

証明 （1）$\Rightarrow$ について． 1) AC $\Rightarrow$ ES を示す．i) $f: A \longrightarrow B$ がエピで，A が始対象とする．このとき，定理 3.1 (1) の 2) により，f はモノである．すなわち f はエピかつモノで，トポスではアイソである．よって矢 f^{-1} が存在し，この f^{-1} が f のセクション s となる．ii) $f: A \longrightarrow B$ がエピで，A が始対象でないとする．このときは，AC を適用して，$f \circ g \circ f = f$ となる $g: B \to A$ が存在する．ここで $1_B \circ f = f$ ゆえ，$f \circ g \circ f = 1_B \circ f$．しかも f はエピゆえ，$f \circ g = 1_B$ である．よってこの g が f のセクション s となる．

2) AC $\Rightarrow$ NE を示す．$A \neq 0$ として，AC を $!: A \to 1$ に適用する．すると $g: 1 \to A$ が存在し，NE が成立する．

（2）$\Leftarrow$ について． $f: A \to B$ として，下図のエピ-モノ分解を考える．

$$A \longrightarrow B$$

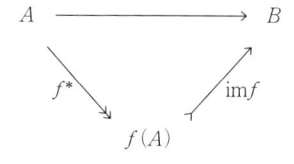

（f^* で $f(A)$ へ，$\mathrm{im} f$ で $f(A)$ から B へ）

するとここに登場する $\mathrm{im} f$ に対しては，いま ES が成立しているゆえ，定理 3.3 を適用し，そこから得られる $-\mathrm{im} f: -f(A) \rightarrowtail B$ が考えられてくる．またさらに B は，$\mathrm{im} f$ と $-\mathrm{im} f$ を入射とした $f(A)$ と $-f(A)$ との直和として考えられてくる．一方ここで NE ゆえ，$x: 1 \to A$ が存在し，$h: -f(A) \to A$ として $x \circ !: -f(A) \to 1 \to A$ なる矢が考えられる．また再び ES を使って，

第4章 記号論理と圏   259

f^* のセクション $s: f(A) \to A$ なる矢も考えられてくる．すなわちこれらのことをまとめると，可換な下図が成立する．よって，$f \circ [s, h] \circ f = \mathrm{im} f \circ f^*$ $= f$ が成立し，ここに $g = [s, h]$ とおくと，$f \circ g \circ f = f$ となり，AC が成立する．

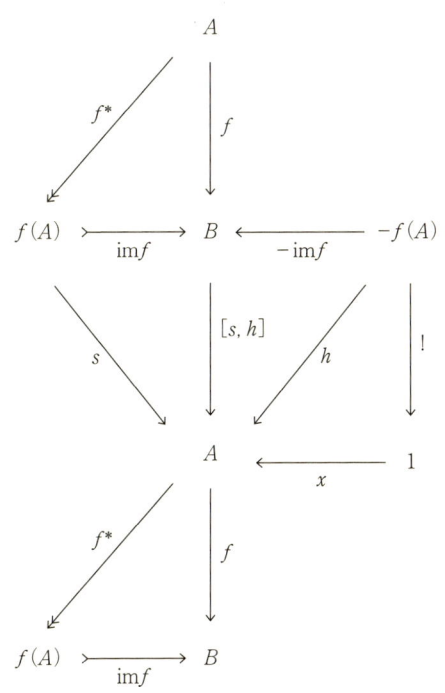

$$\begin{array}{ccccc}
& & A & & \\
& f^* \swarrow & \downarrow f & & \\
f(A) & \rightarrowtail & B & \leftarrowtail & -f(A) \\
& \mathrm{im} f & & -\mathrm{im} f & \\
& s \searrow & \downarrow [s,h] & \swarrow h & \downarrow ! \\
& & A & \xleftarrow{x} & 1 \\
& f^* \swarrow & \downarrow f & & \\
f(A) & \rightarrowtail & B & & \\
& \mathrm{im} f & & &
\end{array}$$

□

定理 3.3 の証明

以上により，AC の意味内容を明らかにする際の手がかりとなった定理 3.2 と定理 3.4 (i.e. AC $\iff$ ES+NE $\iff$ ES+SS+二値性) への証明が与えられた．そこで残しておいた定理 3.3 の証明を与えることにしよう．

定理 3.3(再)　$\mathbb{E}$ で ES が成立するとき，$\mathbb{E}$ では，任意のモノ $f: A \rightarrowtail D$ について，モノ $g: B \rightarrowtail D$ が存在して，下図が成立する (i.e. f と g とは相補的である)．

$$A \xrightarrow{i_1} A \amalg B \xleftarrow{i_2} B$$

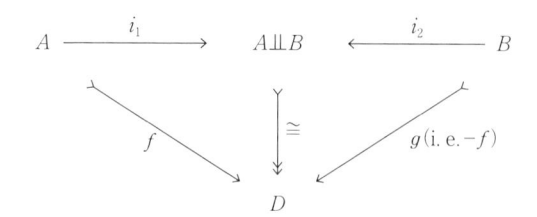

(with $f: A \to D$, g (i.e. $-f$): $B \to D$, and $A \amalg B \xrightarrow{\cong} D$)

証明 トポス $\mathbb{E}$ では p.b. の双対である p.o. が存在するゆえ，$f: A \rightarrowtail D$ について図1の (1) が成立する．また直和 $\amalg$ も存在するゆえ，図1の (2) も成立する．

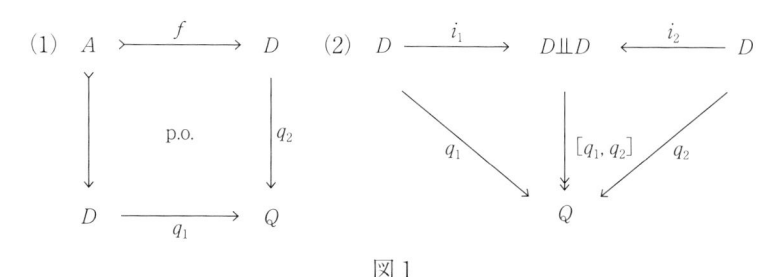

(1) $A \xrightarrow{f} D$ p.o. に対し $D \xrightarrow{q_1} Q$, $D \xrightarrow{q_2} Q$

(2) $D \xrightarrow{i_1} D \amalg D \xleftarrow{i_2} D$ に対し $q_1, q_2: D \to Q$ と $[q_1, q_2]: D \amalg D \to Q$

図 1

ここで図1の (2) のように，$[q_1, q_2]: D \amalg D \twoheadrightarrow Q$ はエピであり，いま ES が成立するとしている以上，ES により $Q \rightarrowtail D \amalg D$ なるセクション s が存在する．すると下図のような p.b. が成立していることになる．

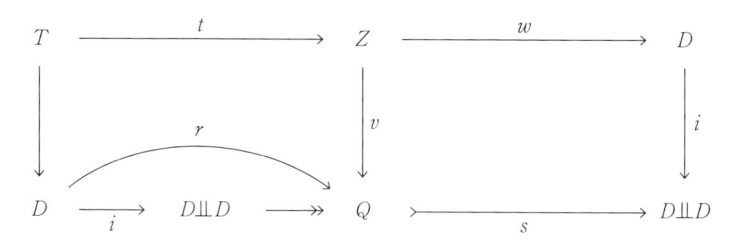

$$T \xrightarrow{t} Z \xrightarrow{w} D$$
$$\downarrow \qquad \downarrow v \qquad \downarrow i$$
$$D \xrightarrow{i} D \amalg D \twoheadrightarrow Q \xrightarrow{s} D \amalg D$$

(with $r: D \to Q$)

ここで s と i との p.b. である Z は，i に i_1 と i_2 の場合があることから，Z_1 と Z_2 の場合があることになる．また $r: D \xrightarrow{i} D \amalg D \xrightarrow{[q_1, q_2]} Q$ として，r と v の p.b. である T も，r に $[q_1, q_2] \circ i_1$ と $[q_1, q_2] \circ i_2$ の場合があること，v に $v_1: Z_1 \to Q$ と $v_2: Z_2 \to Q$ の場合があることから，結局 $T_{11}, T_{21}, T_{12}, T_{22}$ の場合があることになる．すなわち図2の (1)〜(4) が成立し，$Q \cong Z_1 \amalg Z_2$, D

第4章 記号論理と圏

$\cong T_{11} \amalg T_{21} \cong T_{12} \amalg T_{22} \cdots (*)$ となっている．

(1)
$$\begin{array}{ccccc} T_{11} & \xrightarrowtail{t_{11}} & Z_1 & \xrightarrow{w_1} & D \\ {\scriptstyle u_{11}}\downarrow & & {\scriptstyle v_1}\downarrow & & {\scriptstyle i_1}\downarrow \\ D & \xrightarrowtail[r_1]{} & Q & \xrightarrowtail[s]{} & D \amalg D \end{array}$$

(2)
$$\begin{array}{ccccc} T_{21} & \xrightarrowtail{t_{21}} & Z_2 & \xrightarrow{w_2} & D \\ {\scriptstyle u_{21}}\downarrow & & {\scriptstyle v_2}\downarrow & & {\scriptstyle i_2}\downarrow \\ D & \xrightarrowtail[r_1]{} & Q & \xrightarrowtail[s]{} & D \amalg D \end{array}$$

(3)
$$\begin{array}{ccccc} T_{12} & \xrightarrowtail{t_{12}} & Z_1 & \xrightarrow{w_1} & D \\ {\scriptstyle u_{12}}\downarrow & & {\scriptstyle v_1}\downarrow & & {\scriptstyle i_1}\downarrow \\ D & \xrightarrowtail[r_2]{} & Q & \xrightarrowtail[s]{} & D \amalg D \end{array}$$

(4)
$$\begin{array}{ccccc} T_{22} & \xrightarrowtail{t_{22}} & Z_2 & \xrightarrow{w_2} & D \\ {\scriptstyle u_{22}}\downarrow & & {\scriptstyle v_2}\downarrow & & {\scriptstyle i_2}\downarrow \\ D & \xrightarrowtail[r_2]{} & Q & \xrightarrowtail[s]{} & D \amalg D \end{array}$$

図 2

また，$u: T \to D$ から図3の (1)〜(4) のような T の部分対象となる p.b. M も考えられてくる．すなわち (1) は図2の (1), (3) より，(2) は図2の (2), (3) より，(3) は図2の (1), (4) より，(4) は図2の (2), (4) より，各々得られる．

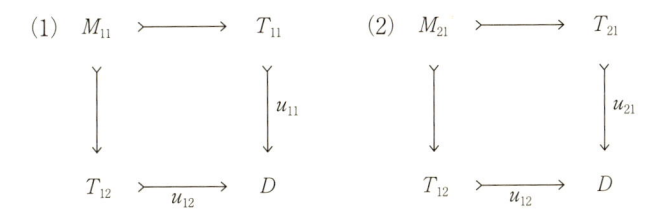

(1)
$$\begin{array}{ccc} M_{11} & \rightarrowtail & T_{11} \\ \downarrow & & \downarrow {\scriptstyle u_{11}} \\ T_{12} & \xrightarrowtail[u_{12}]{} & D \end{array}$$

(2)
$$\begin{array}{ccc} M_{21} & \rightarrowtail & T_{21} \\ \downarrow & & \downarrow {\scriptstyle u_{21}} \\ T_{12} & \xrightarrowtail[u_{12}]{} & D \end{array}$$

(3)
$$\begin{array}{ccc} M_{12} & \rightarrowtail & T_{11} \\ \downarrow & & \downarrow {\scriptstyle u_{11}} \\ T_{22} & \xrightarrowtail[u_{22}]{} & D \end{array}$$

(4)
$$\begin{array}{ccc} M_{22} & \rightarrowtail & T_{21} \\ \downarrow & & \downarrow {\scriptstyle u_{21}} \\ T_{22} & \xrightarrowtail[u_{22}]{} & D \end{array}$$

図 3

さらにまた，M_{11} と M_{22} については，図 4 の (1),(2) が成立する．すなわち (1) は図 2 の (1),(3) より，(2) は図 2 の (2),(4) より，各々得られる．

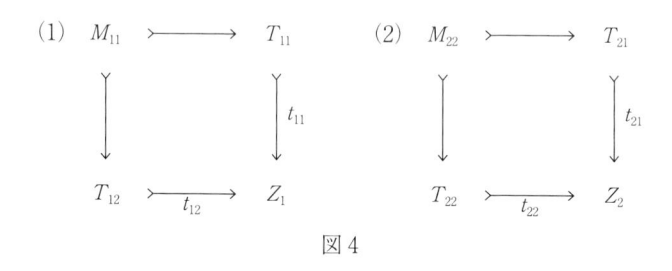

$$
\begin{array}{ccc}
(1) & M_{11} \rightarrowtail T_{11} & \quad (2) \quad M_{22} \rightarrowtail T_{21} \\
& \downarrow \quad \downarrow t_{11} & \qquad \downarrow \quad \downarrow t_{21} \\
& T_{12} \xrightarrow{t_{12}} Z_1 & \qquad T_{22} \xrightarrow{t_{22}} Z_2
\end{array}
$$

図 4

さてここで，図 2 から得られた(∗)を踏まえるとき，最初の図 1 の (1) は次の図 5 のようになる．

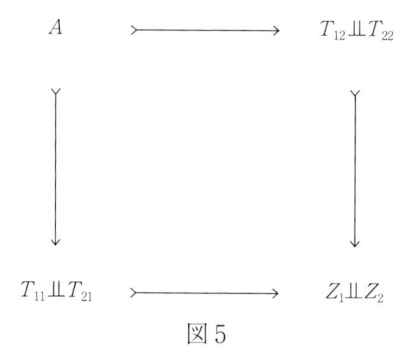

$$
\begin{array}{ccc}
A & \rightarrowtail & T_{12} \amalg T_{22} \\
\downarrow & & \downarrow \\
T_{11} \amalg T_{21} & \rightarrowtail & Z_1 \amalg Z_2
\end{array}
$$

図 5

すると，図 4 の (1), (2) により，$A \cong M_{11} \amalg M_{22}$ となり，またこれは $D \cong M_{11} \amalg M_{12} \amalg M_{21} \amalg M_{22}$ の部分対象となっている．一方ここで，同じ D の部分対象 $M_{12} \amalg M_{21}$ に注目すると，これは A(i.e. $M_{11} \amalg M_{22}$) と相補的となっている．そこで $M_{12} \amalg M_{21}$ を改めて B とおくと，ここに下図をみたす $g : B \rightarrowtail D$ の存在が示されたことになる．

第 4 章　記号論理と圏

$$\begin{array}{ccccc} A & \xrightarrow{i_1} & A \amalg B & \xleftarrow{i_2} & B \\ & \searrow{\scriptstyle f} & \downarrow{\scriptstyle \cong} & \swarrow{\scriptstyle g} & \\ & & D & & \end{array}$$

□

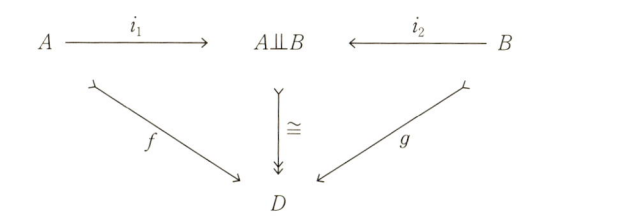

注意　定理 3.3 は，AC が排中性を含意していることを示している．その意味で重要な定理であるといえる．なお III 部 3 章 §3.1 では，"AC ⇒ 排中律" の証明が，より単純な仕方で与えられるが，上記した定理 3.3 の証明はそのトポス版ともいえる．

第Ⅲ部

記号論理への知識論的考察

第1章　論理語の原始性

　記号論理の推理論（i.e. 述語論理）での論理語である結合子∨, ∧, ⊃, ¬, 限量記号∃, ∀および推論記号 → について，それらが各々いかなるものであるかは，すでにⅠ部1章§1.2での公理によって明示されている．
　しかしⅠ部1章§1.2での論理語∨, ∧, ⊃, ¬, ∃, ∀, → 各々の公理の内容は，そのようにそれなりに明白であるとしても，なぜ記号論理の推理論では論理語として∨, ∧, ⊃, ¬, ∃, ∀, → のみが基本的なものとして注目され取り上げられるのかは，必ずしも明らかであるとはいえない．確かに → については，われわれの思考過程においては，推論過程がその中心ともいえることから，その基本性は一応納得できる．しかし∨, ∧, ⊃, ¬, ∃, ∀については，なぜこれらのみが基本的なものとされるのかは，決して自明の事柄ではない．そこでこのⅢ部1章では，述語論理での論理語の基本性（i.e. 原始性）について，改めて検討してみることにする．
　§1.1では，Ⅱ部2章§2.1で得られた知見を踏まえて，すなわち論理体系とブール代数との対応関係を踏まえて，改めて論理語各々の内容の理解を試みる．その結果は，∨, ∧各々が2個の所与に対しての共通性を，∃, ∀各々が任意個の所与に対する共通性を問題としていること，また⊃が2個の所与に対しての差異性を問題としていることなどが，確認されることになる．
　§1.2では，⊃と差異性との関係をよりはっきりさせるためにも，Ⅱ部1章§1.4で示されたストーンの定理を踏まえて，"意味空間"なるものを新たに導入し，そこでの論理語の姿を描いていく．実際そこでは，⊃と差集合との対応が，よりはっきりしたものとなってくる．
　§1.3では，§1.1, §1.2で明らかにされた論理語の内容を念頭におきつつ，論理語の原始性の問題を考える．その際，われわれの知性に伴う原初的な事柄として，"反射構造"なるものを仮に想定し，論理語とこの構造との関わりから，論理語の原始性の問題への一つの解答を用意していく．

§1.1　論理語 $\vee, \wedge, \supset, \exists, \forall$ の基本性質

述語論理 L と完備ブール代数 cBa

Ⅱ部2章 §2.1 ですでに言及したとおり，述語論理 L には半順序集合の一種である完備ブール代数 cBa が対応している．しかし同所でも触れているように注意しなければならないのは，述語論理 L での論理式 wff 間の推論関係 → は，反射性，推移性はみたしているが，反対称性は成立しないことである．$A \to B$ かつ $B \to A$ のとき，$A \equiv B$ ではあるが，$A = B$ ではないからである．すなわち推論関係 → は半順序 po $\leq$ とはいえない．

しかし → を wff 間の推論関係ではなく，論理的に同値な wff たちからなる同値類間の推論関係と捉え直すとき，この → は反対称性をもみたすことになり，この → は po 集合の po $\leq$ と完全に対応する．したがって，述語論理 L が完備ブール代数 cBa と対応しているという場合，L の wff A, B などが，cBa の元 a, b などに対応しているのではなく，L での wff の同値類が，各々 cBa の元に対応する，という関係になっている．

このように少々注意すべき点もあるが，述語論理 L が完備ブール代数 cBa に対応していることは間違いなく，その対応に伴って，L での論理語 $\vee, \wedge, \exists, \forall, \supset$ も各々 cBa での演算 $\vee, \wedge, \vee, \wedge, \supset$ に対応していることは確かである．そこで論理語に対しても，この対応関係に注目するとき，日常語の語彙による理解とは異なった視点からの理解も得られてくることになる．以下さっそく L での結合子および限量記号と cBa での演算との対応関係の要点を，Ⅱ部1章 §1.1，§1.2，Ⅱ部2章 §2.1 との重複を厭うことなく，眺めていこう．なおその際，上に注意したように L での → は正確には wff の同値類間の推論関係であるが，簡潔さのため → を単に wff A, B などの間の関係として表記していくことにする．

論理語 $\vee, \wedge, \exists, \forall$ と cBa の演算

はじめに述語論理 L での結合子 $\vee$（i.e. 選言）と完備ブール代数 cBa での

第1章 論理語の原始性

演算∨ (i.e. 結び) との対応を見てみる．そのために L での∨の基本性質 (i.e. 公理の核心部分) を記すと，次の (1), (2) のとおりである．

(1) 1) $A \to A \vee B$, 2) $B \to A \vee B$.
(2) $A \to C, B \to C \Rightarrow A \vee B \to C$.

一方 cBa での∨の基本性質は次の (1), (2) のとおりである．

(1) 1) $a \leq a \vee b$, 2) $b \leq a \vee b$.
(2) $a \leq c, b \leq c \Rightarrow a \vee b \leq c$.

このように両者を並べてみるとき，両者の対応は明らかであり，両者は半順序性に関しては，本質的に同じ構造のものといえる．したがってこのことは，a と b との結び $a \vee b$ の内容が，po 集合の元 a,b からなる $\{a,b\}$ の最小上界 (i.e. 上限) であることから，wff A と B との選言 $A \vee B$ も推論関係→での A, B の最小上界として捉えられることを示している．すなわち $A \vee B$ の本質は，A, B の推論関係→での上限である，といえてくる．

次に L での結合子∧ (i.e. 連言) と cBa での演算∧ (i.e. 交わり) との対応を見てみる．そのために L での∧の基本性質 (i.e. 公理の核心部分) を記すと，次の (1), (2) のとおりである．

(1) 1) $A \wedge B \to A$, 2) $A \wedge B \to B$.
(2) $C \to A, C \to B \Rightarrow C \to A \wedge B$.

一方 cBa での∧の基本性質は次の (1), (2) のとおりである．

(1) 1) $a \wedge b \leq a$, 2) $a \wedge b \leq b$.
(2) $c \leq a, c \leq b \Rightarrow c \leq a \wedge b$.

このように両者を並べてみるとき，両者の対応は明らかであり，両者は本質的に同じ構造のものといえる．したがってこのことは，a と b との交わり $a \wedge b$ の内容が，po 集合の元 a, b からなる $\{a, b\}$ の最大下界 (i.e. 下限) であることから，wff A と B との連言 $A \wedge B$ も推論関係→での A, B の最大下界として捉えられることを示している．すなわち $A \wedge B$ の本質は，A, B の推論関係→での下限である，といえてくる．

注意 I 部 1 章 §1.2 での∧の公理では，上の (2) の代りに，$A, B \to A \wedge B$ となっていた．しかしこの式と→の公理の一つ (i.e. カット) とから，上の

（2）が直ちに得られることは明らかであろう．

　また次に，Lでの限量記号∃（i.e. 存在）とcBaでの演算∨（i.e. 無限結び）との対応を見てみる．そのためにLでの∃の基本性質（i.e. 公理の核心部分）を，それに伴う条件部分を省略して記すと，次の（1），（2）のとおりである．

　（1）　$At \to \exists x Ax.$
　（2）　$Ax \to C \;\Rightarrow\; \exists x Ax \to C.$

　一方cBaでの∨の基本性質は，Iを添字集合として，次の（1），（2）のとおりである．

　（1）　$a_i \leq \bigvee_{i \in I} a_i.$
　（2）　$a_i \leq c \;\Rightarrow\; \bigvee_{i \in I} a_i \leq c.$

　ここでも両者の対応は明らかであり，両者は本質的に同じ構造のものといえる．したがってこのことは，a_i の無限結び $\bigvee_{i \in I} a_i$ の内容が，cBaの元 a_i からなる $\{a_i | i \in I\}$ の最小上界（i.e. 上限）であることから，Lの $\exists x Ax$ も推論関係 → での Ax たちの最小上界として捉えられることを示している．すなわち $\exists x Ax$ の本質は，Ax たちの推論関係 → での上限である，といえてくる．

　さらにまた，Lでの限量記号∀（i.e. 全称）とcBaでの演算∧（i.e. 無限交わり）との対応を見てみる．そのためにLでの∀の基本性質（i.e. 公理の核心部分）を，それに伴う条件部分を省略して記すと，次の（1），（2）のとおりである．

　（1）　$\forall x Ax \to At.$
　（2）　$C \to Ax \;\Rightarrow\; C \to \forall x Ax.$

　一方cBaでの∧の基本性質は，Iを添字集合として，次の（1），（2）のとおりである．

　（1）　$\bigwedge_{i \in I} a_i \leq a_i.$
　（2）　$c \leq a_i \;\Rightarrow\; c \leq \bigwedge_{i \in I} a_i.$

　ここでも両者の対応は明らかであり，両者は本質的に同じ構造のものといえる．したがってこのことは，a_i の無限交わり $\bigwedge_{i \in I} a_i$ の内容が，cBaの元 a_i からなる $\{a_i | i \in I\}$ の最大下界（i.e. 下限）であることから，Lの $\forall x Ax$ も推論

関係 → での Ax たちの最大下界として捉えられることを示している．すなわち $\forall xAx$ の本質は，Ax たちの推論関係 → での下限である，といえてくる．

上限，下限とは

以上により，$A \vee B$，$\exists xAx$ は，→ 上での各々 A, B の上限，Ax たちの上限であり，また $A \wedge B$，$\forall xAx$ は，→ 上での各々 A, B の下限，Ax たちの下限である，と捉えられることが明らかとなった．しかしそれでは，po $\leqq$ 上での上限とは，また下限とは，一般にどのようなものであろうか．以下この点について，下限でも同様にまとめられるゆえ，ここでは上限に絞ってもう少しまとめておこう．

まず $a \vee b$ の場合，その基本性質の (1) からは，$a \vee b$ が与えられている a，b 各々より大なるものあるいは等しいもの (i.e. 上界) として，$a \vee b$ は a，b 両者に対して上界性という共通した性質をもっていることが示されている．と同時に基本性質の (2) からは，a，b に対して共通した性質 (i.e. 上界性) をもつものとして，$a \vee b$ とは一応別の任意のもの c が存在したとき，$a \vee b$ はそのような c に対してつねにその c よりは小なるものあるいは等しいものであること (i.e. 最小性) が示されている．したがって性質 (1)，(2) をみたす上限 $a \vee b$ とは，上界性という共通した性質をもつものの最小者として，文字通り a, b の po $\leqq$ 上での最小上界に他ならない．

また $\bigvee_{i \in I} a_i$ の場合も，その基本性質 (1)，(2) から，全く同様のことが上限 $\bigvee_{i \in I} a_i$ について指摘できることは明らかであろう．

さて上限なるものが上記したものであるとすると，この辺から浮上してくるさらなる事柄に，もう少し立ち入って注意してみよう．その一つは，$a \vee b$ の場合，a，b に共通した性質として，po $\leqq$ 上ではその上界性が注目されているが，このことは次のような一般的な事柄の一事例といえる点である．すなわちそれは，二つのものがある場に与えられたとき，われわれは何よりもまず，与えられているその両者に何らかの共通した性質 (i.e. 両者の共通性) あるいはその性質を担ったもの (i.e. 両者の共通者) を見出し問題とする，という一般的な事柄である．またもう一つは，$a \vee b$ の場合，上界性をも

つものの中からさらにその最小者が注目されているが，このことも次のような一般的な事柄の一事例といえる点である．すなわちそれは，二つのものがある場に与えられたとき，われわれは両者の共通性を問題にするが，さらにその同じ共通性を担ったものが複数個（i.e. 任意個）存在する状況では，その中での代表者として，われわれは同じ共通性をもつ他のもののいずれとも対等な位置関係を取り得る一つの存在（i.e. 極限）に注視しそれを問題とする，という一般的な事柄である．

なお上では，$a \vee b$ の場合での言及であったが，もとより $\vee_{i \in I} a_i$ の場合でも同様であることはいうまでもないであろう．したがって以上をまとめていえば上限とは，複数個の所与に対して，われわれはそれらに共通性を見出し，またその上でその共通性を担うものが複数個あり得る場合には，その中の代表者として極限的な存在に注視しそれを問題とする，という一般的な事柄の po $\leq$ が定義されている場での一事例であるといえる．すなわち上限とは，po 集合に属する複数個の与えられた元に共通性として上界性を見出し，またその上界たちの代表者として最小者なる極限に注視するといった仕方での上記した一般的な事柄の一事例に他ならない．

論理語 $\supset$ と cBa の演算

次に，述語論理 L での結合子 $\supset$（i.e. 条件法）と完備ブール代数 cBa での演算 $\supset$（i.e. 相対擬補元）との対応を見てみる．そのために L での $\supset$ の基本性質（i.e. 公理の核心部分）を記すと，次の (1), (2) のとおりである．

(1) $A, A \supset B \rightarrow B$.
(2) $A, C \rightarrow B \Rightarrow C \rightarrow A \supset B$.

一方 cBa での $\supset$ の基本性質は次の (1), (2) のとおりである．

(1) $a \wedge (a \supset b) \leq b$.
(2) $a \wedge c \leq b \Rightarrow c \leq a \supset b$.

ここで L での式 $A, B \rightarrow C$ は，一般に $A \wedge B \rightarrow C$ と同等であることに注意しつつ，上のように $\supset$ と $\supset$ の基本性質を並記してみるとき，両者の対応は明らかである．両者は半順序性に関しては本質的に同じ構造のものといえる．

したがってこのことは，a⊃bの内容がaのbに対する相対擬補元であることから，wff A と B の条件法 $A⊃B$ も推論関係→での A の B に対する相対擬補元として捉えられることを示している．

では，po≦上での a の b に対する相対擬補元 $a⊃b$ とは，どのようなものであろうか．この点についてもう少し見ておこう．まず $a⊃b$ の基本性質の (1) からは，a と $a⊃b$ との交わりが b より小であること，また (2) からは，a との交わりが b より小となる c に対して，$a⊃b$ はそうした c よりつねに大であるかあるいは等しいこと（i.e. 最大性）が示されている．すなわち (1) では $a⊃b$ が $a∧c≦b$ なる関係をみたす c の一つであること，(2) では $a⊃b$ がそのような c の最大者であることが示されている．したがって $a∧c≦b$ なる関係をみたす c とはどのようなものであるかが，$a⊃b$ を理解するポイントとなってくる．しかしいま仮に b を cBa の最小元 0 としてみるとき，その内容も多少明らかとなってくる．すなわち $b=0$ とするとき，$a∧c≦0$ であるが，一方 0 は最小元ゆえ $0≦a∧c$ でもあり，結局 $a∧c=0$ となる．するとこれは，c が a との相補性の条件の一つをみたしていることを示している．したがって $a∧c≦b$ をみたす c とは，b に対して a と相補的な関係にあるもの，あるいは b に対して a を差し引いたもの，あるいは b に対する a の差異性を担ったものであることが分かってくる．と同時に $a⊃b$ がそうした c の最大者（i.e. 極限）であることから，相対擬補元 $a⊃b$ とは，b に対する a の端的なあるいは極限的な差異性を担ったものであることが分かってくる．上限∨，⋁（下限∧，⋀）の各々が，po≦上に与えられたものの端的あるいは極限的な共通性が問題であったのに対し，相対擬補元⊃では po≦上に与えられた二つのものの端的あるいは極限的な差異性が問題となっている，ということである．

とはいえ，b を最小元 0 とした場合を手がかりに，$a⊃b$ を b に対する a の差異性に結びつけることは，したがって条件法⊃に差異性を結びつけることは，少々飛躍している．しかしこの点については，次§においてより身近な仕方で，改めて条件法（i.e. 相対擬補元）と差異性との関係を明らかにしていくことになる．

とにかく以上により，条件法の本質でもある相対擬補元が po≦での極限

的な差異性であることは，多少は判明してきた．と同時にこのことはまた，先に上限に関しても触れたことではあるが，次のような一般的な事柄の一事例であるといえてくる．すなわちそれは，po≤ が定義されている場に限らず，ある場に二つの所与が与えられているとき，われわれはその両者に差異性を見出し，またその上でそれと同じ差異性を担うものが複数個あり得る場合には，その中の代表者として極限的な存在に注視しそれを問題とする，という一般的な事柄である．

さてこの § では，L での論理語の原始性への理解を進めるに当って，まずは L での結合子と限量記号の基本性質がどのようなものであるかについて，L と cBa との対応関係から眺めてみた．その結果，その基本性質はいずれも上で何度か触れた一般的な事柄と関係していることが浮び上ってきた．そこで改めて，この基本的な事柄ともいえるこの一般的な事柄について，さらに深く追求しなければならない．すなわち与えられた所与に対してその共通性と差異性を問題とすることとはどのようなことなのか，また極限的な存在を問題とすることとはどのようなことなのか，これらについてさらなる考察が必要である．なぜなら，論理語の原始性についての問題も，これらの考察を通して，その解答が用意されてくるといえるからである．しかしこれらの考察は本章 §1.3 のテーマであることから，この § はこの辺で閉じることにする．

§1.2　意味空間での論理語の理解

意 味 空 間

II部 1 章 §1.4 での「ストーンの定理」によると，ブール代数 Ba にはその超フィルター F を元とする集合（i.e. Ba の双対空間）が存在し，しかも Ba の元 x には Ba の双対空間の部分集合 $\{F|x\in F\}$ が対応していることが示されている．さらに Ba の元間の結び $\vee$ や交わり $\wedge$ には，各々双対空間の部

分集合間の合併∪，共通部分∩が対応することも示されている．

ところで，原子元 a をもつ Ba の場合，超フィルター F は $F = \{x \mid a$ は原子元でありかつ $a \leq x\}$ であるゆえ，Ba と命題論理 (i.e. L の ∃, ∀ を除く部分) との対応を踏まえるとき，内容的にはこの F は，いわば原子命題 A（正確にはその同値類，以下この付記は略）から推論される命題たちの集合であるともいえる．すなわちその集合は，A から推論される，という共通性（内包）をもつ命題たちの集合であり，また超フィルターには各々こうした一つの共通性（内包）が対応しているといえる．そこで，この各々の共通性（内包）を改めて"意味素"(element of meaning) と名付けるなら，Ba の双対空間は，このような意味素からなる"意味空間"(meaning space，以下 M と表わす）と捉えることが可能となる．そしてその場合，Ba の元 x に対しては，超フィルターの集合に代って意味素の集合 (i.e. M の部分集合) が対応してくることになる．ただしその際，超フィルターに内包 (i.e. 意味素) を対応させるとき，下記において具体的に示されるように，Ba の元間の結び∨や交わり∧の各々には，M の部分集合間の共通部分∩，合併∪が対応してくることになる．したがって命題間の選言∨，連言∧についても，この意味空間においては，各々 M の部分集合間の共通部分∩，合併∪が対応してくることになる（通常の場合と入れ替っている点に注意）．

とにかく以下では，ブール代数 Ba の双対空間での集合算，というよりさらにそれとの間に成立する一種の双対関係をも介した形をとる意味空間 M での集合算に注目し，そこにおける論理語 →, ∨, ∧, ⊃, ¬（∃, ∀ は除く）の性格を明らかにしてみる．というのも，条件法⊃あるいは相対擬補元⊃が二つのものの差異性と結びついている点について，前§ではいま一つ透明さを欠いていたが，意味空間上では⊃と差異性との結びつきが，身近な仕方で理解可能となってくるからである．実際，論理語の原始性についての問題を考えるに当っては，前§に加えて，論理語の基本性質について少しでも理解を深めておくことが必要である．

意味空間での論理語 →, ∨, ∧

まず論理語 →, ∨, ∧ について，意味空間 M でのその各々の姿を順次見ていく．なお本 § では以下どの場合でも論理式 wff X には，M の部分集合 $[X]$（$\subseteq M$）が対応するとしていく．

[1] 推論記号 → について．下記のとおり．

$A \to B$ ←→(対応) $[A] \supseteq [B]$．ただし A, B は各々 wff とする（なお今後も wff A, B, C が登場するが，この点の付記は省略する）．

実際，A から B が推論される，ということは，A の表現する意味内容 (i.e. 意味素の集合) が B の表現する意味内容 (i.e. 意味素の集合) を内に含んでいる (i.e. 含意している) ことから，推論関係 → に M の部分集合間の包含関係 ⊇ を対応させることは，ごく自然である．そしてこの点は，さらに形式的にもはっきりしている．すなわち ⊇ の基本性質は下の (1)～(3) であるが，これらは → の基本性質 (1′)～(3′) と明らかに対応している．

(1) $[A] \supseteq [A]$（反射性）．(2) $[A] \supseteq [B], [B] \supseteq [C] \Rightarrow [A] \supseteq [C]$（推移性）．(3) $[A] \supseteq [B], [B] \supseteq [A] \Rightarrow [A] = [B]$（反対称性）．

(1′) $A \to A$, (2′) $A \to B, B \to C \Rightarrow A \to C$, (3′) $A \to B, B \to A \Rightarrow A = B$（いまの場合，$A \equiv B$ を $A = B$ としているゆえ）．

また上記した対応からは，Ⅰ部 1 章 §1.2 での → の公理としてⅠの (1), (2) がなぜ選択されいるのかの事情も，自然に納得できてくる．ただしⅠの (1), (2) は，推論の実際上の性格をも少々加味された形となっている．

[2] 選言 ∨ について．下記のとおり．

$A \vee B$ ←→(対応) $[A] \cap [B]$．

実際，たとえば「目前のものはグレープフルーツであるか，または甘夏であるかである」は，グレープフルーツに見出せる意味内容 (i.e. 黄色，直径 10cm ぐらい，表面はすべすべ，…) と甘夏に見出せる意味内容 (i.e. 黄色，直径 10cm ぐらい，表面はぶつぶつ，…) のうち，両者に共通した意味内容 (i.e. 黄色，直径 10cm ぐらい，…) しか認知できずどちらか一方に決定できない場合などに発話されることからも，上の対応は自然である．そしてこの点は，形式的にもはっきりしている．すなわち ∩ の基本性質は下の (1),

第1章 論理語の原始性　　　277

(2) であるが，これらは∨の基本性質 (1′), (2′) と完全に対応したものとなっている.

(1)　1) $[A]\supseteq([A]\cap[B])$,　2) $[B]\supseteq([A]\cap[B])$.
(2)　$[A]\supseteq[C], [B]\supseteq[C]$ ⇒ $([A]\cap[B])\supseteq[C]$.
(1′)　1) $A\to A\vee B$,　2) $B\to A\vee B$.
(2′)　$A\to C, B\to C$ ⇒ $A\vee B\to C$.

注意　念のため∩の (1), (2) の図を添えておく.

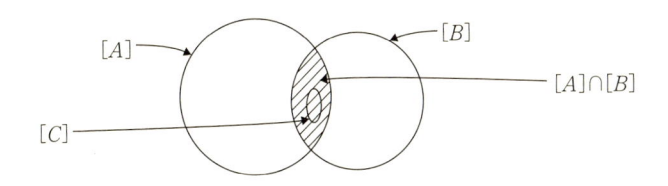

[図: $[A]$ と $[B]$ の二つの円が重なり，共通部分が斜線で示されている. $[A]\cap[B]$ および $[C]$ のラベルが共通部分を指している.]

[3] 連言∧について.　　下記のとおり.
$A\wedge B$ ⟷^(対応) $[A]\cup[B]$.

実際，たとえば「そこにいるのは山田であり，そして田中である」は，山田に見出せる意味内容と田中に見出せる意味内容の両者を合せた意味内容が認知された場合などに発話されることからも，上の対応も自然である. またこの点は形式的にも，∪の基本性質である下の (1), (2) と∧の基本性質 (1′), (2′) との対応からはっきりしている.

(1)　1) $([A]\cup[B])\supseteq[A]$,　2) $([A]\cup[B])\supseteq[B]$.
(2)　$[C]\supseteq[A], [C]\supseteq[B]$ ⇒ $[C]\supseteq([A]\cup[B])$.
(1′)　1) $A\wedge B\to A$,　2) $A\wedge B\to B$.
(2′)　$C\to A, C\to B$ ⇒ $C\to A\wedge B$.

なお上の [2], [3] での事柄は，∨, ∧ が各々共通性と結びついている，と前§で言及されたことをも改めて明らかにしている. と同時にⅠ部1章§1.2において，∨, ∧ の公理Ⅱの表中のものがなぜ選択されているのかの事情も，自然に納得させてくれる.

意味空間での論理語 ⊃, ¬

[4] 条件法⊃について．　下記のとおり．

$A \supset B \xleftrightarrow{対応} [B] - [A]$.

$A \supset B$ は，通常「A ならば B」とも読まれるが，それに対応する差集合 $[B]-[A]$ は，内容的には「A 以外の B」（B without A, B except A）である．すなわち上の対応は，直ちにごく自然に納得できるとはいえない．しかし形式的には，$[B]-[A]$ の基本性質が下の (1), (2) であること，$A \supset B$ の基本性質が (1′), (2′) であることから，両者間の対応は明らかである．

(1) $([A] \cup ([B]-[A])) \supseteq [B]$.
(2) $([A] \cup [C]) \supseteq [B] \Rightarrow [C] \supseteq ([B]-[A])$.
(1′) $A \wedge (A \supset B) \rightarrow B$.
(2′) $A \wedge C \rightarrow B \Rightarrow C \rightarrow A \supset B$.

注意　$[B]-[A]$ が上の (1), (2) となることは，$[B]-[A]$ が $[A]$ と $[C]$ とを合併したものが $[B]$ を含むような $[C]$ の最小のものであることから明らかである．なお念のため図を添えておく．ただし最も一般的な場合といえる $[A]$, $[B]$ 両者の一部が重なっている場合で描いておく．

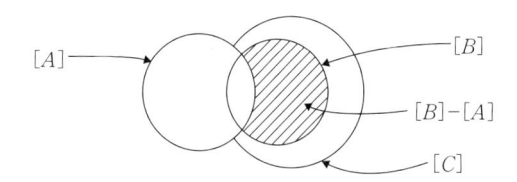

とにかく上のように $A \supset B$ が差集合 $[B]-[A]$（i.e. 差異性）に対応するということは，先にも触れたとおり前§では十分透明とはいえなかった．しかしいまや，⊃ が差異性と結びつくことは，上記のように身近な仕方でしっかりと明らかにされたといえる．

とはいえ一方で，「A ならば B」がなぜ「A 以外の B」であるのか，このことに対してはやはり説明が必要であろう．しかしこの点については，次の

（#）なる関係の成立に注目するとき，理解可能となってくる．

　　（#）　$[A] \supseteq [B] \iff [B] - [A] = \phi$ (i.e. 空集合).

　すなわちこの（#）は，$[B]-[A]$ が左辺 $[A] \supseteq [B]$ の成立不成立の判別式であることを示している．実際（#）は，$[A] \supseteq [B]$ が成立するとき，$[B]-[A]=\phi$ であり，$[A] \supseteq [B]$ が不成立のとき，$[B]-[A] \neq \phi$ となることを示している．したがってこの（#）に，先に提示した $A \to B \xleftrightarrow{\text{対応}} [A] \supseteq [B]$ をも考え合せるとき，（#）は推論 $A \to B$ の成立不成立の判別式ともなっている．

　一方「ならば」という語彙は，本来推論関係 → に対する読みに使用されるとき，自然である点に注意する．すると $[B]-[A]$ が $A \to B$ の判別式であることは，「A ならば B」の判別式であることにもなり，その結果 $A \supset B$ も自ずと「A ならば B」と読まれることにもなる．$A \supset B$ は，その内実は確かに差異性に結びつく「A 以外の B」であるが，いま記したような連関から「A ならば B」と読まれたとしても，必ずしも見当違いとはいえない事情になっているといえる．

注意　1）念のため（#）の証明を添えておく．
　i) ⇒ について．$[A] \supseteq [B]$ より $(\phi \cup [A]) \supseteq [B]$．すると差集合 − の性質 (2) (i.e. $(\phi \cup [A]) \supseteq [B] \iff \phi \supseteq [B]-[A]$) より，$\phi \supseteq [B]-[A]$ となる．一方 $[B]-[A] \supseteq \phi$ は自明．よって $[B]-[A]=\phi$ を得る．
　ii) ⇐ について．差集合 − の性質 (1) より，$([A] \cup ([B]-[A])) \supseteq [B]$．ここで $[B]-[A]=\phi$ ゆえ，$([A] \cup \phi) \supseteq [B]$，よって $[A] \supseteq [B]$ である．
　2）ひと言追加すれば，意味空間 M での空集合 ϕ にはトートロジーが対応している．なぜならトートロジーとは，任意の wff B について，$B \to$ トートロジーとなる wff であるが，このことは意味空間では，任意の $[B]$ について，$[B] \supseteq \phi$ であることに他ならないからである．

[5]　否定 ¬ について．　下記のとおり．
　¬A　$\xleftrightarrow{\text{対応}}$　$M-[A]$.
この対応は，¬A が $A \supset$ 矛盾 と定義されること，および次の対応関係による．
　矛盾　$\xleftrightarrow{\text{対応}}$　M (i.e. 全空間).

実際この対応は，矛盾からは任意のwff B が引き出される（i.e. 矛盾 → B）こと，一方で M が任意の $[B]$ について $M \supseteq [B]$ であることから，当然といえる．それゆえ先の $\neg A$ と $M-[A]$ との対応関係は，$\neg A$ と $[A]$ の補集合との対応関係でもあり，改めて自然に納得できるものとなっている．

ところで上記した [4]，[5] での事柄と L での ⊃ や ¬ の公理との関係はどのようになっているであろうか．⊃ については，I部1章§1.2に記されている公理IIの表中における ⊃ の導入や除去は，まさに先に示した ⊃ の基本性質 (2′), (1′) に他ならず，しかも (1′), (2′) は，⊃ の内実が「A 以外の B」であることにもとづく以上，⊃ の導入や除去が公理として選ばれるのは当然である．すなわち [4] での事柄と ⊃ の公理との関係は直ちに明らかである．

では ¬ の公理についてはどうか．しかしこちらは，$\neg A$ に対応する $M-[A]$ について，もう少し注意してみるとき，明らかとなってくる．まず $M-[A]$ に差集合 − の性質を適用してみる．すると $([A] \cup (M-[A])) \supseteq M$ … (∗1) および $([A] \cup [C]) \supseteq M \Rightarrow [C] \supseteq M-[A]$ … (∗2) を得る．よって (∗1) と $M \supseteq [B]$ (i.e. $M \supseteq ([A] \cup (M-[A]))$) を合せると，$([A] \cup (M-[A])) = M$ となり，$A \wedge \neg A \xleftrightarrow{対応} M$ (i.e. $D \wedge \neg D \xleftrightarrow{対応} M$) … (∗3) が得られてくる．そこでさらにこの (∗3) と上の (∗2) を結びつけると，$A \wedge C \to D \wedge \neg D \Rightarrow C \to \neg A$ が成立する．すなわちこれは明らかに，公理IIの表中における ¬ の導入に他ならない．一方 (∗3) と $M \supseteq [B]$ とを結びつけると，$D \wedge \neg D \to B$ が成立し，こちらは表中の ¬ の除去 (1) に他ならない．

では残るもう一つの ¬ の公理である ¬ の除去 (2) についてはどうか．この点は先に触れた限りの [5] の事柄だけでは明らかとはならない．というのは，否定の除去 (2) である $\neg\neg A \to A$ あるいはそれと同等な $B \to A \vee \neg A$ に対応する $[A] \cap (M-[A]) = \phi$ は，先の差集合や M の基本性質から引き出せないからである．すなわち $[A] \cap (M-[A]) \supseteq \phi$ は自明としても，その逆 $\phi \supseteq [A] \cap (M-[A])$ (i.e. $[B] \supseteq [A] \cap (M-[A])$) は − や M の基本性質からは導き出せない．しかし一方で，$[A] \cap (M-[A]) = \phi$ はごく自然な事柄でもある．そこでこれは先の [5] に加えて，改めて要請される事柄と

なる．すなわち否定の除去（2）は，この改めて要請された事柄と対応する形の公理となっている．とにかくこの点も踏まえるとき，[5]での事柄と￢の公理との関係は明らかであり，￢の公理の各々が公理として選ばれている事情も理解可能となってくる．

  注意　￢￢$A \to A$ と $\to A \lor \lnot A$（あるいは $B \to A \lor \lnot A$）とが同等であることの証明は，Ⅲ部3章§3.1に見出せる．

以上，論理語の原始性についての問題を考えるに当って，前§を補足するためにも，意味空間での論理語各々（∃, ∀は除く）の性格を記してみた．後は次§において，いよいよ本章本来の問題への解答を考えてみることにする．

§1.3　論理語の原始性の根拠

手がかり

述語論理Lでの結合子∨, ∧, ⊃, 限量記号∃, ∀各々が，どのようなものであるかについては，§1.1, §1.2において，束論での知見を踏まえた仕方で一応確認された．この§では，なぜそれらがLにおいて基本的な論理語とされるのか，について考えてみよう．すなわちこの章のテーマである論理語の原始性の問題について考えてみる．なお否定￢については，￢が⊃に付随するものであるゆえ，差し当りは考察の対象からは除いておく．

では論理語の原始性についての問題への解答はどこに求められるであろうか．手がかりとなるのは，§1.1で触れられた一般的な事柄である．∨, ∃（∧, ∀）の基本性質がその一事例となる一般的な事柄であり，また⊃の基本性質がその一事例となる一般的な事柄である．すなわちその一つは，ある場に複数個の所与が与えられたとき，われわれはそれらに共通性を見出し，その上でその同じ共通性を担うものが複数個あり得る場合，それらの中の代表

者として極限的な存在に注視しそれを問題とする，という一般的な事柄である．もう一つは，ある場に二つの所与が与えられたとき，われわれはそれらに差異性を見出し，その上でその同じ差異性を担うものが複数個あり得る場合，それらの中の代表者として極限的な存在に注視しそれを問題とする，という一般的な事柄である．まとめていえば，ある場での所与に対してわれわれは共通性と差異性とを見出し，その各々の極限を問題とする，という一般的な事柄である．

それではなぜこの一般的な事柄が，論理語の原始性の問題についての手がかりとなるのか．答は，仮にこの一般的な事柄がわれわれの知性に備わった基本的な性格であると考えてみるとき，この一般的な事柄の一事例と位置づけられている論理語が，知性の基本的な性格と結びついたものとして理解されてくることによる．すなわち論理語が，知性の原初的な事柄と関連していると理解されてくるからである．

確かに日常的な場面においても，知的にものごとを捉えるとき，共通性と差異性を問題にし，また複数個のものごとに対してはその代表者を問題にしたり，あるいはその全体を一つのものとして捉えることは，通常われわれが行っていることともいえる．しかしながら，先の一般的な事柄と知性の基本的な性格との結びつきを考えるに当っては，この日常的な営みへの表層的な目配りのみではもとより十分ではない．さらにまた考えてみれば，そもそも一般的な事柄とした事柄自体も，いまだ十分に明白なものとはいい難い．すなわち共通性と差異性とを問題とするということ自体が，改めてより明白にされなければならないし，また極限を問題とするということも，改めてより明白にされることが必要である．すなわち先の一般的な事柄と知性の基本的な性格との結びつきを問題とするにしても，この点への考察がまずは先立つといえる．

反射構造（その1）

では共通性と差異性を問題にするということは，どのようなことであろうか．まずこの点を考えよう．そしてそのためには，II部3章§3.3および4

章§4.1などで言及されている論理語に関する圏論での知見が参考になる．すなわちそこでは，論理語に関係する事柄として，次の（1）〜（3）の成立が言及されている．

(1) $A \wedge (\ ) \dashv A \supset (\ )$.　　(2) $\exists_p (\ ) \dashv p^{-1} (\ )$.
(3) $p^{-1} (\ ) \dashv \forall_p (\ )$.
　　（なお，$\exists : p^{-1} \circ \exists_p$，$\forall : p^{-1} \circ \forall_p$ である．）

（1）〜（3）のいずれも，論理語の核心と深く関わる関係であるが，この点については後に取り上げることにして，いまは（1）〜（3）のいずれもが，関手間の随伴関係の形となっている点の方に注目する．というのも，随伴関係が二つの圏 $\mathbb{B}$, $\mathbb{C}$ 間の $F : \mathbb{B} \to \mathbb{C}$, $G : \mathbb{C} \to \mathbb{B}$ (i.e. $\mathbb{B} \underset{G}{\overset{F}{\rightleftarrows}} \mathbb{C}$) なる関手間に成立する関係であることから，その関係が問題となる場面では，二つの圏 (i.e. 領域) とそこでの互いに逆方向を向く二つの関手 (i.e. 作用) が大前提となっており，まさにこのことが，共通性と差異性の問題を考えるに当って，一つの方向を与えてくれるからである．

それではその一つの方向とはどのようなことであろうか．それは，共通性と差異性についての先の一般的な事柄と結びつく知性の基本的な性格として，下記のような構造がわれわれの知性の根底に備わっていると仮に想定できることへの示唆である．

　　注意　上で知性の根底に備わる構造といっても，もとよりわれわれの意識過程における心理的な事実としての構造ではない．しかしながら，このような構造を仮に想定するとき，知性の各種の性格が統一的に見通せることになり，あくまでもその意味で，知性の根底に備わる構造である．

そこでさっそくその構造のおおよそを記してみよう．
　[1]　その構造は，二つの領域から成立している．一つは，所与が登場しまたそれが知的対象となる場としての領域である．他の一つは，所与の一面が投映され，その一面を受け止める領域である．なお今後，前者を"対象領域"（object domain），それに対峙する後者を"対峙領域あるいはメタ領域"（meta domain）と呼ぶことにする．

[2]　上記した二つの領域は，各々何らかの半順序性が備わった領域となっている．すなわちいずれも各々何らかの po が定義され得る領域である．

　[3]　またこの二つの領域間には，対象領域から対峙領域に向かう作用と，逆に対峙領域から対象領域に向かう作用とが備わっている．なお今後，前者の作用を"投射"（projection，以下 P と略記），後者の作用を"反射"（reflexion，以下 R と略記）と呼ぶことにする．

　[4]　知的対象は，対象領域に登場するある所与が，対峙領域へ投射されるとともに，その投射されたものが，逆に対象領域へ反射されることによって成立する．すなわち所与 X は，$R \circ P(X)$ となるとき，一つの知的対象として成立する．

　以上 [1]～[4] が，われわれの知性において知的対象が成立する際，その根底で関わっていると仮に想定される構造のおおよそである．なお今後，この構造を"反射構造"（reflexion structure）と呼ぶことにする．

　さてそれでは，以上のような反射構造が知性の根底に備わると仮に想定されるとき，一般に所与に対して共通性と差異性を問題とするということはどのような事柄として理解されてくるか．しかしこの点は，共通性を問題とすることと，差異性を問題にすることが，互いに相反する事柄であることに注意した上で，上の反射構造を考え合せるとき，その理解は容易に得られてくる．すなわちそれは以下のように理解されてくる．まず第1には，対象領域に所与 X が与えられると，X は領域の一部として切り取られるが，このことは X と X 以外の部分との差異性が問題にされることであり，またその切り取られた X は，X 以外の部分との差異性のもとにあるという形で，対峙領域に受け止められることになる，といったことが理解されてくる．いいかえれば，差異性を問題とすることは，所与 X の対峙領域への投射 P であり，所与 X は $P(X)$ として対峙領域に投射される，と理解できてくる．次に第2には，所与 X が知的対象とされる際は，対峙領域での $P(X)$ はそのままその領域に留まるのではなく，$P(X)$ はそのまま対象領域に埋め戻され，その上でもとの所与 X との共通性が改めて問題にされることになる，といったことが理解されてくる．いいかえれば，共通性を問題とすることは，$P(X)$ の対象領域への反射 R であり，$P(X)$ は $R \circ P(X)$ として対象領域へ

反射される，と理解できてくる．共通性と差異性を問題にすることは，このように各々反射構造での反射と投射に対応しており，所与が知的対象として成立する場合，反射構造を仮に想定する限り，共通性と差異性を問題とすることは不可欠の事柄として理解されてくる．したがってまた先に触れた一般的な事柄においてそれらが登場してくるのも，ごく当然なこととして一応は納得できてくる．

反射構造（その2）

共通性と差異性について，反射構造を前提にした上記の一応の理解は，論理語の $\vee, \exists, \wedge, \forall$ が共通性と結びついていること，$\supset$ が差異性と結びついていることから，これら論理語の原始性への理解に対しても，その解答を予告しているといえる．しかし反射構造を前提にした仕方で，論理語の原始性への明確な理解を得るためには，反射構造について，実はさらに立ち入った言及が必要となる．すなわち先に反射構造のおおよそとしてまとめた [1]〜[4] に加えて，まずは次の [5] が必要となる．

[5] 反射構造での投射 P，反射 R は，ある時は $P\dashv R$ であり，ある時は $R\dashv P$ である，というように互いに随伴関係をなしている．

なお随伴関係については，すでにⅡ部3章§3.3, §3.4で言及済みである．しかし再度その要点のみを記しておこう．ただしここでは随伴関係を，二つの圏 $\mathbb{B}$, $\mathbb{C}$ と $\mathbb{B} \underset{G}{\overset{F}{\rightleftarrows}} \mathbb{C}$ なる二つの関手 F, G の関係としてではなく，何らかの po が定義されている二つの領域 D, D' とその間の $D \underset{G}{\overset{F}{\rightleftarrows}} D'$ なる二つの単調な（i.e. po を保存する）作用 F, G 間に次の (4) が成立する関係として記しておく．

(4) $F(C)\to B \iff C\to G(B)$. ただし $C\in D$, $B\in D'$ である．

すなわち $F\dashv G$ とは，(4) が成立していることである．しかしこの (4) だけではその内容は掴みにくい．ただ (4) からは次の (5)〜(8) が引き出せ，ここからは $F\dashv G$ の内容の一端が顕わになってくる．なお合成記号。は省略している．

(5) $FG(B)\to B$ (i.e. $FG\leqq \mathrm{id}_{D'}$).

(6) $C \to GF(C)$ (i.e. $\mathrm{id}_D \leqq GF$).

(7) $FG(B) \rightleftarrows FGFG(B)$.

(8) $GFGF(C) \rightleftarrows GF(C)$.

すなわち (5) は，FG が B の下界 $FG(B)$ を対応づけること，また (7) は，$FG(B)$ の下界となる $FGFG(B)$ が B の下界 $FG(B)$ でもあることを示している．したがって (5), (7) は，FG が B に B の最大下界を対応づけていることを示している．同様に (6), (8) は，GF が C に C の最小上界を対応づけていることを示している．またこれらのことは，D, D' が各々何らかの集合で，B, C が各々 $B \subseteq D$，$C \subseteq D'$ とした場合，FG は B の開核を，GF は C の閉包を対応づける演算となっていることも示している．

さて随伴関係の要点がこのような事柄であるとすると，[5] でのように，反射構造での二つの作用 P, R に随伴関係が成立することと，[4] でのように，所与の知的対象化が $R \circ P$ であることとを結びつけるとき，さらに以下のようなことが判明してくる．すなわち $R \dashv P$ となっている場合，$R \circ P$ は上の (5), (7) に相当することが成立し，所与 X に対して $R \circ P$ は，$R \circ P(X) \to X$ あるいは po 上での $R \circ P(X) \leqq X$ を生み出すことが明らかとなる．いいかえれば，所与 X が知的対象となることは，単なる所与 X ではなく，対象領域での $R \circ P(X) \to X$ なる位置関係 (i.e. X より小なるもの，内なるものからの関係) が，$R \circ P$ によって所与 X に付与されることである，といえてくる．なおいま記したことは，$R \dashv P$ の場合であるが，$P \dashv R$ の場合にも同様のことがいえる．ただしその場合，X に付与される位置関係は $X \to R \circ P(X)$ (i.e. X より大なるもの，外なるものからの関係) となってくる．

とすると，反射構造については，[1]〜[5] にさらに次の [6] をも追加することができてくる．

[6] 反射構造での投射 P，反射 R による所与 X の知的対象化 $R \circ P(X)$ は，対象領域上での位置づけ関係 $R \circ P(X) \leqq X$ (ただし $R \dashv P$ の場合) あるいは $X \leqq R \circ P(X)$ (ただし $P \dashv R$ の場合) を伴っている．

結局，知性の根底に仮に想定される反射構造を踏まえる限り，所与を知的対象として認識すること (i.e. 所与の知的認識) とは，根底的なところでは，

所与を [6] でのような po 上での位置づけ関係を伴ったものとして捉えることに他ならない，とまとめられる．

反射構造と論理語 ∧, ⊃

反射構造について，[1]〜[4] に加えて [5]，[6] にも触れ少々立ち入って言及したいま，ようやく論理語の原始性への理解の足場も得られたことになる．以下はじめに，最も単純で原初的な状況ともいえる場合について見てみることにする．すなわちその場合とは，対象領域とその対峙領域を各々 D，D' とした上で，D と D' 各々には po として推論関係 → が定義されている場合である．するとここでは，この § の先の (1) でのように，$A \wedge (\ ) \dashv A \supset (\ )$ なる随伴関係が成立している．したがってここでは，$A \wedge (\ )$ と $A \supset (\ )$ は互いに逆向きの作用となっている．そこでいまの場合，投射 $P : D \to D'$ として $A \supset (\ )$，反射 $R : D' \to D$ として $A \wedge (\ )$ が考えられてくる．

ではこの場合での所与 X に対する知的対象 $R \circ P(X)$ は，どのような位置づけ関係を伴ったものになるか．そのためには，(1) は先の (4) により次の (9) のように表わされること，また (4) からは (5) が得られるゆえ，(9) につづいて (10) が成立してくることに注意すれば，明らかである．

(9)　$A \wedge (C) \to B \iff C \to A \supset (B)$．
(10)　$A \wedge (A \supset (B)) \to B$．

すなわちいまの場合，$R \circ P(X)$ は $A \wedge (A \supset (X))$ であり，ここに (10) を適用すると，所与 X に対する知的対象 $R \circ P(X)$ は，$A \wedge (A \supset (X)) \to X$ (i.e. modus ponens) なる位置づけ関係を伴っていることが分かる．

さてこのように単純で原初的な状況での場合を見てみるとき，この原初的な状況での知的対象の成立 (i.e. 知的認識) に，連言 ∧ と条件法 ⊃ がいかに根源的に関わっているかが，改めてはっきりしてきたといえる．と同時に，すでに触れたとおり ∧, ⊃ が各々共通性と差異性と結びついていることをも考え合せるとき，L での結合子 ∧, ⊃ が，共通性と差異性を問題にすることについての一般的な事柄の一事例となっている点も，改めて確認されてくる．

いまや論理語 ∧, ⊃ の原始性については一応理解が得られたといえよう.

注意 上では投射 P, 反射 R を各々 $A\supset(\ )$, $A\wedge(\ )$ と考えたが, P として $A\wedge(\ )$, R として $A\supset(\ )$ と考えることもできる. このとき, 所与 X に対する位置づけ関係は, $X\to A\supset(A\wedge(X))$ となる.

反射構造と論理語 ∨, ∧, ∃, ∀

次にもう少し発展した原初的な状況ともいえる場合を見てみる. すなわちその場合とは, 対象領域とその対峙領域を各々 $D\times D$, D とし, また D には po として推論関係 → が定義されている場合である. ただしこの場合に関係する随伴関係は, 本書ではここにはじめて登場するもので, 次の (11), (12) なる随伴関係である.

(11) $\vee \dashv \Delta$. (12) $\Delta \dashv \wedge$. ただし $\Delta: D\to D\times D$ であり, $D\times D$ の元 $\langle C, C\rangle$ に対して C を対応させる $D\times D\to D$ (i.e. 射影 π) なる作用の逆作用である.

なお (11), (12) が成立している事情は, 下図から明らかであろう.

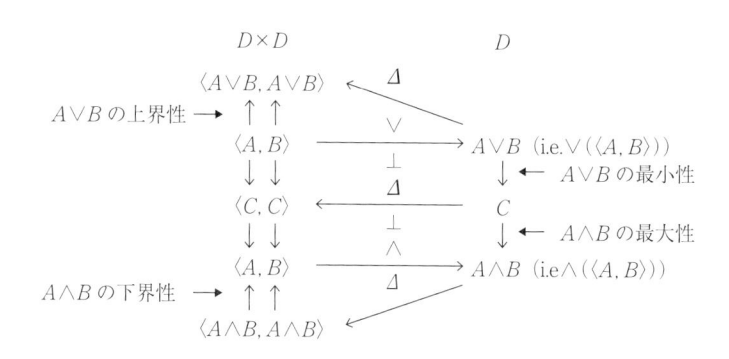

$$
\begin{array}{ccc}
 & D\times D & D \\
 & \langle A\vee B, A\vee B\rangle & \\
A\vee B\text{の上界性} \to & \uparrow\uparrow \quad \overset{\Delta}{\swarrow} & \\
 & \langle A, B\rangle \xrightarrow{\ \vee\ } & A\vee B \ (\text{i.e.} \vee(\langle A, B\rangle)) \\
 & \downarrow\downarrow \quad \overset{\Delta}{\nwarrow} \ \bot & \downarrow \leftarrow A\vee B\text{の最小性} \\
 & \langle C, C\rangle \longleftarrow & C \\
 & \downarrow\downarrow \quad \overset{\ }{\swarrow} \ \bot & \downarrow \leftarrow A\wedge B\text{の最大性} \\
 & \langle A, B\rangle \xrightarrow[\Delta]{\wedge} & A\wedge B \ (\text{i.e.} \wedge(\langle A, B\rangle)) \\
A\wedge B\text{の下界性} \to & \uparrow\uparrow & \\
 & \langle A\wedge B, A\wedge B\rangle &
\end{array}
$$

注意 1) 上の図は, ∨, ∧ 各々の公理の核心部分である次の (13), (14) から得られる.

(13) $A\to A\vee B$, $B\to A\vee B$, $A\to C$ かつ $B\to C$ $\Rightarrow$ $A\vee B\to C$.

(14)　$A \wedge B \to A,\ A \wedge B \to B,\ C \to A$ かつ $C \to B\ \Rightarrow\ C \to A \wedge B$.

2)　上の Δ は，対角（関手）diagonal（functor）と呼ばれることがある．

ではこの原初的な状況の場合，知的対象化 $R \circ P$ はどのようになるであろうか．上の (11) を踏まえ，投射 P，反射 R の各々を $\vee$, Δ とするとき，$D \times D$ 上の所与 $\langle A, B \rangle$ に対する知的対象は $R \circ P(\langle A, B \rangle)$ (i.e. $\Delta(A \vee B)$) であり，それに伴う位置関係は，$\langle A, B \rangle \to \langle A \vee B, A \vee B \rangle$ となっている．なお (12) を踏まえても同様のことがいえる．ただしこの原初的な状況での知的対象化においては，いずれの場合でも，R が $\vee$ や $\wedge$ となることはなく，R はつねに Δ である．

とにかくこのような原初的な状況でも，その知的対象化においての $\vee$, $\wedge$ の関わりは基本的であり，はじめに取り上げた原初的な状況とは異なった形ではあるが，ここでも改めて論理語 $\vee$, $\wedge$ の原始性が納得されてくる．

つづいてまた，さらに発展した原初的な状況ともいえる場合を見てみる．すなわちその場合とは，対象領域とその対峙領域を各々 D^ω (i.e. $D \times D \times \cdots$) の部分集合の集合 $\mathrm{P}(D^\omega)$，D^n（ただし $1 \leq n < \omega$）の部分集合の集合 $\mathrm{P}(D^n)$ とし，またその各々の po としては部分集合間の包含関係 $\subseteq$ とした場合である．するとここでは，この § で先に (2) とした $\exists_p \dashv p^{-1}$ および (3) とした $p^{-1} \dashv \forall_p$ なる随伴関係が成立している．

なお $\exists_p$, p^{-1}, $\forall_p$ については，II 部 4 章 §4.1 で言及されており，ここで再度記すことは省略する．ただし随伴関係が成立している事情は，$\vee$, Δ, $\wedge$ についての先の図に類似した下図からも明らかであろう．

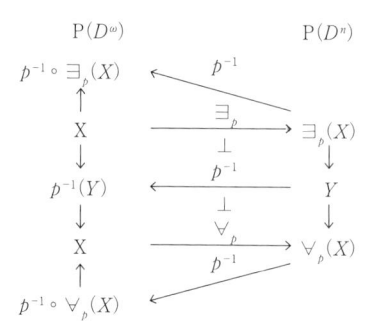

$$
\begin{array}{ccc}
\mathrm{P}(D^{\omega}) & & \mathrm{P}(D^n) \\
p^{-1}\circ\exists_p(X) \xleftarrow{\;\;p^{-1}\;\;} & & \\
\uparrow & \xrightarrow{\;\;\exists_p\;\;} & \\
X & \perp & \exists_p(X) \\
\downarrow & \xleftarrow{\;\;p^{-1}\;\;} & \downarrow \\
p^{-1}(Y) & \perp & Y \\
\downarrow & \xrightarrow{\;\;\forall_p\;\;} & \downarrow \\
X & \xleftarrow{\;\;p^{-1}\;\;} & \forall_p(X) \\
\uparrow & & \\
p^{-1}\circ\forall_p(X) & &
\end{array}
$$

　ところでこの原初的な状況での知的対象化 $R\circ P$ はどのようになるであろうか．随伴関係 (2) を踏まえた上で，投射 P，反射 R の各々を $\exists_p$，p^{-1} とするとき，所与 X に対する知的対象は $p^{-1}\circ\exists_p(X)$ であり，それに伴う位置関係は $X\to p^{-1}\circ\exists_p(X)$ となっている．なお (3) を踏まえても同様のことがいえる．ただしこの原初的な状況での知的対象化においては，いずれの場合でも，R が $\exists_p$ や $\forall_p$ となることはなく，R はつねに p^{-1} である．

　とにかくこのような原初的な状況でも，その知的対象化においての $\exists_p$，p^{-1}，$\forall_p$ の関わりは基本的であり，また II 部 4 章 §4.1 で触れたように限量記号 $\exists$ が $p^{-1}\circ\exists_p$，$\forall$ が $p^{-1}\circ\forall_p$ であることをも考え合せるとき，ここでも改めて論理語 $\exists$，$\forall$ の原始性が極めて自然に理解されてくる．しかし $D\times D$ と D の場合での Δ の存在は自明的ともいえるが，いまの状況での場合，p^{-1}（i.e. 逆射影）の存在をはじめ，$\exists_p$，$\forall_p$ の存在は保証されているのであろうか．答は肯定的である．すなわちそれらは「トポスの基本定理」によって保証されている．しかしここでは，このひと言に留め，詳しくは II 部 3 章 §3.4 あるいは拙著 [S：LC] 3 章，5 章 §5.3 の記事に譲ることにする．

　以上，大分長くなってしまったが，論理語の原始性について，所与の知的対象化には仮に反射構造が想定できるとして，その立場からの解答を試みてきた．その結果，最も原初的な状況での知的対象化において，共通性と差異性の各々に繋がる $\wedge$ と $\supset$ の基本的な関わりが見出されること，また異なった次元の領域間での知的対象化においては，いずれも共通性に繋がる $\vee$，$\wedge$ ま

た∃,∀の基本的な関わりが見出されることが，大分はっきりしてきた．一応，論理語の原始性問題への解答が得られてきたといえよう．しかし論理語 ∨, ∧, ∃, ∀, ⊃ の原始性への理解には，それらのいずれもが一方で極限についての一般的な事柄の一事例ともなっていたことから，この点に関しての言及も不可欠である．しかしこの極限については，すでに大分長くなってしまったこの§ではなく，次章の内容からもその考察が必要となるゆえ，それとも合せて次章§2.3で取り上げることにする．この§はしたがってこの章は，一応この辺で閉じることにする．

第2章　計算論における両義的領域

　両義的領域とは，両義性を担った元からなる集合であり，また両義性を担った元とは，作用者でもあり同時に被作用者でもある元のことである．
　Ⅰ部2章では，有限的に処理可能な関数や関係は，各々帰納的関数，帰納的関係として捉えられた．と同時にそこでは，もはや有限的には処理不可能な関数や関係が存在すること，しかもその各々を元とする領域が存在することも明示された．すなわち有限的（i.e. 帰納的）な領域から超出した領域の存在が，計算という身近な場面を介して，明示された．そこでこの超出の事情に注目し，その本質を捉えておくことは，知性の性格を理解しようとする立場からも，大切なことといえる．§2.1では，まずこの作業を行う．その結果，有限領域を超出した領域は，対角化可能であること，それに伴ってそこでは不動点定理が成立すること，したがって両義的領域となっていることなどが，確認されることになる．
　ところでⅡ部2章および4章各々の一部では，λ計算でのλ項が，それ自体両義性を担っていることから，その両義性の解釈のためにλ領域なる両義的領域が導入された．先の帰納的な領域を超出した両義的領域とは異なった場面での両義的領域の登場であり，その姿も異なっている．しかしすべてのλ項に対してその各々が指示する対象を元とするλ領域は，やはり有限領域を超出した領域となっており，ここでもλ領域の核心を明らかにしておくことは，大切である．§2.2は，Ⅱ部2章および4章の該当部分の記事の要所を回顧しつつ，その作業を行う．その結果，λ計算での局所的な状況では，データ領域とプログラム領域との埋め込み関係（i.e. ep対）にすでに局所的な両義性が見出されること，その極限化による統合によって両義的領域であるλ領域が構成されることなどが，確認されることになる．
　§2.3では，§2.1，§2.2で確認された事柄を踏まえた上で，超出性を備えた存在である両義的領域を，なぜわれわれの知性は問題にし得るのか，について考

察する．その際その解答の方向は，Ⅲ部1章§1.3でわれわれの知性の根底に仮に想定されるとした"反射構造"に，再度求められることになる．とくに1章では，言及する余裕がなかった極限化と反射構造との関わりについても，ここでは取り上げられることになる．

結局このⅢ部2章は，有限 vs. 無限という古来からの問題について，記号論理の計算論で明確に展開されている議論を手がかりとして，その問題点への理解の一端を与えてみる試みともなっているといえよう．

なお§2.4は，§2.1で触れた対角化可能性が，いわゆる対角線論法と関連した事柄であることから，補遺としてこの点について言及する．

§2.1 対角化可能領域の両義性

この§のテーマ

Ⅰ部2章での計算論においては，二つの事柄が明らかにされた．まず第1には，数論的関数がチューリング・マシン TM で計算可能となるのは，その関数が帰納的関数であること，および数論的関係の成立不成立が TM で決定可能となるのは，その関係が帰納的関係であることなどが，明らかにされた．すなわち関数の計算可能性，関係の決定可能性など，有限的に処理されることがどのようなことであるかが明らかにされた．また第2には，その定義域が必ずしも ω^n 上の全域ではない部分帰納的関数については，および帰納的関係の頭部に∃や∀を付加して得られる Σ_1 型，Π_1 型関係については，それら各々の一部に，もはや計算可能とはいえない関数やもはや決定可能とはいえない関係が存在し得ることも明らかにされた．すなわち有限的にはもはや処理できない関数や関係の存在が明確にされた．

ところでⅠ部2章での計算論におけるこのような二つの大きな成果のうち，この§で注目し，考察の対象として取り上げるのは，第2の成果である．なぜならそこには有限性を超えた世界の姿の一端が見出され，そこに有限領域とそれを超えた領域との関係などへの理解を深める手がかりを求めることができるからである．第2の成果は，知識論としても大変重要な内容を含ん

第2章 計算論における両義的領域

でいるといえよう．

では第2の成果について，その考察の段取りはどのようにしたらよいか．まずは，部分帰納的関数 pa. rec. func. からなる領域（以下 PRF と表記），Σ_1 型関係，Π_1 型関係各々からなる領域（以下 Σ_1，Π_1 と表記）について，それがもつ基本的な性格が何かを明らかにする．とくに有限的な処理を超えた関数や関係が属する領域について，その性格を明らかにする．その上でその明らかにされた性格の本質を探ることによって，有限性からの超出の実体について，その理解を深めていくことにする．

対角化可能領域

さっそく PRF, Σ_1, Π_1 がどのような性格をもつかを問題にしよう．しかしその答は，いずれの領域も共通して，下記に定義される対角化可能という性格（i.e. 対角化可能性）をもつ領域であるといえる．

定義（対角化可能）
(1) 領域 A^1 を数論的1変数部分関数を元とする集合とする．その上で，A^1 が"対角化可能"(diagonalizable) であるとは，ある数論的2変数部分関数 g が存在して，A^1 の任意の元 f について，ある $z(\in \omega)$ が存在して，任意の $x(\in \omega)$ に対して，次の (#) が成立することをいう．
(#) $f(x) \simeq g(z, x)$ かつ $g(x, x) \in A^1$．
(2) 領域 B^1 を数論的1変数関係を元とする集合とする．その上で，B^1 が"対角化可能"であるとは，ある数論的2変数関係 G が存在して，B^1 の任意の元 S について，ある $z(\in \omega)$ が存在して，任意の $x(\in \omega)$ に対して，次の (##) が成立することをいう．
(##) $S(x) \Longleftrightarrow G(z, x)$ かつ $G(x, x) \in B^1$． □

では上に突然天下り的に定義された対角化可能性とはどのようなことか．以下，PRF^1 の場合，Σ_1^1 および Π_1^1 の場合で具体的に説明してみよう．なお PRF^1, Σ_1^1, Π_1^1 の上付きの1は，各々1変数 pa. rec. func. の領域であること，

1変数の Σ_1 型，Π_1 型関係の領域であることを表わしている．

[1] 領域 PRF^1 の場合．PRF では，pa. rec. func. の標準形定理 NF-Th が成立することは，すでに I 部 2 章 §2.4 で言及したが，この PRF での NF-Th の成立こそ，実は PRF^1 が対角化可能性の条件（#）の一部をみたしていることを示している．そこで念のため，1変数 pa. rec. func. の場合での NF-Th をここに再記してみる．

標準形定理（NF-Th） $f(x)$ が任意の pa. rec. func. のとき，ある $z(\in \omega)$ が存在して，任意の $x(\in \omega)$ に対して，$f(x) \simeq vl(\mu y T_1(z, x, y))$ が成立する．

実際この NF-Th を見るとき，PRF^1 は先の定義での A^1 に相当し，また上式右辺の $vl(\mu y T_1(z, x, y))$ は z と x とを変数とする2変数部分関数であることから，この右辺は先の定義での（#）に登場する $g(z, x)$ に相当しており，NF-Th と条件（#）の前半部分（i.e. $f(x) \simeq g(z, x)$）との対応は明らかである．一方それでは条件（#）の後半部分については，PRF^1 の場合どうであろうか．この点は（#）中の $g(x, x)$ に相当する $vl(\mu y T_1(x, x, y))$ に注目するとき，この関数が任意の $x(\in \omega)$ に対して必ず値をもつことなど全くその保証はなく，この $vl(\mu y T_1(x, x, y))$ は pa. rec. func. の一つであることが分かる．すなわち $vl(\mu y T_1(x, x, y)) \in PRF^1$ であり，条件（#）の後半部分（i.e. $g(x, x) \in A^1$）もみたされていることが分かる．したがって，領域 PRF^1 では定義での条件（#）の状況が成立しており，PRF^1 は，一応対角化可能な領域の具体例となっている．いいかえれば，この例を介して，対角化可能性がどのような事柄であるのかも，多少明らかにされたことになろう．

しかし上で，PRF^1 は"一応"対角化可能である，としたのはなぜか．それは以下のような事情による．その一つは，先の定義での A^1 を PRF^1 ではなく RF^1（i.e. 1変数 rec. func. を元とする領域）とした場合，これまたすでに I 部 2 章 §2.4 で言及したように，rec. func. の標準形定理 NF-Th は成立し，その限り RF^1 でも条件（#）の前半部分はみたされるが，上にも触れたように $vl(\mu y T_1(x, x, y))$ は pa. rec. func. であって，$vl(\mu y T_1(x, x, y)) \in$

RF^1 であり, RF^1 では条件 (#) の後半部分はみたされない, という事情による. 他の一つは, 定義上 rec. func. は pa. rec. func. であることから, RF^1 は PRF^1 の部分領域となっている, という事情による. 要するに, PRF^1 の一部には対角化可能とはいえない領域がある, ということであり, これが先の段階では"一応"とせざるを得なかった事情である.

したがって以上をまとめると, PRF^1 から RF^1 を除いた領域 (i.e. $PRF^1 - RF^1$) は対角化可能である, ということになる.

[2] 領域 Σ_1^1 および領域 Π_1^1 の場合. Σ_1 および Π_1 では, 各々の枚挙定理 Enum-Th が成立することは, 既にⅠ部2章§2.4で言及したが, この Σ_1 および Π_1 での Enum-Th の成立は, これまた実は Σ_1^1 および Π_1^1 が対角化可能性の条件 (##) の一部をみたしていることを示している. そこで念のため, 1変数 Σ_1^1 型, Π_1^1 型関係の場合での Enum-Th をここに再記してみる.

枚挙定理(Enum-Th) (1) 任意の1変数 Σ_1^1 型関係 $\exists y R(x, y)$ について, ある $z(\in \omega)$ が存在して, 任意の $x(\in \omega)$ に対して, $\exists y R(x, y) \Longleftrightarrow \exists y T_1(z, x, y)$ が成立する.

(2) 任意の1変数 Π_1^1 型関係 $\forall y R(x, y)$ について, ある $z(\in \omega)$ が存在して, 任意の $x(\in \omega)$ に対して, $\forall y R(x, y) \Longleftrightarrow \forall y \neg T_1(z, x, y)$ が成立する.

ただし, (1), (2) での $R(x, y)$ は任意の rec. rel. であり, T_1 はⅠ部2章§2.3で定義された一定の rec. rel. である.

実際この Enum-Th を見るとき, Σ_1^1 および Π_1^1 は先の定義での B^1 に相当し, また (1), (2) 各々の式の右辺は z と x を変数とする2変数 Σ_1^2 型, Π_1^2 型関係であることから, この各々の右辺は先の定義での (##) に登場する $G(z, x)$ に相当しており, Enum-Th と条件 (##) の前半部分 (i.e. $S(x) \Longleftrightarrow G(z, x)$) との対応は明らかである. 一方それでは, Σ_1^1 および Π_1^1 の場合, 条件 (##) の後半部分についてはどうであろうか. この点は Σ_1^1 の場合, (##) 中の $G(x, x)$ に相当する $\exists y T_1(x, x, y)$ に注目するとき, $T_1(x, x, y)$ は rec. rel. であることから, $\exists y T_1(x, x, y)$ は Σ_1^1 型関係であることは明

らかである．すなわち $\exists y T_1(x,x,y) \in \Sigma_1^1$ であり，条件（##）の後半部分（i.e. $G(x,x) \in B^1$）もみたされていることが分かる．なお Π_1^1 の場合も同様である．したがって，領域 Σ_1^1 および領域 Π_1^1 では定義での条件（##）の状況が成立しており，Σ_1^1 および Π_1^1 各々一応対角化可能な領域の具体例となっている．いいかえれば，この例においても，対角化可能性がどのような事柄であるのかが明らかにされたといえよう．

しかしこの Σ_1^1 および Π_1^1 の場合においても上で"一応"とされたのは，PRF^1 の場合と同様の事情が指摘できるからである．その第 1 の事情は次の定理による．

定理 1 変数 rec. rel. からなる領域（以下 RR^1 と表記）は対角化可能ではない．

証明 RR^1 は対角化可能であると仮定する（背理法）．すると先の条件（##）により，ある $G(z,x) \in RR^2$ (i.e. 2 変数 rec. rel. の領域）が存在して，任意の $S(x) \in RR^1$ について，ある $z(\in \omega)$ が存在して，任意の $x(\in \omega)$ に対して，$S(x) \Longleftrightarrow G(z,x)$ かつ $G(x,x) \in RR^1$ が成立する．すなわち $G(x,x)$ は rec. rel. でなければならない．しかし一方で，$G(x,x)$ が rec. rel. のとき，$\neg G(x,x)$ も rec. rel. であり（Ⅰ部 2 章 §2.2 参照），$\neg G(x,x) \in RR^1$ である．すると $\neg G(x,x)$ についても，条件（##）の前半より，ある $z(\in \omega)$ が存在して（その z を e とする），任意の $x(\in \omega)$ に対して，$\neg G(x,x) \rightleftarrows G(e,x)$ が成立することになる．そこでこの関係において，いま $x=e$ とおくと，$\neg G(e,e) \Longleftrightarrow G(e,e)$ となり，直ちに矛盾が生ずる．よって RR^1 は対角化可能ではない． □

もう一つの第 2 の事情は，Ⅰ部 2 章 §2.4 で提示した階層定理の一部による．すなわち次の定理の成立による（ただし 1 変数の場合にしてある）．

階層定理（その一部） 下記の関係が成立する．

$$RR^1 = \Sigma_1^1 \cap \Pi_1^1 \quad \begin{matrix} \Sigma_1^1 \\ + \\ \Pi_1^1 \end{matrix}$$

この定理によると RR^1 は Σ_1^1, Π_1^1 の各々の一部であることが示されており，またその一部が先の定理により対角化可能とはいえないことから，第1の事情と合せて確かに上に"一応"とせざるを得なかったというわけである．したがって以上をまとめると，(1) Σ_1^1 から RR^1 を除いた領域（i.e. $\Sigma_1^1 - RR^1$）が対角化可能であり，(2) Π_1^1 から RR^1 を除いた領域（i.e. $\Pi_1^1 - RR^1$）が対角化可能である，ということになる．

不動点定理

以上，PRF^1, Σ_1^1, Π_1^1 各領域の場合を例に，先に天下り的に導入した対角化可能性という概念について，その説明を試みた．また同時に，それら領域各々の性格として，たとえ各々その一部に例外部分があるとはいえ，対角化可能性が指摘できることも明らかになった．

ところでこの対角化可能な領域については，一般に，その領域の任意の成員に不動点が存在する，というきわめて特徴的な事柄が成立する．そこで以下では，この事柄を不動点定理として掲げ，証明を与えてみる．ただ分かりやすさという点から，対角化可能性の定義として，先の（##）を少し変形した（##′）による定義もあり，先の（#）とこの（##′）に従った形での不動点定理としておく．

定義（対角化可能）
領域 B^1 を数論的1変数関係を元とする集合とする．その上で，B^1 は"対角化可能"であるとは，ある数論的2変数関数 g が存在して，B^1 の任意の元 $S(x)$ について，ある $z(\in\omega)$ が存在して，任意の $x(\in\omega)$ に対して，次の（##′）が成立することをいう．

(##′)　$S(x) \underset{1\text{-}1}{\longleftrightarrow} g(z,x)$ かつ $g(x,x) \in A^1$.

ただし，$\underset{1\text{-}1}{\longleftrightarrow}$ は一対一対応であること，A^1 は（#）に登場した領域と

する. □

不動点定理　(1) 領域 A^1 が条件（#）に従って対角化可能であるとき，A^1 の任意の元 $f(x)$ に対して，$f(x) \simeq x$ が成立する.

(2) 領域 B^1 が条件（##′）に従って対角化可能であるとき，B^1 の任意の元 $S(x)$ に対して，$S(x) \xleftrightarrow[1-1]{} x$ が成立する.

証明　(1) について. A^1 の元 $f(x)$ が与えられているとする. すると（#）により，ある2変数関数 g が存在した上で，ある $z(\in \omega)$ が存在して，任意の $x(\in \omega)$ に対して，$f(x) \simeq g(z, x)$ かつ $g(x, x) \in A^1$ が成立する. そこで $f(x)$ の x に $g(x, x)$ を代入すると，$f(g(x, x))$ が A^1 の新たな元として考えられてくる. すると再び（#）により，ある $z(\in \omega)$ が存在して，任意の $x(\in \omega)$ に対して，$f(g(x, x)) \simeq g(z, x)$ かつ $g(x, x) \in A^1$ が成立する. ここでいま $g(x, x) \in A^1$ は明らかゆえ，上式の後半は省略できる. したがって，ある $z(\in \omega)$ が存在して，任意の $x(\in \omega)$ に対して，$f(g(x, x)) \simeq g(z, x)$ が成立する. そこで $f(g(x, x))$ に対応して存在する z を e で表すと，任意の $x(\in \omega)$ に対して，$f(g(x, x)) \simeq g(e, x)$ となり，さらにここで $x = e$ とおくと，$f(g(e, e)) \simeq g(e, e)$ が得られてくる. すなわちこの $g(e, e)$ が f の不動点に他ならず，$f(\in A^1)$ の不動点の存在が示された.

(2) について.　（##′）に従った対角化可能性に注意しつつ，(1) と同様にして示される. □

以上，条件（#），条件（##′）各々をみたす対角化可能領域では，一般に，その領域内の任意の成員に不動点が存在する，というきわめて特徴的な事柄の成立を確認した.

では不動点の存在はなぜきわめて特徴的な事柄といえるのか. それは，不動点が両義性を担っていることによる. 実際，f の不動点を仮に a とするとき，$f(a) \simeq a$ であることから，一方で a は $f(a)$ 全体であり，と同時に他方で a は f の被作用者として $f(a)$ の一要素ともなっている. すなわち不動点 a は，全体であると同時にその要素である，という両義性を確かに担ってい

る存在となっている．

　また不動点aについては，$f(a)$のaに$f(a)$を代入するとき，$ff(a) \simeq a$となり，さらに同じ代入をつづけるとき，$\cdots ff(a) \simeq a$ともなり，不動点aは多（あるいは無限）であると同時に一者でもある，という両義性も担っている．いいかえれば不動点aは，多（あるいは無限）を内に含んだ一者でもある．そしてとくにこちらの方の両義性は，対角化可能領域の元たちが各々有限性を超出したものであっても，その無限性は全くの発散的なものではなく，一者としてそれなりの把握可能性を備えた無限性であることを示唆している．すなわちPRF^1, Σ_1^1, Π_1^1各々に含まれている対角化可能領域に関連させていえば，これらの領域が，Ⅰ部2章§2.4やこの§の冒頭でふれたように，各々有限的な処理（i.e. 計算）を超出した領域でありながらも，一方でその各々は全くの把握不可能な領域とはなっていない，ということである．

　とにかく対角化可能領域での不動点定理は，この領域のもつこのような基本的な性格をも，しっかりと含意した定理となっている．

対角化可能性の核心

　以上，計算論で登場してきた領域PRF, Σ_1, Π_1の性格として，その各々がその一部に例外部分があるとはいえ対角化可能であると捉えた上で，その対角化可能性からは不動点定理が得られること，またその不動点定理からは各領域の元が両義性をもつこと，またそれゆえにその元は非発散性をもつことなどに言及してきた．そこで次に改めて，この対角化可能性の核心あるいはその本質について，さらにその理解を試みることにする．そのために先の(#)を，論理記号をも使用したスタイルで，再度記してみる．

　(#)　A^1は対角化可能である $\iff \exists g \in A^2 \forall f \in A^1 \exists z \in \omega \forall x \in \omega (f(x) \simeq g(z,x) \land g(x,x) \in A^1)$.

　すると(#)では，$f(x) \simeq g(z,x) \cdots$(#1)と$g(x,x) \in A^1 \cdots$(#2)という二つの条件をみたす2変数部分関数$g$の存在が，対角化の中核となっていることが分かる．

　まず(#1)に注目してみよう．(#1)は，領域A^1の1変数部分関数$f(x)$

が, $f(x)$ の f がいかなる作用であるかという f の作用内容に関係なく, 一定の 2 変数部分関数 $g(z,x)$ に等しくなる, という条件である. $f(x)$ の f の作用内容は f ごとに変り得るのに, (#1) の右辺 g が f に関係なく一定であるのは, 少々奇妙でもある. しかしこれは, $g(z,x)$ の変数 $z(\in\omega)$ が, f を処理する TM のプログラムに対応するゲーデル数などを介して, f に対応することから, f 各々の固有な作用内容が $g(z,x)$ の $z(\in\omega)$ によって表現されていることによる. したがってこのことは, (#1) の右辺では, 作用者としての f が f の被作用者である $x(\in\omega)$ と同レベルの $z(\in\omega)$ として捉えられていることでもある. またこのことは, f が x に作用する, という f の作用性の部分が, f 固有の作用内容と切り離されて, (#1) 右辺の g によって統一的に表現されている, ということでもある. いいかえれば (#1) 右辺では, 与えられた f が, その作用性は g として, その作用内容は z として, 各々に分割された仕方で表わされており, 結局 (#1) 右辺の $g(z,x)$ は, 内容的には "z が x に作用する" を表わしているといえる.

また (#1) は, 次の事柄も示している. すなわち (#1) は, f に対応して決まる $g(z,x)$ の z が, 非負の整数の集合 ω の元であることから, 様々な $f(x)$ が逆にこの z の変化によって $g(z,x)$ として枚挙され得る, という事柄も示している. いいかえれば (#1) は, A^1 が対角化可能であるためには, A^1 が $g(z,x)$ によって枚挙可能となることの必要性をも示しているといえる.

次に (#2) に注目してみよう. $g(z,x)$ は上に触れたように, 内容的には "z が x に作用する" であった. したがって $g(x,x)$ は, "x が x に作用する" ことを表わしており, 特異な内容をもった 1 変数関数となっている. すなわち, $g(z,x)$ の z にはある関数が対応することから, $g(x,x)$ は "関数がその関数自身に作用する" となり, $g(x,x)$ は自己言及的構造を含んだ 1 変数関数となっている. 結局 (#2) は, A^1 が対角化可能であるためには, A^1 がこの一見奇妙に見える自己言及的構造を含んだ 1 変数関数 $g(x,x)$ をもその元としていることの必要性を示している.

少々内容的な面からではあったが, (#) の中核となる g について, 条件 (#1), (#2) に分けて注目してみた. ではこの注目した結果を踏まえるとき, さらにどのようなことが指摘できるであろうか.

第1の点は，$g(z,x)$ が"z が x に作用する"という内容であることから，$g(z,x)$ は領域 A^1 の元 $f(x)$ とは，変数の数の違いということとは別に，本来的に同じレベルには位置づけられない性格を担っている，という点である．というのは，A^1 の元たち $f(x)$ が，差し当り考察の対象たちとして位置づけられるのに対し，$g(z,x)$ は対象 $f(x)$ をメタ的レベルで分析した上で考え得る関数であるからである．実際この点は，具体的には $g(z,x)$ が，対象 f を処理する TM というメタ的機構の導入とその算術化の結果登場する $T_1(z,x,y)$ や $vl(y)$ というメタ的関係やメタ的関数を使って構成される $vl(\mu y T_1(z,x,y))$ であることからも，明らかである．

　第2の点は，対角化可能性の条件（#）においては，第1の点に注意するとき，g が本来メタ的レベルの関数であるにもかかわらず，この g が対象ともなっている f たちと同レベルで取り扱われている，という点である．すなわち対角化ということは，g のように本来メタ的レベルのものをも対象化することによって可能となっている，という点である．繰り返していえば，対角化およびそれを踏まえた諸議論は，メタ的立場の対象化によって，あるいはメタ的諸概念などの対象的世界への"埋め込み"によって，成立しているといえる．

　実際，上に指摘した二点のような事情があるからこそ，関数 $f(x)$ において，作用者 f に対応する $g(z,x)$ の $z(\in\omega)$ も，f の被作用者である $x(\in\omega)$ も，ともに $f(x)$ の定義域である ω の元ともなり得るのであり，また自己言及的構造を含む特異な関数 $g(x,x)$ の存在なども問題にし得ることになっている．すなわちメタ的立場の対象化（i.e. 埋め込み）によって，はじめて対角化可能な領域も可能となり，またその領域の元の両義性も成立し得るといえる．したがって，ひと言でいえば，メタ的立場の対象化（i.e. 埋め込み）こそが，対角化可能性の核心あるいはその本質である，といってみることができる．

　さてそれでは，メタ的立場の対象化あるいはメタ領域の対象領域への埋め込みを問題にすることとは，どのようなことか．そのような事柄の根拠はどこに求められるであろうか．この点が，さらに追求されなければならない．しかしこの点は，本章 §2.3 のテーマとして，改めて取り上げることにして，

とりあえずこの§はこの辺で閉じることにする．なお最後に，メタ領域Mの対象領域Oへの"埋め込み"について，簡単なイメージ図を添えておこう．

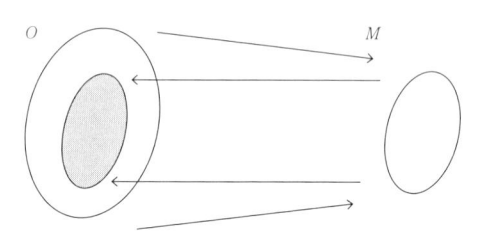

（対角化可能領域は網掛部分の一部となっている．）

§2.2　λ領域の両義性

λ計算とλ領域

λ計算論で明らかにされた二つの事柄について，その要所をごく簡単に回顧することからはじめよう．

第1の事柄は，(1) 一般に計算ということはどのようなことか，(2) 有限的に計算可能となることとはどのようなことか，この二つの問への解明である．すなわち問 (1) に対しては，計算が基本的には二つのλ項なる記号の記号結合であること，しかもその際一方が作用者となり他方がその作用を受ける被作用者となる，という様式に従った結合（i.e. 作用適用）であることが明らかにされた．それゆえ作用者の作用がどの部分に働くのかを明示するためにλ記号が導入されるとともに，計算の具体的操作の実質は，その部分に被作用者を代入すること（i.e. β変換）ともなった．また問 (2) に対しては，計算は基本的には二つのλ項の結合であるが，一般にはそのような結合が複数個見出されるλ項の結合体が問題とされ，その上でそのような結合体の計算可能性は，その結合体に見出される可能な限りのβ変換が有限的に終了されること（i.e. 正則性をもつこと）として明らかにされた．すなわち正則なλ項が計算可能なものと位置づけられることとなった．

第2章 計算論における両義的領域

第2の事柄は，λ項のもつ両義性をどう理解するか，λ項は一体どのような領域の元を指示するか，などの問への解明である．実際，上に触れた計算 (i.e. λ計算) において，結合されることとなるλ項は，各々それ自体としては，作用者 (i.e. 作用) であるのかまたは被作用者 (i.e. 対象) であるのか，予め決まっているわけではない．結合が具体的に問題となる場面において，はじめて一方が作用者となり他方が被作用者となる，という様式に従った結合である．したがってλ項は確かにこの意味で両義性を担った記号であり，この点をどう理解するかが問題となってくる．またλ項が指示するものも両義性を担ったものとなり，そのようなものを元とする領域 (i.e. λ領域) がどのような領域であるかが問題となってくる．しかしλ計算論はこの問題に対しても明解な解答を用意しており，その中身が第2の事柄に他ならない．

ところでこの§で注目し，考察の対象としてとくに取り上げるのは，上記した二つの事柄のうち，第2の事柄である．そこで，その詳しい回顧は後回しにするとしても，λ項が担う両義性について，その理解のおおよその方向，解答のおおよその方向などは，やはり予め簡単にであれもう少し触れておくことが必要であろう．

ではその解答のおおよその方向はどのようなものであるか．それに触れるために，まず次の点に注目する．すなわちそれは，λ計算はきわめて一般的で汎用的であり，またそこでのλ項もきわめて一般的で汎用的であるが，その一般性は，実は個々の特殊な状況でのλ項やλ計算の姿が統合された結果にもとづく，という点である．そこでこの点を踏まえた上で，さっそく統合化される以前の段階である個々の特殊な状況でのλ計算の姿を見てみる．するとそこでは，被作用者は何らかのレベルのデータであり，また作用者はそのデータを同じレベルの新しいデータに対応させるプログラムとなっている．すなわち個々の特殊な局所的状況でのλ計算は，当該レベルのデータ領域 D の元と，そのデータ領域間の連続関数の集合であるプログラム領域 $[D \to D]$ の元との結合となっている．しかもまたこの局所的状況での D と $[D \to D]$ との間には，部分的に両義性を生み出す関係 (i.e. ep 対) が成立する形となっていることなどが，見出されてくる．

さてすると，すなわち統合化される以前の個々の特殊な状況でのλ計算

の姿がこのようなものであるとすると，上で注目した点からいっても，後は個々の局所的状況をうまく統合できれば，局所的状況での部分的な両義性も統合され，一般的で汎用的なλ計算のλ項の両義性問題に対しても，自ずとその解答が得られてくるといえる．以上が簡単ではあるが，解答のおおその方向である．

束論でのλ領域の構成

ではもう少し立ち入った仕方で，λ項の両義性について，どのような理解がなされているのかを見てみよう．すなわちⅡ部2章§2.2, §2.3を回顧しつつ，その要所をまとめてみよう．ただし以下では，個々の証明などには触れずに，その考え方を中心に記していく．

まず出発点となるのは，統合化される以前の個々の局所的状況での被作用者となるものが属するデータ領域が，どのレベルであれ最小元をもつ完備半順序集合cpoとして捉えられることである．実際この捉え方は，データの集合が，データの"詳しさ"などを半順序poとするpo集合となっていること，またその中の一連の有意味な部分では発散することなどないゆえ，そのpo集合の有向部分集合には必ず上限が存在することなどから，ごく自然な把握といえる．

つづいて，同じく個々の局所的状況での作用者となるもの（i.e. プログラム）が属する領域は，プログラムがデータ領域cpoの元から同じcpoの元への一意的で有意味な対応を与える関数であることから，cpo上の上限を保存するようなcpoからcpoへの連続関数を元とする集合と捉えられてくる．すなわちcpoからcpoへの連続関数の集合は，通常［cpo→cpo］と表わされることから，作用者となるプログラムが属する領域は，［cpo→cpo］（i.e. 関数空間）と捉えられることになる．そしてこの捉え方も，ごく自然な把握といえる．

ところでこのようにごく自然にcpoや［cpo→cpo］に注意が向けられてくると，これらに関しては，さらに次の二つの事柄 (1), (2) が新たに浮び上ってくる．

(1) ［cpo→cpo］自体も新たな cpo である．

(2) cpo と ［cpo→cpo］ との間には，"埋め込み"なる関係（i.e. ep 対）が成立する．

すると (1) からは，与えられた cpo を仮に D とおくと，［D→D］が D とはレベルを異にした新たな cpo となり，結局レベルを異にした cpo の列の存在が示されてくる．すなわち (1) からは，出発点のデータ領域を D_0 として，［D_0→D_0］＝D_1, $\cdots$, ［D_{i-1}→D_{i-1}］＝D_i とすると，$D_0, D_1, \cdots, D_i, \cdots$ なるデータ領域の無限列の存在が示されたことになる．

また (2) については，cpo と ［cpo→cpo］ との場合，cpo の元 d に対して，［cpo→cpo］の元としてつねに d なる値を取る定値関数 d' を対応させる写像 f^e と，［cpo→cpo］の元である関数 x に対して，cpo 上の一点（たとえば最小元）を決めた上でそこでの x の値を対応させる写像 f^p とが，実際に定義できることからも，両者の間に埋め込み関係が存在することは明らかである．というのも一般に領域 D から D' への"埋め込み"関係とは，領域 D, D' の間に $D \underset{f^p}{\overset{f^e}{\rightleftarrows}} D'$ で，しかも $f^e \circ f^p \leq 1_{D'}$ かつ $f^p \circ f^e = 1_D$ をみたす連続写像 f^e, f^p が存在することであるからである．

と同時にこの (2) からは，cpo と ［cpo→cpo］ との間に限らず，(1) で明らかにされたデータ領域の列 $D_0, D_1, \cdots, D_i, \cdots$ の各領域間にも，ep 対が下図のように成立していることが示されてくる．すなわち $D_0, D_1, \cdots, D_i, \cdots$ は，埋め込み関係（i.e. ep 対）で結びついた無限列 $D_0 \underset{f_0^p}{\overset{f_0^e}{\rightleftarrows}} D_1 \rightleftarrows \cdots \rightleftarrows D_i \underset{f_i^p}{\overset{f_i^e}{\rightleftarrows}} D_{i+1} \rightleftarrows \cdots$ となっていることが示されてくる．

$$
\begin{array}{ccc}
D_i & \xrightleftharpoons[f_i^p]{f_i^e} & D_{i+1} \\
D_{i-1} & \xrightleftharpoons[f_{i-1}^p]{f_{i-1}^e} & D_i \\
f_i^p(y)\Big\Downarrow x & & y\Big\Downarrow f_i^e(x) \\
D_{i-1} & \xrightleftharpoons[f_{i-1}^p]{f_{i-1}^e} & D_i
\end{array}
$$

ただし，$f_i^e(x) = f_{i-1}^e \circ x \circ f_{i-1}^p$, $\quad f_i^p(y) = f_{i-1}^p \circ y \circ f_{i-1}^e$.

またさらに，(2) から得られる上記したことは，ep 対の性質により，D_i 各々において，その一部に両義性が成立していることも示している．実際この点は，領域 D と D' との埋め込み関係についての下のイメージ図からも明らかである．すなわち網掛部分は，前段階のデータ領域 D であると同時にその D に対するプログラム領域 D' ともなっている．

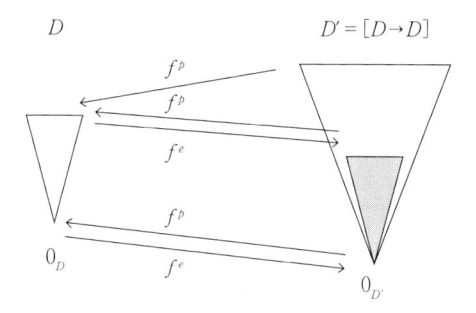

以上，個々の特殊な計算状況である局所的状況について，その様子をまとめてみた．しかしここには，一般的な状況での λ 項が指示する一般的な両義性を担う元からなる領域（i.e. λ 領域）の構成に当って，すでに大きな手がかりが与えられていることが分かる．すなわち局所的状況の各レベルでの領域 D_i において，部分的にではあれ両義性が成立していることから，後は

この局所的状況を統合化すればよい，という手がかりが得られているといえる．

　さてそれでは具体的にどのように局所的状況を統合化したらよいであろうか．しかしこの点も，次の事情に注意するとき，自ずと明らかになってくる．すなわちその事情とは，一般的状況での λ 項は，可能性としては $D_0, D_1, \cdots$ なる領域のいずれかに属する元を指示し得るものでなければならない，という事情である．確かにこの事情からは，λ 項は系列をなす各領域の元を取り出した $\langle d_0, d_1, \cdots \rangle (d_i \in D_i)$ なる無限列を提示するものと考えられること，またこの無限列中の d_{i+1} は d_i に対して有意味なプログラムとなっている必要があることから，λ 項は列中の d_i と d_{i+1} との間に $d_i = f_i^p(d_{i+1})$ なる条件をみたす無限列を指示するものと考えられることなどが，自ずと明らかになってくる．すなわち，各々のレベルでの局所的状況を統合化するに当っては，$d_i = f_i^p(d_{i+1})$ をみたす無限列 $\langle d_0, d_1, \cdots \rangle$ を元とする集合に注目し，一般的状況での λ 項は各々この集合の元を指示するものとすることによって，その統合化も可能となってくるといえる．

　実際，この集合 $\{\langle d_0, d_1, \cdots \rangle | d_i \in D_i$ かつ $d_i = f_i^p(d_{i+1})\}$ を D_∞ と表わすとき，この領域 D_∞ については改めて次の (3)〜(6) が成立し，またここからこの D_∞ の元が λ 項が指示する両義性を担うものとなっていることが明らかとなる．

　(3)　D_∞ には次のように po $\leq$ が定義され，D_∞ は cpo となる．すなわち $\langle d_0, d_1, \cdots, d_i, \cdots \rangle \leq \langle d'_0, d'_1, \cdots, d'_i, \cdots \rangle \underset{\mathrm{df}}{\Longleftrightarrow}$ 任意の $i(\in \omega)$ について，$d_i \leq d'_i$ である．

　(4)　D_∞ と $D_0, D_1, \cdots, D_i, \cdots$ の各々との間には，次のように定義される μ_i^e, μ_i^p による埋め込み関係（i.e. ep 対）が成立する．すなわち 1) $\mu_i^e : D_i \to D_\infty$ で，$\mu_i^e(d_i) = \langle d_0, d_1, \cdots, d_i, \cdots \rangle (= d)$, 2) $\mu_i^p : D_\infty \to D_i$ で，$\mu_i^p(d) = d_i$. （1)，2) に伴う条件はここでは略．）

　(5)　$\{\mu_i^e \circ \mu_i^p | i \in \omega\}$ は上昇列であり，また上限が存在する．

　(6)　$\vee \{\mu_i^e \circ \mu_i^p | i \in \omega\} = \mathrm{id}_{D_\infty}$.

　ここでは (3)〜(6) 各々の証明は一切省略する．しかしこの (3)〜(6) から，D_∞ についての状況が下図のように表わされることは明らかであろう．

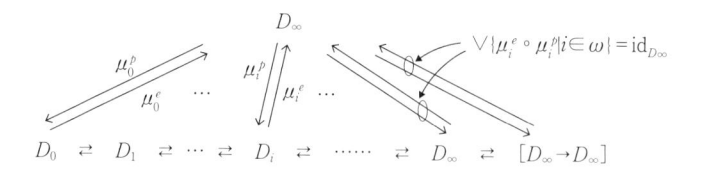

$$D_0 \rightleftarrows D_1 \rightleftarrows \cdots \rightleftarrows D_i \rightleftarrows \cdots\cdots \rightleftarrows D_\infty \rightleftarrows [D_\infty \to D_\infty]$$

以上に μ_0^p, μ_0^e, …, μ_i^p, μ_i^e, …, $\vee\{\mu_i^e \circ \mu_i^p | i \in \omega\} = \mathrm{id}_{D_\infty}$

この図の要点は，はじめ D_∞ が系列 $D_0 \rightleftarrows D_1 \rightleftarrows \cdots \rightleftarrows D_i \rightleftarrows \cdots$ に属するものとは別のものとして定義されたにもかかわらず，$\vee\{\mu_i^e \circ \mu_i^p | i \in \omega\} = \mathrm{id}_{D_\infty}$ であることから，結局は D_∞ もこの系列の一員（i.e. 極限としての一員）となってきている点である．それゆえこの図からはさらに，この系列での D_∞ の次に位置する $[D_\infty \to D_\infty]$ との間に，$D_\infty \cong [D_\infty \to D_\infty]$ が成立してくることも読み取れる．すなわち上の (3)〜(6) により，D_∞ が両義性 $D \cong [D \to D]$ が成立する領域 D であることが確認され，いまや目ざしていた λ 領域としての D_∞ が構成されたことになる．

圏論での λ 領域の捉え方

以上，λ 計算での λ 項の各々が指示するものからなる領域が，すなわち両義性を担う元からなる λ 領域が，λ 計算論においてどのように構成されるかについて，Ⅱ部2章§2.2, §2.3の記事を踏まえ，その考え方を中心にまとめてみた．その結果，両義性が領域内の"埋め込み"関係（i.e. ep 対）に深く関わっていること，および系列をなす領域の統合化が極限導入によって可能となることなどが，その要所として鮮明になってきた．しかし λ 領域の本質に迫るためには，λ 領域の構成過程を眺め，その要所に注目するだけでは十分ではない．さらにその鍵となった"埋め込み"関係の本質，および極限導入についての本質への考察が必要となる．しかしこれらの考察については，§を改め次の§2.3で進めることにする．その代りにこの§の最後としては，λ 領域についての圏論での把握について，ごく簡単に回顧しておく．というのも，λ 領域の構成において各レベルでの埋め込み関係の統合化の実質は極限化であったが，この点に関しては，束論での描出をベースにした上での言及より，Ⅱ部4章§4.2での圏論の立場に立った描出の方がより

はっきりしている，といえるからである．

さっそくλ領域についての圏論での捉え方の大すじをごく簡単に回顧してみる．そこでははじめに，cpoを対象とし，cpo間のep対を矢とする圏$\mathbb{C}\mathrm{po}^{\mathrm{ep}}$が注目される．つづいてこの$\mathbb{C}\mathrm{po}^{\mathrm{ep}}$間に関数空間 $[\to]:\mathbb{C}\mathrm{po}^{\mathrm{ep}}\to\mathbb{C}\mathrm{po}^{\mathrm{ep}}$なる関手が定義される．その上で，$\mathbb{C}\mathrm{po}^{\mathrm{ep}}$は$\omega$完備であること，および関手$[\to]$は$\omega$連続関手であることが示される．また一方で一般に，$\omega$完備な圏$\mathbb{C}$の対象には，関手$F$が$\omega$連続関手のとき，$X\cong[X\to X]$を満たす対象$X$が存在すること（i.e. 不動点定理）が示される．したがってその結果，$\mathbb{C}\mathrm{po}^{\mathrm{ep}}$にもcpo$\cong$[cpo$\to$cpo]をみたす対象cpoが存在するとされ，両義性が成立する領域（i.e. λ領域）の存在が打ち立てられるようになる．

ところでこの圏論での捉え方で，一つの要点となるのは，$\mathbb{C}\mathrm{po}^{\mathrm{ep}}$の$\omega$完備性である．ただしここで$\mathbb{C}\mathrm{po}^{\mathrm{ep}}$の$\omega$完備性とは，$\mathbb{C}\mathrm{po}^{\mathrm{ep}}$の矢で結ばれた対象cpoたちの系列がコリミット（i.e. 極限）をもつ，ということである．そこで$\mathbb{C}\mathrm{po}^{\mathrm{ep}}$のこの性質を示すに当って，II部4章§4.2の定理2.2が立てられてくる．なぜなら定理2.2は，先に束論ベースで描いたcpoの無限系列とそこでの$\vee\{\mu_i^e\circ\mu_i^p|i\in\omega\}=\mathrm{id}$の成立が，$\mathbb{C}\mathrm{po}^{\mathrm{ep}}$のcpoたちの系列がコリミット（i.e. 極限）をもつことと同等であることをその内容としているからである．とするとこの定理2.2は，束論ベースでの抽出において，統合化の過程としたところが，まさに極限化の過程に他ならないことを，明確に裏づけているともいえる．すなわち定理2.2は，各レベルの埋め込み関係の統合化の実質が極限化である，という先の指摘の補充ともなっているといえる．このこともあって，この§の最後にごく簡単ではあったが，λ領域についての圏論での捉え方にも言及してみた．

§2.3　両義的領域の根拠

§2.1, §2.2で残された問題

§2.1では，I部2章の計算論で登場したpa. rec. func.の領域PRF，Σ_1,

Π_1 型関係の領域 Σ_1, Π_1 の領域の性格が検討された．その結果，それらの領域は，その一部に有限的に処理可能な部分を含みつつも，その部分を除いたところでは，対角化可能な領域となっていること，またそれゆえにそこに属する元には各々不動点が伴うことなどが明らかにされた．すなわち PRF や Σ_1, Π_1 の各領域から有限的に処理可能な部分（i.e. 帰納的な部分）を除いたところでは，その元たちが両義性を担っていることが明らかにされた．しかも §2.1 ではさらに，その両義性の成立が，メタ的立場の対象化，あるいはメタ領域の対象領域への"埋め込み"によるものであることが明らかにされた．

§2.2 では，I 部 3 章の λ 計算に登場した λ 項たちが指示するものたちを元とする領域について，II 部 2 章 §2.2, §2.3, II 部 4 章 §4.2 での λ 計算論を回顧しつつ，その性格が明らかにされた．λ 項はそもそもはじめから作用性と被作用性という両義性を担っているゆえ，λ 項が指示するものからなる領域の元も両義性を担っていなければならない．そこでそのような領域（i.e. λ 領域）が具体的にどのように構成されるかが問題となり，§2.2 ではその要所がまとめられた．その結果，個々の特殊な局所的状況での λ 項の両義性が，あるレベルのデータ（被作用者）領域とプログラム（作用者）領域との間の局所的な"埋め込み"関係（i.e. ep 対）にもとづくこと，また一般的状況での λ 項の両義性は，各レベルでの局所的な"埋め込み"関係（i.e. ep 対）が極限化という形で統合化された"埋め込み"関係（i.e. ep 対）にもとづくことなどが，明らかにされた．

ところで上記したように，§2.1, §2.2 ではそのいずれにおいても，両義性を担う元からなる領域が注目され，またその両義性が成立する事情についても，各々それなりに明らかにされたが，一方でこの明らかにされた事情については，さらに考察の余地が残されていることが，両 § においてともに指摘されていた．すなわち §2.1 においては両義性の成立がメタ領域の対象領域への一挙の"埋め込み"によるとされた上で，§2.2 においては両義性の成立が局所的な"埋め込み"関係の統合化によるとされた上で，§2.1 では"埋め込み"の本質について，また §2.2 では"埋め込み"関係の（i.e. ep 対）の本質について，さらなる考察の必要性が指摘されていた．さ

らにまた §2.2 では，統合化の実質が極限化とされた上で，この極限についてもさらなる考察の必要性が指摘されていた．そこでこの § では，以下，これらの指摘を踏まえて進めていくことにしよう．

埋め込みの根拠

それでは，"埋め込み"にせよ"埋め込み"関係（i.e. ep 対）にせよ，両者に多少の違いはあるとはいえ，総じて埋め込みとは一体どのような事態にもとづくことなのであろうか．すなわち埋め込みの本質についての設問である．しかしこの問の解答は，III 部 1 章 §1.3 で言及した知的対象が成立する際の原初的な事態についての考察に目を向けるとき，自ずと明らかになってくるといえる．そこで簡単にその論点のみをここに再び記すことにして，上の問に対する答を用意することにしよう．

III 部 1 章 §1.3 では，知的対象の成立は，われわれの知性に本来的に備わると仮に想定される次のような"反射構造"にもとづく事柄として捉えられた．すなわち知的対象が成立する状況においては，〈1〉与えられた所与とその対象化されたものとが所属する対象領域と，それに対峙する対峙領域（i.e. メタ領域）との二つの領域が存在すること，〈2〉またその二領域の間には，対象領域からメタ領域への作用である投射 P と，逆にメタ領域から対象領域への作用である反射 R との二つの作用が存在すること，その上で〈3〉知的対象は，所与 X に対して $R \circ P(X)$ であり，また所与 X と対象 $R \circ P(X)$ との関係が所与の知的認識となること，さらに〈4〉上の P と R との間には，$R \dashv P$ または $P \dashv R$ なる随伴関係が成立していることなどが，知的対象が成立する際，その根底に潜むと仮に想定される"反射構造"である．

さてこのように，知的対象の成立に際して想定される反射構造の要点を記してみるとき，PRF, Σ_1, Π_1, λ 領域などの各領域において，両義性が成立する鍵となった埋め込みということが，他ならぬこの反射構造を反映したものとなっていることは，確かにいまや自ずと明らかになってくる．PRF, Σ_1, Π_1 に関わる対象領域とメタ領域との一挙の"埋め込み"においても，λ 領

域に関わる局所的な"埋め込み"関係（i.e. ep 対）においても，そのいずれもの埋め込みが，上記した反射構造と対応していることは，確かに自明的ですらある．

しかしもう少し明確に，"埋め込み"関係（i.e. ep 対）の場合で，その対応を記してみよう．そのためにまず，一般に領域 D, D' との間の"埋め込み"関係とは，$D \underset{p}{\overset{e}{\rightleftarrows}} D'$ なる連続写像 e と p とが，$e \circ p \leq \mathrm{id}_{D'}$ かつ $p \circ e = \mathrm{id}_D$ をみたすことであることに注意する．一方，II 部 2 章 §2.2 定理 2.3 (4) では，上の関係が成立するとき，$e \dashv p$ となることが示されている．すなわち e と p による"埋め込み"関係（i.e. ep 対）は，e と p との随伴関係の特殊な場合となっている．したがってこのことからも，上の e と p の各々が反射構造での R と P に対応していることは，確かに明らかである．

以上，両義性の成立が二領域間の埋め込みによるとされたことを踏まえた上で，その埋め込みの本質を理解するために，埋め込みが知性に本来的に備わると仮に想定される反射構造にもとづくものと捉えてみた．すなわち埋め込みを知性に備わる反射構造の反映として捉え，先の問の答としてみた．ただしもとよりここでの反射構造は，前章 §1.3 でも触れたように，われわれの意識過程に心理的な事実として備わっている事柄ではない．しかし先に記したような反射構造を想定することによって，とにかく埋め込みの本質への理解が一歩深められることは確かであろう．

極限化の根拠

つづいてもう一つの極限化の問題，極限を考えるということ，それは一般にどのようなことにもとづくのか，を取り上げよう．λ 領域の構成においては，局所的な"埋め込み"関係（i.e. ep 対）の統合化が展開されたが，前 § 最後にも圏論への簡単な言及を介してとくに注意を添えたように，その統合化の実質は極限化であった．したがって λ 領域へのさらなる理解のためにも，この極限化に対する設問は避けることはできない．また実は，この問は前章 §1.3 の最後でも触れられ，その解答は先へ（i.e. この § に）引き延ばされていた．そこで以下，その点をも考え合せつつ，この設問への解答

第 2 章　計算論における両義的領域　　　　　　　　　　315

を与えていくことにする.

　そのためにまず，極限（リミット，コリミット）がどのようなことであるかを押さえておこう．もとよりこの点は，正式にはII部3章§3.2において，すでに触れたところである．しかしここでは，多少解説風な仕方で，極限がどのようなことであるか，記しておく．

　はじめに単純な極限の例を見てみよう．すなわち∨の定義の中心部分である次の（1）またはそれを（2）の形にしたものを見てみる（なおこの例は，極限の中でもリミットと呼ばる場合に相当している）．

　(1) 1) $A \to A \vee B$ かつ $B \to A \vee B$ であり，2) $A \to C, B \to C \Rightarrow A \vee B \to C$ である.

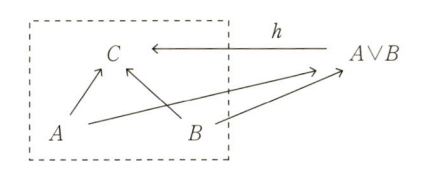

　(2)

```
┌─────────────────────────────┐
│           C  ←────  h  ──── A∨B │
│          ↗ ↖           ↗        │
│         A    B                  │
└─────────────────────────────┘
```

なる h が一意的に存在する.

　ここから直ちに明らかとなることは，(1), (2) のどちらにおいても極限 $A \vee B$ の定義では，C がある状況 S (i.e. (1) の 2) の左辺部分または (2) の点線四角形部分）をみたしている（以下仮に S[C] と表わす）とき，その同じ状況 S を極限 $A \vee B$ もみたしているとともに，極限 $A \vee B$ がその状況 S をみたすいかなる C たちに対しても同じ位置に平等に立つ（i.e. (2) での h の一意的存在）ものとして捉えられている．

　つづいてこの極限 $A \vee B$ での事柄を一般化してみよう．すなわちそれは次のようになる．C がある状況 S を満たす（i.e. S[C]）とき，極限 L とは，L 自身 S と同じ状況をみたしながら，しかも同じ状況 S をみたすいかなる C たちに対しても同じ位置に平等に立つものである．したがってここから，極限 L は，任意の C と同じ状況 S をみたしながらも，任意個からなる個々の C からは超出した存在であることも明らかである．実際この点は，λ 領域の構成に当って，その領域が ep 対で結ばれた領域たちの系列の極限として捉えられている場面でも見出されるところである．

一応，極限がどのようなことであるかを押さえてみた．さてそれでは，この超出性を所有する極限なるものが，種々の場面で積極的に導入され，しかもその導入が自然なこととして一般に容認されるのはどのような事情にもとづくのであろうか．さっそくこの問の解答を考えることにしよう．しかし実は，この超出性をもつ極限の存在容認の根拠についての問に対する答も，これまた知的対象が成立する際の原初的な事態に目を向けることによって求められることになる．いいかえれば，この問も"反射構造"との関わりから理解されてくる．

ではそれはどのようなことか．まず次のことに注意しよう．すなわち，同じ状況 S をみたす C たちが与えられているということは，反射構造の対象領域において任意個の C たちが所与として同じ状況 S をみたしていること (i.e. S[C]) であり，またこのことは，対象領域において S[C] なる C からなる集合（i.e. |C|S[C]|）が所与として与えられていることでもある．とすると，反射構造には投射 P と反射 R が備わっていることから，対象領域での |C|S[C]| は P によって P(|C|S[C]|) としてメタ領域に投射されると同時に逆に R により R・P(|C|S[C]|) として再び対象領域の一員（i.e. 元）として位置づけられることになる．結局極限とは，このように反射構造での P と R を介することによって超出性を獲得するとともに，それ自身も状況 S をみたす対象領域の一員（i.e. S[R・P(|C|S[C]|)]）であるとして捉えられてくる．

しかし上記したことは，極限と反射構造との関わりのおおよそに過ぎない．というのはいまの場合，投射 P としては id：$X \to X$，また反射 R としては！：$X \to 1$ なる作用となっていること，また id⊣！であること（下図1参照）など，トポス構造とも絡んだ事柄が注意されねばならないからである．実際これらのことによって，R・P(|C|S[C]|) が対象領域での状況 S をみたす元としての一員となることも，はじめて下図2のように明確に捉えられてくる．

第2章 計算論における両義的領域

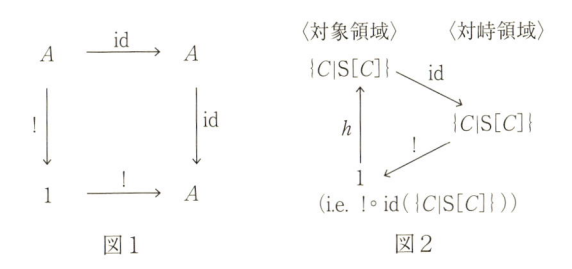

図1

$$A \xrightarrow{\text{id}} A$$
$$\downarrow ! \qquad \downarrow \text{id}$$
$$1 \xrightarrow{!} A$$

図2

〈対象領域〉　〈対峙領域〉

$$|C|S[C]| \xrightarrow{\text{id}} |C|S[C]|$$

$$h \uparrow \qquad \downarrow !$$

$$1$$
$$(\text{i.e. } ! \circ \text{id}(|C|S[C]|))$$

$|C|S[C]|$ を仮に X と略記した上で，少し説明しておこう．まず $R \circ P(X)$ (i.e. $! \circ \text{id}(X)$) が極限であるためには，$R \circ P(X)$ から X への h が存在しなければならない．しかし $R \circ P$ なる単なる合成からは h とは逆向きの $X \to R \circ P(X)$ の存在は自明としても，$R \circ P(X) \xrightarrow{h} X$ の存在は直ちには明らかではない．ただ，いまの場合，$P \dashv R$ (i.e. $\text{id} \dashv !$) ゆえ，この随伴関係には $R \circ P(X) \to X$ が伴っており，まさにこのことから h の存在が明らかとなる．しかもいまの場合 $R \circ P(X)$ は $! \circ \text{id}(X)$ であり，結局それは 1 であることから，この h は $1 \to X$ となっていることも明らかとなる．よって $R \circ P(X)$ が X (i.e. $|C|S[C]|$) の元であることも明らかとなる．

とにかく以上のように，極限が知性の原初的な事態に備わると仮に想定される"反射構造"にもとづくものと捉えられることから，われわれの知性が，種々の場面において，極限なるものの存在を自然な事柄として積極的に容認していくことも，改めて理解されてくる．すなわちこの § の第2の設問に対しても，一応の解答を用意することができたといえよう．

§2.4 対角線論法について

対角線論法とは

集合論でのカントルの定理，公理系Nでのゲーデルの第1不完全性定理，計算論での階層定理の一部など，その各々の証明において「対角線論法」

(Diagonal Method, DM と略記) と呼ばれる論証法が登場することは、よく知られている。またそれがどのようなものであるかについても、証明各々の具体的な場面にそった限りでは、よく知られている。しかし証明各々の具体的な場面から切り離した仕方で、一般に対角線論法 DM がどのようなものとしてまとめられるか、と問うてみるとき、その答を直ちに用意することは、必ずしも容易ではない。そこでこの設問に対して、筆者は次のような解答を与えてみた。すなわち対角線論法 DM とは、ある領域に対して、その領域が対角化可能であることを見出すか、または対角化可能であると仮定した上で、展開される論証である、という解答である。ただしここで、領域が対角化可能であるとは、本章 §2.1 での定式化に従った状況である。

さてそれでは、この解答は当を得たものであろうか。しかしこの点については、計算論での階層定理の一部の証明の場合については、対角化可能ということの説明との関係から、すでに §2.1 で確認されているといえる。そこでこの § では、カントルの定理、第1不完全性定理各々の証明の場合でも、上の解答が当を得たものであることを確認してみることにする。

カントルの定理の場合

カントルの定理と呼ばれる定理には、様々な表現形態がある。本書でもその一つは、すでにⅠ部4章 §4.3 で登場している。しかしここでは次の形のものを取り上げる。

定理（カントルの定理） $||\{f|f: \omega \to \omega\}|| \neq |\omega|$. ただし |集合| は、その集合の濃度（i.e. 基数）を表わしている。

さっそくその証明に注目し、そこで DM が使用されている様子を眺めてみる。

まず数論的な1変数関数を元とする集合 $\{f|f: \omega \to \omega\}$ を A^1 とし、A^1 は対角化可能である、と仮定してみる。すると §2.1 での定式化（#）に従って、ある $g(\in A^2)$ が存在して、任意の $f(\in A^1)$ に対して、$\exists z \in \omega \forall x \in \omega$

$((f(x) = g(z, x)) \wedge g(x, x) \in A^1)$ である（なおいまの場合 f は全域関数であり，$\simeq$ ではなく $=$ が成立）．そこで上の $g(x, x)$ と f とから $f(g(x, x)) \in A^1$ が考えられ，これに再び定式化（#）の条件の前半を適用すると，$\exists z \in \omega \forall x \in \omega (f(g(x, x)) = g(z, x))$ が成立する．ここで存在する z を e とすると，$f(g(x, x)) = g(e, x)$ であり，さらに $x = e$ とおくと，$f(g(e, e)) = g(e, e)$ が成立する（i.e. $g(e, e)$ は f の不動点）．

次にいま $f \in \{f | f: \omega \to \omega\}$ なる f として，具体的に $f(x) = x + 1$ を考えてみる．すると上で得た $f(g(e, e)) = g(e, e)$ により，$g(e, e) + 1 = g(e, e)$ であり，$1 = 0$ となって矛盾が生ずる．よって A^1 は対角化可能ではない．したがって，$g(x, x) \in A^1$ は明らかゆえ，結局定式化（#）の条件の前半が不成立ということであり，このことはまた，§2.1で触れたように，枚挙可能性（i.e. ω の元と一対一に対応すること）の条件が不成立となる，すなわち $|\{f | f: \omega \to \omega\}| \neq |\omega|$ である．

以上がカントルの定理の証明であるが，その証明がまさに，A^1 の対角化可能性を仮定した上での議論展開であることから，その証明が先に規定したDMを使用した論証となっていることは明らかであろう．

　　注意　Ⅰ部4章§4.3でのカントルの定理の証明の場合，対角化可能性に関わる関数 g に相当するものは，濃度の定義中でその存在が要請されている関数に他ならない．

第1不完全性定理の場合

第1不完全性定理（以下，第1定理と略記）については，定理自体はⅠ部1章§1.3ですでに提示されており，またその証明の概略は付録で言及されている．そこでここでは，付録の［Ⅰ］での記述を前提にした上で，第1定理の証明では対角線論法DMがどのように使用されているか，という点に絞って見てみることにする．

第1定理は，自然数論の公理系Nには，Nが ω 無矛盾のとき，肯定形も否定形もNの定理とならない閉じた式 G が存在する，という命題であり，

その証明の要所はそのような式 G の構成である．そしてその G の構成に当っては，自分自身の証明不可能性を内容とする式が考えられ，その定式化が進められることになる．しかしそのためには，二つの準備が必要である．

一つは，N のメタ言語 M に対して，N の諸表現にゲーデル数 G.n. を対応させた上で，その算術化の実行である．その中で，「u は x なる G.n. をもつ式の証明の G.n. である」という内容を表わす帰納的関係 PR(u, x) や，「x なる G.n. をもつ式の自由変項に z なる G.n. をもつ項を代入した式の G.n.」という内容を表わす帰納的関数 sb(x, z)（i.e. 代入関数）などが導入される．

もう一つは，M の諸表現を算術化したものを成員とする数式の世界 M′ と，N の世界との対応関係の明確化である．すなわち「M′ での関数が帰納的である場合には，その関数に対応する N の関数が存在する（なお帰納的関係についても同様である）」という表現定理が成立することが明らかにされる．

注意 1) N の諸表現はローマ字母のイタリック体活字で，M′ の諸表現は立体活字で表わしていく．
2) 付録の［Ⅰ］での代入関数は sb(x, y, z) であるが，ここでは，y を固定したものとして，省略した形 sb(x, z) としている．

さてそれでは，このような準備のもとで式 G はどのように構成されるか．そのプロセスについては，付録の［Ⅰ］に少々立ち入った仕方で記されているが，そこでの要点中の要点は，N の式 G の G.n. が代入関数 sb と関数 g(x) からなる sb(n, 15, g(n)) で表わされることに，また式 G がこの sb(n, 15, g(n)) の N での対応したものをその一部に含んだ形となっていることに，見出せる．そこで以下では，この辺の事情を踏まえつつも，式 G の構成プロセスが DM の線上にあることを，付録の［Ⅰ］での議論とは独立した仕方で，改めて確認していくことにしよう．

まず N に属する単項の関係を元とする領域 N^1 を考える．すると N^1 については，先の準備から，次の（＊）が明らかに成立する．

（＊）M′ の代入関数 sb(x, z) が存在して，N^1 の任意の元 $R(y)$ に対して，ある x($\in \omega$) が存在して，任意の y について，$R(y) \underset{1\text{-}1}{\longleftrightarrow} $ sb(x, ⌜y⌝) である． ただし「⌜y⌝」は，y の G.n. を表わす．

また先の準備で触れた表現定理により，sb(x, z) は帰納的ゆえ，関数 sb には N の関数 $sb(x, z)$ が対応しているといえる．そこで上の（＊）に代って，N^1 については次の（＊＊）が成立してくる．

（＊＊）　N の関数 $sb(x, z)$ が存在して，N^1 の任意の元 $R(y)$ に対して，ある x が存在して，任意の y について，$R(y) \xleftrightarrow[1\text{-}1]{} sb(x, \overline{\ulcorner y \urcorner})$ である．ただし $\overline{\ulcorner y \urcorner}$ は，$\ulcorner y \urcorner$ に対応する N の数字を表わす．また以下では，$sb(x, \overline{\ulcorner y \urcorner})$ を改めて $sb'(x, y)$ とした形で（＊＊）を考えていく．

とにかくこのように領域 N^1 は，本章 §2.1 の定式化（##′）にそった形での対角化可能な領域となっていることが明らかにされたわけである．

次にいま，「y は N では証明できない」という内容をもつ N の式を，$U(y)$ で表わすことにする．すると $U(y) \in N^1$ であり，この $U(y)$ に対しては上の（＊＊）が適用され，不動点定理の証明と同様の議論が可能となる．すなわちこの U と上の sb' とから得られる $U(sb'(y, y)) \in N^1$ に対して，（＊＊）により，ある x が存在して（その x を n として），任意の y について，$U(sb'(y, y)) \xleftrightarrow[1\text{-}1]{} sb'(n, y)$ となること，さらに $y = n$ とおくことにより，$U(sb'(n, n)) \xleftrightarrow[1\text{-}1]{} sb'(n, n)$ となることが議論される．するとここで $sb'(n, n)$ は $U(y)$ の不動点であり，と同時にこのことは，$U(sb'(n, n))$ が自分自身の証明不可能性を内容とする N の式となっていることを示している．したがってこの $U(sb'(n, n))$ が，第 1 定理の証明で目ざしていた問題の式 G に他ならないことになる．

以上により，第 1 定理の証明における式 G の構成プロセスが DM の線上にあることは，明らかである．すなわち第 1 定理の証明でも，筆者が先に対角線論法 DM として規定した形の論証が展開されていることが，確認できたといえよう．

第3章　選択公理 AC の正当性

　今日の科学理論では，その言語として標準的な数学が使用されている．またその標準的な数学は，排中律，二重否定の除去，背理法などの論理則（i.e. 古典論理）を前提に展開されている．さらにまた標準的な数学は，I 部 4 章 §4.1 で触れた選択公理 AC をも大前提としている．

　ところで興味深いことに，古典論理での上に触れた論理則は，一方で AC から引き出されることが，本章 §3.1 前半において容易に示される．とすると，今日の科学理論の言語としての標準的な数学は，そこでの論理則を含めて，結局は AC に強く依存していることになる．

　しかしこの選択公理 AC には，§3.1 後半および §3.2 で検討されるように，超越的な性格が伴っている．したがって，具体的有限的なものとそれらから有限的に構成されるもののみが確実なものとする直観主義などの構成主義の立場からは，AC の容認に対して疑問が投げかけられ，その排除が求められることにもなる．

　そこで今日の科学理論の言語ともなっている標準的な数学を当然なものとして受け入れていくためには，また古典論理を受け入れていくためには，選択公理 AC の正当性を明らかにする必要が出てくる．本章の §3.3 は，まさにこの問題への解答を用意する試みである．そしてその際には，II 部 4 章 §4.3 で取り上げた圏の一種であるトポスでの AC の捉え方が，大きくクローズアップされることになる．なぜなら，AC の中核となる ES（i.e. epic split の略）や SS（i.e. support split の略）の内に，III 部 1 章, 2 章で言及したわれわれの知性の根底に仮に想定される "反射構造" との関わりが，容易に見出せるからである．

　なお §3.4 では，補遺として，排中律などを排除する直観論理や構成主義の姿勢にも，それなりに問題が含まれていることについて，少々コメントを添えることにした．

§3.1 選択公理 AC の性格

AC の正当性についての問

科学理論では，とりわけその典型である各種の物理理論では，その言語として，解析や代数を中核とする標準的な数学が使用されている．また同時に，その科学理論および標準的な数学では，そこでの論証の論理として，排中律，二重否定の除去，背理法なども積極的に容認する古典論理が使用されている．

ところで上に掲げた排中律，二重否定の除去，背理法の間には，次の定理 1.1 が成立すること，およびそれとは別に定理 1.2 も成立することが，よく知られている．

定理 1.1 （1） 排中律が成立する $\iff$ 二重否定の除去が成立する（i.e. $B \to A \vee \neg A$ あるいは $\to A \vee \neg A \iff \neg\neg A \to A$）．

（2） 二重否定の除去が成立するとき，背理法が成立する（i.e. $\neg\neg A \to A \Rightarrow (\Gamma, \neg C \to D \wedge \neg D$ のとき $\Gamma \to C)$）．

定理 1.2 選択公理 AC が成立するとき，排中律が成立する．

いま突然，二つの定理を提示したが，ここで明らかにされている三つの事柄を結びつけるとき，科学理論および標準的な数学において，その論理として使用される古典論理は，結局のところ集合論の選択公理 AC にもとづいている，ということができる．しかしこの標準的な数学を支え，また古典論理をも支えることになる選択公理には，具体的有限的に構成される事柄のみが明証的であり確実であるとする構成主義の立場から見るとき，構成的とは決していえない超越的な性格がしっかり含まれている．すなわち構成主義の立場に立つとき，標準的な数学や論証体系としての古典論理は，一般的には受け入れ難い数学であり論理となってくる．それゆえ構成主義の代表でもある直観主義の立場からは，標準的な数学および古典論理の排除，あるいはそれらの制限的使用，さらにはそれらに代る数学や論理の全面的な再構築が主張

第 3 章 選択公理 AC の正当性

され試みられることとなる.

しかしそれでは，科学理論の言語としての標準的な数学や，それらの論理としての古典論理は，そのままでは本当に受け入れられないものであろうか. すなわち標準的な数学と古典論理の正当性についての問である. と同時にこの問は，先に触れたところからも明らかなように，結局のところは集合論の選択公理 AC の正当性についての問でもある. そしてこの問に対する解答への試みが，この章の前置きでも触れたようにこの 3 章の課題に他ならない. しかしはじめの § となるこの §3.1 では，まずは先に提示した定理を証明し，その上で選択公理 AC に含まれる超越的な性格について一応チェックしておくことにする.

定理 1.1 と定理 1.2 の証明

定理 1.1 と定理 1.2 を再記し，その各々の証明を与えよう.

定理 1.1 (再)　(1)　$\to A \vee \neg A \iff \neg\neg A \to A$.
(2)　$\neg\neg A \to A \Rightarrow (\Gamma, \neg C \to D \wedge \neg D$ のとき $\Gamma \to C)$.

証明　(1) の 1) $\Rightarrow$ について.　　次のとおり.

① $\to A \vee \neg A$ 　　　　　　　　　　　　　　　　　　　　　　$\Rightarrow$ の左
② $\neg\neg A \to A \vee \neg A$ 　　　　　　　　　　　　　　定理$(\to A \Rightarrow B \to A)$
③ $\neg\neg A \to \neg\neg A$ 　　　　　　　　　　　　　　　　　　　公理 I (1)
④ $\neg\neg A, A \vee \neg A \to A$ 　　　　　　　　　　　定理$(\neg B, A \vee B \to A)$
⑤ $\neg\neg A \to A$ 　　　　　　　　　　　　　　　　　　②③④公理 I (2) (cut)

(1) の 1) $\Leftarrow$ について.　　次のとおり.

① $\neg(A \vee \neg A) \to \neg A \wedge \neg\neg A$ 　　　　　定理$(\neg(A \vee B) \to \neg A \wedge \neg B)$
② $\to \neg\neg(A \vee \neg A)$ 　　　　　　　　　　　　　①公理 II $\neg$ の intro.
③ $\neg\neg(A \vee \neg A) \to A \vee \neg A$ 　　　　　　　　　　　　　　　$\Leftarrow$ の右
④ $\to A \vee \neg A$ 　　　　　　　　　　　　　　　　　　　　②③ cut

(2) について.　　次のとおり.

① $\Gamma, \neg C \to D \land \neg D$ 仮定
② $\Gamma \to \neg\neg C$ ①¬の intro.
③ $\neg\neg C \to C$ ⇒の左
④ $\Gamma \to C$ ②③ cut □

定理 1.2（再） $AC \Rightarrow \to A \lor \neg A$.

証明 選択公理 AC が成立しているとする．すなわち $\forall x \exists f (f$ は x 上の関数でありかつ $\forall y((y \in x \land y \neq \phi) \supset f(y) \in y))$ とする．ただし x, y は各々集合である．

その上で，上式中の x および y として，いま次のようなものを考える．なお A は任意の命題（i.e. wff）とする．

$x = \{y_1, y_2\}$．

(1) $y_1 = \{z | z = 0 \lor (z = 1 \land A)\}$．

(2) $y_2 = \{z | (z = 0 \land A) \lor z = 1\}$．

すると AC 中の f を使って，新たに z_1, z_2 が考えられてくる．すなわち $z_1 = f(y_1), z_2 = f(y_2)$ である．そしてさらに $f(y_1) \in y_1, f(y_2) \in y_2$ より，$z_1 \in y_1$ かつ $z_2 \in y_2$ が成立する．

ここで $z_1 = 0$ または $z_1 = 1$，および $z_2 = 0$ または $z_2 = 1$ といえるゆえ，① $z_1 = 0$ かつ $z_2 = 0$，② $z_1 = 0$ かつ $z_2 = 1$，③ $z_1 = 1$ かつ $z_2 = 0$，④ $z_1 = 1$ かつ $z_2 = 1$ の四つの場合が考えられてくる．

また $z_1 \in y_1$ と上の (1) とから，および $z_2 \in y_2$ と上の (2) とから，次の (3), (4) が成立してくる．

(3) $z_1 = 0 \lor (z_1 = 1 \land A)$．

(4) $(z_2 = 0 \land A) \lor z_2 = 1$．

そこで上に触れた四つの場合各々とこの (3), (4) とから，以下のような事柄が得られてくる．ただし⊤：真，⊥：偽とする．

〈①の場合〉 1) (3) より $\top \lor (\bot \land A)$，すなわち A は⊤でも⊥でもよい．2) (4) より $(\top \land A) \lor \bot$，すなわち A は⊤でなければならない．よって①の場合，1), 2) を合せて，A は⊤である．

〈②の場合〉 1)(3)より⊤∨(⊤∧A),すなわちAは⊤でも⊥でもよい.2)(4)より(⊥∧A)∨⊤,すなわちAは⊤でも⊥でもよい.よって②の場合,1),2)を合せて,Aは⊤でも⊥でもよい(i.e. $A \vee \neg A$).

〈③の場合〉 1)(3)より⊥∨(⊤∧A),すなわちAは⊤でなければならない.2)(4)より(⊤∧A)∨⊥,すなわちAは⊤でなければならない.よって③の場合,1),2)を合せて,Aは⊤である.

〈④の場合〉 1)(3)より⊥∨(⊤∧A),すなわちAは⊤でなければならない.2)(4)より(⊥∧A)∨⊤,すなわちAは⊤でも⊥でもよい.よって④の場合,1),2)を合せて,Aは⊤である.

次に以上の四つの事柄の結果をまとめると,AまたはA∨¬AまたはAまたはAが成立しなければならない.すなわちA∨(A∨¬A),結局A∨¬Aが成立しなければならないことになる(i.e. $\to A \vee \neg A$). □

AC の性格

定理1.1および定理1.2の証明を与えたいま,先に記したように,改めて古典論理が選択公理ACにもとづくことがはっきりした.そこで次にこのACの性格について,とくに直観主義などの構成主義が疑義をとなえるACに含まれる超越的な性格について,それがどのようなものか,一応チェックしておくことにする.しかしⅠ部4章§4.1で触れたように,ACには種々の表わし方がある.しかし差し当りまずは,上の定理1.2の証明に登場した次の形のACについて,その性格を見てみよう.

AC $\forall x \exists f(f は x 上の関数でありかつ \forall y((y \in x \wedge y \neq \phi) \supset f(y) \in y))$.
ただし x, y は集合である.

(なおここでの f は,選択関数と通常呼ばれている.)

すなわちこの形のACでは,任意の空でない集合 y について,その集合 y 各々がいかなるものであるかに依存することなく,その各々から一つの元を取り出す統一的な選択関数 f の存在要請が,その内容となっている.

さて AC の内容がこのようなものであるとすると,何事にも明証さと明確さを求める立場からは,そこに受け入れ難い超越的な要素が含まれていることは,すでに直ちに明らかである.空でない集合 y が,有限集合や可算無限集合である場合には,その各々の y から一つの元を取り出す一般的な取り出し方を明確に規定することは,必ずしも不可能ではない.すなわち統一的な選択関数 f を明確に規定することも可能である.しかし集合 y がそれ以外の任意の空でない集合とした上での統一的な選択関数 f の明確な規定となると,明らかに不可能である.にもかかわらず AC は,そのような f の存在要請をその内容としており,AC に超越的な要素が含まれていることは,確かに明白である.

しかしこの形の AC について,いま触れたことと結局は同じことになるが,もう少し立ち入って見てみよう.そのために,y は空集合ではない,という AC の中の条件部分から得られる $\forall y(y \neq \phi \supset \exists z(z \in y))$ なる自明な式に注目してみる.するとこの式は,$\forall y \exists z$ なる形をしており,存在する z は y によって決まる,という対応関係の存在がそこには見出せる.さらにこの対応関係自体も y に依存して決まることから,この対応関係を仮に f_y と表記するとき,上の式には $z = f_y(y)$ をみたす対応関係 f_y の存在が見出せる,ということである.したがって上の自明な式は,$\forall y(y \neq \phi \supset \exists f_y(f_y(y) \in y))$ となってくる.なお集合 y が有限集合や可算無限集合の場合には,この対応関係 f_y は,その各々の y に応じて具体的に規定でき,しかも一意的な対応関係である関数として規定できるものともなっている.

これに対して AC の中の選択関数 f は,$\exists f \forall y$ なる形からも明らかなように,集合 y に依存することのない仕方で,y からその元を選出する統一的な関数となっている.しかしこのように超越的な性格をもつ関数 f も,その存在要請がなされるきっかけとしては,上の自明な式に見出される対応関係 f_y 各々の存在への注視が前提となっているといえる.というのも,AC の中の関数 f の対応性に関しては,$f = \cup \{f_y\}$ として,先の自明な式で見出される対応関係 f_y 各々と無関係とはいえないからである.しかし y が有限集合や可算無限集合以外の場合は,各々の f_y に一意性の保証はない.したがって $f = \cup \{f_y\}$ からは f が関数であることは引き出せない.とはいえ,AC と

先の自明な式との比較は，ACに含まれる超越的な性格がどのようなものであるかについて，その超越性の一端を改めて示しているといえよう．

実際一般に，$\forall x \exists y R(x,y)$ が成立するとき，確かにそれは $\forall x \exists f_x(x) R(x, f_x(x))$ でもあるが，さらにこの f_x をもとに $f = \cup \{f_x\}$ なる超越的な性格をもつ f の存在を要請する傾向はしばしば見出せる．いいかえればこのことは，$\forall x \exists y R(x,y)$ から $\exists f \forall x R(x, f(x))$ を引き出すことが，論理的には決してできないにもかかわらず，$\forall x \exists y R(x,y)$ をもとに，そこから超越的な性格をもつ $\exists f \forall x R(x, f(x))$ を要請する傾向がある，ということである．とするとACの場合も，まさにこの一般的な傾向にそった仕方での超越的な要素の受け入れであるともいえる．しかもACの場合は，f を関数としていることから，その超越的な性格は一層明らかである．とにかく以上が，上でもう少し立ち入って見てみようとした事柄である．

§3.2 選択公理 AC の性格（つづき）

ツォルンの補題 ZL の性格について

前§でのACと同等な命題の中の一つにツォルンの補題ZLがある．これはすでに，II部1章§1.3において，超フィルターの存在定理証明の際にその前提として登場した命題でもある．そこで前§に引きつづき今度は，次の形をしたZLについて，その超越的な性格を少しばかりチェックしてみる．

ZL　任意の半順序集合 P について，P における任意の空でない線形部分集合 L につねに上界が存在するなら，P には極大元が存在する．

なお P を po 集合とした上で，記号を使って表記すれば，次のようになる．

ZL　$\forall P(\forall L((L \subseteq P \land L \neq \phi \land L は線形である)) \supset \exists y \in P \forall x \in L(x \leq y))$

$\supset \exists y \in P \forall x \in P(y \leqslant x \supset x = y))$.

またpo集合Pにおける任意の空でない線形部分集合がつねに上界をもつとき，Pは帰納的に（inductively）順序づけられている，と呼ばれることがあり，この用語を使用すれば，次のようにも表わされる．

ZL 任意のpo集合Pが帰納的に順序づけられているなら，Pには極大元が存在する．

さてこのZLであるが，その記号での表記における$\forall P$を除いた上で，その中の$\forall L((L \subseteq P \land L \neq \phi \land L$は線形である$) \supset \exists y \in P \forall y \in L(x \leqslant y))$（i.e. Pは帰納的に順序づけられている）の部分に，まず目を向けてみる．すなわち極大元が存在するための条件部分に注目してみる．するとここには，$\forall L \exists y$の形から明らかなように，空でない線形部分集合Lについて，Lとその上界yとが，Lによって上界yが決まる，というLとその上界yとの対応関係の存在が，しかもこの対応関係自体もLによって決まることから，f_Lと表記できる対応関係f_Lの存在が，極大元の存在の条件となっていることが示されている．

　注意　上のf_Lは，Lが有限集合や可算無限集合の場合，具体的にも明示できる．またそれ以外の場合でも，その存在を論証できる可能性がある．それゆえZLは，極大元の存在を利用する議論などで，その条件部分であるf_Lの存在がこのように示しやすいことから，とても便利な公理となっており，広く使われている．

次に条件部分を含めたZL全体に目を向けてみよう．するとそこには，条件部分からは決して論理的には引き出せない超越的なものの存在が要請されている．すなわち任意の空でないLについて上で触れた対応関係f_Lが存在するとしても，そのことからは，決して任意の空でないLに対してその上界をLから独立した仕方で対応させる統一的な対応関係fの存在は引き出せない．にもかかわらずZLでは，すべての空でないLに対してではなくと

も，少なくとも互いに包含関係が成立する L たちの系列に対しては，極大元が存在するとして，統一的な対応関係 f の存在に相当することが要請されている．ZL が AC と同等の内容をもつことから，当然といえば当然であるが，ZL にもこのようにしっかりと超越的な要素が含まれていることは明らかである．

ところでいま簡単に触れたことは，興味深いことに ZL においても，前 § で AC について少々立ち入って注目した事柄と結局は同様の事柄が指摘できることを示しているといえる．すなわちそれは ZL においても，AC の場合と同様に，$\forall x \exists y R(x,y)$ から $\exists f \forall x R(x,f(x))$ を要請する，というしばしば見られる超越化の傾向にそった仕方で，超越的な性格の導入がなされている，という事柄である．とにかく ZL の場合についても，超越的な性格がしっかり備わっていること，改めてチェックできたといえる．

実数論との比較

ところで AC, ZL に見出される超越的な性格の導入に際して，$\forall x \exists y R(x,y)$ から $\exists f \forall x R(x,f(x))$ を要請する，という点を指摘したが，この点が，AC や ZL の超越性の決定的な点であるとはいい切れないことを注意しておこう．というのは，同じような仕方で超越的なものが導入されてはいるが，AC や ZL ほどにその超越性が問題視されない場合があるからである．たとえばそれは，I 部 4 章 §4.4 で実数論の一端として取り上げたコーシーの収束条件定理の場合である．そこで再びここにコーシーの定理の片側部分である次の定理に注目してみる．

定理 実数列 $\langle r_1, r_2, \cdots \rangle$ がコーシー列のとき，実数列 $\langle r_1, r_2, \cdots \rangle$ は極限 r に収束する．

なお記号では次のように表記される．

$\forall \varepsilon \in R^+ \exists k \in \omega \forall m, n \in \omega (m, n > k \supset |r_m - r_n| < \varepsilon) \Rightarrow \exists r \in R \forall \varepsilon \in R^+ \exists k \in \omega \forall n \in \omega (n > k \supset |r_n - r| < \varepsilon)$.

ただし R, R^+ は各々実数の集合，正実数の集合とする．

ここには明らかに，$\forall\varepsilon\exists k$ の形から $\exists r\forall\varepsilon$ の形の引き出しが見出される．と同時にそのことが可能となることは，この定理の証明（i.e. I 部 4 章 §4.4 における右 ⇒ 左の証明）に注目するとき，明らかとなる．ここでそのすべてを再記する余裕はないが，いま注目したいところのみを記してみる．すなわちそれは，その証明の下記の部分である．

まず $\langle r_1, r_2, \cdots \rangle$ を実数のコーシー列とする．また $q_n = \langle q_{n1}, q_{n2}, \cdots \rangle$ を条件（#）をみたす $r_n < q_n < r_n + 1/n$ なる実数の一部としての有理数列とする（なお，有理数の集合は可算であることから，ここでの q_n の選択は可能である）．

(#)　$\forall\varepsilon\in R^+ \exists k\in\omega \forall n\in\omega(n > k \supset |r_n - q_n| < 1/k < \varepsilon/3)$.

以上が差し当り注目したい部分である．するとここでは q_n の選択に際して，有理数の集合の可算性が前提されていることが分かる．実際，有理数の集合は可算無限集合であるが，可算無限集合の場合は，選択公理 AC を使わずに整列可能であり，このことが利用されているわけである．したがってコーシーの定理の場合での $\forall\varepsilon\exists k$ から $\exists r\forall\varepsilon$ の引き出しは，あくまでも有理数の集合の可算無限性にもとづいた限りの事柄となっているといえる．すなわち $\forall\exists$ から $\exists\forall$ を引き出す点で，AC や ZL で見出される事態と類似してはいるが，細部まで見てみると，実数論での超越的なもの (i.e. 極限値) の導入と，AC や ZL での超越的な性格の導入とではレベルを異にした事柄となっている．AC や ZL の超越性は，可算無限性を超えたところでも要請される事柄である．この点，すでに AC や ZL の超越的な性格をチェックする際に触れたところではあるが，改めて実数論の一端との比較を通して，念のため注意を添えておいた．

なお実数論においては，コーシーの定理より先に，I 部 4 章 §4.4 に見られるように実数の定義自体の内に，AC や ZL の超越性のレベルとは異にしているとはいえ，すでに有理数の可算性にもとづくそれなりの超越性が関与している．いまこのことにまで具体的に触れることはしなかったが，この点もひと言添えておこう．

注意　通常の数学の基盤となっている通常の集合論（ZFC を含めて），そこで

の実数論における実数の定義やコーシーの定理などに見出される AC や ZL とはレベルを異にした問題のなさそうな超越性に対しても，直観主義などの構成主義の立場からは疑義がとなえられていることは，よく知られている．その立場からは，そもそも集合概念自体にも疑惑の目が向けられている．したがってその立場からは，集合であれ，実数であれ，その各々に対して新たに代替となるものが導入され，議論されていくことになる．

デデキント無限

この § の最後に，選択公理 AC が関わるよく知られた事例を一つ添えておこう．それは，無限とは全体とその真部分とが一対一に対応している事態である，という捉え方に関してである．実際，無限集合である自然数の集合の場合，確かにその全体とその真部分集合である偶数の集合との間には一対一の対応があり，このようなことから日常において，無限の基本的な性格として上のような捉え方がしばしばなされるのも，ごく自然であるといえる．しかしこの無限概念は，単に日常レベルの把握として終るのではなく，集合論においても，改めて「デデキント無限」(Dedekind infinite) と呼ばれて正式に登場する．ただしそれは，下記の定理を介した形で登場する．しかもこの定理の (1) の証明に当っては，実は選択公理 AC が前提として必要である，という事情になっている．すなわちデデキント無限は，正式には AC によって可能となる無限概念に他ならない．

定理 (1) 無限集合は可算無限集合を含む．
(2) 無限集合はその真部分集合と対等である．
ただしここで無限集合とは有限集合でない集合であり，可算無限集合とは ω と対等である集合である．

証明 (1) について．A：無限集合とする．また $f : A$ についての選択関数 (i.e. AC での) とする．その上で，ω 上の一意的関数 g を次のように定義する．すなわち
$g(0) = f(A), \quad g(n+1) = f(A - \{g(k) | k \leq n\})$ とする．すると f は選択

関数でつねに $f(X) \in X$ ゆえ，上の g は一対一である．

さてここで $A - \{g(k) | k<n\} = \phi$ となるある n が存在すると仮定する．すると A と n とは対等となる．しかしこれは A が無限集合であることと矛盾する．よって，すべての n について，$A - \{g(k) | k<n\} \neq \phi$ である．すなわち g の値域は ω と対等となる．しかし g の値域は A の部分集合である．これで (1) が示された．

(2) について．A：無限集合，$B: A - \{g(k) | k \in \omega\}$ とする．すると (1) の結果より，$A = B \cup \{a_0, a_1, a_2, \cdots, a_n, \cdots\}$ である．またここで $A' = B \cup \{a_0, a_2, a_4, \cdots, a_{2n}, \cdots\}$ を考える．すると $A' \subsetneq A$ である．しかし一方で，a_n と a_{2n} との対応は一対一である．よって A' と A とは対等 (i.e. $A' \approx A$) となる．すなわち (2) が示された． □

とにかくこのように，ごく身近なところにも AC は深く浸透しているといえる．AC の性格の一端として，参考までに少々言及しておいた．

§3.3　選択公理 AC の正当性の根拠

この § のテーマ

§3.1 でははじめに，選択公理 AC から排中律が引き出せることから，科学理論および通常の数学での論理となっている古典論理の正当性が，AC の正当性に依存していることを指摘した．しかし一方でこの AC には，確かに構成主義の立場からは当然容認できないような超越的な性格が含まれている．§3.1 の後半および §3.2 では，この点を改めて確認してみた．

さてそれでは，この超越的な性格をもつ AC の正当性をどこに求めたらよいであろうか．古典論理および通常の数学の正当性にも通ずる大切な問題である．この §3.3 では，この問題を取り上げる．

しかしそのためには，改めて AC の核心について，しっかりと把握しておくことが必要となる．では AC の核心とはどのような事柄であろうか．それ

は，ACを圏論的に捉え直してみることによって，浮彫にされてくる．そこで以下では，さっそくACの圏論での定式化，というより圏の一つであるトポスでの定式化と，それに関わる諸事項を眺めていくことにしよう．なおこの辺の内容は，II部4章§4.3ですでに比較的丁寧に言及されている．したがってここでは，II部4章§4.3での内容の要点のみを，再録に近い形で記すことになる．なお登場する定理の証明は，ここではいっさい省略する（II部4章§4.3参照）．

トポスでのACの定式化

まずトポス$\mathbb{E}$でのACの定式化を提示する．

AC Aが始対象でないとき，任意の矢$f: A \to B$について，$f \circ g \circ f = f$となる矢$g: B \to A$が存在する．ただしA, Bは各々$\mathbb{E}$の対象とする．

またこの定式化には，それに関連していくつかの定理が成立する．そこでこれらの定理を介して，上のACの定式化に伴う意味内容などの理解を深めていこう．なお以下においてA, B, Cは各々$\mathbb{E}$での対象とする．

定理3.4 $\mathbb{E}$でACが成立する $\iff$ $\mathbb{E}$でESおよびNEが成立する．ただしESおよびNEとは，各々下記のとおりである．
　ES（epic splitの略）：任意のエピな$f: A \to B$について，$f \circ s = \mathrm{id}_B$となる矢$s: B \to A$（i.e. セクション）が存在する．
　NE（non emptyの略）：始対象0でない任意の対象Aについて，$x: 1 \to A$なる矢（i.e. 元）が存在する．

この定理によると，ACはES＋NEであり，ES, NE各々の内容を明らかにすることによって，ACの意味内容も自ずと明らかとなる．そこでES, NEの順でその内容を見てみる．
　ESについて． ESにおいて，任意のエピ$f: A \to B$に対してその存在が

要請されているセクション s は，$C \underset{h}{\overset{g}{\rightrightarrows}} B \xrightarrow{s} A$ とした上で，$s \circ g = s \circ h$ と仮定すると，$f \circ s \circ g = f \circ s \circ h$ であり，ここで $f \circ s = \mathrm{id}_B$ ゆえ，$g = h$ となり，モノであることが分かる．すなわち ES では，任意のエピ $f: A \twoheadrightarrow B$ に対して，モノ $s: B \rightarrowtail A$（i.e. A の部分対象）の存在が要請されている．

NE について． $x: 1 \to A$ は対象 A の元と呼ばれるように，NE では，始対象 0 以外の任意の対象 A に対して，元なるものの存在が要請されている．

結局定理 3.3 により，AC は，0 以外の任意の対象に対して，部分対象と元なるものとの存在要請を，その内容としていることが明らかにされたといえる．

ところで NE については，さらに次の定理 3.1 が成立する．

定理 3.1 $\mathbb{E}$ で NE が成立する $\iff$ $\mathbb{E}$ で SS および二値性が成立する．ただし SS および二値性とは，各々下記のとおりである．

SS（support split の略）下図（1）のような一意的な矢 $!: A \to 1$ のエピ−モノ分解におけるエピ $!^*: A \twoheadrightarrow \mathrm{supp}(A)$ について，$s: \mathrm{supp}(A) \rightarrowtail A$（i.e. セクション）が存在する．

二値性 真理値対象 $\varOmega$ の元は，$\top$ と $\bot$ の二つである（i.e. $\varOmega = \{\top, \bot\}$）．ただし $\bot$ は下図（2）のように，矢 $0_1: 0 \to 1$ の特性矢である．

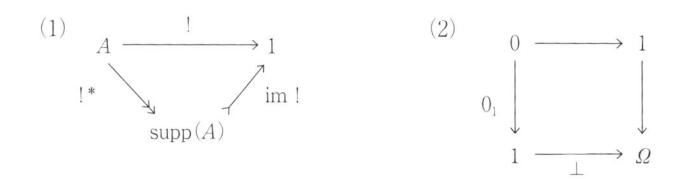

$$
(1) \quad \begin{array}{ccc} A & \xrightarrow{!} & 1 \\ {\scriptstyle !^*} \searrow & & \nearrow {\scriptstyle \mathrm{im}\,!} \\ & \mathrm{supp}(A) & \end{array} \qquad (2) \quad \begin{array}{ccc} 0 & \longrightarrow & 1 \\ {\scriptstyle 0_1}\downarrow & & \downarrow \\ 1 & \underset{\bot}{\longrightarrow} & \varOmega \end{array}
$$

この定理によると，NE は SS + 二値性であり，ここでも SS，二値性について，各々の内容をもう少し見ておく．

SS について． II 部 3 章 §3.4 でも触れたように，トポス $\mathbb{E}$ では任意の矢 $f: A \to B$ について，$f = \mathrm{im}\, f \circ f^*$ でしかも f^* がエピ，$\mathrm{im}\, f$ がモノであるように f は一意的に分解される（i.e. エピ−モノ分解定理）．したがって矢 $!: A \to 1$ についても，エピな矢の部分を取り出せる．その上で，このエピな

矢 $!^*$ の終域である $\mathrm{supp}(A)$ (i.e. A の台) から，始域である A に向かうモノなる矢 $s: \mathrm{supp}(A) \rightarrowtail A$ (i.e. セクション) の存在を要請しているのが SS の内容となっている．さらにいえば，$!^*$ の $\mathrm{supp}(A)$ は 1 に他ならず (この部分の証明に二値性が効いてくる)，上のセクション s は $s: 1 \to A$ となり，SS は結局のところ A に元が存在することの要請になっているといえる．

二値性について．トポス $\mathbb{E}$ には，その定義から明らかなように，束的な構造をもつ Ω が必ず存在する．二値性は，この Ω が $\{\top, \bot\}$ なる二元からなるブール代数であることを要請する内容となっている．

さらに AC に関連する定理としては，次の定理 3.2 がある．

定理 3.2 $\mathbb{E}$ で ES が成立するとき，$\mathbb{E}$ で相補性が成立する．

この定理は，差し当りは定理 3.3 の $\Leftarrow$ を証明する際に使用されるが，相補性の一部が排中律であることに注意するとき，§3.1 の定理 1.2 にも通ずる内容であり，定理 3.2 は大変重要な定理であるといえる．なぜなら AC から引き出せる排中律は，圏論的には，AC に含まれる ES の部分にもとづくことが明示されているからである．

以上，トポス $\mathbb{E}$ での AC の定式化と，それに関連する諸事項について，その要点を簡単に記してみた．その結果，$\mathbb{E}$ における AC では，先にも触れたように，0 以外の任意の対象 A に対して，部分対象と元なるものとの存在が要請されていることがはっきりした．すなわち $\mathbb{E}$ における AC は，0 以外の任意の対象が，部分と元といういわば集合的構造ともいえる内部構造をもつことの要請を，その内容としている点が判明した．と同時に，ここで十分注意しておきたいことは，トポス $\mathbb{E}$ での対象に集合的構造をもたらす ES や SS が，両者とも共通してセクション s の存在という形で捉えられていることである．実際，この点をさらに注目するとき，改めて AC の核心がより鮮明に浮び上ってくる．

AC の核心

ES の場合について．$f: A \longrightarrow B$ がエピであることは，B 全体によって A が一者または統一体として捉えられていることに他ならない．ES は，このように B を介して，その B をモノ $s: B \rightarrowtail A$ を使い，そのまま A に送り返すことによって，A の中に A の部分といえるものの存在を与えている．したがってセクション s の"送り返し性"が，ES の内容の核心となっている．

SS の場合について．この場合も，$!: A \to 1$ に含まれるエピ $!^*: A \longrightarrow \mathrm{supp}(A)$ の台 $\mathrm{supp}(A)$ によって，A が一者または統一体として捉えられている．その上で SS は，この $\mathrm{supp}(A)$ を介して，$\mathrm{supp}(A)$ をモノ $s: \mathrm{supp}(A) \rightarrowtail A$ を使い A に送り返すことによって，A の中に A の部分といえるものの存在を与えている．ただ $\mathbb{E}$ が二値性をもつとき，$!: A \to 1$ のエピ-モノ分解での $\mathrm{supp}(A)$ は 1 と同等となり，終対象 1 という対象が s によって A に送り返される．すなわち $\mathbb{E}$ が二値性をもつとき，s によって A に送り返されるものは，もはや ES の場合での部分ではなく，それとは異質な究極の部分としての元となる．とはいえ SS の場合も，やはりセクション s の"送り返し性"が，SS の内容の核心となっている．

結局，ES であれ SS であれ，0 対象以外の対象 A について，それを統一体として捉えると同時に，それを A 自身の内に"送り返す"あるいは"反射する"といういわば"自己内反射性"が，ES, SS の核心である．したがってこのようにエピとモノが生み出す"自己内反射性"こそが，AC の核心に他ならない．そして AC のこの"自己内反射性"が，$\mathbb{E}$ の 0 対象以外の対象に集合的構造を付与することにもなっているといえよう．

AC の正当性の根拠

さて以上のように，選択公理 AC を圏論的に捉えることによって，AC の核心が改めてはっきりと浮び上ってきた．と同時に AC の核心が，エピとモノの生み出す"自己内反射性"であるという結果は，AC の正当性について

の問に対しても，その解答を自ずと用意してくれる．すなわちその結果は，ACの正当性への根拠づけを可能にする．というのは，本書のⅢ部では1章においても2章においても，記号論理上の基本的な事柄を，われわれの知性に備わる基本構造から了解しようという姿勢で進められたが，この3章においても，この姿勢のもとでACの核心に注目するとき，その核心部分が直ちにわれわれの知性に備わると仮に想定される基本構造と結びついていることが明らかとなるからである．

ではわれわれの知性に備わると仮に想定される基本構造とはどのようなものであったか．それは，Ⅲ部1章§1.3でまとめられているように，知的対象の成立における"反射構造"であった．もとより，われわれの知性に備わる基本構造といっても，すでに何度か触れたように，事実問題としてのある心理過程を指示しているのではない．あくまでも，種々の論理構造の基本と結びついていると理解される限りで，仮に想定された理論上の構造にすぎない．しかしACの核心であるエピとモノの生み出す"自己内反射性"は，整理しいいかえてみれば，まさに知性に備わると仮に想定される"反射構造"と対応したものとなっている．

そこでここでも繰り返しを厭わずに，その"反射構造"について，その要点を四つほど記しておこう．すなわち知的対象の成立においては，〈1〉与えられた所与とその対象化されたものとが所属する対象領域と，それに対峙する対峙領域（i.e. メタ領域）との二つの領域が存在する．〈2〉またその二領域の間には，対象領域からメタ領域への作用である投射 P と，逆にメタ領域から対象領域への作用である反射 R との二つの作用が存在する．その上で〈3〉$R \circ P(X)$ が所与 X に対する知的対象であり，また所与 X と対象 $R \circ P(X)$ との関係が所与の知的認識である．さらに〈4〉上の P と R との間には，$R \dashv P$ または $P \dashv R$ なる随伴関係が成立している．

とにかく知性に備わると仮に想定される反射構造がこのようなものとすれば，ACの自己内反射性を生み出すエピ f とモノ s とが，各々知性の反射構造での P と R とにずばり対応したものとなっていることは明らかであろう．すなわちいまやACの正当性は，ACの核心であるエピとモノによる"自己内反射性"が，知性の"反射構造"に対応しもとづく事柄であるとして，了

解されてくるということである．と同時にこの了解は，さらにACにもとづく古典論理や標準的な数学の正当性への了解にも繋がり，この了解によってここに改めて古典論理や標準的な数学を当然なものとして受け入れていくための一つの足場も得られたといえよう．

ところで古典論理や標準的な数学に対しては，現象のきめ細かさを捨象し割り切りすぎる，と指摘されることがある．確かに排中律などをはじめとして，日常のレベルではその感も否めない．しかしこの排中律の"割り切り"も，排中律がACにもとづくこと，とくに先の定理3.2（II部4章§4.3では定理3.3）で触れたとおり，ESにもとづくこと，さらにこのESがずばり"反射構造"にもとづくことに注意するとき，深層レベルの事柄にもとづくことが分かる．排中律をはじめ古典論理，標準的な数学に指摘される"割り切り"は，現象などを差し当り大掴みするための"割り切り"ではなく，あくまでも深層レベルに根拠をもったものである．またACの超越的な性格の中心であった$\forall\exists$から$\exists\forall$への飛躍も，単に帰納的になされる飛躍ではなく，深層レベルの"反射構造"に根拠をもったものである．そしてこの点は，2章§2.3で極限と"反射構造"との関わりについて言及したところとも重なるところである．これらのことは少々蛇足気味であるが，§の最後にひと言添えておく．

§3.4 直観論理 IL について

通常の世界描像 OWP

§3.1〜§3.3では，選択公理ACが超越的な性格をもちながらも，ACがそれなりに正当であることを根拠づけてみた．それは，その超越的な性格のゆえに直観主義から申し立てられたACの疑義に対向し，ACを擁護するためでもあることが，一つの動機となっている．すなわちIII部3章は，直観主義を意識しての問題設定であり，その解答への試みであったといえる．

そこでこうした経緯もあって，この§では，ACへ疑問の目を向けその排除を要求する直観主義にも，逆に実は問題となる点があることを，簡単に指摘しておくことにする．そしてそのために，唐突ではあるが，科学理論においても，すなわち科学という営みにおいても，また日常生活においても，通常われわれがごく当然のこととして暗黙裡に大前提としている世界についての描像が，下記のような内容をその一部に含む描像であることに，まずは注目してみることにする．

世界は，私と私に類似した他人たちと，さらにそれを取りまく諸物より成り立っている．そして私と他人からなるわれわれは，その世界に所属する様々な事物について，その各々がいかなるものであるかを認識する．その際，認識の対象となる事柄が所属する世界は，認識者であるわれわれ各人の世界内での位置から生ずる違いなどを別とすれば，われわれ各人に共通した同一の世界であり，その上でその認識は展開する．またとくにこの同一の世界についての学的な認識の場合，認識者各人の視点をはじめ種々の特殊性が捨象された上では同一の把握形式に従って，その認識は展開する．すなわち学的な認識の展開では，認識の対象も認識の把握形式も，各認識者の特殊性を超えて，各認識者にとって同一である．

以上，通常われわれが暗黙の内に前提している世界描像 Ordinary World Picture（i.e. OWPと略記）のごく一部を記してみた．するとこのOWPには，いくつかの問題点が含まれていることに直ちに気付く．第1の問題点は，私にとって何よりも直接的である私の意識過程に注目し，この私の意識過程のみが明証的で明確であるとする立場に立つとき，直ちに生ずる．なぜならこの立場に立つとき，私に類似した他人においても，私と同様の意識過程が備わっているか否かは，明証的で明確なこととはいえないからである．またたとえ他人にも私と同様の意識過程が備わっていたとしても，私はそれを直接的に意識することは決してできない．とにかく他人の意識過程ということは，明証性明確性の範囲を超えている．それゆえ，認識がそもそも意識過程内で成立する点をも考え合せるとき，他人も私と同様の認識者といえるか否か，また学的な認識の場合，他人が私と共通した把握形式をもつか否か，いずれも一つの問題点として浮上してくる．

第2の問題点は,世界の同一性についての問題である.すなわちたとえ他人に私と同様の意識過程が備わっており,他人も私も同様の認識者であるとしても,さらにまたいま両者が同じ事柄を認識しているとしても,その認識の対象となる事柄が本当に両者に共通した同一の事柄といえるか否かは,決して明証的で明確なこととはいえない.OWPが前提する世界の同一性は,明証性明確性を欠如しており,このことが第2の問題点として浮上してくる.

　第3の問題点は,私についての問題である.先に,私にとって何よりも直接的である私の意識過程,と記してみたが,この私とはそもそもいかなる存在のことなのか,また意識過程はなぜ私の意識過程なのか,いずれも自明なこととはいえない.私を巡ってのこの不透明さが,第3の問題点として浮上してくる.

　差し当りOWPのごく一部について,三つの問題点をごく簡単に指摘してみた.とくに第1の問題点と第2の問題点は,OWPが明証さと明確さを超えた内容を含んでいることを,明らかに示している.とにかくここから分かることは,科学理論においてごく当然のこととして大前提され黙認されている世界描像OWPには,超越的な性格がすでにしっかりと含まれている,ということである.ではこのことと,直観主義にも少々の問題が含まれている,という先に触れたこととはどう繋がるのか.次にこの点を取り上げる.

直観主義の問題性

　すでに何度か言及しているように,数学や論理は,その役割の一つとして科学理論の言語である,という位置を占めている.もとよりそれ自体としての知的な営みである場面も多々あり,それはそれとして大変大切である.しかし数学や論理が,科学理論での,とくに物理理論などでの言語であることを考えるとき,数学や論理も科学理論と同様に自ずと上記したOWPと無関係ではあり得ない.とすると,直観主義数学や直観論理ILが科学理論の言語として位置づけられる場合,それらは,少々奇妙な立場に立つことになる.なぜなら,具体的有限的に明確である命題(あるいは事柄)と,それらから有限的に構成される命題(あるいは事柄)のみを容認していく構成主義にも

とづく直観主義数学や直観論理は，このように一方で超越的な要素を一切排除しているにもかかわらず，他方では超越的な要素をしっかり内含するOWPを暗黙裡に容認していることになるからである．

　直観主義は，計算機での計算が本質的に構成主義の線上にあることから，計算機科学の分野では大変注目もされ，重要視もされている．また計算機科学とは別に，直観主義は理論自体としても興味深い．実際，構成主義の立場に立つ数学の再構築の試みやそこでの議論は，理論として大変興味深く，有意義である．そしてこれらの点に関しては何の問題もない．

　しかし直観主義数学や直観論理ILが，科学理論の言語として位置づけられる場合には，それらに見出される超越的な要素を一切排除する姿勢には，上に触れたとおり，一貫性の欠如を指摘せざるを得ない．

　また構成主義をものごとを見る際の"一つの"視点あるいは立場として，数学なり論理をその視点から見るとき，しかじかのものとなる，という議論は大切である．しかしその点を忘れ，その姿勢を逸脱し，構成主義が唯一の視点であり，絶対的な立場とするとき，その立場にもとづく議論は問題である．構成主義の正当性に対して，実は何の保証も見出せないからである．その場合，先の一貫性の欠如は致命的となる．

　とにかく以上のような事情に目を向けるとき，構成主義にもとづく直観主義数学や直観論理ILは，まさに少々問題を含んだ立場であるといわざるを得ない．もとより，OWPに代る直観主義に適合した世界描像が新たに打ち出され，直観主義数学や直観論理がその上に立つことになれば，先に指摘した一貫性の欠如は回避されることになるかもしれない．しかしそのような世界描像はどのようなものになるであろうか．それは，洗練された独我論的な世界描像のようなものであろうか．いまの段階では想像を超えている．直観主義数学も直観論理も，その絶対性を主張しようとする限り，単に技術上の細部の考察もさることながら，世界描像についてもさらなる考察が要求されているといえよう．

意味空間での直観論理 IL の理解

　以上，多少特異な観点からではあったが，直観主義数学や直観論理にも，難点があることを指摘した．それは，通常の数学や古典論理に深く結びつく AC について，§3.3 の正当性の議論とは別に，その正当性を側面から擁護するためであった．しかしそれはそれとして，この § の最後に，直観論理 IL の論理語について，通常なされる構成主義と直接結びつく仕方とは異なる立場から，それらの性格を理解してみることにする．すなわちそれは，Ⅲ部 1 章 §1.2 で登場した意味空間上での IL の論理語 ∨, ∧, ⊃, ¬ の理解である．以下それを記していく．

　まずここでの意味空間 M は，Ⅲ部 1 章 §1.2 の場合とは異なり，単なる集合としての空間ではなく，閉包（あるいは開核）が，したがって閉集合（あるいは開集合）が定義されている位相空間であると考えていく．実際意味空間 M が，閉集合，開集合の区別が立てられている位相空間とするとき，改めて次のような考え方が生まれてくる．すなわち命題が表現する意味は，その意味の境界がはっきりした明確な意味であるべきであり，したがって命題に対応する意味集合も，単に M の部分集合というだけではなく，境界を伴った閉集合であるべきである，という考え方である．またさらに各命題に対応する閉集合間に成立する演算や包含関係についての諸法則のみが，容認できる論理則に他ならないとする考え方である．そして実は，まさにこの考え方に立つ論理として，いまその性格を理解しようとしている直観論理 IL は捉えられてくる．もとよりこの考え方は，具体的有限的に確定できる事柄のみを対象として容認する構成主義の姿勢と直ちに結びつくものではない．しかし構成主義にもとづく直観論理が，具体的有限的に確定される命題のみを相手にし，それ以外の命題を排除する姿勢は，命題の意味として閉集合のみを取り上げ，開集合を無視するという姿勢と一脈通ずるところのあることも否定できない．

　さてそれでは，意味空間 M を位相空間とした上で，直観論理 IL はその M 上で具体的にどのように解釈されていくか，順次見ていくことにする．

　(1) IL の命題 A には，M の閉集合 $[A]^-$ を対応させる．ただし $[A] \subseteq M$

であり，また $[A]^-$ の右上の $-$ は閉包演算子である．すなわち $[A]^-$ は $[A]$ の閉包（i.e. 閉集合）を表わしている．

(2) IL の論理語 $\to, \vee, \wedge, \supset, \neg$ に関しては，下記の1)〜5)のように対応させる．ただし A, B は IL の命題であり，その各々には M の閉集合 $[A]^-, [B]^-$ が対応しているとする．

1) $A \to B \quad \xleftrightarrow{\text{対応}} \quad [A]^- \supseteq [B]^-$.
2) $A \vee B \quad \xleftrightarrow{\text{対応}} \quad [A]^- \cap [B]^-$.
3) $A \wedge B \quad \xleftrightarrow{\text{対応}} \quad [A]^- \cup [B]^-$.
4) $A \supset B \quad \xleftrightarrow{\text{対応}} \quad ([B]^- - [A]^-)^-$.
5) $\neg A \quad \xleftrightarrow{\text{対応}} \quad (M - [A]^-)^-$.

また矛盾には M が対応しているとする．

注意 1) 閉集合については，II 部 1 章 §1.4 で，また閉包については，II 部 3 章 §3.3 で既に触れてある．しかし閉包については，その基本性質を念のためここでも記しておこう．なお M の部分集合は，意味空間での場合に合せて，$[A]$ のように $[\ ]$ を付した形で表わしている．i) $[A] \subseteq [A]^-$, ii) $[A]^- = [A]^{--}$, iii) $([A] \cup [B])^- = [A]^- \cup [B]^-$, iv) $\phi^- = \phi$, v) $[A] \subseteq [B] \Rightarrow [A]^- \subseteq [B]^-$, vi) $M^- = M$ などである．

2) また，$[A]$ は閉集合である $\iff [A] = [A]^-$ である，ことも添えておく．したがって上の性質 ii) から，$[A]^-$ は閉集合である．

以上，位相空間である意味空間 M 上での IL の論理式（i.e. 命題）の解釈を与えたが，この解釈のもとでも，論理体系 L の公理群から排中律あるいは二重否定の除去を除いた部分については，その各々は成立する．たとえば，$\to, \vee, \wedge$ の公理とされている論理則についてはほとんど自明であるが，$\supset$ の公理の一つとなっている論理則 $A \wedge (A \supset B) \to B$ についても，それが成立することは容易に示せる．すなわちこの式には $([A]^- \cup ([B]^- - [A]^-)^-) \supseteq [B]^-$ が対応するが，この関係，は差集合の定義式の一つである $([A]^- \cup ([B]^- - [A]^-)) \supseteq [B]^-$ に閉包の性質 v)（上の注意中の）を適用して得られる $([A]^- \cup ([B]^- - [A]^-))^- \supseteq [B]^{--}$ に，さらに閉包の性質 ii), iii)（上の注意中の）を使って得られてくるからである．

また一方で，IL で排除される排中律や二重否定の除去については，それ

らが成立しない場合があることも，容易に示せる．実際たとえば，意味空間 M として次のようなごく簡単な位相空間を考え，まず $\neg\neg A \to A$ の不成立を見てみる．すなわち M を無限集合として，M の有限部分集合たちと M 自身を閉集合とする位相空間を考える（ϕ も当然閉集合）．その上で命題 A に対応する $[A]^-$ として有限集合 $\{a_1, a_2\}$ を対応させてみる．すると $\neg A$ には $(M-\{a_1,a_2\})^-$ が対応するが，$M-\{a_1,a_2\}$ が無限集合であることからその閉包としては M 自身しか考えられず，よって $\neg A$ には M が対応することになる．したがって $\neg\neg A$ には $(M-M)^- = \phi^- = \phi$ が対応してくる．そこで $\neg\neg A \to A$ には $\phi \supseteq \{a_1, a_2\}$ が対応してくることになるが，これが不成立であることはいうまでもないであろう．

また $A \vee \neg A$ についても，上の位相空間 M のもとで，$A \vee \neg A$ の A に $\{a_1, a_2\}$ を対応させてみる．すると $A \vee \neg A$ には，$\{a_1, a_2\} \cap M = \{a_1, a_2\}$ が対応し，これが ϕ でないことから，この場合排中律は不成立となる．

とにかく以上により，直観論理 IL の論理語への理解も，多少は深められたといえよう．

結び——学全体の中での記号論理の位置など

以下, [1] 学全体の中での記号論理の位置, [2] 反射構造についての補足, [3] 記号論理と近世哲学, この3点について, 各々ごく簡単に触れてこの書を閉じることにする.

[1] 学全体の中での記号論理の位置

本書は, 記号論理主要部分の多少進んだ事柄への手引きと, そこに見出せる知識論的な問題への解答の試みとを, その内容としていた. しかしこのような内容は, 学全体の営みの中では, その中心から大分離れたところに位置するように思われる. ではそれは, どのようなところに位置しているであろうか.

まず記号論理が, 序でも触れたその成立事情からいっても, 数学の基礎に関わっていることは明らかである. しかしそこで展開された推論, 計算, 集合への考察は, 記号論理成立のきっかけとなった数学の基礎についての諸問題への解答を与えるだけではなく, より広い射程を伴ったものとなっていた. というのもそこでの考察は, 推論, 計算, 集合などと確かに数学上の事柄と結びついた形となっているが, 結局は, 有限的な事態と極限や連続とも絡んだ無限的な事態との関連性を巡っての, より一般的な考察ともなっているからである.

そもそも数学には, 種々の数学固有の特殊な問題が数多くあり, それらへ

の取り組みや，またそこから生まれる各種の新しい数学理論の構築などが，数学という幅広い一大分野の実体となっている．しかし一方で数学は，しばしば指摘されるように，諸科学の言語としてもその位置づけが与えられている．すなわち科学とは，差し当り関心の向けられている現象領域に対して，それを科学理論によって整理し秩序づけ，その現象（i.e. 所与）をそれなりの構造と法則性を備えた実在者として認識する営みであるが，その科学の核でもある科学理論において，数学が不可欠な言語として使用されている，ということである．実際この点は，科学理論の典型でもある各種の物理理論に目を向けるとき，自明ですらある．

さてそうだとすると，数学の基礎に関わる記号論理は，もはや単に数学との関わりに終るのではなく，科学の核である科学理論とも結びついているといえてくる．しかも上にも触れたように，記号論理での考察が，単なる数学の基礎についてに留まらず，そこを超えた射程を伴っている点をも考え合せるとき，記号論理はより広く科学理論の基礎にも深く関わっているといえてくる．すなわち本書で取り上げた記号論理主要部分の内容は，学全体の中では，科学における科学理論の基礎部分についての考察ともなっている．少々古風ないい方をすれば，記号論理は，科学的な認識が成立するための不可欠な条件の一つである思考形式の基礎（i.e. 範疇）への考察である．したがって，その考察についての考察をも含む本書の内容は，伝統的な範疇論の線上にあるといえるかもしれない．しかしこのようないい回しは別としても，とにかく記号論理が，以上の簡単な言及からも明らかなように，諸現象についての科学的認識の在り方に対して，徹底した理解を目ざす者にとっては，決して無視し得ない基礎的な分野としての位置を占めていることは，間違いないといえよう．

注意 1）物理理論では，通常の微積分や線形代数などが，記述形式（i.e. 言語）として不可欠である．念のため一例を添えておこう．すなわち一例として，量子論での基本中の基本の一つであるミクロ的な調和振動子の場合を下に記しておく．

$$\begin{cases} q(t) = \sqrt{h/4\pi\omega}(be^{-i\omega t} + b^{\dagger}e^{i\omega t}), \\ p(t) = -i\sqrt{h\omega/4\pi}(be^{-i\omega t} - b^{\dagger}e^{i\omega t}). \end{cases}$$

ただし q：位置演算子，p：運動量演算子，h：プランク定数，$b, b^{\dagger}$：各々振幅演算子とそのエルミート共役，t, ω：各々時間，角速度とする．

2) 科学での核となる科学理論は，ある現象領域からの所与 X について，おおよそ下図のように成立する．すなわち所与 X への観測・測定（このこと自体，予め何らかの暫定な思考や仮説が前提）を介してデータを得，そのデータに対して各種の思考が展開され仮説を形成し，さらにその正当性の条件がチェックされた上でその仮説は科学理論となる．

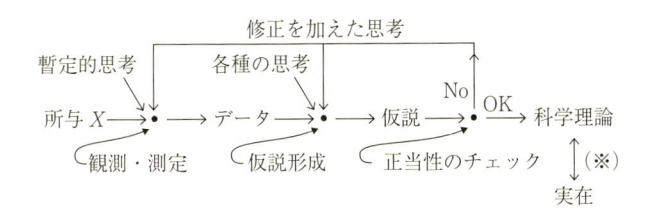

```
                    修正を加えた思考
        暫定的思考   各種の思考
                                         No  OK
  所与 X ─→•──→ データ ──→•──→ 仮説 ──→•──→ 科学理論
          観測・測定      仮説形成      正当性のチェック  ↕(※)
                                                        実在
```

ただし正当性の条件としては，説明能力の十全性，無矛盾性，他の理論との調和性，反証可能性，普遍性などがある．

3) 上の図中での科学理論と実在との関係（※）については，様々な考え方がある．たとえばその一つとしては，認識（i.e. 経験）自体が本来的に"認識の対象とその認識"という内的連関を備えているとし，所与 X と科学理論によってこのような連関をもつ認識が可能となると考え，その上で実在の姿はこのような連関をもつ認識における対象部分として位置づけられる，とする考え方である．すなわちこの考え方のもとでは，実在の姿は科学理論によって把握された限りのものと位置づけられ，所与 X 自体の姿は不可知とされる．いうまでもなくこの考え方は，カント (Kant, I.)「純粋理性批判」における近世知識論の金字塔の一つである"総合判断の最高原則"（下記）にもとづく考え方である．しかしこの考え方はあくまでも一つの見方，考え方であることをお断りしておく（筆者は考え方の方向として好意的に受け止めてはいるが）．

最高原則：「経験一般の可能性の諸条件は，同時に，経験の諸対象の可能性の条件である．」

[2] 反射構造についての補足

III部では，記号論理に関連した知識論的な問題を三つほど設定し，その解答を反射構造の導入によって試みた．しかしその際，反射構造についての本

文の記事には不十分なところもあり，ここで改めて3点ほど補足しておく．

(1) 反射構造は，知性の原初的な状況に仮に備わると想定される構造とされたが，すでに本文でも何度か触れられているように，この構造がわれわれの意識過程の根底に心理的事実として存在している，ということでは決してない．しかしそれでは反射構造はどのような位置にある構造なのか．はじめにこの点について補足しておこう．

反射構造の実質は，圏論での関手間に見出される随伴関係に他ならない．ただこのような随伴関係に注目するとき，興味深いことに，記号論理での基本的な事柄の多くが，この随伴関係と結びついていることに気付く．そこでこのことと，一方で論理がわれわれの思考過程に関わる事柄である，という点とを考え合せれば，自ずと知的な過程に備わる構造として反射構造が浮び上ってくる．すなわち反射構造は，知的な意識過程への心理学的な分析によって得られたものでも，また独断的にアプリオリな構造として想定されたものでもない．結局Ⅲ部での議論のスタイルは，圏論での随伴関係についての知見を手がかりに，知性の構造としての反射構造を想定し，その上で今度は逆にその想定された反射構造から記号論理の諸問題の解答を引き出していく，といったスタイルになっている．この点，本文では触れることができず，ここで補足しておく．

(2) 二つ目の点は，反射構造に備わる P（投射）と R（反射）が，なぜ $P \dashv R$ または $R \dashv P$ なる随伴関係をみたすと想定されるのか，についてである．この点は，上の (1) から明らかなように，反射構造が圏論での関手間の随伴関係を手がかりに，仮に想定されることになったことから当然ともいえる．しかしそのような裏事情とは別に，知性の構造としても P と R に随伴性が要請されるのは，少なくとも反射構造にもとづく知が，飛躍性のないことと関係する．実際このことは，圏論での随伴関係でも言及しているとおり，$P \dashv R$ なる P, R については $X \longrightarrow RP(X)$ および $RPRP(X) \rightleftarrows RP(X)$ が成立し，また $R \dashv P$ なる P, R については $RP(X) \longrightarrow X$ および $RPRP(X) \rightleftarrows RP(X)$ が成立することから，RP は閉包性と開核性と結びついている事柄と関係している．すなわち反射構造の P と R に随伴関係を要請していることは，所与 X に対して，$P \dashv R$ のとき，$RP(X)$ は X を包むも

のの最小者として，$R \dashv P$ のとき，$RP(X)$ は X に包まれるものの最大者として，われわれの知性での対象が，集約性の内に，非発散性の内に，あるいは連続性の内に把握される，という知性の性格と対応している事柄である．この点，本文で十分触れることができず，ここで補足しておく．

なおいま言及したところは，逆に，反射構造にもとづく知性では，非集約性，不連続性，不確定性といった事態に対しては，その把握が少々難しくなることをも暗示している．この点もひと言添えておこう．

(3) 三つ目の点は，反射構造において対象領域とそのメタ領域が前提される際，その各々が po 構造を備えたものとされている点についてである．これは，対象領域であれそのメタ領域であれ，そこに出現するものは多の中の一者として，予め多なる他のものとの位置関係の内にあることが伴っていることによる．しかも互いの位置関係として，その最も一般的な形態は po 構造である．したがってこの点に注目すれば，前提される二領域の各々が，少なくとも po 構造を備えたものと要請されることはごく自然であるといえよう．

実際には多くの場合，単に po 構造に留まらずに，束的あるいは圏的構造，さらにはトポスなる構造を備えたものとなっている．しかし反射構造の二領域に要請される条件としては，その一般性を考えるとき，po 構造のみに絞られるといえる．いずれにせよ，この点も本文では触れる機会がなかったことから，ここで補足しておく．

[3] 記号論理と近世哲学

最後に記号論理と近世哲学とについて，きわめて大雑把ではあるが，コメントを添えておく．というのも，記号論理との関わりから本書で導入した反射構造は，近世哲学での知識論においては，必ずしも反射構造と明言されることはなくとも，知的過程に備わる事柄としてはじめからごく当然のこととされていた点に，少々注意を向けてみたいからである．すなわちデカルト (Descartes, R.) によって，私 ego が思惟者 res cogitans と位置づけられて以来，思惟するものと思惟されるもの，主観と客観などの領域区別を大前提

にした世界了解の試みこそ，近世哲学の特質であり，もとより知への了解を試みる近世の知識論も，はじめからこの大前提の上で展開されているといえる．

たとえばカントの場合，知的認識過程の内に，"認識されるもの（i.e. 対象）とその認識"という連関を見出し，その上で知的認識過程成立の条件を追求するスタイルの知識論となっていること，と同時にこの知識論自体が，考察の対象としている知的過程とは異質なメタ的（i.e. 超越論的 transzendental）な立場であることの自覚など，いずれも二つの領域の設定とその対応関係が問題とされている点，明らかに反射構造が問題とされているといえる．

またフッサール（Husserl, E.）の場合，意識過程にノエマ noema- ノエシス noesis 連関を見出し，その上で現象記述を展開するスタイルの知識論となっていること，と同時にその記述がメタ的（i.e. 超越論的）な立場からであることの自覚など，ここでも反射構造が問題とされているといえる．

さらにまたヘーゲル（Hegel, G.）の場合，即自的 an sich な存在とそれに対峙する対自的 für sich な存在との連関に注目するとともに，その両者を問題とする立場自体を内在化する仕方で，知をはじめ各種の存在了解を展開する弁証法 Dialektik にも，反射構造が問題とされているといえる．とくにヘーゲルの場合は，その「論理学」の"本質論"において，"反射（i.e. 反省）"と命名された上で，その構造についてのそれなりに徹底した思索がなされていることは，周知のとおりである．

とにかくこのように，思惟するものと思惟されるもの，主観と客観などの区別を大前提とし，種々の場面での二領域の設定とその間の対応関係への注目は，すなわち反射構造への注視は，近世哲学の中心に，したがって近世知識論の中心につねに見出される事柄といえる．とすると本書において，記号論理から自然に手引きされ，われわれの知性の原初的な状況に仮に想定されることとなった反射構造も，とくに圏論から引き出されていることもあって，その中身はきわめて形式的に整った姿となっているとはいえ，結局は近世哲学の知識論の流れの中に位置づけられてくる．さらにいえば，記号論理の多くの事柄が，本書での反射構造と関わりをもつことから，記号論理自体も，

まさに近世哲学あるいは近世思想の線上に立つものともいえてくる．

ところで，上の[2]の(2)でも触れたように，本書での反射構造は，収束性（極限），連続性，非発散性などについては，その根拠となり得るものであったが，それから逸脱する事態に対しては，必ずしも的確な根拠となり得るものとはいえない．したがって21世紀の今日，非可換性，非分配性，非線形性，不確定性などへの深い理解が切に求められる状況においては，知識論においても，近世哲学を超出した線上に位置する構造が追求される必要がある．二領域間の反射性に留まらず，多極間の対応性を問題とするネットワーク・システム論，一視点からの線形空間に留まらず，連繋する多視点からの線形空間を問題とする多様体論などは，その先駆けかもしれない．すなわちモナドロジーにも通ずるグローバルな対応性への考察が，今後改めて要求されているといえよう．しかし21世紀での今後の展開については，これ以上の言及は控えねばならない．いまは，20世紀にそれなりに大きな成果をもたらした記号論理が，近世哲学の線上に位置する出来事である点を，少しばかりコメントしたことにして終ることにしよう．ただしもとより記号論理には，新しい展開に繋がる性格もしっかり秘められていることはもちろんである．それゆえ，記号論理での主要な知見を学習することは，今後の新しい展開のためにも，是非必要であることはいうまでもない．

付録 ゲーデルの不完全性定理

ゲーデルの不完全性定理について，その証明の要所などを，次のような三つのタイトルのもとで記していく．
 [Ⅰ] 第1不完全性定理
 [Ⅱ] 第2不完全性定理
 [Ⅲ] 不完全性定理と証明可能性論理

[Ⅰ] 第1不完全性定理

第1定理とその証明への準備

まず第1不完全性定理を掲げよう．

定理 （第1不完全性定理，第1定理と略記） Nがω無矛盾なら，Nには肯定形も否定形もNの定理とならない閉じた式（以下ではGと表記）が存在する．ただしNは自然数論の公理系であり，またNがω無矛盾であるとは，任意の自然数nについて$\vdash_N An$なら，$\vdash_N \exists x \neg Ax$は成立しない，ことをいう．

この有名な定理については，今日すでに種々のレベルの解説書が数多くあり，本書では本文内での記述からは削除した．またこの定理の内容は，有限

的な処理過程でもある公理化の方法によっては，把握不可能な命題の存在を明らかにしたものであり，このことは本質的には，Ⅰ部2章§2.4での階層定理の一部で示されている内容と同じ事柄である．すなわちこの定理は，階層定理の一部の公理系という場面での特殊バージョンである．したがってその点をも考えて，本文内での記述からは削除した．しかしその証明の核心部分は，Ⅲ部2章§2.4での対角線論法 DM とも関連することから，その証明の要所については，付録として以下に記しておくことにした．

この第1定理の証明において，最も中心となるところは，N の定理群から超出する式 G の構成である．すなわち「私のいっていることはうそである」（i.e. "うそつきのパラドックス"）なる命題の真偽非決定性をヒントに，「G は N では証明できない」（※）という否定的な自己言及性をその内容とする式 G の構成である．そこでそのために，（※）が N の式 G についてのメタ的言明であること，と同時に G はあくまでも N の式であることから，まず下図のような N，M，M′ からなる構図が設定され，その上で M と M′ との関係（i.e. M の算術化），N と M′ との関係（i.e. 表現定理）が，その準備として必要になる．

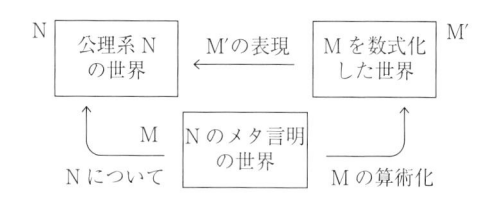

```
     N                                          M′
  ┌──────┐    M′の表現     ┌──────────┐
  │公理系N│ ←─────── │ M を数式化 │
  │ の世界│              │ した世界  │
  └──────┘              └──────────┘
      │  ↑                   ↑
      │  │ M   ┌──────────┐  │
      │  └──  │N のメタ言明│ ─┘
      ↓       │ の世界     │
     N について└──────────┘  M の算術化
```

〈1〉M の算術化　M は N の諸表現や諸事項についての言明から成り立っているメタ言明の世界であるが，G の構成に当っては，その言明たちの数式化は欠かせない．そこでまず，N に属する諸表現に一対一に対応する自然数（i.e. ゲーデル数，G.n. と略記）が決められ，つづいてそれをもとに M の諸言明は，TM の算術化（Ⅰ部§2.3参照）と同様にして数式化される．その際 G の構成にとってとくに要点となるのは，下記のような内容をもつ帰納的関係 PR(u, v) と帰納的関数 sb(x, y, z)（i.e. 代入関数）である．

PR(u, v)：u は v なる G.n. をもつ N の式の N での証明の G.n. である

sb(x, y, z) = x なる G.n. をもつ N の式中の y なる G.n. をもつ自由変項に z なる G.n. をもつ項を代入した式の G.n.

〈2〉 表現定理　M′ の式は G.n. についての数式であり，したがって自然数についての数式であることから，公理系 N での数式との対応関係が，当然問題となってくる．すなわち M′ の式の N への埋め込みである．しかしそれは無条件にはいかない．この点を明らかにしているのが，下記の表現定理である．

定理　（表現定理）M′ の関係 R($x_1, \cdots, x_n$) が帰納的関係のとき，ある N の関係 $R(x_1, \cdots, x_n)$ が存在して，次の (1)，(2) が成立する．

(1) 任意の自然数 $k_1, \cdots, k_n$ について，R($k_1, \cdots, k_n$) が M′ で成立するなら $\vdash_N R(\bar{k}_1, \cdots, \bar{k}_n)$ である．

(2) 任意の自然数 $k_1, \cdots, k_n$ について，R($k_1, \cdots, k_n$) が M′ で不成立なら $\vdash_N \neg R(\bar{k}_1, \cdots, \bar{k}_n)$ である．

ただし $\bar{k}_i$ は k_i に対応する N の数字とする．

注意　1) N の数字 $\bar{n}$ とは，N の記号 0 に N の後者関数 ′ が n 回適用された N での記号である．たとえば $\bar{3}$ とは，0′′′ である．

2) N の記号表記は，$\bar{n}$ などの場合を除いて，すべてローマ字母のイタリック体を使用し，M′ の記号表記はすべて立体を使用する．

3) 表現定理の証明は，"中国式剰余の定理" を使った β 関数の導入など，技術的には少々込み入ったものとなっている．

G の構成

さていよいよ否定的な自己言及性（i.e. 自己矛盾）を内容とする N の式 G の構成であるが，上での準備〈1〉，〈2〉を踏まえて，以下のようになされていく．まず M′ の PR(u, v)，sb(x, y, z)，g(x)（後述）を素材にして，PR(u, sb (x, 15, g(x))) なる M′ の式をつくる．なおこの式は u と x を変項としており，見易さのため上式を W(u, x) と略記する．するとこの W(u, x) は，上の g(x) も帰納的関数ゆえ，M′ の帰納的関係となり，表現定理により，

Nの式 $W(u,x)$ が存在してくる．そこで次にこの $W(u,x)$ をもとに新たに $\forall u \neg W(u,x)$ なる N の式をつくり，この式の G.n. を n とする．その上でさらに，この n に対応する N の数字 $\bar{n}$ を考え，この $\bar{n}$ を $\forall u \neg W(u,x)$ の自由変項 x に代入した式 $\forall u \neg W(u,\bar{n})$ をつくる．するとこの式が求める G となってくる．ただし，sb(x, 15, g(x)) 内の 15 は，変項 x の G.n. としており，また g(x) は，x なる G.n. に対応するNの数字 $\bar{x}$ の G.n. を対応づける帰納的関数である．

ここで念のため，上記した G の構成過程を図1として次ページに添えておこう．また上のように構成された $\forall u \neg W(u,\bar{n})$ (i.e. G) が，実際に（※）(i.e. G は N では証明できない) を内容としている点についても，念のため図2として添えておこう．

注意 G の構成でのポイントは，構成される G の G.n. が代入関数 sb を使って sb(n, 15, g(n)) と表わされるところにある．したがって，この付録では一切省略しているが，このような代入関数 sb が帰納的関数として定式化できることをしっかり確認することが，第1定理の証明の立ち入った理解のためには，表現定理の証明の確認とともに，必要事項となる。

第1定理の証明

G が構成されその存在が明示された以上，第1定理の証明は，"ω 無矛盾なら無矛盾である" ことを注意した上で，次の（#），（##）を示せば終了する．

（#） N が無矛盾のとき，G は N の定理ではない (i.e. not $\vdash_N G$).

（##） N が ω 無矛盾のとき，$\neg G$ は N の定理ではない (i.e. not $\vdash_N \neg G$).

（#）の証明　$\vdash_N G$ と仮定（背理法）．するとある $k(\in \omega)$ が存在して，PR(k, sb(n, 15, g(n))) (i.e. $W(k,n)$) が M' で成立する．よって表現定理により，$\vdash_N W(\bar{k},\bar{n})$ であり，論理則 EG を使って，$\vdash_N \exists u W(u,\bar{n})$ を得る．すなわち $\vdash_N \neg \forall u \neg W(u,\bar{n})$ (i.e. $\vdash_N \neg G$) である．するとはじめの仮定と合せて，$\vdash_N G \land \neg G$．しかしこれは N が無矛盾であること (i.e. (#) の前

付録　ゲーデルの不完全性定理

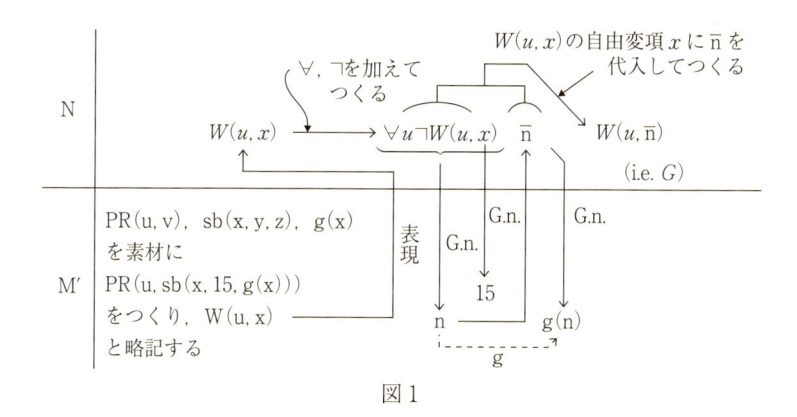

図1

N側: $W(u,x) \longrightarrow \forall u \neg W(u,x) \quad \bar{n} \quad W(u,\bar{n})$ (i.e. G)

- $\forall, \neg$を加えてつくる
- $W(u,x)$の自由変項xに$\bar{n}$を代入してつくる

M′側: PR(u,v), sb(x,y,z), g(x) を素材に PR(u, sb(x, 15, g(x))) をつくり，W(u,x) と略記する

表現／G.n.／G.n.／G.n.／15／n／g(n)／g

図1

図2

N側: $\forall u \neg W(u,\bar{n})$ (i.e. G)

M′側: $\forall u \neg \text{PR}(u, \underline{\text{sb}(n,15,g(n))}) \quad (**)$

sb(n, 15, g(n)) (*)

G.n.／意味内容／否定的自己言及性

($*$)：Gは，$\forall u \neg W(u,x)$ (G.n. は n) の自由変項x (G.n. は 15) に項$\bar{n}$ (G.n. は g(n)) を代入した式であり，その G.n. は代入関数 sb を使って，sb(n, 15, g(n)) となる．

($**$)：($**$) は M の文としては，"Gは N では証明できない"（※）を表わしている．

図2

提部分）と矛盾．よって not $\vdash_N G$ である．

（##）の証明　$\vdash_N \neg G$ と仮定（背理法）．すると ω 無矛盾なら無矛盾ゆえ，not $\vdash_N G$ である．すなわちすべての $k (\in \omega)$ について，W(k,n) は M′ で不成立．ここで表現定理を使うと，すべての $\bar{k}$ について，$\vdash_N \neg W(\bar{k}, \bar{n})$ である．すると（##）の前提部分より，いま ω 無矛盾であり，またその定義により，このことから not $\vdash_N \exists u W(u, \bar{n})$ (i.e. not $\vdash_N \neg G$) を得る．しかしこれははじめの仮定と矛盾．よって，not $\vdash_N \neg G$ である．□

注意 1) G は $\forall u \neg W(u, \bar{n})$ の形から，Π_1 型関係に $\bar{n}$ を代入した Π_1 型の命題となっている．すなわち G は帰納的ではない Π_1 型の命題である．

2) N が ω 無矛盾であるとは，当面する変項の変域を ω に限った上での無矛盾性であり，通常の無矛盾より強い形になっている．

3) 自己矛盾を内容とする式として，G に代って次の G^* なる式がロッサー (Rosser, J. B.) によって考えられた．すなわち

$G^* : \forall u(W_1(u, \bar{n}) \supset \exists v(v \leq u \wedge W_2(v, \bar{n})))$

である．ここで $W_1(u, x)$，$W_2(u, x)$ は，各々下記の $W_1(u, x)$，$W_2(u, x)$ なる M′ の式を表現する N の式である．

$W_1(u, x) : PR(u, sb(x, 15, g(x)))$ (i.e. $W(u, x)$)

$W_2(u, x) : PR(u, sb(h(x), 15, g(h(x))))$ ただし $h(x)$ は，x なる G.n. をもつ式の否定式の G.n. を対応づける帰納的関数である．

ところでこの G^* を使うと，第 1 定理の条件部分を，ω 無矛盾の代りに単に無矛盾とした不完全性定理が成立する．なおこの改良された第 1 定理は，「ゲーデル-ロッサーの定理」(Gödel-Rosser's Theorem) と呼ばれることがある．

第 1 定理の系

上に眺めたような考え方のもとで第 1 定理が証明されると，「第 1 定理の系」と呼ばれる次の定理が，直ちに得られてくる．

定理（第 1 定理の系） N が無矛盾なら，N には（内容的に）真でありながら，N の定理とならない閉じた式が存在する．

証明 先に構成した N の式 G に注目し，その真理値を考える．すると G の内容が（※）であったことから，その内容は第 1 定理（#）の結果と一致している．よって G は真である．そこで再び（#）が not $\vdash_N G$ であることを考え合せると，結局先に構成した G が，真でありながら N の定理とならない閉じた式に他ならないことになる． □

以上，ゲーデルの第 1 不完全性定理とその系について，細部は省略しその考え方を中心に記してみた．しかしゲーデルの不完全性定理には，さらに第 2 不完全性定理と呼ばれるものがあること，I 部 1 章 §1.3 で触れたとおり

である.そこでこの定理については,改めて［Ⅱ］で取り上げることにする.

［Ⅱ］ 第2不完全性定理

第2定理とレーブの条件

さっそく第2不完全性定理を掲げることからはじめよう.

定理 （第2不完全性定理,第2定理と略記） 自然数論の公理系Ｎが無矛盾なら,Ｎが無矛盾であることを,Ｎの中では証明できない.

この有名な定理についても,すでに種々のレベルの解説書があり,本書では本文内での記述からは削除した.しかしこの定理が内含する意味内容は,公理系の議論においては第1定理以上に重要であり,Ⅰ部1章§1.3での簡単な言及のみでは,やはり不十分であろう.そこで以下では,この第2定理の証明について,その考え方の要所を記していく.

まずこの定理の証明は,付録の［Ⅰ］で記した第1定理の証明における（#）(i.e. "Nが無矛盾のとき, not $\vdash_N G$") を,Nで形式化した式 $Con_N \supset G$ が,Nの定理となること (i.e $\vdash_N Con_N \supset G$) さえ示せれば,きわめて容易である点を見ておく.すなわちNが無矛盾であることを,Nの中で証明できる (i.e. $\vdash_N Con_N$) と仮定し,その上で背理法により,簡単に示せる.実際,$\vdash_N Con_N \supset G$ が示されている場合,この式と上の仮定 $\vdash_N Con_N$ とから,論理則 modus ponens (i.e.$\supset$elimi.) によって,$\vdash_N G$ となるが,これは（#）の結果 (i.e. not $\vdash_N G$) と直ちに矛盾し,上の仮定の否定 (i.e. 第2定理) が成立することになる.

注意 Gは［Ⅰ］で登場した式であり,またNの式Con_Nは,$\forall x \forall y \forall u \forall v \neg (PR(u,x) \land PR(v,y) \land NG(x,y))$ である.ただし,$PR(u,x)$, $NG(x,y)$

は，各々 PR(u, x)(i.e. u は x の証明である)，NG(x, y)(i.e. y は x の否定式である)なる M′ の関係を表現する N の式とする．

さてそれでは第 2 定理が依存する $\vdash_N Con_N \supset G$ は，どのように証明されるのであろうか．$Con_N \supset G$ が，内容的には上にも触れたように，(#) であること，および (#) は［I］で証明され成立していることから，表現定理を介して直ちに $\vdash_N Con_N \supset G$ は示せそうである．しかし $Con_N \supset G$ に対応する M′ の式 $Con_N \supset \neg \exists u PR(u, \ulcorner G \urcorner)$ は帰納的ではなく，これに表現定理を適用することはできない．話はそう簡単ではなく，$\vdash_N Con_N \supset G$ の証明は意外に手間のかかるものとなる．では実際にはどのようにその証明はなされるのか．通常の場合それは，下記の証明可能性についてのレーブ (Löb, P. A.) の条件 D1，D2，D3 を使って実行される．

D1　$\vdash_N A \Rightarrow \vdash_N Pr(\ulcorner A \urcorner)$

D2　$\vdash_N (Pr(\ulcorner A \urcorner) \wedge Pr(\ulcorner A \supset B \urcorner)) \supset Pr(\ulcorner B \urcorner)$．

D3　$\vdash_N (Pr(\ulcorner A \urcorner) \supset Pr(\ulcorner Pr(\ulcorner A \urcorner) \urcorner)$．

ただし，$Pr(x)$ は $\exists u PR(u, x)$ (i.e. x は証明可能である) なる N の式であり，また $\ulcorner A \urcorner$ は，A の G.n. である「A」に対応する N の数字 (i.e. $\ulcorner A \urcorner$) を表わしている．

それではこの D1～D3 を使って，さっそく $\vdash_N Con_N \supset G$ を引き出してみよう．はじめに $G \equiv \neg Pr(\ulcorner G \urcorner)$，すなわち $\neg G \equiv Pr(\ulcorner G \urcorner) \cdots$ ① に注目する．すると①の≡の片側より，$\neg G \supset Pr(\ulcorner G \urcorner)$ であり，これに D1 を適用して，$Pr(\ulcorner \neg G \supset Pr(\ulcorner G \urcorner) \urcorner)$ を得，さらに D2 を使って，$Pr(\ulcorner \neg G \urcorner) \supset Pr(\ulcorner Pr(\ulcorner G \urcorner) \urcorner)$ を得る．また①の≡のもう一方の片側より，D1，D2 を同様に使って，$Pr(\ulcorner Pr(\ulcorner G \urcorner) \urcorner) \supset Pr(\ulcorner \neg G \urcorner)$ も得る．そこでこの二つを合せると，$Pr(\ulcorner \neg G \urcorner) \equiv Pr(\ulcorner Pr(\ulcorner G \urcorner) \urcorner) \cdots$ ② が成立する．するとここで D3 により，$Pr(\ulcorner G \urcorner) \supset Pr(\ulcorner Pr(\ulcorner G \urcorner) \urcorner) \cdots$ ③ ゆえ，③の⊃の右側に②の結果を適用して，$Pr(\ulcorner G \urcorner) \supset Pr(\ulcorner \neg G \urcorner)$，さらに $Pr(\ulcorner G \urcorner) \supset Pr(\ulcorner G \urcorner)$ と合せて，$Pr(\ulcorner G \urcorner) \supset (Pr(\ulcorner G \urcorner) \wedge Pr(\ulcorner \neg G \urcorner))$ を得る．その上でこの式の対偶をとると，$\neg(Pr(\ulcorner G \urcorner) \wedge Pr(\ulcorner \neg G \urcorner)) \supset \neg Pr(\ulcorner G \urcorner) \cdots$ ④ であり，また明らかに $Con_N \supset \neg(Pr(\ulcorner G \urcorner) \wedge Pr(\ulcorner \neg G \urcorner))$ ゆえ，④と合せて $Con_N \supset \neg Pr(\ulcorner G \urcorner)$ (i.e. $Con_N \supset G$)

が成立する．すなわち D1～D3 を使って，$\vdash_N Con_N \supset G$ が引き出せたことになる．

D1～D3 の証明

以上により，いまや第 2 定理の証明はレーブの条件 D1～D3 に依存することが明らかとなった．確かに D1～D3 は，$Pr(\ )$ が"証明可能である"なる意味をもつと考えるとき，いずれも比較的自然な内容をもったものといえる．しかしもとよりそれを根拠に直ちに前提されるべき事柄ではなく，D1～D3 は改めてその証明が必要となる．

(1) D1 について． $\vdash_N A$ と仮定する．すると N において A への証明が存在し，その G.n. が考えられてくる．そこでいまそれを k とすると，PR$(k, \ulcorner A \urcorner)$ が成立する．すると PR(u, x) は帰納的関係ゆえ，表現定理により，$\vdash_N PR(\bar{k}, \ulcorner A \urcorner)$ を得る．よって論理則 EG により，$\vdash_N \exists u PR(u, \ulcorner A \urcorner)$，すなわち $\vdash_N Pr(\ulcorner A \urcorner)$ である．

(2) D2 について． 省略．

(3) D3 について． つづいて D3 の証明であるが，これは次の（*）を前提にして示される．

（*） $\vdash_N R(\vec{x}) \supset Pr(\ulcorner R(\vec{x}) \urcorner)$．ただし $\vec{x}$ は $x_1, \cdots, x_n$ を表わし，また $R(\vec{x})$ は，N のメタ M′ で定義される帰納的関係と同様の仕方で N で定義される帰納的関係とする．

まず論理則より，$\vdash_N PR(u, \ulcorner A \urcorner) \supset \exists u PR(u, \ulcorner A \urcorner)$．すると D1 により，$\vdash_N Pr(\ulcorner PR(u, \ulcorner A \urcorner) \supset \exists u PR(u, \ulcorner A \urcorner) \urcorner)$．さらに D2 により，$\vdash_N Pr(\ulcorner PR(u, \ulcorner A \urcorner) \urcorner) \supset Pr(\ulcorner \exists u PR(u, \ulcorner A \urcorner) \urcorner) \cdots$①を得る．ここで $PR(u, x)$ は帰納的ゆえ，上の（*）の特殊な場合として，$\vdash_N PR(u, \ulcorner A \urcorner) \supset Pr(\ulcorner PR(u, \ulcorner A \urcorner) \urcorner) \cdots$②が考えられる．すると①，②により，$\vdash_N PR(u, \ulcorner A \urcorner) \supset Pr(\ulcorner \exists u PR(u, \ulcorner A \urcorner) \urcorner)$ を得，さらに論理則に従って，$\vdash_N \exists u PR(u, \ulcorner A \urcorner) \supset Pr(\ulcorner \exists u PR(u, \ulcorner A \urcorner) \urcorner)$，すなわち $\vdash_N Pr(\ulcorner A \urcorner) \supset Pr(\ulcorner Pr(\ulcorner A \urcorner) \urcorner)$ が成立する． □

(∗) の証明 (考え方)

第 2 定理の証明がレーブの条件 D1～D3 に依存し,さらにその D3 が上の (∗) を前提にしていることから,第 2 定理は最終的には (∗) に依存していることになる.すなわち (∗) が第 2 定理の証明の核心部分といえる.しかしこの (∗) は,表現定理をいわば N で形式化したものともいえ,レーブの条件と同様に,内容的にはとくに不自然さを感じさせるものではない.とはいえ,改めて証明する必要のある事柄であることはいうまでもない.では (∗) はどのように証明されるか.実はこの証明には,帰納的関係 $R(\vec{x})$ の形に従って,一つ一つ示していく必要がある.先に $\vdash_N Con_N \supset G$ の証明が意外に手間のかかると記したのも,まさにこの部分を指してのことである.そこで以下では,$R(\vec{x})$ の形に従って一つ一つ示していくのではなく,どの形の証明の場合にも当てはまる証明の一般的なスタイルのみを記すに留めておくことにする.

まず $R(\vec{x})$ によって表現される M′ での帰納的な関係 R(x⃗) に注目する.次にこの R(x⃗) の x⃗ に自然数を代入した式を R として,それが M′ で成立する場合を考える.すると表現定理により,$R(\vec{x})$ の $\vec{x}$ に代入した自然数に対応する N での数字を $R(\vec{x})$ の $\vec{x}$ に代入した式を R として,$\vdash_N R$ が成立する.すなわち N の式 R への証明が存在し,その G.n. を k とすると,PR(k, 「R」) が成立する.結局,R⊃PR(k, 「R」) が M′ で成立する.するとこの式は帰納的ゆえ,再び表現定理を使うと,$\vdash_N R \supset PR(\bar{k}, \ulcorner R \urcorner)$ を得,さらに論理則により,$\vdash_N R \supset \exists u PR(u, \ulcorner R \urcorner)$,すなわち $\vdash_N R \supset Pr(\ulcorner R \urcorner)$ が得られてくる.ここで $R(\vec{x})$ の $\vec{x}$ に代入する自然数は任意のものでよいことから,それに対応して $R(\vec{x})$ の $\vec{x}$ に代入される N の数字も任意のものでよいといえる.よって一般に,$\vdash_N R(\vec{x}) \supset Pr(\ulcorner R(\vec{x}) \urcorner)$ (i.e. (∗)) が成立することになる. □

以上,最後の (∗) についての証明は多少おおよそのものとなったが,一応第 2 不完全性定理の証明の考え方の要所は記されたといえよう.その結果繰り返しになるが,第 2 定理の証明では,結局は (∗) が,すなわち N での帰納的関係が N の中に改めて表現されるところが,何といってもその核

心部分となっているといえる．ではこのことの内容的な本質はどのようなことであろうか．しかしこの点については，少々視点を変えた立場から，第2定理を捉え直してみるとき，明らかとなってくる．すなわちつづく付録の［Ⅲ］で言及される"証明可能性論理"の立場から捉え直されるとき，明らかとなる．

［Ⅲ］ 不完全性定理と証明可能性論理

証明可能性論理 PrL

第2定理の証明で論点となったレーブの条件 D1～D3 は，いずれも N の述語 $Pr(\ulcorner\ \urcorner)$ についての式であり，$Pr(\ulcorner\ \urcorner)$ の基本的な性質が集約されている．そこで $Pr(\ulcorner\ \urcorner)$ が一方で，N の式 A に作用し新しい式 $Pr(\ulcorner A \urcorner)$ を生み出す作用子ともいえることから，通常の命題論理の公理群に加えて，D1～D3 をこの作用子の公理とすることによって，$Pr(\ulcorner\ \urcorner)$（i.e. 証明可能）に関する一種の様相命題論理の体系が考えられてくる．そしてこれが，他ならぬ「証明可能性論理」(Provability Logic, PrL と略記）と呼ばれる体系である．付録の［Ⅲ］では，とくに第2定理との関連から，その要所を簡単に取り上げてみることにする．

まず PrL の公理（A1～A4）と推論規則（R1, R2）を掲げる．なおその際，$Pr(\ulcorner\ \urcorner)$ に相当する記号として □ を採用する．また以下では，A, B, C は各々 PrL の論理式 wff であり，$\vdash$ は $\vdash_{\mathrm{PrL}}$ を表わしている．

- **A1** 命題論理の諸公理
- **A2** $\vdash (\Box A \wedge \Box (A \supset B)) \supset \Box B$
- **A3** $\vdash \Box A \supset \Box \Box A$
- **A4** $\vdash \Box(\Box A \supset A) \supset \Box A$
- **R1** $\vdash A, \vdash A \supset B \Rightarrow \vdash B$
- **R2** $\vdash A \Rightarrow \vdash \Box A$

ここで A2, A3 が各々 D2, D3 に，R2 が D1 に相当することは，明らかで

あろう．また A4 はいわゆる形式化されたレーブの定理であり，N では証明されるものとされている．しかし PrL では公理とされ，ここから不動点定理に相当するものが証明される仕組となっており，ゲーデルの定理にとっては不可欠の公理である．とにかくこれらを組み合せることにより，形式化された第 1 定理や第 2 定理が，見通しよく引き出されてくる．そこで次にこの辺のところを見ておく．しかしその前に，A2 と A3 を使って示せる代入に関する定理（以下 SL と略記）が必要となる．

定理（SL） 任意の $A(P), B, C$ について，$\vdash [s](B \equiv C) \supset (A(B) \equiv A(C))$ である．ただし $A(P)$ は，P を要素式として含む wff を表わし，$A(B), A(C)$ は，$A(P)$ の P のところに B, C を代入した wff を表わしている．また $[s]A \underset{df}{\Longleftrightarrow} A \wedge \Box A$ とする．

証明 式の構造についての帰納法で示す．ただここでは，$A(P) : \Box D(P)$ の場合のみを示す（なお D は PrL の wff）．まず帰納法の仮定により，$\vdash [s](B \equiv C) \supset (D(B) \equiv D(C))$．ここでさらに $\vdash [s](B \equiv C)$ を仮定する．すると $\vdash D(B) \equiv D(C)$ を得，またここに R2 を適用すると $\vdash \Box(D(B) \equiv D(C))$ が得られる．後は A2 から得られる $\Box$ の分配性を使うと，$\vdash \Box D(B) \equiv \Box D(C)$ が成立し，結局 $\vdash [s](B \equiv C) \supset (\Box D(B) \equiv \Box D(C))$ となる． □

定理 SL が示されたので，さっそく PrL でのゲーデルの定理とその証明を記していく．

定理（ゲーデルの不完全性定理）
(1) $\vdash [s](P \equiv \neg \Box P) \supset (\neg \Box \bot \supset \neg \Box P)$．
(2) $\vdash [s](P \equiv \neg \Box P) \supset (P \equiv \neg \Box \bot)$．
(3) $\vdash [s](P \equiv \neg \Box P) \supset (\neg \Box \bot \supset \neg \Box \neg \Box \bot)$．
(4) $\vdash \neg \Box \bot \supset \neg \Box \neg \Box \bot$．
ただしここで $\bot$ は矛盾を表わしている．

注意　1）$\neg\Box\bot$ は無矛盾であることに相当する.

2）$P\equiv\neg\Box P$（i.e. P は $\neg\Box$ の不動点）は，P が自分自身の証明不可能性を内容とする式であること，すなわち P が [I], [II] での G に相当していることを示している.

3）(1) は，形式化された第 1 定理，(2) はいわゆるクライゼル (Kreisel, G.) の定理，(3) および (4) は，形式化された第 2 定理となっている.

証明　(1) について.　　$[s](P\equiv\neg\Box P)$ (i.e. $[s](\neg P\equiv\Box P)$) と仮定. すると SL を使って，$(\Box P\supset\Box\Box P)\supset(\Box P\supset\Box\neg P)$. ここで $\Box P\supset\Box\Box P$ は A3 ゆえ，$\Box P\supset\Box\neg P\cdots(*)$ を得る. 一方 $\Box P\supset\Box P$ は自明ゆえ，$(*)$ と合せて，$\Box P\supset(\Box P\wedge\Box\neg P)$. さらに $(\Box P\wedge\Box\neg P)\supset\Box(P\wedge\neg P)$ が示せることから，結局 $\Box P\supset\Box\bot$ が得られ，よってその対偶をとると，$\neg\Box\bot\supset\neg\Box P$ が成立する.

(2) について.　　$\vdash\bot\supset P$ は明らか. よって R2 により，$\vdash\Box(\bot\supset P)$，さらに A2 から得られる $\Box$ の分配性により，$\vdash\Box\bot\supset\Box P$ となり，対偶をとると，$\vdash\neg\Box P\supset\neg\Box\bot$ を得る. そこで (1) の結果と合せると，$[s](P\equiv\neg\Box P)$ のもとで，$\neg\Box P\equiv\neg\Box\bot$ となり，さらに $P\equiv\neg\Box\bot$ が成立する.

(3) について.　　上の (2) より，$[s]$ の定義と R2 を使って，$\vdash[s](P\equiv\neg\Box P)\supset[s](P\equiv\neg\Box\bot)$ を得る. よって SL を使って，(1) の右端の P に $\neg\Box\bot$ を代入すると，$\vdash[s](P\equiv\neg\Box P)\supset(\neg\Box\bot\supset\neg\Box\neg\Box\bot)$ が成立する.

(4) について.　　A4 を使って得られる不動点定理を介して，PrL では一般に $\vdash[s](P\equiv A(P))\supset B\Rightarrow\vdash B$ が成立する（不動点定理およびこの規則も，その証明はここでは省略）. そこでこの規則を (3) に適用すれば，直ちに (4) は成立する.　　□

以上，PrL では第 1 定理，第 2 定理とも，その証明は容易に得られている. しかしとくに第 2 定理の場合，[II] で触れたように通常の証明では大変であったレーベの条件 D3 に相当する A3 が，PrL では公理としてはじめから前提されていることから，当然のことといえる. 実際，A3 を使って得られる (1) は，$\vdash_N Con_N\supset G$ に相当しており，これさえ示せれば，通常の場合でも第 2 定理の証明は容易であった. そこで PrL ではなぜ A3 を公理とす

るのか，あるいは A3 を正当化できるような PrL への解釈はどのようなものかなどの問題が，改めて浮上してくる．その際，不動点定理を成立させる A4 をも同時に正当化できるような解釈でなければならないことは，いうまでもない．

PrL のクリプキ・モデル K_p

では PrL に対してどのような解釈（i.e. モデル）が考えられるであろうか．様相論理では通常そのモデルとしてクリプキ（Kripke, A.）・モデルが採用されるが，一種の様相論理でもある PrL に対しても，それに適したクリプキ・モデルが考えられてくる．そのモデルを K_p モデルと名付けて，以下その概略を記してみる．まず諸定義を掲げよう．

定義（K_p モデル）

$K_p \underset{\mathrm{df}}{\equiv} \langle K_p, R, \alpha_0, \Vdash \rangle$ は，PrL の「K_p モデル」（K_p model）と呼ばれる．ただし 〈 〉内の各々は下記のとおりである．

(1) K_p：ギリシャ字母小文字で表わされる点を元とする集合とする．

(2) R：K_p 上の推移性（i.e. $\alpha R\beta, \beta R\gamma \Rightarrow \alpha R\gamma$）をみたす関係である．しかし反射性（i.e. $\alpha R\alpha$）は不成立となる関係である．（なお仮に $\circ R_\triangle$ は，$\circ$ は $\triangle$ より小，あるいは $\circ$ は $\triangle$ より下，と読むこととする．）

(3) α_0：R に関しての最小元（i.e. 任意の元 β について，$\alpha_0 R\beta$）である．

(4) R による長さ ω のいかなる上昇列も存在しない（i.e. $\alpha_0 R\alpha_1, \alpha_1 R\alpha_2, \alpha_2 R\alpha_3, \cdots$ のようないかなる無限列も存在しない）．

(5) $\alpha \Vdash A$ （i.e. α は A を強制 force する）は，次の 1)〜5) で定義される K_p の点 α と式 A との関係である．

1) A：要素式 P のとき．$\alpha \Vdash P$ または $\alpha \nVdash P$ （i.e. $\alpha \Vdash P$ ではない）．

2) A：$\top, \bot$ （i.e. 各々恒真，矛盾）のとき．各々 $\alpha \Vdash \top, \alpha \nVdash \bot$．

3) A：$\neg B$ のとき．$\alpha \Vdash \neg B \underset{\mathrm{df}}{\Longleftrightarrow} \alpha \nVdash B$．

4) A：$B \vee C, B \wedge C, B \supset C$ のとき．$\alpha \Vdash B \vee C \underset{\mathrm{df}}{\Longleftrightarrow} \alpha \Vdash B$ または $\alpha \Vdash C$，$\alpha \Vdash B \wedge C \underset{\mathrm{df}}{\Longleftrightarrow} \alpha \Vdash B$ かつ $\alpha \Vdash C$，$\alpha \Vdash B \supset C \underset{\mathrm{df}}{\Longleftrightarrow} \alpha \Vdash B$ ならば $\alpha \Vdash B$.

5) $A : \Box B$ のとき. $\alpha \Vdash \Box B \underset{\mathrm{df}}{\Longleftrightarrow}$ 任意の $\beta(\in K_p)$ について, $\alpha R \beta \Rightarrow \beta \Vdash B$.

定義（モデル K_p での妥当性など） □
(1) $\langle K_p, R, \alpha_0 \rangle \vDash A$ (i.e. A は $\langle K_p, R, \alpha_0 \rangle$ で真である) $\underset{\mathrm{df}}{\Longleftrightarrow} \alpha_0 \Vdash A$ である.
(2) $K_p \vDash A$ (i.e. A はモデル K_p で妥当 valid である) $\underset{\mathrm{df}}{\Longleftrightarrow}$ 任意の $\langle K_p, R, \alpha_0 \rangle$ のもとで, 任意の $\alpha(\in K_p)$ について, $\alpha \Vdash A$ である. □

諸定義につづいて, この K_p モデルのもとで, PrL の A2〜A4, R2 などが実際に妥当であることの確認が必要である. しかしここでは, ゲーデルの定理という点から最も関心のある A3, A4 に限って, その妥当性を確認しておくに留める.

定理（A3 の妥当性） $\Box A \supset \Box\Box A$ は妥当である.

証明 与式が妥当でないと仮定（背理法）. するとある $\alpha(\in K_p)$ が存在して, それを α_i として, $\alpha_i \nVdash$ 与式. すなわち $\alpha_i \Vdash \Box A \cdots$ ① かつ $\alpha_i \nVdash \Box\Box A \cdots$ ②. よって①より, $\forall \beta (\alpha_i R \beta \Rightarrow \beta \Vdash A) \cdots$ ③. また②より, $\alpha_i R \alpha$ なる α が存在して, それを α_j として, $\alpha_j \nVdash \Box A$. さらにある $\alpha_j R \alpha$ なる α が存在して, それを α_k として, $\alpha_k \nVdash A \cdots$ ④ を得る. ここで $\alpha_i R \alpha_j, \alpha_j R \alpha_k$ ゆえ, R の推移性により, $\alpha_i R \alpha_k$. すると③により, $\alpha_k \Vdash A$ を得る. しかしこれは④と矛盾する. よって与式は妥当である. □

定理（A4 の妥当性） $\Box(\Box A \supset A) \supset \Box A$ は妥当である.

証明 与式が妥当でないと仮定（背理法）. するとある $\alpha(\in K_p)$ が存在して, それを α_i として, $\alpha_i \nVdash$ 与式. すなわち $\alpha_i \Vdash \Box(\Box A \supset A) \cdots$ ① かつ $\alpha_i \nVdash \Box A \cdots$ ②. よって②より, $\alpha_i R \alpha$ なるある α が存在して, それを α_j として, $\alpha_j \nVdash A \cdots$ ③. 一方①より, $\forall \beta(\alpha_i R \beta \Rightarrow \beta \Vdash \Box A \supset A)$ ゆえ, $\alpha_j \Vdash \Box A \supset A \cdots$ ④. すると③と合せて, $\alpha_j \nVdash \Box A$ を得る. すなわち $\alpha_j R \alpha$ なるある α が存在して, それを α_k として, $\alpha_k \nVdash A \cdots$ ⑤. ここで再び①より, $\alpha_k \Vdash \Box A \supset A$ でもあるゆ

え，⑤より $\alpha_k \not\Vdash \Box A$ を得る．すなわち $\alpha_k R\alpha$ なるある α が存在して，それを α_l として，$\alpha_l \not\Vdash A$ …⑥．ここで再び①より，$\alpha_l \Vdash \Box A \supset A$ でもあるゆえ，⑥より $\alpha_l \not\Vdash \Box A$ を得る．以下同様の議論を繰り返すことにより，$\alpha_i R\alpha_j$，$\alpha_j R\alpha_k$，$\alpha_k R\alpha_l$，…なる無限列 $\alpha_i, \alpha_j, \alpha_k, \alpha_l, \ldots$ の存在が引き出されてくる．しかしこれは R についての条件（4）と矛盾する．よって与式は妥当である． □

 以上により，K_p モデルが PrL のモデルとなっていること，と同時に A3, A4 が PrL の公理としてそれなりに正当なものであることが確認できたといえる．しかしその正当性はいまだ形式的レベルであり，内容的には A3, A4 の正当性への理解は得られていない．様相命題論理 S4 でも，A3 と同様な $\Box A \supset \Box\Box A$ が公理とされ，また S4 に対するクリプキ・モデルでその妥当性が R の推移性にもとづいて証明されている．しかしそこでのクリプキ・モデルでは，K は世界の集合，R はそうした世界間の接近可能性などと，内容的にも理解できる仕様となっており，$\Box A \supset \Box\Box A$ の妥当性の証明も，そこでは形式的なレベルで終ってはいない．そこで PrL の K_p モデルに対しても，K_p なる集合，そこでの R なる関係などについて，内容的な意味づけを添えることが必要である．というのもそのことによって，A3, A4 にもとづくゲーデルの定理（とくに第 2 定理）の内容的な理解への手がかりも得られるからである．

K_p モデルへの意味づけ

 K_p モデルへの内容的な意味づけはそれほど難しい問題ではない．それは，次の点に注目するとき，自ずとその方向が与えられるからである．すなわち PrL では，$\Box A$ は "A は証明可能である" を意味しており，と同時にこのことは A には A を終式とする証明図が存在していることを意味している，という点である．

 実際ある公理系の証明図においては，ある段階の式から次の段階の式へと，その公理系の推論規則に従って次から次へと段階を移行していく状況が見出されるが，その各々の段階を点と考えるとき，ある段階から次の段階への移

行状況はそれらの点上の一種の順序関係と考えることができる．すなわち証明図は，有限個の点よりなる順序構造と捉えられる．しかもある段階から次の段階への移行状況は，一方が他方に先行しており，反射性をもたず推移性のみをもつ関係であり，証明図はいわゆる木構造と呼ばれる一種の有限順序集合と捉えられる．

さてそれでは，証明可能性が証明図の存在であること，およびその証明図の要点が上に触れたようなものだとすると，K_p モデルへの意味づけの方向はどのようなものと考えられるか．もはや自明ともいえるが，集合 K_p は証明図での各段階と対応する点を元とする集合と考えられ，R は証明図での各段階の移行状況に対応する反射性はもたず推移性のみをもつ関係と考えられてくる．

しかしここでは，このような意味づけの方向に従ってのさらなる細部の展開に触れていく余裕はない．ただここでは，少々その内容的な意味が不透明な A4 についても，このような意味づけの方向のもとでは，その自然さが容易に納得できることは指摘しておこう．

A4 の否定は，先の妥当性の証明において見られたように，$a_iRa_j, a_jRa_k, a_kRa_l, \cdots$ なる無限列の容認である．したがって A4 自身は，この無限列の否定である．とすればこのことは，いま採用しようとしている意味づけの方向のもとで，証明図が有限木構造であることを考え合せる限り，改めて当然であることが容易に納得されてくる．

実際，$\alpha \Vdash A4$ (i.e. $\alpha \Vdash \Box(\Box A \supset A) \supset \Box A$) は，$\forall\beta \alpha R\beta(\forall\gamma \beta R\gamma(\gamma \Vdash A) \Rightarrow \beta \Vdash A) \Rightarrow \forall\beta \alpha R\beta(\beta \Vdash A)$ であり，$\circ R_\triangle$ を "△は○より上" とすると，A4 は無限上昇列の禁止としての帰納法 induction の原理の形をしており，$\circ R_\triangle$ を "△は○より下" とすると，A4 は無限下降列の禁止としての正則性 (i.e. 有基底性) regularity の形をしている．すなわち木構造あるいは逆木構造どちらであれ，証明は有限的であり，A4 はこのことに根差した wff (i.e. 命題) に他ならないことになり，きわめて自然な命題であることが明らかとなる．

とにかくこのように，PrL での A3, A4 が内容的には証明図の有限木構造に関連する性質であることが明らかになった上では，A3, A4 に依存する第

1定理，第2定理とも，いまや究極的には公理系における証明が有限順序構造である，という単純な真理にもとづく事柄であったともいえてくる．

参考図書

⟨述語論理および全般に関わるもの⟩
1. Bell, J. L., and Machover, M., *A Course in Mathematical Logic*, North-Holland, 1977.
2. Kleene, S. C., *Mathematical Logic*, J. Wiley & Sons, 1967.
3. Mendelson, E., *Introduction to Mathematical Logic*, Van Nostrand, 1964.
4. Monk, J. D., *Mathematical Logic*, Springer, 1976.
5. Shoenfield, J., *Mathematical Logic*, Addison-Wesley, 1967.
6. Suppes, P., *Introduction to Logic*, Van Nostrand, 1957.

⟨帰納理論関係⟩
7. Odifreddi, P., *Classical Recursion Theory*, North-Holland, 1989.
8. Kleene, S. C., *Introduction to Metamathematics*, North-Holland, 1959.
9. Rogers, H., *Theory of Recursive Functions and Effective Computability*, McGraw-Hill, 1967.
10. 有川節夫, 宮野悟, オートマトンと計算可能性, 培風館, 1986.
11. 廣瀬健, 計算論, 朝倉書店, 1975.

⟨λ 計算論関係⟩
12. Amadio, P. M., and Curien, P. L., *Domains and Lambda Calculi*, Cambridge U. P., 1998.
13. Barendregt, H. P., *The Lambda Calculus* (revised ed.), North-Holland, 1984.
14. Gunter, C. A., *Semantics of Programming Languages*, MIT, 1992.
15. Hindley, J. R., and Seldin, J. P., *Introduction to Combinators and λ-Calculus*, Cambridge U. P., 1986.
16. 中島玲二, 数理情報学入門(スコット・プログラム理論), 朝倉書店, 1982.
17. 横内寛文, プログラム意味論, 共立出版, 1994.

⟨集合論関係⟩
18. Bell, J. L., *Boolean-valued Models and Independence Proofs in Set Theory*, Oxford U. P., 1977.
19. Suppes, P., *Axiomatic Set Theory*, Van Nostrand, 1960.

20. Takeuti, G., and Zaring, W. M., *Introduction to Axiomatic Set Theory*, Springer, 1971.
21. 竹内外史, 現代集合論入門, 日本評論社, 1971.
22. 田中尚夫, 公理的集合論, 培風館, 1982.
23. 田中尚夫, 選択公理と数学, 遊星社, 1987.

〈束論と圏論関係〉

24. Birkhoff, G., *Lattice Theory* (revised ed.), American Mathematical Society, 1967.
25. Goldblatt, R., *Topoi* (revised ed.), North-Holland, 1984.
26. Halmos, P., *Lectures on Boolean Algebras*, Van Nostrand, 1963.
27. Johnstone, P. T., *Topos Theory*, Academic P., 1977.
28. Johnstone, P. T., *Stone spaces*, Cambridge U. P., 1982.
29. Mac Lane, S., *Categories for the Working Mathematician*, Springer, 1971.
30. Pierce, B. C., *Basic Category Theory for Computer Scientists*, MIT, 1991.
31. Rasiowa, H., *An Algebraic Approach to Non-Classical Logics*, North-Holland, 1974.
32. Rasiowa, H., and Sikorski, R., *The Mathematics of Metamathematics*, PWN, 1963.

〈その他〉

33. Boolos, G., *The Unprovability of Consistency*, Cambridge U. P., 1979.
34. Hughes, G. E., and Cresswell, M. J., *An Introduction to Modal Logic*, Methuen, 1968.
35. Smorynski, C., *Self-Reference and Modal Logic*, Springer, 1985.
36. 清水義夫, 記号論理学, 東京大学出版会, 1984.
37. 清水義夫, 圏論による論理学, 東京大学出版会, 2007.

おわりに

　本書のI, II部は，1980年代中頃より2010年までの期間に，東京大学教養学部，同文学部，北海道大学大学院理学研究科，東洋大学大学院文学研究科，千葉工業大学情報科学部，東京女子大学文理学部などでの講義の際に用意したノートをベースに，それらを整理しまたそれらに加筆したものである．ここに講義の機会を与えていただいた各機関の当時の先生方に，あらためてお礼を申し上げる．と同時に，無味乾燥に落ち入りがちな内容の講義を，忍耐強く受講していただいたかつての学生の皆さんにも，心から感謝申し上げる．

　また本書のIII部は，筆者の既に公表された論稿の中のいくつかをベースにしつつも，今回新しく書き下ろしたものである．

　なお講義ノート作成及びその加筆に当っては，もとより数多くの文献を参照させていただいている．また論稿作成に当っても同様である．しかしそのすべてをいまここに記載することはできない．そこでその中から，とくに本書が多くを負っていると思われる文献の内，図書文献（古典は除く）に限って，別所に"参考図書"として掲げさせていただいた．その上でこの場において，その各々（拙著は除く）の著者の方々に，深く感謝を申し上げさせていただきたい．

　ところで出版に当っては，東京大学出版会編集部の小暮明氏に，企画の段階から最終的な目次作成の段階に至るまで，数々の貴重なご提言をいただいた．出版に伴う具体的な作業でいろいろとお世話いただいたことをも合せて，同氏には心から感謝申し上げる．また再校の際には，東洋大学大学院生中竹久留美さんと東京大学大学院生森岡智文君に，熱心なご協力をいただいた．お二人にも，篤くお礼を申し上げる．また最後に，面倒な版下作製に携わって下さった印刷所の方々にも，この場を借りてお礼を申し上げさせていただきたい．

S. D. G.（i.e. Soli Deo Gloria.）

2013 年 2 月

著者

索　引

ア　行

アイソ　200
α 変換　76
$\aleph$（アレフ）　112
EI（存在例化）　25
EG（存在汎化）　25
位数　188
ep 対　173
ep 対 (f_m^e, f_n^p)　178
ep 対 (μ_m^e, μ_n^p)　182
移行状況　41
イコライザー　203
位相空間　156, 344
一般連続体仮説 GCH　113
イデアル　141
移動記号　36
意味空間 M　275, 344
意味素　275
うそつきのパラドックス　356
埋め込み　172
x_i に対して自由である　15
エピ　200
エピ-モノ分解定理　225
f のイメージ　224
置きかえの公理　95
ω 完備　243
ω 鎖 Δ　243
ω 無矛盾　355
ω 連続　246

カ　行

外延性の公理　89
開核　221, 344
開集合　156, 344
階層定理　65
階層定理の一部　65, 298
科学理論　348
可換　198
核　144
合併集合　92
簡易推論法　24
関係　14
関手　213
関手の圏　216
関数空間　172, 241
関数適用　72
完全（意味論的に）　32
完全（構文論的に）　33
カント　349
カントル　i
カントルの定理　109, 318
完備準同形写像　147, 149
完備双対素フィルター　146, 149, 159
完備超フィルター　147, 149
完備半順序集合 cpo　170
完備半順序集合の圏 $\mathbb{C}\mathrm{po}^{\mathrm{ep}}$　241
完備フィルター　146, 149
完備ブール代数 cBa　135
記号論理　2
擬順序　162

基数 107
帰納 44
帰納的関係 48
帰納的関係のクラス RR 62
帰納的関数 43
基本関数 43
共通性 272
共通部分 90
極限型順序数 104
局所的に ω 連続 247
局所的に単調 247
極大元，極小元 122
巾 206
巾集合 92
巾集合の公理 92
空集合 93
空集合の公理 92
鎖 170
クラス 90
クリーネ 3
クリプキ 368
クリプキ・モデル（K_p モデル）368
計算過程 42
計算可能 52
計算する 42
ゲーデル i
ゲーデル-ロッサーの定理 360
ゲーデル数 54, 356
圏 198
元 201
原子元（アトム）128
原子的，非原子的 130
ゲンツェン 22
限量記号 14
コイライザー 208
項 8
後者型順序数 104

公理系 L 18
公理系 N 28
コーエン 33
コーシー 113
コーシーの収束条件定理 116
コーシー列 114
コーン，ココーン 210
5 項列 37
古典論理 CL 19, 324
固有クラス 112
固有公理 29
固有フィルター 141
コンパクト 157

サ 行

再帰プログラム 82
最左戦略 77
差異性 274
最大元，最小元 122
差集合 278
サブオブジェクト・
　クラシファイヤー Ω 221
算術化 54
Σ_1 型，Π_1 型関係 62
自己言及性 356
自己言及的構造 302
自己内反射性 255, 338
自然数 104
自然変換 215
始対象 0 201
実効的に計算可能 52
実効的に決定可能 52
実数の集合 115
時点表示 41
自明なフィルター 141
射影 172
写像 Φ, ψ 183

集合の圏 Set 199
充足関係 231
収束条件定理 331
終対象1 201
自由変項 15, 74
主フィルター 141
シュレーダー 3
順序数 99
順序対 91
準同形写像 144, 148
準同形定理 145
上界，下界 123
上限，下限 123
条件法⊃ 14
常項 8
状態記号 36
証明可能性論理 365
真部分集合 90
真理関数 49
真理値対象 Ω 222
随伴関係⊣ 217, 286, 288, 289, 350
推論記号→ 17
推論式 17
数学的帰納法 29, 105
数字 31
数論的関係 47
数論的関数 43
図式 198
ストーン 153
ストーン空間 154, 159
ストーンの定理 154, 156, 159
スライス 226
正規形 77
整数の集合 114
正則 77
正則性 93
整列可能定理 WO-Th 107

世界描像 OWP 341
積 202
セクション（スプリット） 251, 254
線形順序集合 122
選言∨ 14
全称記号∀ 14
選択関数 95
選択公理 AC 95, 251, 324, 327, 335
選択公理 AC の正当性 7
総合判断の最高原則 349
双対 208
双対核 144
相対擬補元 130
相対擬補束 131
双対圏 208
双対素フィルター 141
相補束 126
束 La 123
束縛変項 15, 74
存在記号∃ 14

タ 行

台 253
第1定理の系 360
第1不完全性定理 33, 319, 355
第1不完全性定理の系 32
第2不完全性定理 32, 361
対角化可能 295, 299
対角線論法 DM 68, 317
対等 107
代入 44, 75
代入関数 sb 320, 356
$W/\equiv$ 165
$W_1/\equiv$ 163, 166
タルスキー 229
単一集合 91
単調関数 171

知的対象　284
チャーチ　4
チャーチ数　79
チャーチの提題　52
チャーチ-ロッサーの定理　78
超越論的　352
超フィルター（極大フィルター）　142
直和⊔　208
直観論理 IL　19, 343
対の公理　91
ツェルメロ　87
ツォルンの補題 ZL　150, 329
テープ記号　36
T-計算可能　42
T_0, T_1, T_2 空間　157
デカルト　351
デデキント　i
デデキント無限　333
テューリング　3
テューリング・マシン TM　40
等号 =　23
等号つき述語論理　23
投射　284
特性関数　47
独立（他の公理から）　33
閉じた項　74
閉じた式　15
トポス　222
トポスの基本定理　226, 240, 290

ナ　行

二重否定の除去　324, 345
二値性　253
2値ブール関数の世界　187
ニュートン　i
濃度　107

ハ　行

バーコフ　ii
排中律　324, 345
ハイティング代数 Ha　132
背理法　324
ハウスドルフ空間　157
バナッハ　250
バナッハ-タルスキーの定理　251
反射　284
反射構造　284, 350
半順序 po　122
半順序圏 $\mathbb{P}$o　199
半順序集合　122
万能テューリング・マシン　70
P^*（結合子推論）　25
pT-計算可能　42
B 式　188
B 式のブール値　189
非固有フィルター　141
非順序対（対）　91
左随伴，右随伴　217
否定 ¬　14
否定的自己言及性　356
表現定理　357
標準形定理　60, 69, 296
開いた項　74
開いた式　15
ヒルベルト　i
フィルター　140
ブール　3
ブール空間　159
ブール代数（ブール束）Ba　127
ブール値関数の世界　188
ブール値構造　192
ブール値モデル　193
フッサール　352

プッシュアウト p.o. 209
不動点演算子 Y 81
不動点定理 81, 249, 299
部分帰納的関数 44, 68
部分集合 89
部分対象 200
部分対象の圏 239
プルバック p.b. 203
フレーゲ 3
フレーム A 139
フレンケル 4
分数の集合 114
分配束 126
分離の定理 90
ペアノ 35
閉集合 156, 344
閉包 221, 344
ヘーゲル 352
β 簡約 76
β 変換 75
ベルンシュタインの定理 109
変項 8
弁証法 352
ポイント空間 159
補元 126
ポストの定理 62
ホッブズ 35

マ 行

枚挙定理 61, 297
交わり 124
マックレーン ii
μ 作用子 44
無限基数（超限基数） 112
無限の公理 93
無限分配律 139
無限結び，無限交わり 133

結び 124
無矛盾 31
命題論理 162
木構造 371
modus poneus 19
モノ 199

ヤ 行

矢の積 205
UI（全称例化） 25
有界 μ 作用子 49
有界限量記号 48
有界和，有界積 46
ユークリッド 24
有限交差性 fip 152
有向集合 170
有向部分集合 170
UG（全称汎化） 25
有理数の集合 114
ユニット，コユニット 219
要素式 14, 89

ラ 行

ライプニッツ i
ラッセル i
ラッセルのパラドックス 97
リミット，コリミット 210, 314
λ 計算 76
λ 項 73
λ 定義可能 83
λ モデル（スコット・モデル） 185
領域 D_∞ 179
領域 PRF^1 296
領域 Π_1^1 297
領域 Σ_1^1 297
両義的領域 6
リンデンバウム代数 164

レーブの条件　362
連言∧　14
連続関数　171
連続体仮説 CH　113
論理語の原始性　6

論理式 wff　14, 28, 88

ワ 行

和　92
和の公理　91

著者略歴
1939 年　東京に生まれる
1963 年　東京大学文学部哲学科卒業
1967 年　東京大学大学院人文科学研究科博士課程退学
　　　　　千葉工業大学情報科学部教授を経て
現　在　千葉工業大学名誉教授

主要著訳書
『哲学』（共著，1984 年，勁草書房）
『記号論理学』（1984 年，東京大学出版会）
『圏論による論理学――高階論理とトポス』（2007 年，東京大学出版会）
J・A・シャッファー『こころの哲学』（訳，1971 年，培風館）
『哲学基本論文集Ｉ』（共訳，1986 年，勁草書房）

記号論理学講義　基礎理論 束論と圏論 知識論

2013 年 3 月 29 日　初　版

［検印廃止］

著　者　清水義夫（しみずよしお）

発行所　一般財団法人　東京大学出版会

代表者　渡辺　浩

113-8654 東京都文京区本郷 7-3-1 東大構内
http://www.utp.or.jp/
電話 03-3811-8814　Fax 03-3812-6958
振替 00160-6-59964

印刷所　株式会社三秀舎
製本所　矢嶋製本株式会社

© 2013 Yoshio Shimizu
ISBN 978-4-13-012062-3　Printed in Japan

JCOPY〈(社)出版者著作権管理機構　委託出版物〉
本書の無断複写は著作権法上での例外を除き禁じられています。複写される場合は、そのつど事前に、(社)出版者著作権管理機構（電話 03-3513-6969, FAX 03-3513-6979, e-mail : info@jcopy.or.jp）の許諾を得てください。

圏論による論理学　高階論理とトポス	清水義夫	A5/2800 円
論理学	野矢茂樹	A5/2600 円
数理論理学	戸次大介	A5/3000 円
ゲーデルに挑む　証明不可能なことの証明	田中一之	A5/2600 円

ゲーデルと 20 世紀の論理学(ロジック) [全 4 巻]	田中一之編	
①　ゲーデルの 20 世紀		A5/3800 円
②　完全性定理とモデル理論		A5/3800 円
③　不完全性定理と算術の体系		A5/3800 円
④　集合論とプラトニズム		A5/3800 円

ここに表示された価格は本体価格です．御購入の際には消費税が加算されますので御了承下さい．